suhrkamp taschenbuch
wissenschaft 876

Dieser Sammelband enthält einige der wichtigsten Arbeiten des Physikers Heinz von Foerster (1911-2002), der nach dem Zweiten Weltkrieg in den USA der empirisch-experimentellen Kognitionsforschung bahnbrechende Impulse gegeben hat, die in ihrer Bedeutung erst heute erkannt und gewürdigt werden.

Heinz von Foersters Pionierrolle entfaltete sich in der Auseinandersetzung mit der frühen Kybernetik und deren Gründervätern Norbert Wiener und Warren S. McCulloch. Das von ihm ins Leben gerufene und fast 20 Jahre lang von ihm geleitete »Biological Computer Laboratory« der University of Illinois in Urbana war ein Zentrum kognitionswissenschaftlicher Innovationen. Physiker, Mathematiker, Biologen, Mediziner, Techniker, Philosophen, Künstler und Musiker suchten gemeinsam die Rätsel der menschlichen Selbst-Erforschung zu lösen, mit den logischen und methodischen Problemen fertig zu werden, die das Erkennen des Erkennens unvermeidlich aufwirft.

Heinz von Foersters Arbeiten zeigen aber nicht nur die Strenge und Prägnanz naturwissenschaftlichen Denkens und Darstellens, sondern auch Phantasie und Witz – sie sind daher nicht nur eine Quelle zahlreicher intellektueller Aha-Erlebnisse, sondern immer wieder auch ein ästhetischer Genuß.

Heinz von Foerster
Wissen und Gewissen

Versuch einer Brücke

Herausgegeben von
Siegfried J. Schmidt

Suhrkamp

Autorisierte Übersetzung aus
dem Amerikanischen von
Wolfram Karl Köck

Bibliografische Information der Deutschen Nationalbibliothek
Die Deutsche Nationalbibliothek verzeichnet diese Publikation
in der Deutschen Nationalbibliografie;
detaillierte bibliografische Daten sind im Internet über
http://dnb.d-nb.de abrufbar.

10. Auflage 2019

Erste Auflage 1993
suhrkamp taschenbuch wissenschaft 876
© Suhrkamp Verlag Frankfurt am Main 1993
Suhrkamp Taschenbuch Verlag
Alle Rechte vorbehalten, insbesondere das der Übersetzung,
des öffentlichen Vortrags sowie der Übertragung
durch Rundfunk und Fernsehen, auch einzelner Teile.
Kein Teil des Werkes darf in irgendeiner Form
(durch Fotografie, Mikrofilm oder andere Verfahren)
ohne schriftliche Genehmigung des Verlages reproduziert
oder unter Verwendung elektronischer Systeme
verarbeitet, vervielfältigt oder verbreitet werden.
Printed in Germany
Umschlag nach Entwürfen von
Willy Fleckhaus und Rolf Staudt
ISBN 978-3-518-28476-6

Inhalt

Vorbemerkung des Herausgebers 7

Bernard Scott
Heinz von Foerster. Eine Würdigung 9

Dirk Baecker
Kybernetik zweiter Ordnung 17

HEINZ VON FOERSTER
WISSEN UND GEWISSEN

Über das Konstruieren von Wirklichkeiten 25
Kybernetik einer Erkenntnistheorie 50
Kybernetik 72
Gedanken und Bemerkungen über Kognition 77
Gegenstände: greifbare Symbole für (Eigen-)Verhalten . . . 103
Bemerkungen zu einer Epistemologie des Lebendigen . . . 116
Unordnung/Ordnung: Entdeckung oder Erfindung? . . . 134
Molekular-Ethologie: ein unbescheidener Versuch
semantischer Klärung 149
Zukunft der Wahrnehmung: Wahrnehmung der Zukunft . . 194
Über selbst-organisierende Systeme und ihre Umwelten . . 211
Prinzipien der Selbstorganisation
im sozialen und betriebswirtschaftlichen Bereich 233
Epistemologie der Kommunikation 269
Verstehen verstehen 282
Was ist Gedächtnis, daß es Rückschau *und* Vorschau
ermöglicht? 299
Die Verantwortung des Experten 337

Implizite Ethik	347
Mit den Augen des anderen	350
Betrifft: Erkenntnistheorien	364
Literatur	371
Bibliographische Nachweise	382
Verzeichnis der Schriften Heinz von Foersters	385

Vorbemerkung des Herausgebers

Die hier vorgelegte, mit dem Autor abgestimmte Sammlung von Vorträgen und Aufsätzen Heinz von Foersters gibt einen Überblick über seine wichtigsten Arbeitsgebiete. Diese Sammlung soll aber zugleich auch den Lehrer und Menschen Heinz von Foerster vorstellen. Darum ist die Vortragsform vieler Beiträge beibehalten worden. Darum habe ich auch darauf verzichtet, Redundanzen (etwa bei Beispielen, Abbildungen oder Zitaten) zu tilgen, weil sie persönliche Vorlieben und Schwerpunkte des Denkens und Argumentierens von Foersters deutlich werden lassen.
Der vom Autor selbst vorgeschlagene Titel dieses Buches spiegelt in Kurzform die Pole des von Foersterschen Denkens: Epistemologie und Ethik und die Verbindung zwischen Erkennen und Verantwortung. Diesen beiden Polen lassen sich die Beiträge dieser Sammlung zuordnen, die vier thematische Schwerpunkte aufweist: (1) kybernetische Erkenntnistheorie; (2) Prinzipien der Selbstorganisation; (3) Kommunikation, Verstehen und Gedächtnis; und (4) Ethik.
Leistung und Bedeutung von Foersters würdigen zwei einleitende Beiträge von Bernard Scott und Dirk Baecker.
Heinz von Foerster – 1911 (wie er selbst gesagt hat) »in eine lebensfrohe echte Wiener Familie« hineingeboren – hat sein Leben lang gegen Selbstverständlichkeiten angedacht. Darum bin ich sicher, er wird darüber schmunzeln, daß er sich seine Festschrift selbst geschrieben hat – und das eineinhalb Jahre *nach* dem üblicherweise zelebrierten 80. Geburtstag. Bis zu seinem 82. am 13. November 1993 hat nun jeder Zeit und Gelegenheit, sie gelesen zu haben!

Siegfried J. Schmidt

Bernard Scott
Heinz von Foerster. Eine Würdigung

Einleitung

Es ist nicht möglich, in einem kurzen Artikel die Arbeit Heinz von Foersters umfassend darzustellen. Ich werde daher statt dessen versuchen, die aus meiner Sicht zentralen Themen seines Denkens überblickhaft zu vermitteln.

Ich verweise auf wichtige Veröffentlichungen, wo mir dies notwendig erscheint. Eine ausführliche Bibliographie erübrigt sich, denn das ›Biological Computer Laboratory‹ (BCL) der University of Illinois, von Foersters frühere Arbeitsstätte, hat sämtliche seiner Arbeiten auf Microfiche zugänglich gemacht (Wilson 1976).

Die veröffentlichten Arbeiten von Foersters repräsentieren allerdings nur einen Teil seiner Leistung im Feld der Kybernetik. Sein bedeutsames Wirken als eine Art ›Katalysator‹ hat viele schöpferische Geister der Kybernetik zusammengebracht und ihnen sowohl moralische als auch finanzielle Unterstützung zuteil werden lassen. (So haben sich am BCL z. B. W. Ross Ashby, Gotthard Günther, Gordon Pask, Lars Löfgren und Humberto Maturana aufgehalten.)

Heinz von Foerster hat wesentlich beigetragen, ein ›Forschungsprogramm‹ (im Sinne von Lakatos 1970) zu schaffen und aufrechtzuerhalten, dessen theoretischen Entwürfen und Zielen eine ganze Generation von Kybernetikern gefolgt ist. Daß dieses Forschungsprogramm nach wie vor lebendig und ergiebig ist, wird durch die zunehmende Anzahl der Beiträge jüngerer Kybernetiker bestätigt (von denen Varela, Glanville und Kallikourdis hervorzuheben sind).

Ein Zeichen der Wertschätzung Heinz von Foersters durch die Wissenschaftlergemeinschaft insgesamt ist die anläßlich seiner Emeritierung ihm zu Ehren herausgegebene Sondernummer der Zeitschrift der American Society for Cybernetics, *Forum*, in der sein Lebenswerk durch eine Reihe wissenschaftlicher und belletristischer Beiträge gewürdigt wird.

Die Entscheidung, den vorliegenden Artikel zu verfassen, war bereits gefallen, ehe ich von dieser Sondernummer der Zeitschrift *Forum* erfuhr und feststellen mußte, daß die Aufgabe, die ich mir gestellt hatte, schon von anderen übernommen worden war, die mehr als ich beanspruchen konnten, ein wohlbegründetes und differenziertes Urteil abzugeben. Ich hatte die Möglichkeit, zwei der Artikel noch vor ihrer Drucklegung zu lesen (Pask 1978; Beer 1978) und kann sie allen Kybernetikenthusiasten nur empfehlen. Wenn ich also auch Zweifel habe, ob das, was ich schreibe, überhaupt von Interesse und nicht ganz überflüssig ist, so lehrt mich andererseits Heinz von Foersters eigenes Beispiel, daß die Kybernetik sowohl ein persönliches als auch ein öffentliches Unternehmen ist, und ich nehme daher gerne die Gelegenheit wahr und die Herausforderung an, *meine* Sicht seiner Sicht zu artikulieren.

Anfänge: Molekulares Rechnen

Der Biologe, der Physiker, der Mathematiker und der Philosoph gehen in der Person Heinz von Foersters eine glückliche Verbindung ein. Seine ersten wissenschaftlichen Arbeiten (von Foerster 1948, 1949) befassen sich mit biologischen Rechenprozessen, und er sucht nachzuweisen, daß das Milieu oder das Gewebe der Kognition in den quantenmechanischen Veränderungen und Stabilitäten großer Moleküle gegeben ist. Damals suchten die meisten Wissenschaftler noch das Potential des Gehirns, Rechen- und Organisationsprozesse auszuführen, mit Theorien neuronaler Netze (McCulloch/Pitts 1943) und Zellaggregate (Hebb 1949) zu erklären.

Von Foerster hatte jedoch – wie nur wenige vor ihm (Schrödinger 1944 ist ein einschlägiger Beitrag aus der gleichen Zeit) – bereits erkannt, daß die Wurzel aller Kommunikation, aller Regelung und allen Rechnens in biologischen Systemen in den Eigenschaften und Verhaltensweisen großer Moleküle zu finden sind.

Zwei charakteristische Merkmale des Denkstils Heinz von Foersters stechen bereits ins Auge: seine Fähigkeit, prägnante und effektvolle Formalismen zu entwickeln, und seine Überzeugung, daß all den verschiedenen rechnenden Systemen (Makromolekülen, Hirnen, Zellen) *Formen* des Rechnens zugrunde liegen.

Das zweite Merkmal ist natürlich das besondere Kennzeichen des kybernetischen Denkens, wie es Wiener (1948) als eigenständige Disziplin zu entwickeln suchte, wie es schon von dem britischen Psychologen Craik (1943) als grundlegende philosophische Position bestimmt und wie es schließlich mit äußerster Konsequenz von W. Ross Ashby (1956) als abstrakte Wissenschaft betrieben wurde.

Der erste Höhepunkt: Selbst-Organisation

Heinz von Foersters Aufsatz über Selbstorganisation (1960) ist bereits zum Klassiker geworden.
Nicht nur hat er dazu beigetragen, daß der Ausdruck »selbstorganisierendes« System Bestandteil des allgemeinen Sprachgebrauchs und -mißbrauchs geworden ist, er hat gleichzeitig mitgeholfen, die Paradoxien, Dilemmata und Irrationalismen der Selbst-Referenz, die den menschlichen Geist seit Urzeiten amüsiert und frustriert haben, direkt anzugehen und zu durchschauen.
Man kann nur rätseln, woher er sowohl den Mut als auch den Scharfsinn dafür nahm – ein wichtiger und beherrschender Einfluß muß von seinem Onkel Ludwig Wittgenstein ausgegangen sein. Aus meiner Perspektive ist es Heinz von Foersters größte Leistung, die vor allem in Amerika stattfindenden revolutionären Entwicklungen in den Naturwissenschaften und Technologien mit ihrer starken Neigung zu pragmatischen Lösungen und ihrer Vorliebe für Mechanismen des Rechnens mit den relativ esoterischen Arbeiten Wittgensteins, des Philosophen der Alten Welt, über Logik und Erkenntnistheorie verknüpft zu haben.
Heinz von Foersters Bemühen, das Alte mit dem Neuen zu vermählen, ist in seiner Arbeit allgegenwärtig. Es zeigt sich auch in seiner Unterstützung der philosophischen Beiträge G. Günthers zur Kybernetik, vor allem aber in dem von ihm verkörperten und gepflegten europäischen Lebensstil (vgl. hierzu Pasks Ausführungen in der erwähnten *Forum*-Sondernummer).
In dem Aufsatz aus dem Jahre 1960 vollzieht Heinz von Foerster diese Vermählung auf die folgende Weise. Er bietet zunächst eine Definition des Begriffs ›Organisation‹ (im Sinne von ›geordnet‹ und nicht ›ungeordnet‹) als eine einschränkende Bedingung für einen Zustandsraum und stellt sodann fest, daß das sich selbst organisierende System, insofern es rational als ein System be-

stimmt wird, dessen Ordnung (Redundanz) zunimmt, den Beobachter unweigerlich zwingt, ständig sein Bezugssystem zu revidieren. Ein System, dessen Ordnung hinsichtlich des Bezugssystems des Beobachters stabil ist (dessen Verhaltensbahnen in dem Zustandsraum punkt- oder kreisförmig sind), ist nämlich nicht mehr selbst-organisierend, sondern im Sinne der Kybernetik ›trivial‹.

Der Beobachter muß sich dem selbst-organisierenden System selbsttätig anpassen: jede Beschreibung des Systems wird zu einer potentiell unendlichen Folge von beobachterbezogenen Rechenprozessen, deren jeder seinen Vorgänger zum Argument nimmt und diesen so in einem größeren Bezugssystem interpretiert (– der Zustandsraum wächst, neue Verhaltenskategorien werden unterschieden).

In dieser schöpferischen Phase (1960-1961) lernte Heinz von Foerster Gordon Pask kennen, und es entstanden zwei gemeinsam verfaßte Arbeiten (Pask/von Foerster 1960, 1961), die sich mit den Bedingungen des Entstehens von Koalitionen und kooperativen Tätigkeiten in sozialen Systemen beschäftigen. Sowohl die Wechselbeziehungen zwischen den an sozialen Systemen Mitwirkenden als auch die Probleme der Kommunikation und Interaktion blieben für beide beherrschende Themen (vgl. Pask 1976).

In dieser Phase ist die nicht-triviale Kybernetik in der Sicht von Foersters also ›relativistisch‹: ein System und seine Umwelt werden hinsichtlich des Bezugssystems des Beobachters definiert. In den späteren Arbeiten beobachten wir das schrittweise Entstehen einer vollständig ›reflexiven‹ Kybernetik: die Aufgabe des Beobachters schließt die Erklärung seines eigenen Funktionierens sowie seiner Entstehung ein.

Die mittlere Periode: Gedächtnis als Rechenprozeß

In mehreren Arbeiten (vgl. von Foerster 1965/45, 1969/56, 1970/58) hat sich Heinz von Foerster mit dem Gedächtnis als einem Schlüsselproblem der Erklärung der Kognition und des Bewußtseins auseinandergesetzt. In vieler Hinsicht scheinen diese Arbeiten bloße Erweiterungen und Überarbeitungen des in den ersten Aufsätzen entwickelten Forschungsprogramms zu sein, sie zeigen aber eine klar erkennbare und bedeutsame Akzentverschiebung.

Wie schon in früheren Tagen richtet von Foerster sein Augenmerk auf die molekularen Grundlagen des Rechnens, die wichtigsten Themen sind nun aber das Bemühen um die Bestimmung von ›Formen‹ des Rechnens und die notwendigen theoretischen Präzisierungen, die diese Formen als grundlegend erweisen.

Er parodiert die Spielarten der behavioristischen Psychologie (am Beispiel der statistischen Lerntheorie), indem er sie als Verfahren darstellt, die Umwelt von Organismen so zu manipulieren, daß das Verhalten der Organismen auf das Verhalten eines bestimmten probabilistischen Automaten reduziert wird: ein kybernetisch nicht-triviales System wird zu einem kybernetisch trivialen System (gemacht).

Er zeigt, daß derartige »theoretisch verarmte« wissenschaftliche und methodologische Paradigmen Wahrnehmung, Lernen und Gedächtnis nicht zufriedenstellend erklären können. In einer Arbeit aus dem Jahre 1969 enthüllt er die semantische Konfundierung des »Gedächtnisses« mit technischen Vorrichtungen der Speicherung und Wiederbereitstellung von Dokumenten (also den Mythos von einem *homunculus* im Gehirn, wie er den Jargon der Computerwissenschaften kennzeichnet), indem er zeigt, daß Wahrnehmung, Lernen und Gedächtnis notwendige Aspekte aller Kognition sind. Er bietet ein kanonisches Modell der funktionalen Minimaleinheit der Kognition, die »Maschine mit endlich vielen Funktionen«, und demonstriert, wie solche Einheiten kollektiv als Tesselierungen, als »kognitive Mosaiken«, arbeiten können.

In dieser Phase hat von Foerster noch keine uneingeschränkt reflexive Theorie des Beobachters formuliert. Auch Pasks Arbeiten über Lehren und Lernen, die viele Parallelen mit von Foersters Arbeiten zum Gedächtnis aufweisen, wagen es nicht, die herkömmlichen Paradigmen wissenschaftlicher Forschung und Erklärung aus dem Weg zu räumen.

Der theoretische Durchbruch ist vor allem zwei Einflüssen zu verdanken: dem Biologen Humberto Maturana und dem Mathematiker Lars Löfgren. Es ist kein Zufall, daß beide Wissenschaftler in jenen Jahren am BCL von Foersters tätig waren. Maturana (1970b) bietet einen klaren und konzisen Theorieentwurf der Evolution eines lebenden Systems, das in der Lage ist, als Beobachter zu handeln und damit notwendigerweise auch der Selbst-Beobachtung fähig ist. Maturanas Entwurf ist vollständig reflexiv: seine Theorie erklärt, wie sie selbst (oder irgendeine andere Theorie) entstanden ist. Von grundlegender Bedeutung ist Maturanas Erkenntnis, daß die zirkuläre (selbst-referentielle) Organisation des lebenden Systems dessen einziges invariantes definierendes Merkmal ist. Der kognitive Bereich des Symbolgebrauchs und der Beschreibung entsteht im Nexus kooperativer und konfliktärer *sozialer* Interaktionen zwischen solchen lebenden Systemen. Das ›Ich‹ entsteht zusammen mit anderen Beschreibungen in der Ontogenese wie in der Phylogenese.

Maturanas Entwurf ist nicht-formal und deskriptiv. Löfgrens (Löfgren 1968) Beitrag bestand in dem formalen Nachweis, daß selbst-referentielle Theorien als widerspruchsfreie axiomatische Systeme konstruiert werden können.

Die Veröffentlichung von Spencer Browns *Laws of Form* (1969) lieferte weitere Bestätigung dafür, daß die Probleme der Selbst-Referenz einer formalen Behandlung nicht unzugänglich bleiben müssen. Heinz von Foerster war einer der ersten, die Browns Buch als ein Meisterwerk erkannten und begrüßten (von Foerster 1969/57).

Die erste vollständig reflexive Formulierung einer Theorie der Kognition durch Heinz von Foerster selbst war seine Arbeit aus dem Jahre 1970: »Thoughts and Notes on Cognition«. Zur gleichen Zeit entwickelte Gordon Pask seine Konversationstheorie als eine neue paradigmatische Position für die Psychologie (vgl. Pask 1972).

Beide betrachteten den kognitiven Bereich ganz klar als zirkulär und selbst-referentiell. Für von Foerster (vgl. von Foerster 1973) werden die an der Konstruktion einer Realität Beteiligten durch den Beobachter unterschieden, um dem Solipsismus zu entgehen: es steht ihm aber frei, diese Entscheidung umzukehren. Für Pask (vgl. Pask 1976; Pask/Scott/Kallikourdis 1973) unterscheidet der Beobachter eines kognitiven Prozesses Teilnehmer an einer Konversation als eine notwendige Voraussetzung dafür, die Zirkularität bloßer Introspektion zu vermeiden: »*Ich* richte *meine* Aufmerksamkeit« wird zu »Teilnehmer A richtet die Aufmerksamkeit von Teilnehmer B«. Pask betrachtet alle Kognition ihrer Form nach als konversationell, als inter-subjektiv.

Neuere Arbeiten zur Selbst-Referenz

Möglicherweise angeregt durch Spencer Browns (1969) *dictum*, die Mathematik sei »ein Verfahren, immer mehr durch immer weniger zu sagen«, hat von Foerster in einigen neueren Arbeiten versucht, seine wichtigsten Einsichten zu kompakten Formulierungen zu verdichten, für die er ein Minimum an prägnanten Notationen mit maximaler Effektivität einsetzt.

In einer Arbeit aus dem Jahre 1976 wird Kognition als die Form rekursiver Rechenprozesse, als Eigen-Funktion modelliert, durch die bestimmte Relationen, »Objekte«, »Eigen-Werte«, in stabiler Weise errechnet werden.

In einer anderen Arbeit (von Foerster 1974/77.1) werden Ereignisse (die von Dauer sind) und Objekte (die Ausdehnung besitzen) als komplementäre Formen von Rechenprozessen aufgewiesen: das eine ist ein stabiles Argument für die Errechnung des anderen. Ein Ereignis kann als Objekt neu errechnet werden (etwa als Bild, Aufzeichnung, Programm), ebenso kann ein Objekt als Ereignis neu errechnet werden (das Programm wird ausgeführt; das Bild wird interpretiert; die Aufzeichnung wird vorgeführt).

Das Bild wird abgerundet durch die reflexive Anwendung dieses Prinzips auf den Beobachter: ein Beobachter ist ein Ereignis, das sich selbst als sein eigenes, letztgültiges Objekt errechnet (beschreibt).

Abschließende Bemerkungen:
Heinz von Foerster und die Praxis der Kybernetik

Meine Bemerkungen haben sich bis jetzt mit den Arbeiten des Denkers Heinz von Foerster beschäftigt. Für die Welt des Alltags, für das praktische Handeln mögen von Foersters Einsichten überflüssig, unverständlich und ohne praktischen Nutzen erscheinen.

Ich möchte durch meine abschließenden Bemerkungen versuchen, dieses schiefe Bild zu korrigieren, und zwar durch die Demonstration einiger weiterer von Foersterscher Abstraktionskunststücke.

Heinz von Foerster hat vielfach in ganz unmittelbarer Weise mitgeholfen, Angelegenheiten von praktischer Bedeutung wahrzunehmen und mitzugestalten: Informationsmanagement (von Foerster 1965/45; 1967/57; 1980/86), Computerarchitektur (von Foerster 1962/35; 1967/48; 1968/52; 1973/71; 1980/85), (Aus-)Bildung, besonders der Ausbildung von Kybernetikern (von Foerster 1971/67; 1972/69; 1972/70; 1974/73; 1975/82; 1982/94; 1987/110).

Er hat sich ständig bemüht, den ethischen Standpunkt klarzulegen, der den Kern aller guten kybernetischen Praxis ausmacht. So stellt er fest (von Foerster 1974/77.1), daß das Leben »*in vivo*, nicht *in vitro*« erforscht werden müsse, daß wir »in jedem Augenblick unseres Lebens die Freiheit haben, auf die Zukunft hin zu handeln, die wir uns wünschen« (von Foerster 1972/70.), und daß »die Gesetze der Natur vom Menschen geschrieben werden, die Gesetze der Biologie sich selber schreiben müssen« (von Foerster 1972/69.).

Mit der zunehmenden Einsicht des Menschen in seine eigene Natur wächst auch seine Freiheit, neue Welten zu erfahren, zu konstruieren, zu entdecken und zu erkunden. Diese Einsicht läßt gleichzeitig seine Verantwortung für diese seine Welt und für seinen Ort in ihr deutlich werden.

Zum guten Schluß formuliert von Foerster – obwohl seine Vorschläge stets mit bestimmter ethischer Überzeugung vorgetragen werden – ein knappes Epigramm, ein kybernetisches Rezept für effektives Handeln mit Bezug auf gegebene Ziele, das für die Erreichung jedweden Ziels, ob gut, ob böse, genutzt werden kann: »Handle stets so, daß die Anzahl der Wahlmöglichkeiten größer wird!« (von Foerster 1973/72).

Durch sein eigenes Beispiel beflügelt, möchte ich selbst Heinz von Foerster das folgende Epigramm darbieten: »Es ist das höchste Ziel (*eidos*), untadelig zu handeln; es gibt dafür die einfachste Lösung (*techne*): lasse die Tatsachen für sich selbst sprechen.«

Dirk Baecker
Kybernetik zweiter Ordnung

Wenn es in diesem Jahrhundert so etwas wie eine zentrale intellektuelle Faszination gibt, dann liegt sie wahrscheinlich in der Entdeckung des Beobachters. Es ist schwer zu sagen, ob die beiden anderen großen Theoriethemen dieses Jahrhunderts, die Sprache und die Selbstreferenz, Voraussetzungen oder Folgen dieser Entdeckung sind. Noch schwerer wäre inzwischen die Frage zu entscheiden, welche Wissenschaften tiefer in sie verstrickt sind, Physik, Biologie, Psychologie oder Soziologie. Es kommt auch nicht darauf an, diese Frage zu entscheiden. Nur ein Beobachter könnte sie entscheiden, und ein anderer Beobachter hätte dann Anlaß zurückzufragen – ganz zu schweigen von den zahlreichen Beobachtern, die in allen Wissenschaften die Entdeckung des Beobachters am liebsten wieder streichen würden, weil sie mit Recht sehen, daß die traditionelle Logik und Wissenschaftstheorie ernsthaft in Gefahr geraten.
Es kann angesichts der Radikalität der Umstellungen, die sowohl im epistemologischen Selbstverständnis der Wissenschaften wie auch in den Beschreibungen und Neubeschreibungen der Welt auf uns zukommen, nicht überraschen, daß der Beobachter zunächst einmal aus dem Geschäftsgang des wissenschaftlichen Betriebes herausgenommen und einer kleinen Gruppe von Wissenschaftlern überlassen wurde, die diese Sache zu ihrer eigenen machten und auf ihre eigenen Schultern die Skepsis luden, die letztlich der Entdeckung selber galt. Im Zentrum dieser kleinen Gruppe, als ihren Schriftführer zunächst und dann als ihren *spiritus rector*, findet man Heinz von Foerster. Von 1949 bis 1955 ist er der Herausgeber der für die Entfaltung der Kybernetik entscheidenden Tagungen der Josiah Macy, Jr., Foundation, auf denen sich Wissenschaftler wie Warren McCulloch, Norbert Wiener, Gregory Bateson, Margaret Mead und John von Neumann um ein Verständnis zirkulär geschlossener und rückgekoppelter Mechanismen in lebenden, neuronalen und sozialen Systemen bemühten. Die Frage nach dem Beobachter, die er aus Wien, vielleicht noch ohne es recht zu wissen, mitgebracht hatte, stellte sich

für von Foerster auf diesen Tagungen als der blinde Fleck der Kybernetik heraus. Nichts lag daher näher, als zu versuchen, diesen blinden Fleck zu beobachten. Denn der blinde Fleck ist, in leicht metaphorischer Redeweise, eben nicht nur der Grund dafür, daß man bei allem, was man beobachtet, immer auch etwas übersieht, sondern wesentlicher noch gerade als dieses punktuelle Zugeständnis an das Nichtsehen die Voraussetzung allen Sehens.

1957 gründete von Foerster an der University of Illinois das heute schon legendäre Biological Computer Laboratory, das bis 1976 mit Humberto R. Maturana, W. Ross Ashby, Gotthard Günther, Lars Löfgren und Gordon Pask einige jener Denker zusammenführte, die sich wie kaum jemand sonst auf die Beobachtung und Beschreibung blinder Flecken verstanden. Dort wurde 1973 die Kybernetik der Kybernetik, die Kybernetik zweiter Ordnung entwickelt, die sich angesichts der mit der Kybernetik erster Ordnung damals noch verbundenen technokratischen Steuerungs- und Kontrolleuphorie zunächst als Rückzugsposition ausnahm oder vielleicht auch tarnte, tatsächlich jedoch durch eine einfache Anwendung der Kybernetik auf die Kybernetik die Überwindung dieser Euphorie darstellt. In der Kybernetik zweiter Ordnung geht es um die Beobachtung von Beobachtern, um die Beobachtung beobachtender Systeme. *Observing systems* ist der dafür angemessen doppeldeutige Titel des 1981 erschienenen Buches.

Das Faszinosum wie auch das Skandalon der Entdeckung des Beobachters liegt in dem so einfachen wie verwirrenden Umstand, daß man Blindheit und Einsicht aller kognitiven Prozesse zusammen als die eine Seite einer Medaille erkennen muß, deren andere Seite wir nicht kennen. Zwischen Blindheit und Einsicht können wir – wie umständlich, aufregend oder einschläfernd auch immer – hin und her wechseln. Für die Beobachtungen erster Ordnung, die Beobachtung von Sachverhalten, genügt das allemal. Erst auf der Ebene der Beobachtungen zweiter Ordnung, der Beobachtung von Beobachtungen, fällt auf, daß Sachverhalte immer nur Sachverhalte für einen Beobachter sind und daß der Beobachter nicht sieht, was er nicht sieht. Von der Aufklärung über den Roman und die Ideologiekritik bis zur Hermeneutik und Psychoanalyse macht man sich dies zunutze und beobachtet statt der Sachverhalte den Beobachter. Aber das Problem liegt tiefer. Das Problem liegt darin, wie Heinz von Foerster bündig formuliert, daß der Beobachter nicht sieht, daß er nicht sieht, was er nicht sieht. Einsicht und Blindheit sind die eine Seite einer Unterscheidung, deren andere Seite wir nicht kennen.

Seit der auf Kant reagierenden deutschen Romantik bis hin zur französischen Gegenwartsphilosophie wird erprobt, wie mit dieser Entdeckung umzugehen wäre. Der Idealismus verankert alle Möglichkeiten der Einsicht in einem göttliche Referenzen bergenden und darum transzendentalen menschlichen Bewußtsein. Die Romantik streicht die Transzendenz um einer wohlverstandenen Mystik willen, die das Individuum selbst auf der der Einsicht und der Blindheit gegenüberliegenden Seite der Medaille zu plazieren sucht. Unter Titeln wie »Unverständlichkeit« und »Ironie« wurde daraus ein Programm, das bis heute seine Vertreter hat. Tatsächlich läuft diese Mystik auf eine Naturalisierung der Transzendenz heraus, wie unschwer zu erkennen ist, wenn man sich den jeweiligen Umgang mit Unterscheidungen genauer ansieht. Das Instrument, seinerseits bisher weithin unterschätzt, mit dem man diese Zusammenhänge untersuchen und beschreiben könnte, ist die Unterscheidungslogik und Formentheorie von G. Spencer Brown (1969). Man sähe dann auch, daß der Konstruktivismus, die dritte große Antwort auf die Entdeckung des Beobachters und die eigentliche Wiederentdeckung dieser Entdeckung in unserem Jahrhundert, sowohl in einer bedeutenden Tradition steht wie auch zu vollkommen anderen Überlegungen führt.

Heinz von Foersters Kybernetik zweiter Ordnung ist zusammen mit G. Spencer Browns Unterscheidungstheorie und Humberto Maturanas Konzept der Autopoiesis (1982) einer der drei Schlußsteine im Gebäude des Konstruktivismus. Es handelt sich allerdings um Schlußsteine in einem Gebäude, das allen Anforderungen an postmoderne Architektur genügt: Innen und Außen kann hier nur jeder Beobachter für sich unterscheiden, und wenn er sich bewegt, bewegt sich die Unterscheidung mit ihm. Von Multiperspektivität und Dezentralität zu reden verbietet sich nur deswegen, weil diese Begriffe noch eine Gesamtansicht suggerieren. Tatsächlich handelt es sich um ein Netzwerk, das selbst eines seiner Elemente ist, von denen jedes einzelne in heterarchischen Beziehungen zu allen anderen steht, die aller linearen und transitiven Logik spotten. Die Zirkularität oder, mit Heinz von Foerster, der Verlust eines Freiheitsgrades, ist das »Gesetz« der Relationierung dieser Elemente: Es kann geschehen, was will, wenn nur jedes Ende zugleich ein Anfang ist. Notwendigkeit liegt nicht in dem, was geschieht, sondern zugleich restriktiver und permissiver nur darin, daß etwas geschieht.

Aber auch für Heinz von Foersters Kybernetik zweiter Ordnung gilt, was für den Konstruktivismus insgesamt gilt. Auch hier ist jedes einzelne Konzept immer Element, Relation und Distinktion zugleich innerhalb eines Gesamtentwurfs, der sich als solcher nur selten zu erkennen gibt. Darin steckt natürlich wiederum Methode, kann doch jeder Beobachter sich seinen Entwurf nur selbst zusammenstellen. Eine eigentümliche Gemengelage von Restriktivität und Permissivität kennzeichnet nicht nur den Tonfall der Überlegungen von Foersters, sondern ist zugleich auch so etwas wie deren wichtigste Aussage über die Realität. Den vielleicht treffendsten Ausdruck dafür findet man in der Unterscheidung von System und Umwelt, die in der einflußreichen Arbeit »Über selbstorganisierende Systeme und ihre Umwelten« zu dem berühmten *Order-from-noise*-Prinzip entfaltet wird, das die Selbstorganisationsforschung bis heute in Atem hält. *Order from noise*, das ist auch Heinz von Foersters Antwort auf die Frage, was die Beobachtung von Beobachtungen jemals über die beobachtungsabgewandte Seite der Kognition in Erfahrung bringen wird.

Wie ein roter Faden durchzieht das Thema der Rekursion die Arbeiten von Foersters. In den beiden Arbeiten »Gedanken und Bemerkungen über Kognition« und »Gegenstände: greifbare Symbole für (Eigen-)Verhalten« zeigt er, wie Rekursivität im Sinne einer Wiedereinführung von Funktionen als Argumente ihrer selbst innerhalb eines Prozesses des Berechnens von Berechnungen sowohl zur Entfaltung der Welt des Beobachters wie auch zur Kondensierung diskreter und stabiler Objekte (Eigenwerte) in dieser Welt führt. Interessant ist daran unter anderem, daß Rekursion weder Emergenz noch ausgezeichnete Anfänge voraussetzt. An die Stelle solcher Aussagen über die Bedingungen der Möglichkeit eines Systems in der Umwelt des Systems setzt der Konstruktivismus die Annahme der operationalen Geschlossenheit des Systems. Die Primärargumente, wenn es welche gibt, verschwinden und machen Eigenwerten Platz, die durch jeden neuen Schritt des zirkulären Prozesses der Rekursion bestätigt werden, solange er läuft. Ganz nebenbei muß sich dieser Prozeß als die Entfaltung einer zentralen Paradoxie behaupten, die Ranulph Glanville einmal auf den Nenner brachte: dasselbe ist anders (1988). Ohne diese Paradoxie liefe sich die Rekursion in der Tautologie fest, was sie sich, wenn man so sagen darf, immer nur momentweise leisten kann, also nur dann, wenn gleichzeitig auch etwas anderes geschieht.

Paradoxien und Tautologien können selbstreferentiell operierende Systeme nicht nur nicht vermeiden, sie erzeugen sie laufend selbst. Wie sie dies tun, und wie sie Paradoxien und Tautologien immer wieder auch entfalten, also auflösen und invisibilisieren, um die eigenen Folgeoperationen und das heißt sich selbst zu ermöglichen, gehört vermutlich mit zur Beschreibung der beobachtungsabgewandten Seite der Kognition. Denn hier geht es um die Einführung von Unterscheidungen und auch um das Wechseln zwischen Unterscheidungen, um Phänomene also, die, so selbstverständlich sie scheinen, noch kein Konstruktivist bisher hat beschreiben können. In diesem Punkt bleibt jedes System, einschließlich des Beobachters, für sich selbst wie für andere eine black box. Und das mag daran liegen, daß keine Beobachtung sich selbst beobachten kann, es sei denn mit Hilfe einer neuen Beobachtung, für die dann wieder dasselbe (!) gilt. Aber möglicherweise ist von Foersters Beschreibung des Umgangs eines binokularen Wahrnehmungssystems mit dem Rechts-Links-Widerspruch in dem großen Aufsatz über »Was ist Gedächtnis ...?« ein Modell für die Selbsterzeugung der Beobachtung.

Es wird gegenwärtig ein großer Streit mit Recht sehr kleinlich über die Frage geführt, für welche *domains*, wie Maturana sagt, man die Existenz kognitiv operierender, also anhand von Unterscheidungen beobachtender Systeme annehmen kann. Bisher ist man sich nur darüber einig, daß Kognition nichts ist, was außer Gott den Menschen vorbehalten wäre. Aber ob man neben neuronalen auch molekulare und zelluläre oder psychische und soziale Systeme als kognitive Systeme beschreiben kann, ist unentschieden. Der Streit wird um so kleinlicher geführt, je mehr man an die empirische Überprüfbarkeit der jeweiligen Annahmen glaubt. Aber mit der Empirie ist es unter konstruktivistischen Vorzeichen so eine Sache. Auch sie ist im doppelten Sinne nur als Empirie von Beobachtern zu fassen, als Empirie für Beobachter und als Empirie der Beobachter. Das macht sie entgegen allen positivistischen Hoffnungen zum Einfallstor für Dogmatik schlechthin – wie nicht zuletzt der Positivismus selber immer wieder veranschaulicht. Der Konstruktivismus begreift den Verlust der »Objektivität« jedoch nicht als Dilemma, sondern ganz im Gegenteil als eine fruchtbare Fragedirektive. Auch die Frage, für welche *domains* man sinnvoll von Kognition sprechen könne, verlagert er auf die Ebene der Kybernetik zweiter Ordnung, das heißt auf die Ebene der Beobachtung von Beobachtungen, wo sie als die Frage zu formulieren ist, in welchem Sinne man etwa Moleküle, Zellen, neuronale Systeme, Immunsysteme, psychische und soziale Systeme als anhand von Distinktionen beobachtende Systeme beobachten kann. Diese Frage wird gegenwärtig reichhaltig diskutiert. Freilich ist man sich dabei nicht immer darüber im klaren, daß man diese Frage nur unter Rekurs auf Sinn stellen und behandeln kann, das heißt, wie Maturana sagen würde, nur innerhalb der Sprache, oder, wie Niklas Luhmann sagen würde, nur innerhalb der Operationsweise psychischer und sozialer Systeme. Was wir jemals über Kognitionen physischer, chemischer, biologischer oder künstlich-intelligenter und anderer Systeme herausfinden werden, wir werden es nur innerhalb der uns erreichbaren Operationsweise herausfinden, also durch Bewußtsein oder Kommunikation. Das ist die unumgängliche Restriktion jeder Theorie der Beobachtung, aber auch die Voraussetzung dafür, daß wir überhaupt etwas herausfinden. Und etwas »herauszufinden« heißt hier wie immer: Vergleich der eigenen Kenntnisse mit den eigenen Kenntnissen, Kognition der eigenen Kognition.

Wenn man den Beobachter nicht entdeckt hätte, hätte man ihn erfinden müssen. Er ist die Bedingung dafür, daß die Chancen rapide abnehmen, selbstreferentiell operierende Systeme noch in irgendeinem Sinne als Trivialmaschinen zu beschreiben, die getreulich immer denselben Input mit demselben Output beantworten. Das Konzept der Nicht-Trivialmaschine, das von Foerster in dem Vortrag über »Prinzipien der Selbstorganisation« vorstellt, ist bestens geeignet, Physikern und Biologen, Psychologen und Soziologen, Ökonomen und Pädagogen immer wieder vor Augen zu führen, daß selbstreferentiell operierende Systeme undeterminierbar und unvorhersehbar sind. Der Grund dafür mag überraschen: Sie sind undeterminierbar und unvorhersehbar, weil sie eine Geschichte haben, auf die sie selbst laufend Bezug nehmen und die keinem Beobachter weder vollständig geschweige denn je aktuell zur Verfügung stehen kann. Die fatale Unterschei-

dung zwischen Subjekt und Objekt wird dadurch gesprengt, daß das Objekt seinerseits als das sich selbst Zugrundeliegende aufgefaßt wird, also als Subjekt.
Heinz von Foerster unterstreicht eindringlich das ethische Potential, das in der Kybernetik der Kybernetik steckt. Sicherlich hätte er, auch auf diesem Feld bewandert, den Beobachter herbeigezaubert, wäre er nicht entdeckt worden.

Über das Konstruieren von Wirklichkeiten

»Triff eine Unterscheidung!«
(Spencer Brown 1972, S. 3)

Das Postulat

Sicher kennen Sie den Bürger Jourdain in Molières Stück »Der Bürger als Edelmann«, der sich als Neureicher in den gebildeten Kreisen der französischen Aristokratie bewegt und großen Lerneifer an den Tag legt. Als eines Tages unter seinen neuen Freunden von Dichtung und Prosa die Rede ist, entdeckt Jourdain zu seinem Erstaunen und mit übergroßer Freude, daß er immer dann, wenn er spricht, *Prosa* spricht. Er ist von dieser Entdeckung überwältigt: »Ich spreche Prosa! Ich habe immer schon Prosa gesprochen! Ich habe mein ganzes Leben lang Prosa gesprochen!«
Eine ähnliche Entdeckung ist vor nicht allzu langer Zeit gemacht worden, es handelte sich dabei aber weder um Dichtung noch um Prosa – es war die Umwelt, die entdeckt wurde. Ich erinnere mich noch, wie vor vielleicht 10 oder 15 Jahren einige meiner amerikanischen Freunde zu mir gelaufen kamen, voll der Freude und des Erstaunens über ihre gerade gemachte große Entdeckung: »Ich lebe in einer Umwelt! Ich habe immer schon in einer Umwelt gelebt! Ich habe mein ganzes Leben lang in einer Umwelt gelebt!«
Weder Monsieur Jourdain noch meine Freunde haben aber bis heute eine andere Entdeckung gemacht: Wenn Monsieur Jourdain spricht, sei es Prosa oder Dichtung, dann ist er selbst es, der diese erfindet; und immer dann, wenn wir unsere Umwelt wahrnehmen, sind wir selbst es, die diese Umwelt erfinden.
Jede Entdeckung hat ihre leidvolle und ihre erfreuliche Seite: Es bereitet Schmerzen, mit einer neuen Einsicht fertig zu werden, und Freude, diese Einsicht gewonnen zu haben. Ich sehe den einzigen Zweck meines Vortrags darin, für all jene, die diese Entdeckung noch nicht gemacht haben, die Leiden zu vermindern und die Freude zu erhöhen, andererseits all jene, die diese Ent-

deckung bereits gemacht haben, wissen zu lassen, daß sie nicht allein sind. Die Entdeckung, die jeder von uns für sich selbst machen muß, ist im folgenden Postulat ausgedrückt:

Die Umwelt, die wir wahrnehmen, ist unsere Erfindung.

Es liegt nun an mir, diese unerhörte Behauptung zu rechtfertigen. Ich will dies folgendermaßen tun: Zunächst möchte ich Sie einladen, an einem Experiment teilzunehmen; darauf werde ich einen klinischen Fall sowie die Ergebnisse zweier Experimente darstellen. Danach möchte ich eine Interpretation und sodann eine dicht gedrängte Darstellung der neurophysiologischen Basis dieser Experimente und meines eben formulierten Postulats anbieten. Abschließend möchte ich versuchen, die Bedeutung alles dieses für ästhetische und ethische Überlegungen klarzumachen.

Die Experimente

1. Der blinde Fleck

Abbildung 1

Halten Sie das Buch mit der rechten Hand, schließen Sie das linke Auge und fixieren Sie den Stern in Abbildung 1 mit dem rechten Auge. Bewegen Sie sodann das Buch langsam entlang der Sehachse vor und zurück, bis der Abstand erreicht ist (ca. 30 bis 35 cm), bei dem der große schwarze Punkt verschwindet. Wenn der Stern gut fixiert wird, bleibt der Punkt unsichtbar, auch wenn das Buch langsam parallel zu sich selbst in beliebiger Richtung bewegt wird. Diese lokalisierte Blindheit ist eine direkte Folge des Fehlens von Photorezeptoren (Stäbchen und Zapfen) an dem Punkt der Retina, dem »blinden Fleck«, wo alle Fasern von der lichtempfindlichen Schicht des Auges zusammenkommen und den Sehnerv bilden. Es liegt auf der Hand, daß der Punkt, wenn er auf den blinden Fleck projiziert wird, nicht gesehen werden kann. Es ist zu betonen, daß diese lokalisierte Blindheit nicht als dunkle Wolke in unserem visuellen Feld wahrgenommen wird (eine dunkle Wolke sehen würde bedeuten, daß man »sieht«), sondern daß diese Blindheit *überhaupt* nicht wahrgenommen wird, d. h. weder als etwas, das gegeben ist, noch als etwas, das fehlt: Wir sehen nicht, daß wir nicht sehen.

2. Skotom

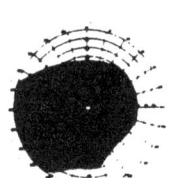 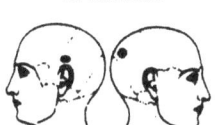 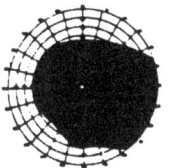

Abbildung 2

Bestimmte gut lokalisierte Okzipitalläsionen im Gehirn (z. B. Verletzungen durch Hochgeschwindigkeitsprojektile) heilen relativ schnell, ohne daß sich der Patient irgendeines bemerkbaren Verlustes seines Sehvermögens bewußt wird. Nach einigen Wochen macht sich jedoch beim Patienten eine gewisse motorische Dysfunktion bemerkbar, z. B. der Verlust der Kontrolle von Arm- oder Beinbewegungen auf der einen oder der anderen Seite und ähnliches. Klinische Tests zeigen jedoch, daß im motorischen System nichts fehlt, daß es aber in einigen Fällen zu einem beträchtlichen Verlust eines großen Teils des visuellen Feldes kommt (*Skotom*; vgl. Teuber 1961). Die erfolgreiche Therapie besteht darin, dem Patienten über einen Zeitraum von ein bis zwei Monaten die Augen zu verbinden, bis er die Beherrschung seines motorischen Systems dadurch wiedergewinnt, daß er seine »Aufmerksamkeit« von (nicht-existenten) visuellen Hinweisen auf seine Körperstellung auf jene (normal arbeitenden) Kanäle umstellt, die *direkte* Hinweise auf seine Körperstellung aus (propriozeptiven) Sensoren in Muskeln und Gelenken liefern. Wiederum ist zu betonen, daß das »Fehlen von Wahrnehmung« *nicht* wahrgenommen und daß die Fähigkeit wahrzunehmen durch sensomotorische Interaktion wieder aufgebaut wird. Dies läßt mich zwei Metaphern formulieren:

(a) »Wahrnehmen ist Handeln«.
(b) »Wenn ich nicht sehe, daß ich blind bin, dann bin ich blind; wenn ich aber sehe, daß ich blind bin, dann sehe ich.«

3. Alternanten

Ein einzelnes Wort wird auf ein Tonband gesprochen, und das Band wird sodann (ohne Knackgeräusch) zu einer Schleife zusammengeklebt. Das Wort wird daraufhin immer wieder mit eher großer als kleiner Lautstärke abgespielt. Nach ein bis zwei Minuten des Zuhörens (nach 50 bis 150 Wiederholungen) verwandelt sich das bis dahin klar wahrgenommene Wort ganz abrupt in ein anderes sinnvolles und klar wahrgenommenes Wort: in eine »Alternante«. Nach 10 bis 30 Wiederholungen dieser ersten Alternante springt diese plötzlich in eine zweite Alternante um usw. (Naeser/Lilly 1971). Ich gebe im folgenden eine kleine Auswahl der 758 Alternanten, die von etwa 200 Versuchspersonen genannt wurden, denen das Wort COGITATE in der geschilderten Weise immer wieder vorgespielt wurde: AGITATE; ANNOTATE; ARBITRATE; ARTISTRY; BACK AND FORTH; BREVITY; ÇA D'ETAIT; CANDIDATE; CAN'T YOU SEE; CAN'T YOU STAY; CAPE COD YOU SAY; CARD ESTATE; CARDIO TAPE; CAR DISTRICT; CATCH A TAPE; CAVITATE; CHA CHA CHE; COGITATE; COMPUTATE; CONJUGATE; CONSCIOUS STATE; COUNTER TAPE; COUNT TO TEN; COUNT TO THREE; COUNT YER TAPE; CUT THE STEAK; ENTITY; FANTASY; GOD TO TAKE; GOD YOU SAY; GOT A DATE; GOT YOUR PAY; GOT YOUR TAPE; GRATITUDE; GRAVITY; GUARD THE TIT; GURGITATE; HAD TO TAKE; KINDS OF TAPE; MAJESTY; MARMALADE ...

4. Begreifen

An verschiedenen Stellen der Hörbahn im Gehirn einer Katze werden Mikroelektroden eingepflanzt, mit denen die lokalen nervösen elektrischen Signale registriert werden können – beginnend bei den Nervenzellen, die als erste akustisch gereizt werden (in der »Schnecke« des Innenohrs), bis hinauf zu den Zellen im Hörzentrum der Großhirnrinde (Worden 1959). Die derart präparierte Katze wird in einen Käfig gesetzt, in dem sich ein Futterbe-

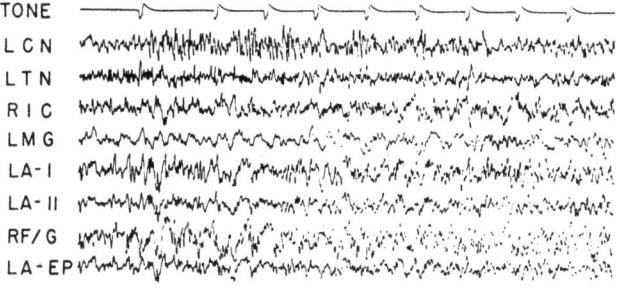

Abbildung 3

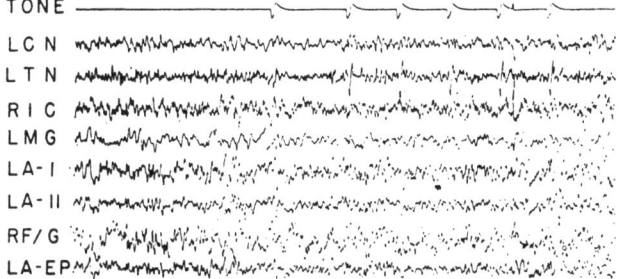

Abbildung 4

hälter befindet, dessen Deckel durch Niederdrücken eines Hebels geöffnet werden kann. Die Verbindung zwischen Hebel und Deckel funktioniert jedoch nur dann, wenn wiederholt ein bestimmter Einzelton (in diesem Falle C_6, d. h. etwa 1000 Hz) präsentiert wird. Die Katze muß lernen, daß C_6 Futter »bedeutet«. Die Abbildungen 3 bis 6 zeigen die Muster der Nerventätigkeit an acht Stellen der Hörbahn in aufsteigender Ordnung und bei vier aufeinanderfolgenden Stadien dieses Lernprozesses (Worden 1959). Das Verhalten der Katze, das mit den abgeleiteten neuronalen Aktivitäten verknüpft ist, ist für Abbildung 3 »zufällige Suche«, für Abbildung 4 »Prüfung des Hebels«, für Abbildung 5 »Hebel sofort niedergedrückt«, und für Abbildung 6 »Katze geht direkt auf den Hebel zu (volles Verstehen)«. Es ist zu betonen, daß kein Ton wahrgenommen wird, solange dieser Ton uninter-

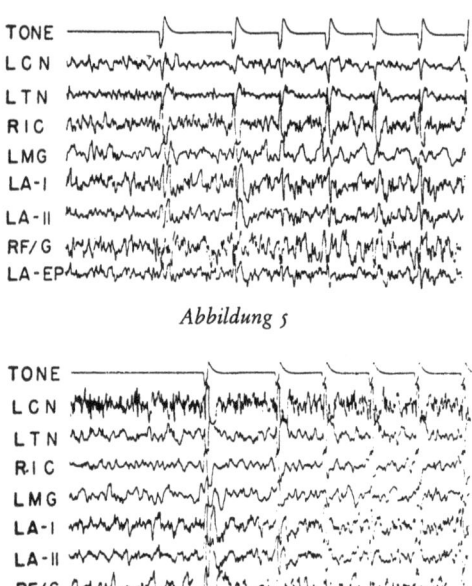

Abbildung 5

Abbildung 6

pretiert ist (Abbildungen 3 und 4: reines Rauschen), daß aber das ganze System mit dem ersten »Piepton« in Aktion tritt (Abbildung 5 und 6: Rauschen wird zum Signal), wenn dieser Reiz »begriffen« wird, das heißt, wenn *unsere* Wahrnehmung von »piep«, »piep«, »piep«, in der Wahrnehmung der *Katze* »Futter«, »Futter«, »Futter« bedeutet.

Interpretation

Ich habe in diesen Experimenten Beispiele zitiert, bei denen wir etwas sehen oder hören, was gar nicht »da« ist, oder bei denen wir *nicht* sehen oder hören, was »da« ist, es sei denn, unsere Koordination von Sinneswahrnehmung und Bewegung erlaubt uns, das, was da zu sein scheint, zu »erfassen«. Ich möchte diese Beobach-

tung noch dadurch bekräftigen, daß ich das »Prinzip der undifferenzierten Kodierung« vortrage:
»Die Erregungszustände einer Nervenzelle kodieren *nur* die Intensität, aber *nicht* die Natur der Erregungsursache (kodiert wird nur: »So-und-soviel an dieser Stelle *meines* Körpers«, aber nicht was).«
Betrachten wir z. B. eine lichtempfindliche Rezeptorzelle in der Retina, ein »Stäbchen«, das die von einer fernen Quelle ausgehende elektromagnetische Strahlung absorbiert. Diese Absorption verursacht eine Veränderung des elektrochemischen Potentials des Stäbchens, die schließlich eine periodische elektrische Entladung in Zellen auf einer höheren Ebene des postretinalen Netzwerks verursacht (siehe Abbildung 11), und zwar mit einer Periodizität, die der Intensität der absorbierten Strahlung entspricht, die aber kein Anzeichen dafür enthält, daß es elektromagnetische Strahlung war, die das Stäbchen zu feuern veranlaßte. Das gleiche gilt für jeden beliebigen anderen sensorischen Rezeptor, die Geschmacksknöspchen, die Druckrezeptoren und alle die anderen Rezeptoren, die mit den Sinneswahrnehmungen des Geruchs, der Wärme und Kälte, der Klänge und Geräusche usw. verbunden sind: Sie sind alle »blind«, was die *Qualität* ihrer Stimulierung angeht, und reagieren nur auf deren *Quantität*. Auch wenn wir dies überraschend finden, sollte es uns doch nicht verwundern: »da draußen« gibt es nämlich in der Tat weder Licht noch Farben, sondern lediglich elektromagnetische Wellen; »da draußen« gibt es weder Klänge noch Musik, sondern lediglich periodische Druckwellen der Luft; »da draußen« gibt es keine Wärme und keine Kälte, sondern nur bewegte Moleküle mit größerer oder geringerer durchschnittlicher kinetischer Energie usw. Und schließlich gibt es »da draußen« sicherlich keinen Schmerz. Da nun die physikalischen Eigenschaften des Reizes – seine *Qualität* – von der Nervenaktivität nicht enkodiert werden, stellt sich die fundamentale Frage, wie unser Gehirn denn die überwältigende Vielfalt dieser farbenprächtigen Welt hervorzaubern kann, wie wir sie in jedem Augenblick unseres bewußten Lebens erfahren, – und manchmal sogar, wenn wir schlafen und träumen. Dies ist das »Problem der Kognition«, die Suche nach einem Verständnis kognitiver Prozesse. Die Art, in der eine Frage gestellt wird, bestimmt die Art, in der sie beantwortet werden kann. Es liegt also nun an mir, das »Problem der Kognition« auf solche Weise

zu formulieren, daß die theoretischen Werkzeuge eingesetzt werden können, über die wir heute verfügen. Zu diesem Zwecke möchte ich »Kognition« auf folgende Weise umschreiben (→):

KOGNITION → Errechnung einer Realität.

Damit provoziere ich sicherlich einen Sturm entrüsteter Einwände. Zunächst scheint es, als ob ich den unbekannten Begriff »Kognition« durch drei andere Begriffe ersetze, wovon zwei, »Errechnung« und »Realität«, noch undurchsichtiger sind als mein Definiendum, während das einzige bestimmte Wort, das ich gebrauche, der unbestimmte Artikel »eine« ist. Darüber hinaus legt der Gebrauch des unbestimmten Artikels die lächerliche Vorstellung nahe, daß es noch andere Realitäten neben »der« einen und einzigen Realität, nämlich unserer geliebten eigenen Umwelt gibt; und schließlich scheint es, als ob ich durch den Gebrauch des Ausdrucks »Errechnung« ausdrücken möchte, daß alles, von meiner Armbanduhr bis zu den Milchstraßensystemen des Universums, bloß errechnet wird und nicht schlicht »da« ist. Unerhört!

Lassen Sie mich diese Einwände einen nach dem anderen abhandeln. Zunächst möchte ich das semantische Unbehagen beseitigen, das Ausdrücke wie »Rechnen« oder »Errechnung« in einer Versammlung von Damen und Herren verursachen müssen, die stärker den Geisteswissenschaften als den Naturwissenschaften zuneigen.

Das Wort »rechnen« kommt von einem im Hochdeutschen nicht mehr vorhandenen Adjektiv, das »ordentlich, genau« bedeutet. »Rechnen« heißt also ursprünglich »in Ordnung bringen, ordnen«. Dazu gehört u. a. auch »Rechenschaft« und »recht«. Es braucht damit also keineswegs auf numerische Größen Bezug genommen zu werden.

Ich möchte den Begriff des »Rechnens« in diesem sehr allgemeinen Sinn verwenden, um jede (nicht notwendig numerische) *Operation* zu benennen, die beobachtete physikalische Entitäten (»Objekte«) oder deren Symbole transformiert, modifiziert, ordnet, neu anordnet usw. So spreche ich z. B. von Errechnen, wenn ich die drei Buchstaben A, B, C einfach so umstelle, daß der letzte an die erste Stelle tritt: C, A, B. In ähnlicher Weise nenne ich die Operation eine Errechnung, die die Kommas zwischen den Buchstaben beseitigt: CAB, in gleicher Weise die semantische Transformation, die CAB zu TAXI verändert usw. Als nächstes möchte ich den Gebrauch des unbestimmten Artikels im Ausdruck »eine Realität« verteidigen. Ich könnte mich hier natürlich hinter dem logischen Argument verschanzen, daß ich mit meiner Lösung des allgemeinen Falles, wie er durch das »ein« angedeutet wird, auch jeden speziellen Fall, wie er durch den Gebrauch des »die« ausgedrückt wird, gelöst habe. Meine Absicht ist aber viel radikaler. Es gibt eine tiefe Kluft zwischen dem »die«-Denken und dem »eine«-Denken, wofür wiederum die Begriffe »Bestätigung« bzw. »Korrelation« jeweils als erklärende Paradigmen der Wahrnehmung gelten. Die »die«-Auffassung meint: Meine Tastwahrnehmung ist eine *Bestätigung* meiner visuellen Wahrnehmung, daß da ein Tisch steht. Die »eine«-Auffassung meint: Meine Tastwahrnehmung in *Korrelation* mit meiner visuellen Sinneswahrnehmung *erzeugt* eine Erfahrung, die ich als »Hier steht ein Tisch« beschreiben kann. Ich lehne die »die«-Position aus epistemologischen Gründen ab, denn auf diese Weise wird das ganze Problem der Kognition einfach in den blinden Fleck des Erkennens abgedrängt: Man merkt nicht einmal mehr, daß man das Problem der Kognition nicht sieht.

Schließlich könnte man durchaus zu Recht darauf hinweisen, daß kognitive Prozesse weder Armbanduhren noch Milchstraßensysteme errechnen, sondern im besten Fall *Beschreibungen* derartiger Entitäten. Diesem Einwand will ich stattgeben, und ich ersetze daher meine frühere Umschreibung durch die folgende:

    KOGNITION → Errechnung von Beschreibungen einer
                     Realität.

Neurophysiologen sagen uns jedoch (Maturana 1970a), daß eine auf einer bestimmten Ebene neuronaler Aktivität errechnete Beschreibung, etwa ein auf die Retina projiziertes Bild, auf einer höheren Ebene erneut verarbeitet wird, danach wieder usw., wobei bestimmte motorische Aktivitäten von einem Beobachter als »terminale Beschreibungen« angesehen werden können, wie z. B. die folgende Äußerung: »Hier ist ein Tisch«. Ich habe daher meine Umschreibung erneut zu modifizieren, so daß sie nun folgendermaßen lautet:

    KOGNITION → Errechnung von Beschreibungen ⟶
                           ↑_____|

wobei der zurückführende Pfeil ausdrücken soll, daß es sich hier um eine endlose Rekursion von Beschreibungen von Beschreibungen ... usw. handelt.

Diese Formulierung hat den Vorteil, daß eine Unbekannte, nämlich »Realität«, mit Erfolg ausgeschaltet worden ist. Realität erscheint nur mehr implizit als die Aktivität rekursiver Beschreibungen. Schließlich können wir auf die Tatsache zurückgreifen, daß die Errechnung von Beschreibungen natürlich nichts anderes ist als eine Errechnung. Es ergibt sich somit:

KOGNITION → Errechnungen von ⟶

Ich fasse zusammen: Mein Vorschlag besteht darin, kognitive Prozesse als nie endende rekursive Prozesse des (Er-)Rechnens aufzufassen. Ich hoffe, daß ich nun mit der folgenden *tour de force* durch die Neurophysiologie diese Interpretation verständlich machen kann.

Neurophysiologie

1. Evolution

Um einzusehen, daß das Prinzip der rekursiven Errechnung in der Tat allen kognitiven Prozessen zugrunde liegt – ja sogar dem Leben schlechthin, wie mir einer der fortgeschrittensten Denker der Biologie versichert (Maturana 1970b) –, kann es hilfreich sein, für einen Augenblick auf die elementarsten – oder wie die Evolutionstheoretiker sagen würden, auf sehr »frühe« – Manifestationen dieses Prinzips zurückzugehen. Es handelt sich dabei um die »unabhängigen Effektoren« bzw. unabhängigen sensomotorischen Einheiten, wie sie sich über die Oberflächen von Einzellern und Vielzellern verteilt finden (Abbildung 7).

Der dreieckige Kopf dieser Einheit, der mit seiner Spitze aus der Oberfläche hervorwächst, ist der sensorische Teil, der zwiebelartige Körper ist der kontraktile motorische Teil. Eine Veränderung der chemischen Konzentration eines Agens in der unmittelbaren Nachbarschaft der sensiblen Spitze, für die das Agens »wahrnehmbar« ist, verursacht die sofortige Kontraktion der Einheit.

Abbildung 7

Die daraus resultierende Bewegung durch eine Änderung der Gestalt des Lebewesens oder seiner örtlichen Lage kann ihrerseits wahrnehmbare Änderungen der Konzentration des Agens in der Nachbarschaft solcher Einheiten erzeugen, die wiederum deren sofortige Kontraktion verursachen ... usw. Es ergibt sich daher die folgende Rekursion:

⎯→ Änderung der Sinneswahrnehmung → Änderung der Gestalt⎯

Die Trennung der Orte der Sinneswahrnehmung von denen der Handlung scheint der nächste evolutionäre Schritt gewesen zu sein (Abbildung 8).

Abbildung 8

Die sensorischen und die motorischen Organe sind nun durch dünne Fasern miteinander verbunden, die »Axone« (im allgemeinen degenerierte Muskelfasern, die ihre Kontraktilität verloren haben), die die Einwirkungen auf die Sensoren an die zugehörigen Effektoren übermitteln und somit den Begriff des »Signals« entstehen lassen: *hier* wird gesehen, *dort* wird entsprechend gehandelt. Der entscheidende Schritt in der Evolution der komplexen Organisation des Zentralnervensystems (ZNS) der Säugetiere scheint jedoch das Auftreten eines »internuntialen Neurons« gewesen zu sein, einer Zelle, die zwischen der sensorischen und der motorischen Einheit gelagert ist (Abbildung 9).

Abbildung 9

Es handelt sich dabei im allgemeinen um eine sensorische Zelle, die jedoch so spezialisiert ist, daß sie nur auf ein univerales »Agens« reagiert, nämlich auf die elektrische Aktivität der afferenten Axone, die in ihrer Nachbarschaft enden. Da ihre gegenwärtige Aktivität ihre spätere Reaktionsfähigkeit beeinflussen kann, führt diese Zelle das Element des Rechnens in das Reich der Lebewesen ein und ermöglicht so den entsprechenden Organismen die erstaunliche Vielfalt nicht-trivialer Verhaltensweisen. Ist einmal der genetische Kode zur Herstellung des internuntialen

Neurons entwickelt, dann bedeutet es in der Tat nur mehr geringen Aufwand, den genetischen Befehl »Wiederholen« hinzuzufügen. Ich glaube daher, daß nun leicht einzusehen ist, warum sich diese Neurone entlang zusätzlicher vertikaler Schichten mit zunehmenden horizontalen Verbindungen so schnell vermehrt haben, um jene komplexen, ineinander verknüpften Strukturen zu bilden, die wir »Gehirne« nennen.

2. Das Neuron

Unser Gehirn besteht aus mehr als zehn Milliarden »Neuronen« höchst spezialisierten Einzelzellen mit drei anatomisch verschiedenen Merkmalen (Abbildung 10):

(a) den »Dendriten«, das sind zweigähnliche Verästelungen, die sich nach oben und seitwärts ausdehnen;

(b) dem »Zellkörper«, einer Knolle im Zentrum, die den Zellkern enthält, und

(c) dem »Axon«, der glatten Faser, die sich nach unten erstreckt.

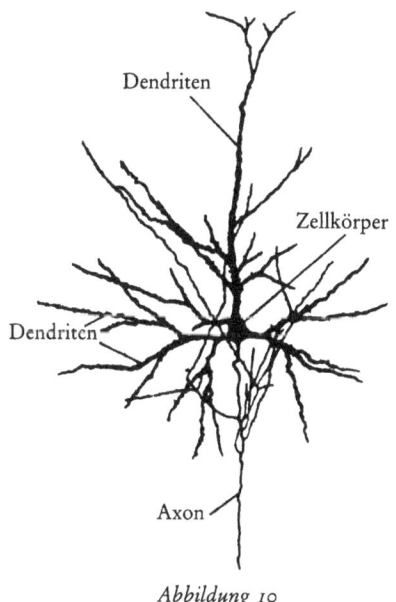

Abbildung 10

Die einzelnen Ausläufer des Axons enden auf den Dendriten eines anderen, manchmal aber auch (rekursiv) desselben Neurons. Die Membran, die den Zellkörper einhüllt, bildet auch die röhrenartige Scheide für die Dendriten und Axone und ist verantwortlich dafür, daß das Zellinnere gegenüber seiner Umgebung eine elektrische Ladung von etwa einem Zehntel Volt aufweist. Wird diese Ladung in der Region der Dendriten hinreichend gestört, dann »feuert« das Neuron und schickt diese Störung entlang seiner Axone an dessen Endpunkte, die Synapsen.

3. Die Übertragung

Da derartige Störeinwirkungen elektrischer Art sind, können sie von Mikrosonden aufgenommen, verstärkt und aufgezeichnet werden. Abbildung 11 zeigt drei Beispiele periodischer Entladungen eines Druckrezeptors, der stetig stimuliert wird, wobei die niedrigere Frequenz einem schwachen, die hohe Frequenz einem starken Stimulus entspricht. Deutlich ist die Größe der Entladung überall dieselbe, wobei die Impulsfrequenz die Stimulusintensität und nur diese repräsentiert.

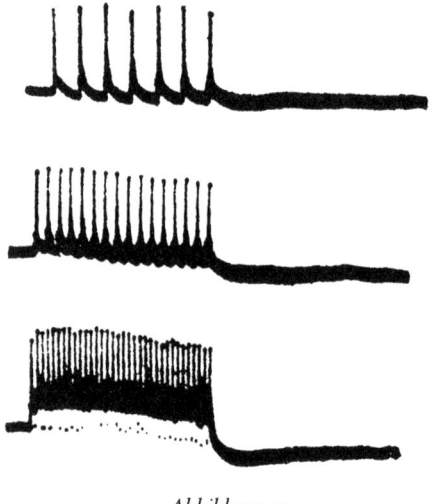

Abbildung 11

4. Die Synapse

Abbildung 12 zeigt eine synaptische Verbindung.

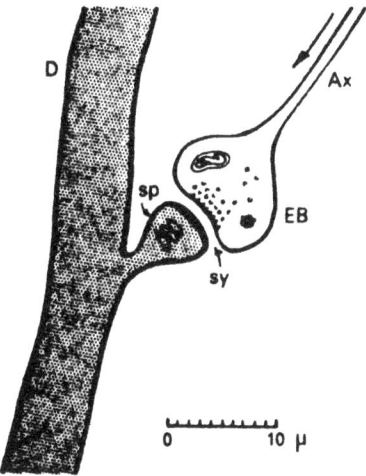

Abbildung 12

Das afferente Axon (Ax), entlang dessen die Impulse sich ausbreiten, endet in einer Endknolle (EB), die vom Ast (sp) eines Dendriten (D) des Zielneurons durch einen winzigen Spalt (sy), den »synaptischen Spalt«, getrennt ist. (Die zahlreichen Äste dieser Art bewirken das stachelige Aussehen der Dendriten in Abbildung 10). Die chemische Zusammensetzung der »Transmittersubstanzen«, die den synaptischen Spalt ausfüllen, ist entscheidend für die Wirkung, die ein ankommender Impuls auf das Neuron ausüben kann: Unter bestimmten Umständen kann der Impuls einen »inhibitorischen Effekt« haben (Aufhebung eines anderen gleichzeitig ankommenden Impulses), unter anderen einen »Bahnungseffekt« (Verstärkung eines anderen Impulses, der das Neuron aktiviert). Der synaptische Spalt kann folglich als die »Mikroumwelt« einer sensiblen Spitze, nämlich des Dendritenasts, angesehen werden, und mit dieser Interpretation vor Augen können wir die Sensitivität des Zentralnervensystems gegenüber Veränderungen der *inneren* Umwelt (der Gesamtsumme aller Mikroumwelten) mit seiner Sensitivität gegenüber Veränderungen der *äußeren* Umwelt (das heißt aller sensorischen Rezeptoren) vergleichen. Da es lediglich einige 100 Millionen sensorische Rezeptoren und etwa 10 000 Milliarden Synapsen in unserem Nervensystem gibt, sind wir gegenüber Veränderungen in unserer inneren Umwelt 100 000mal stärker empfindlich als gegenüber Veränderungen in unserer äußeren Umwelt.

5. Der Cortex

Um nun zumindest eine gewisse Vorstellung von der Organisation der gesamten Maschinerie zu gewinnen, die alle unsere perzeptuellen, intellektuellen und emotionalen Erfahrungen errechnet, habe ich Abbildung 13 (Sholl 1956) beigegeben, die einen vergrößerten Schnitt von etwa zwei Quadratmillimetern aus dem Cortex einer Katze zeigt, der mit Hilfe einer besonderen Technik so gefärbt worden ist, daß lediglich die Zellkörper und Dendriten von etwa 1% aller vorhandenen Neuronen erkennbar sind. Auch wenn man sich die vielen Querverbindungen zwischen diesen

Abbildung 13

Neuronen, wie sie durch die (hier unsichtbaren) Axone hergestellt werden, ebenso bloß vorstellen muß wie die Packungsdichte, die hundertmal größer ist als die gezeigte, dürfte sich daraus die Rechenmächtigkeit allein dieses in der Tat äußerst kleinen Teils des Gehirns erahnen lassen.

6. Descartes

Dieses Bild ist natürlich weit entfernt von dem, das man sich vor etwa dreihundert Jahren gemacht hat (Descartes 1664): »Wenn das Feuer A dem Fuß B nahekommt (Abbildung 14), dann haben die Teilchen dieses Feuers, die sich, wie wir wissen, mit großer Geschwindigkeit bewegen, die Kraft, jenen Teil der Haut des Fußes, den sie berühren, zu bewegen; auf diese Weise ziehen sie an dem dünnen Faden c, den wir an den Wurzeln der Zehen und an den Nerven angebunden sehen; gleichzeitig öffnen sie den Zugang zu der Pore d und e, wo dieser dünne Faden endet, so wie das Ziehen an dem einen Ende einer Kordel die Glocke läuten

Abbildung 14

läßt, die an deren anderem Ende hängt. Das nun so bewirkte Öffnen der Pore bzw. des kleinen Ausgangs d und e läßt die Lebensgeister des Hohlraums F austreten und fortströmen, zum Teil in Muskeln, die den Fuß vom Feuer zurückziehen helfen, zum Teil in andere, die die Augen und den Kopf drehen, um das Feuer anzusehen, und zum Teil in wieder andere, die die Hände darauf hinbewegen und den ganzen Körper neigen, um den Fuß zu schützen.«

Man bedenke, daß einige unserer heutigen Behavioristen immer noch diese Auffassung vertreten (Skinner 1971), lediglich mit dem Unterschied, daß Descartes' »Lebensgeister« inzwischen verlorengegangen sind.

7. Die Errechnung

Die Retina der Wirbeltiere und das damit verbundene Nervengewebe sind ein typischer Fall neuronaler Errechnung. Abbildung 15 bietet eine schematische Darstellung einer Säugetierretina und ihres postretinalen Netzwerks.

Die mit # 1 bezeichnete Schicht zeigt die Anordnung von Stäbchen und Zapfen, Schicht # 2 die Körper und Kerne dieser Zellen. Schicht # 3 zeigt die Region, in der die Axone der Rezeptoren mit den dendritischen Verzweigungen der »Bipolarzellen« Synapsen bilden, die ihrerseits in der Schicht # 5 mit den Dendriten der »Ganglienzellen« (# 6) Synapsen bilden, deren Aktivität in noch tieferliegende Schichten des Gehirns über jene Axone übermittelt wird, die zum Sehnerv (# 7) gebündelt sind. Rechenprozesse finden innerhalb der beiden Schichten # 3 und # 5 statt, das heißt dort, wo sich die Synapsen befinden. Wie Maturana/Uribe/Frenk (1968) gezeigt haben, werden eben dort die Sinneswahrnehmungen der Farbe sowie einige Formmerkmale errechnet.

Zur Formberechnung: Betrachten wir das zweischichtige periodische Netzwerk in Abbildung 16, in dem die obere Schicht Rezeptorzellen enthält, die »licht«-empfindlich sind. Jeder dieser Rezeptoren ist mit drei Neuronen in der darunter liegenden (rechnenden) Schicht verbunden, wobei zwei exzitatorische Synapsen auf dem einen direkt darunter liegenden Neuron enden (symbolisiert durch die dem Zellkörper angefügten Knöpfe), und eine

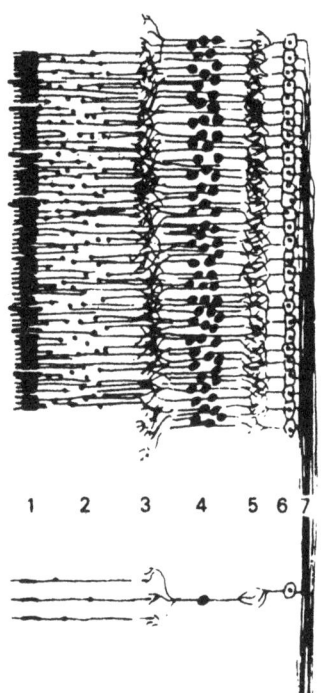

Abbildung 15

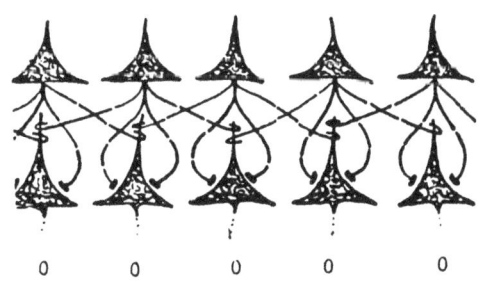

Abbildung 16

inhibitorische Synapse (symbolisiert durch eine Schleife um die Spitze) die beiden anderen Neurone, eines links und eines rechts, erfaßt. Es ist klar, daß die rechnende Schicht nicht reagiert, wenn man Licht einheitlich auf die ganze rezeptive Schicht projiziert, denn die beiden exzitatorischen Stimuli eines Rechnerneurons werden durch die inhibitorischen Signale, die von den beiden lateralen Rezeptoren kommen, aufgehoben. Diese Nullreaktion wird unter der stärksten wie auch unter der schwächsten Stimulierung ebenso wie unter langsamer oder rascher Veränderung der Belichtung immer gleich erfolgen. Es stellt sich nun die berechtigte Frage »Warum dieser komplexe Apparat, der nichts tut?«

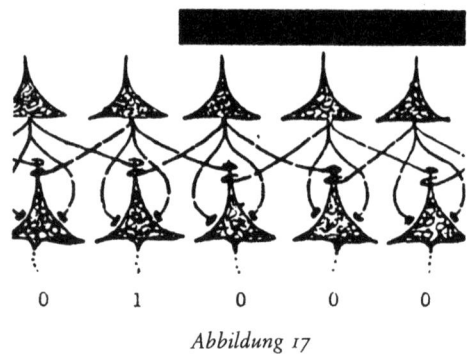

Abbildung 17

Nun betrachte man Abbildung 17: Hier wirft ein Gegenstand seinen Schatten auf dieses Netzwerk. Wieder bleiben alle Neuronen der unteren Schicht stumm, mit Ausnahme des einen Neurons, das am Rande des Schattens liegt: Es empfängt zwei erregende Signale von der über ihm liegenden Sinneszelle, aber nur ein hemmendes Signal vom linken Sensor. Das macht nun die wichtige Funktion dieses Netzwerks verständlich: Es errechnet jede *räumliche Änderung* im Blickfeld dieses »Auges«, unabhängig von der Intensität oder den zeitlichen Schwankungen des umgebenden Lichts und unabhängig von der Lage und Ausdehnung des beschattenden Gegenstands. Auch wenn alle Operationen, die diese Rechenprozesse ausmachen, elementarer Art sind, erlaubt uns die Organisation dieser Operationen, ein Prinzip von beträchtlicher Tragweite zu erkennen, nämlich jenes der Errechnung von »abstrakten« Vorstellungen, in diesem Fall der Vorstellung »Kante«. Ich hoffe, daß dieses einfache Beispiel ausreicht, um die Möglichkeit der Generalisierung dieses Prinzips zu veranschaulichen, und zwar dahingehend, daß Errechnung sich zumindest auf zwei Ebenen zeigt, nämlich (a) in den tatsächlich ausgeführten Operationen und (b) in der Organisation dieser Operationen, wie sie hier durch die Struktur des Nervennetzes dargestellt wird. In der Computersprache würde man bei (a) von »Operationen« sprechen, bei (b) jedoch von einem »Programm«. Wie wir später noch sehen werden, können in »biologischen Rechnern« die Programme selbst zum Gegenstand von Rechenprozessen werden. Wir erreichen so »Metaprogramme«, »Meta-Metaprogramme« ... usw. Und all das ist natürlich die Folge der rekursiven Organisation dieser Systeme.

8. Geschlossenheit

Vielleicht haben wir durch die Konzentration unserer Aufmerksamkeit auf die neurophysiologischen Einzelteile den Organismus als funktionierende Ganzheit aus den Augen verloren. In Abbildung 18 habe ich daher die Einzelstücke wieder durch ihre funktionalen Beziehungen verbunden.
Die schwarzen Quadrate, N, stellen Nervenbündel dar, die mit ihrer Erregung über Synapsen (Spalten zwischen Quadraten) an-

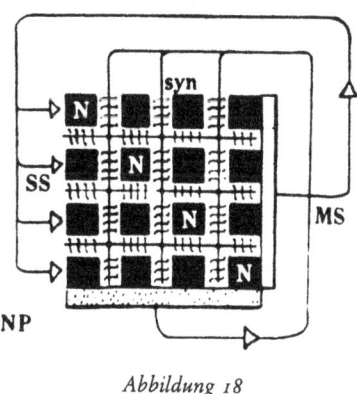

Abbildung 18

dere Bündel beeinflussen. Die sensorische Oberfläche (SS) des Organismus befindet sich auf der linken Seite, seine motorische Oberfläche (MS) auf der rechten, und die Hirnanhangdrüse (Hypophyse, NP), d. h. die stark innervierte Steuerdrüse für das gesamte endokrine System, wird durch den gepunkteten Streifen am unteren Rand des Bildes dargestellt. Die Nervenimpulse, die horizontal (von links nach rechts) laufen, wirken schließlich auf die motorische Oberfläche (MS), deren Veränderungen (Bewegungen) unmittelbar wiederum von der sensorischen Oberfläche (SS) wahrgenommen werden, wie dies durch die »äußere« Bahn in Richtung der Pfeile angedeutet wird. Die vertikal laufenden Impulse (von oben nach unten) stimulieren die Hirnanhangdrüse, deren Aktivität Steroide in die synaptischen Spalten entläßt, was durch die geschwungenen Linien in den (synaptischen) Spalten ausgedrückt sein soll. Sie modifizieren dadurch den *modus operandi* aller synaptischen Verbindungen und folglich den *modus operandi* des gesamten Systems. Besonders hervorzuheben ist die doppelte Schließung des Systems, das nun rekursiv nicht nur das verarbeitet, was es »sieht«, sondern auch die Tätigkeit seiner eigenen Organe. Um diese zweifache Schließung noch deutlicher zu machen, schlage ich vor, die Zeichnung von Abbildung 18 so um ihre beiden kreissymmetrischen Achsen zu wickeln, daß die künstlichen Grenzen verschwinden und ein Torus, wie in Abbildung 19, entsteht.

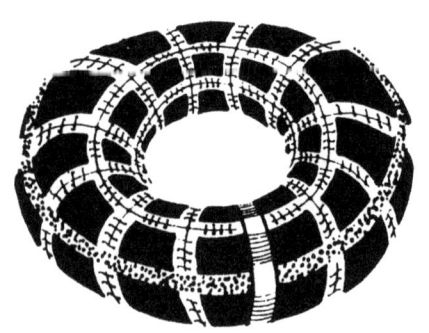

Abbildung 19

Hier wird der »synaptische Spalt« zwischen den motorischen und den sensorischen Oberflächen durch den gestreiften Meridian in der Mitte vorne, die Hirnanhangdrüse durch den punktierten Äquator abgebildet. Dies zeigt, so meine ich, *in nuce* die funktionale Organisation eines lebenden Organismus. Die Rechenprozesse innerhalb dieses Torus unterliegen einer nicht-trivialen Einschränkung, die durch das Postulat der Kognitiven Homöostase formuliert wird:

»Das Nervensystem ist so organisiert (bzw. organisiert sich selbst so), daß es eine stabile Realität errechnet.«

Dieses Postulat fordert »Autonomie«, das heißt »Selbst-Regelung«, für jeden lebenden Organismus. Da die semantische Struktur von Substantiven mit dem Präfix »selbst-«transparenter wird, wenn dieses Präfix durch das Substantiv ersetzt wird, wird der Ausdruck »Autonomie« synonym mit dem Ausdruck »Regelung der Regelung«. Und genau dies leistet der doppelt geschlossene, rekursiv rechnende Torus: Er regelt seine eigene Regelung.

Bedeutung

Es mag in einer Zeit wie der unseren seltsam anmuten, Autonomie zu fordern, denn Autonomie bedeutet Verantwortung: Wenn ich selbst der einzige bin, der entscheidet, wie ich handle, dann bin ich für meine Handlungen verantwortlich. Da die Regel eines der populärsten Spiele, das man heute spielt, darin besteht, jemand anderen für *meine* Handlungen verantwortlich zu machen – der Name dieses Spiels lautet »Heteronomie« –, führen meine Überlegungen, soweit ich sehe, zu einer höchst unpopulären Auffassung. Ein Verfahren, diese Auffassung unter den Teppich zu kehren, besteht darin, sie bloß als einen erneuten Versuch der Rettung des »Solipsismus« zu betrachten, d. h. der Ansicht, daß diese Welt nur in meiner Vorstellung existiert, und daß die einzige Realität nur das sich etwas vorstellende »Ich« ist. In der Tat habe ich genau dieses vorhin festgestellt, ich habe dabei jedoch nur von einem einzigen Organismus gesprochen. Die Situation ist völlig anders, wenn es zwei davon gibt, wie ich mit Hilfe des in Abbildung 20 gezeichneten Herrn mit der Melone auf dem Kopf demonstrieren möchte.

Abbildung 20

Dieser Herr besteht darauf, daß er die einzige Realität ist, und daß alles übrige nur in seiner Vorstellung existiert. Auch dieser Herr kann jedoch nicht leugnen, daß das von ihm imaginierte Universum mit Erscheinungen bevölkert ist, die ihm selbst durchaus nicht unähnlich sind. Er muß folglich zugeben, daß auch diese Erscheinungen selbst darauf bestehen könnten, daß *sie* die einzige Realität sind, und daß alles übrige lediglich ein Produkt ihrer Einbildung ist. In diesem Falle aber ist das von ihnen imaginierte Universum mit Erscheinungen bevölkert, zu denen auch *er*, d. h. der Herr mit der Melone auf dem Kopf, gehören muß. Nach dem Prinzip der Relativität, das eine Hypothese ablehnt, die für zwei Phänomene zusammen nicht gilt, obwohl sie für jedes der beiden Phänomene allein zutrifft – Erdbewohner und Venusbewohner mögen beide darin übereinstimmen, daß sie behaupten, der Mittelpunkt des Universums zu sein, ihr Anspruch zerfällt aber, wenn sie aufeinandertreffen –, löst sich auch der solipsistische Standpunkt auf, sobald ich neben mir noch einen weiteren autonomen Organismus erfinde. Da das Prinzip der Relativität aber logisch nicht notwendig ist, noch auch eine Behauptung darstellt, die als wahr oder falsch zu erweisen ist, ist hier besonders hervorzuheben, daß der entscheidende Punkt, um den es geht, darin liegt, daß es mir freisteht, dieses Prinzip anzunehmen oder zu verwerfen. Wenn ich es ablehne, dann bin ich der Mittelpunkt des Universums, meine Wirklichkeit sind meine Träume und meine Alpträume, meine Sprache ist ein Monolog, meine Logik eine Monologik. Wenn ich das Prinzip akzeptiere, kann weder ich noch auch ein anderer den Mittelpunkt des Universums bilden. Es muß wie im heliozentrischen System etwas Drittes geben, das den zentralen Bezugspunkt bildet. Dies ist die Relation zwischen Du und Ich, und diese Relation heißt IDENTITÄT:

Wirklichkeit = Gemeinschaft.
Was folgt aus all dem für Ethik und Ästhetik?
Der ästhetische Imperativ: Willst du erkennen, lerne zu handeln.
Der ethische Imperativ: Handle stets so, daß die Anzahl der Möglichkeiten wächst.
So konstruieren wir aus unserer Wirk-lichkeit in Zusammenwirkung unsere Wirklichkeit.

Kybernetik
einer Erkenntnistheorie

Zusammenfassung

Wenn »Epistemologie« nicht als Theorie der Erkenntnis bzw. des Wissens an sich, sondern als Theorie des Erkenntnis- und Wissen*erwerbs* verstanden wird, dann ist Kybernetik – so behaupte ich – der für eine solche Epistemologie angemessene begriffliche Rahmen; denn die Kybernetik ist die einzige wissenschaftliche Disziplin, die eine strenge Behandlung kreis-kausaler Phänomene ermöglicht. Die Prozesse, durch die Wissen erworben wird, d. h. die kognitiven Prozesse, werden als algorithmische Rechenprozesse aufgefaßt, die ihrerseits errechnet werden. Dies erfordert die Erörterung von Rechenprozessen, die Rechenprozesse errechnen usw., das heißt die Erörterung von rekursiven Rechenprozessen mit einer Regression von beliebiger Größenordnung.
Aus dieser Perspektive werden die Aktivität des Nervensystems, einige Experimente, die Grundlagen einer künftigen Theorie des Verhaltens und deren ethische Konsequenzen diskutiert.

Als ich zusagte, meinen Vortrag hier auf deutsch zu halten, hatte ich keine Ahnung, in was für Schwierigkeiten ich geraten würde. In den vergangenen 20 Jahren habe ich wissenschaftlich ausschließlich englisch gedacht und geredet. Viele Begriffe und Forschungsergebnisse wurden bei ihrer Entstehung auf englisch getauft und sträuben sich gegen jede Übersetzung. Ich habe schließlich, nach vergeblichen Bemühungen um Verdeutschung, beschlossen, sozusagen aus mir selber herauszutreten, das ganze Gedankengewebe wie einen Gobelin zu betrachten und, so gut es geht, Ihnen auf deutsch zu beschreiben, was da abgebildet ist. Sollte ich mich in labyrinthische Satzkonstruktionen verirren, dann ist das keine Affektiertheit, sondern das Ächzen einer verrosteten Maschine.
Vielleicht sind Sie schon beim Lesen meines Vortragstitels gestolpert: »Kybernetik einer Erkenntnistheorie«? Im stillen waren Sie überzeugt, daß ich damit »Eine Erkenntnistheorie der Kybernetik« gemeint hatte. Ursprünglich war das auch so. Aber im Laufe einigen Nachdenkens ist mir klar geworden, daß nicht nur eine

Erkenntnistheorie der Kybernetik, sondern jede Erkenntnistheorie, die Anspruch auf Geschlossenheit und Vollständigkeit erhebt, im Grunde eine kybernetische Theorie ist.

Der wesentliche Beitrag der Kybernetik zur Erkenntnistheorie ist die Möglichkeit der Verwandlung eines offenen Systems in ein geschlossenes System, im besonderen Fall das Schließen des linearen, offenen, unendlichen Kausalnexus zu einem geschlossenen und endlichen Kausalkreis.

Hier ist vielleicht eine historische Fußnote am Platz. Mehrere Jahre, bevor Norbert Wiener unser Fachgebiet Kybernetik nannte, fanden in New York jährliche Symposien statt, wo ein Kreis von Forschern aus verschiedenen Gebieten, die Wiener nahestanden, zusammenkam und über die gemeinsamen Probleme diskutierte. Das Thema war: »Circular Causal and Feedback Mechanisms in Biological und Social Systems« (»Kreiskausal geschlossene und rückgekoppelte Mechanismen in biologischen und sozialen Systemen«) (von Foerster (Hg.) 1949; von Foerster/Mead/Teuber (Hg.) 1950; 1951; 1953; 1955).

Zunächst hat die Idee des geschlossenen Kausalkreises die angenehme Eigenschaft, daß für eine Wirkung in der Gegenwart die Ursache in der Vergangenheit liegt, wenn man den Kreis an einer Stelle durchschneidet, die Ursache aber in der Zukunft liegt, wenn man ihn an der gegenüberliegenden Stelle schneidet. Der geschlossene Kausalkreis überbrückt also die Kluft zwischen effizienter und finaler Ursache, zwischen Trieb und Zweck.

Zweitens scheint man mit der Schließung der Kausalkette den Vorteil erkauft zu haben, einen Freiheitsgrad losgeworden zu sein: Man braucht sich nicht mehr um die Anfangsbedingungen zu kümmern, denn sie werden ja automatisch von den Endbedingungen geliefert. Das ist zwar in der Tat der Fall, aber einfach ist die Geschichte nicht: Nur ganz bestimmte Zustandsgrößen geben eine Lösung für die Vorgänge im Kreis; das Problem ist ein Eigenwert-Problem geworden.

Erschwerend kommt noch dazu, daß der Verdacht auftaucht, daß die ganze Sache mit dem geschlossenen Kreis eine logische Spitzbüberei sein könnte. Das kennt man ja schon von der Theorie der logischen Urteile; da gibt es den berüchtigten *circulus vitiosus*, den »Teufelskreis«: Der Grund wird zur Folge und die Folge zum Grund. Meine Absicht ist es, den Teufelskreis, den *circulus vitiosus*, nicht nur von jeder üblen Nachrede zu befreien (Katz 1962), sondern ihn sogar zu der ehrenwerten Position eines *circulus creativus*, eines »schöpferischen Kreises« zu erheben.

Dem will ich zwei Propositionen vorausschicken. In der ersten benütze ich die Ausdrücke »Sensorium« und »Motorium«. Unter Sensorium verstehe ich das System der bewußten Sinneswahrnehmungen und unter Motorium das der gewollten Bewegungsabläufe.

Meine erste Proposition:
»Der Sinn (oder die Bedeutung) der Signale des Sensoriums wird durch das Motorium bestimmt, und der Sinn (oder die Bedeutung) der Signale des Motoriums wird durch das Sensorium bestimmt.«

Das heißt, daß *Information* – nicht im informationstheoretischen, sondern im umgangssprachlichen Sinn – ihren Ursprung in diesem *circulus creativus* hat. Be-Deutung hat nur, was ich be-greifen kann.

Meine zweite Proposition bezieht sich auf das Problem einer vollständigen und geschlossenen Theorie der Hirnfunktionen. Sollte einer von uns Sterblichen sich je mit diesem Problem beschäftigen, so wird er zweifellos sein Hirn dazu benützen. Diese Beobachtung liegt meiner zweiten Proposition zugrunde.

Meine zweite Proposition:
»Die Sätze der Physik, die sogenannten ›Naturgesetze‹, können von uns geschrieben werden. Die Sätze der Hirnfunktionen oder – noch allgemeiner – die Sätze der Biologie müssen so geschrieben sein, daß das Schreiben dieser Sätze von ihnen abgeleitet werden kann, das heißt: sie müssen sich selber schreiben.«

Lassen Sie uns nun zu meinem Thema zurückkehren, nämlich, daß Erkenntnistheorie im wesentlichen eine Kybernetik ist. Wenn ich Er-Kenntnistheorie sage und nicht nur Kenntnistheorie, dann will ich damit betonen, daß die Vorsilbe ER- etwas Schöpferisches, eine Ontogenetik andeutet. Im Griechischen ist das klarer, da taucht die indogermanische Wurzel »GN« sowohl in γίγνομαι (»entstehen«) wie in γιγνώσκω (»Erkennen durch die Sinne«) auf. Aber neben dem »Kennen durch die Sinne« gibt es im Griechischen auch ein »Kennen durch die Muskeln«, ἐπίσταμαι, genau genommen ein handwerkliches Können, ein Verstehen durch Tun. Die Etymologie hier ist ἐπι- (»darüber-«) und ἴσταμαι (»stehen«), also darüber-stehen, etwa wie im Englischen, wo man allerdings darunter steht (»understand«). Warum man, wenn es sich um Erkenntnis handelt, im Deutschen *Ver*-stehen sagt, so als ob man sich den Fuß *ver*-staucht, müssen mir Etymologen erklären, die mehr verstehen als ich.

Wie dem auch sei, wenn ich Er-Kenntnis sage, möchte ich den Prozeß verstehen, durch den Kenntnis erworben wird. Das Zeitwort, das diesen Prozeß beschreibt, wäre dann, so würde man glauben, »erkennen«. Leider scheint mir das semantisch zu seicht, denn oft spricht man von erkennen, wenn eigentlich »wiedererkennen« gemeint ist. Wenn es das Wort »Er-wissen« gäbe, so hätte ich es mit Vergnügen gegen »ver-stehen« und »er-kennen« eingetauscht, um genau das zu sagen, was ich sagen möchte.[1]

Zunächst müssen wir den monolithischen Begriff »Erkenntnis«, oder den *Prozeß des Erwerbens von Kenntnis* = »Er-Kennen« so paraphrasieren, daß das Wesentliche getroffen wird, uns aber gleichzeitig die Möglichkeit geboten wird, unsere konzeptuellen Werkzeuge verwerten zu können. Ich schlage daher vor, Er-Kennen durch folgende semantisch analoge Paraphrase zu ersetzen[2]:

Er-Kennen → Er-Rechnen einer Realität.

In beiden Fällen gebrauche ich die Vorsilbe ER in ihrem ontogenetischen Sinn, das heißt Er-Kennen und Er-Rechnen als einen ständig vor sich gehenden Prozeß und nicht als ein stationäres Resultat.

Hier werden wahrscheinlich einige Skeptiker stutzig. Warum »eine« Realität, warum nicht »die« Realität? könnte man fragen. Hier sind wir doch, der Kybernetische Kongreß, die Meistersin-

---

1 Gemäß der freundlichen Beratung eines anwesenden Semantikers bedeutet die Vorsilbe ER- einen all-umfassenden Einschluß, das heißt, daß mein Gebrauch dieser Vorsilbe in ER-kennen und ER-rechnen in der Tat die semantische Tiefe besitzt, die ich auszudrücken hoffte: Bezüglich der Vorsilbe VER- hat derselbe Berater mich aufmerksam gemacht, daß VER- einerseits auf eine Auslöschung hinweist (verschwinden, ver-lieren, usw.), andererseits aber mit FÜR- sinnähnlich ist (ver-stehen, für-stehen), meinend vielleicht, daß ein Begriff FÜR das steht, was er bedeuten soll (Symbol).

2 Der Pfeil »→« soll hier bedeuten »ist interpretierbar als ...«

gerhalle in Nürnberg, das physikalische Universum, als ob es noch eine andere Realität gäbe.

In der Tat trennt ein tiefer epistemologischer Abgrund die beiden Auffassungen, die sich durch die Benützung des bestimmten oder des unbestimmten Artikels voneinander unterscheiden. Der fundamentale Unterschied besteht darin, daß man einmal annimmt, daß unabhängige Beobachtungen die Realität *bestätigen*, zum anderen, daß man annimmt, daß durch *Bezugsetzung* unabhängiger Beobachtungen eine Realität geschaffen wird.

Der erste Fall: Mein visueller Sinn sagt mir, hier steht ein Stehpult. Mein Tastsinn bestätigt das, ebenso der Herr Vorsitzende, Dr. Küpfmüller, würde ich ihn fragen.

Der zweite Fall: Mein visueller Sinn sagt mir, da steht was, mein Tastsinn sagt mir, da steht was; und Dr. Küpfmüller höre ich sagen: »Da steht ein Stehpult.« Die Bezugsetzung dieser unabhängigen Beobachtungen erlaubt mir, etwas damit anzufangen, z. B. zu sagen: »Hier steht ein Stehpult.«

Im ersten Fall postulieren wir Bestätigung, Konfirmation, als unser Arbeitsprinzip, im zweiten Fall Bezugsetzung oder Korrelation. Ich habe jedenfalls die Absicht, den unbestimmten Artikel zu benützen, denn er gibt den allgemeinen Fall. Gewiß ist *die* Realität ein spezieller Fall *einer* Realität.

Kaum haben wir den unbestimmten Artikel zur Ruhe gelegt, taucht eine neue Frage auf: Was soll denn das »Errechnen«? Ich könnte, so meint man, doch nicht allen Ernstes behaupten, daß ich das Stehpult, oder meine Armbanduhr, oder den Andromeda-Nebel »errechne«? Allenfalls könnte man sagen, daß eine »Beschreibung einer Realität« errechnet wird, denn mit meinen verbalen Hinweisen »Stehpult«, »Armbanduhr«, »Andromeda-Nebel« habe ich gerade demonstriert, daß gewisse Bewegungsabläufe meines Körpers, die mit gewissen Zisch- und Grunzlauten verbunden waren, bei den Zuhörern die Interpretation einer Beschreibung zuließen.

Die folgende Korrektur ist daher angebracht:

Er-Kennen → Er-Rechnen einer Beschreibung einer
Realität.

Die Neurophysiologen können hier einwenden, daß die Eingangssignale erst viele Modifikationsstufen durchlaufen, ehe wir ein verbales Ausgangssignal erhalten. Zunächst entsteht auf der

Netzhaut eine zweidimensionale Projektion der Außenwelt, die man als »Beschreibung erster Ordnung« bezeichnen kann. Das angeschlossene post-retinale Netzwerk liefert dann den Ganglienzellen eine modifizierte Beschreibung dieser Beschreibung, also eine »Beschreibung zweiter Ordnung«. Und so geht das weiter über die verschiedenen Stationen der Errechnung zu Beschreibungen höherer und höherer Ordnungen. Wir können daher die zweite Fassung meiner Proposition so erweitern:

Er-Kennen → Er-Rechnen einer Beschreibung ⟶⏋
⠀⠀⠀⠀⠀⠀⠀⠀⠀⠀⠀⠀⠀↑_____|

Die Paraphrasierung hat zwei Vorteile. Der Stein des Anstoßes, »die« oder »eine« Realität, ist verschwunden, denn hier ist von Realität schon nicht mehr die Rede. Zweitens können wir von der Einsicht Gebrauch machen, daß das Errechnen einer Beschreibung ja nichts anderes ist als eine Errechnung. Damit kommen wir zu einer endgültigen Paraphrasierung des unaufhörlich sich neu einleitenden Vorgangs des Er-wissens oder Er-kennens, nämlich:

Er-Kennen → Er-Rechnung einer ⟶⏋
⠀⠀⠀⠀⠀⠀⠀⠀⠀⠀⠀⠀↑_____|

Ich deute also Erkenntnis oder den Prozeß des Erwerbens von Kenntnis als rekursives Errechnen.
An dieser Stelle stehe ich an einer Gabelung. Einerseits könnte ich jetzt über Eigenschaften von rekursiven Funktionen sprechen und von den Eigenschaften von Maschinen, die rekursive Funktionen rechnen. In Maschinensprache würde ich dann von Kaskaden von Compiler-Sprachen sprechen und über die Theorie der Meta-Programme. In diesem Fall ist natürlich der Begriff der Turingmaschine das ideale konzeptuelle Werkzeug. Zum Beispiel wird es vollkommen klar, daß die Struktur der Quadrupel einer Turingmaschine, die die Kode-Nummer einer anderen Maschine oder ihre eigene berechnen, mit der Struktur der errechneten Bandbeschreibungen nicht verwechselt werden kann (Löfgren 1967). Oder neurophysiologisch ausgedrückt: Um »Stehpult« zu sagen, oder zu wissen, daß hier ein Stehpult steht, muß ich weder im Gehirn die Buchstaben STEHPULT stehen haben, noch braucht eine winzige Repräsentation eines Stehpults irgendwo in mir zu sitzen. Ich brauche aber eine Struktur, die mir die verschiedenen Manifestationen einer Beschreibung errechnet. Aber das gehört

alles in die Sitzung über »Künstliche Intelligenz«, und hier sind wir in der Sitzung »Biokybernetik des Zentralnervensystems«. So finde ich es besser angebracht, über die Auswirkung meiner Proposition von vorher auf die Deutung der Vorgänge im Zentralnervensystem zu sprechen.

Zunächst wollen wir noch einmal feststellen, mit was für einem ungeheuren Problem wir es zu tun haben. Zu diesem Zweck rufen wir uns den Satz der undifferenzierten Kodierung ins Gedächtnis zurück.

Der Satz der undifferenzierten Kodierung:

»Die Erregungszustände einer Nervenzelle kodieren *nicht* die Natur der Erregungsursache. (Kodiert wird nur: ›so und so viel an dieser Stelle meines Körpers‹, aber nicht ›was‹.)«

Ein Beispiel: Ein Stäbchen in der Netzhaut absorbiert in einem gewissen Moment einen Photonenstrom von so und so vielen Photonen pro Sekunde. Es entwickelt dabei ein elektrochemisches Potential, das eine Funktion des Stromes ist, das heißt, daß das »Wieviel« kodiert wird; aber die Signale, zu denen dieses Potential schließlich Anlaß gibt, geben weder einen Aufschluß darüber, daß Photonen die Reizursache waren, und schon gar nicht, aus was für einem Frequenzgemisch der Photonenstrom bestand. Ganz genau dasselbe ist für alle anderen Sinneszellen der Fall. Nehmen Sie die Haarzellen in der Cochlea oder die Meissnerschen Tastkörperchen oder die Geschmackspapillen oder was immer für Zellen Sie wollen, in keiner wird die *Qualität* der Erregungsursache kodiert, nur die *Quantität* der Erregung. Und in der Tat, »da draußen« gibt es ja kein Licht und keine Farben, da gibt es elektromagnetische Wellen; »da draußen« gibt es keine Laute und keine Musik, da gibt es longitudinale periodische Druckvorgänge; »da draußen« gibt es keine Hitze oder Kälte, da gibt es eine höhere oder niedrigere mittlere kinetische Molekularenergie, und so weiter – und ganz bestimmt: »da draußen« gibt es keinen Schmerz.

Die fundamentale Frage heißt dann: Wieso erleben wir die Welt in ihrer überwältigenden Mannigfaltigkeit, wenn als Eingangsdatum uns lediglich zur Verfügung steht: erstens die Reizintensität; zweitens die Koordinaten der Reizquelle, das heißt Reizung an einer bestimmten Stelle meines Körpers?

Nachdem die Qualitäten der Sinneseindrücke nicht im Emp-

fangsapparat kodiert sind, ist es klar, daß das Zentralnervensystem so organisiert ist, daß es diese Qualitäten aus diesen kümmerlichen Eingängen errechnet.
Über diese Operationen wissen wir – oder zumindest ich – im Detail sehr wenig. Ich freue mich daher schon auf mehrere Vorträge, die sich mit diesem Problem befassen werden, besonders auf den von Donald MacKay, Horst Mittelstaedt und Hans Lukas Teuber, die sich mit dem berühmten Re-Afferenzprinzip befassen werden.
Ich werde mich damit begnügen müssen, nur ein paar Hinweise über die Art dieser Operationen zu geben.
Lassen Sie mich zunächst mit einem pädagogischen Kunstgriff das Problem der Errechnung perzeptueller Mannigfaltigkeiten so formulieren, daß durch diese neue Perspektive das Problem vom perzipierenden Organismus her gesehen wird und nicht – wie üblich – vom Standpunkt eines Beobachters, der, durch seine eigene Perzeption verführt, immer schon glaubt zu wissen, wie es »da draußen« aussieht, und dann mit Mikropipetten im Nervensystem des Organismus festzustellen sucht, wie »das da draußen« denn »da drinnen« aussieht. Epistemologisch gesehen ist das aber eine Form von Mogeln, denn der Beobachter schielt sozusagen auf die Seite nach den »Antworten« (sein eigenes Weltbild), die er dann mit irgendwelchen Zellerregungszuständen vergleicht, aus denen allein aber der Organismus sein Weltbild zusammenstükkeln muß. Wie er das tut, das ist aber das Problem (von Foerster 1970/60).
Es ist klar, daß jeder Organismus ein von einer geschlossenen Oberfläche begrenztes endliches Volumen hat, das von einem verzweigten Röhrensystem durchzogen ist. Dieses durchbricht an mehreren, sagen wir s, Stellen die Oberfläche. Ontogenetisch gesehen wird die Oberfläche vom Ektoderm bestimmt und enthält alle sensiblen Endorgane, während das Innere vom Endoderm abzuleiten ist. Topologisch gesehen stellt eine solche Oberfläche eine orientierbare zweidimensionale Mannigfaltigkeit von der Ordnung $p = (s + t)/2$ dar, wo t die Anzahl der T-Verbindungen des Röhrensystems bedeutet. Nach einem bekannten Satz der Topologie ist aber jede geschlossene und orientierbare Oberfläche von endlicher Ordnung metrisierbar, das heißt, wir können auf die Oberfläche eines jeden Organismus ein geodätisches Koordinatensystem legen, das in unmittelbarer Nachbarschaft

eines jeden Punktes euklidisch ist. Wir wollen dieses Koordinatensystem das »autologische« nennen und die beiden Werte ξ_1 und ξ_2, die einen Oberflächenpunkt ein-eindeutig definieren, kurz mit ξ bezeichnen. Damit ist ereicht, daß jeder sensiblen Zelle ein-eindeutig ein Koordinatenpaar zugewiesen ist, das sich ausschließlich auf den Organismus bezieht.

Nach einem ebenso wohlbekannten Satz der Topologie ist aber jede orientierbare Oberfläche der Ordnung p mit einer Kugeloberfläche gleicher Ordnung identisch, das heißt, wir können die sensible Oberfläche eines jeden Organismus auf eine Kugel abbilden – die »repräsentative Einheitskugel« (Abbildung 1), so daß jeder sensiblen Zelle des Organismus ein Punkt auf der Einheitskugel entspricht und umgekehrt. Es läßt sich leicht zeigen, daß dieselben Überlegungen auch auf das Innere angewandt werden können.

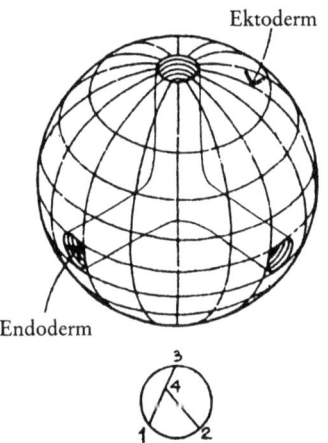

Abbildung 1
Geschlossene orientierbare Oberfläche zweiter Ordnung
($s = 3$; $t = 1$; $p = (s + t)/2 = 4/2 = 2$)

Es ist klar, daß die repräsentative Einheitskugel invariant bleibt gegenüber allen Deformierungen und Bewegungen des Organismus, das heißt, die autologischen Koordinaten sind absolute Invarianten.

Jedoch von einem Beobachter aus gesehen ist der Organismus in ein euklidisches Koordinatensystem (heterologisches Koordinatensystem $x_1, x_2, x_3 \to x$) eingebettet, und er mag die Zuordnung $\xi = F(x)$ als die »Formfunktion«, F, oder $\xi = \Phi(x, t)$ als die Verhaltensfunktion, Φ, bezeichnen ($t \to$ Zeit).[3] In Abbildung 2a ist diese Situation für eine fischförmige Kreatur dargestellt. Die autologischen Koordinaten ξ des Fisches sind hier den heterologischen Koordinaten x überlagert eingezeichnet.

Der pädagogische Kunstgriff, von dem ich vorhin sprach, besteht nun darin, die Koordinatensysteme so zu transformieren, daß die autologischen Koordinaten überall euklidisch werden, das heißt, die Welt des Fisches auf die repräsentative Einheitskugel abzubil-

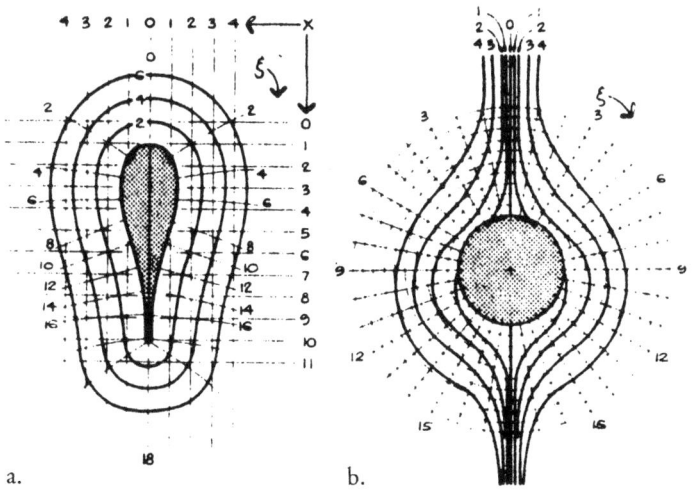

a.   b.

Abbildung 2a Geodätische Koordinaten des subjektiven Koordinatensystems, ξ, eines Organismus in Ruhe, der in eine Umwelt mit euklidischer Metrik eingebettet ist.

Abbildung 2b Euklidische (polare) Koordinaten des subjektiven Koordinatensystems, bezogen auf die repräsentative Einheitskugel, die in eine Umwelt mit einer dem Ruhezustand des Organismus entsprechenden nicht-euklidischen Geometrie, x, eingebettet ist.

3   Für nicht deformierbare (exo-, endo-skelettige) Lebewesen ist natürlich $F(x) = \Phi(x, t) = 0$, und außerdem gilt allgemein wegen (angenäherter) Inkompressibilität:
$\oint_F dV = \oint_\Phi dV = V(t) = $ const.

den (Abbildung 2b, ξ sind Polarkoordinaten). Damit aber wird die Welt »da draußen« nicht mehr euklidisch, wie aus der Divergenz und Konvergenz der vertikalen x-Koordinaten deutlich zu sehen ist. Eine Bewegung des Fisches, die vom Beobachter wie in Abbildung 3a gesehen wird, bedeutet dann für den Fisch, daß er durch die Anspannung seiner Muskeln die Metrik seiner Umwelt verändert hat (siehe Abbildung 3b); er selbst ist natürlich immer derselbe geblieben (Invarianz der Selbst-Referenz), wie das ja die repräsentative Einheitskugel zum Ausdruck bringt.

Man beachte die Sehlinie Auge-Schwanz, die vom Beobachter als Gerade interpretiert wird (Abbildung 3a), vom Fisch aber, der

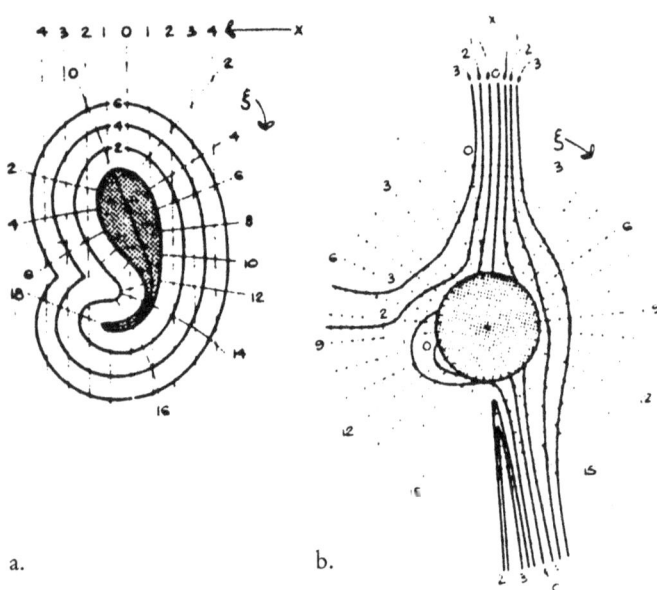

a.   b.

Abbildung 3a Geodätische Koordinaten des subjektiven Koordinatensystems, ξ, eines Organismus in Bewegung, der in eine Umwelt mit euklidischer Metrik eingebettet ist.

Abbildung 3b Euklidische (polare) Koordinaten des subjektiven Koordinatensystems, bezogen auf die repräsentative Einheitskugel, die in eine Umwelt mit einer dem Bewegungszustand des Organismus entsprechenden nicht-euklidischen Geometrie, x, eingebettet ist.

über die gekrümmte Geodätische in Abbildung 3b seinen Schwanz sieht, als solche erst errechnet werden muß. Für diese Errechnung stehen ihm aber nur die Erregungswerte E(ξ) längs seiner Oberfläche zur Verfügung. Obwohl ich hier nicht in aller Strenge zeigen möchte, daß dieses Datum unzureichend ist, um die Beschaffenheit seiner »Umwelt« zu errechnen[4], so hoffe ich doch, daß aus diesen Bemerkungen deutlicher als sonst hervorgeht, daß nur die Bezugsetzung der Motoraktivität des Organismus mit den so veränderten Erregungen seiner Sinnesorgane es ihm überhaupt erst möglich macht, diese Erregungen eindeutig zu interpretieren. Hier taucht wieder, in etwas veränderter Form, das Eigenwertproblem auf, das ich schon früher erwähnte und von dem später noch die Rede sein wird.

Wir sind zur Zeit damit beschäftigt, die Proposition, daß das Motorium die Interpretation für das Sensorium liefert und daß das Sensorium die Interpretation für das Motorium liefert, ein für allemal experimentell zu etablieren.

Es gibt außerordentlich interessante Experimente mit Kleinstkindern, in denen man zeigen kann, daß das Erwerben perzeptueller Mannigfaltigkeiten direkt mit der Manipulation gewisser geeigneter Objekte im Zusammenhang steht (Piaget/Inhelder 1956; Bower 1971; Witz 1972). Aber leider kann man mit Kleinstkindern nicht reden; oder richtiger, man kann mit ihnen reden, aber man versteht ihre Antworten nicht. Mit Erwachsenen besteht die Schwierigkeit, daß das senso-motorische System schon so gut integriert ist, daß man schwer trennen kann, was schon früher erlernt wurde und nun in die Experimentalsituation hinübergetragen wird, außer man geht in eine völlig neue »Dimension«, deren Zugang unseren früheren Erfahrungen prinzipiell verschlossen blieb.

Diese Dimension wäre zum Beispiel die vierte räumliche Dimension. Wir alle haben einmal früher oder später in unserem Leben die bittere Erfahrung gemacht, daß es unglaublich schwierig, ja sogar unmöglich ist, sich in die vierte Dimension hineinzuzwängen. Da steht an jeder Stelle unseres drei-dimensionalen Raumes eine offene Tür zum Eintritt in die vierte Dimension, aber wie wir

---

4 Nur für elektrische Aale scheint dies in allen Fällen möglich zu sein, denn die Laplacesche Gleichung ist durch den Randwert längs einer gegebenen Oberfläche eindeutig bestimmt.

uns auch strecken und verrenken, wir bleiben in den allzu bekannten drei Dimensionen stecken.

Wir (im Biological Computer Laboratory) haben uns daher gefragt: Würde der Satz vom Ursprung der Erkenntnis in der Wechselwirkung von Gnosis und Episteme, Sensorium und Motorium, nicht ungeheuer an Plausibilität gewinnen, wenn wir zeigen könnten, daß die vierte Dimension wesentlich *anschaulicher* wird, wenn sie auch *begriffen* werden kann, das heißt, wenn man in die vierte Dimension »hineingreifen« und dort mit vier-dimensionalen Objekten »hantieren« könnte (Arnold 1971; 1972).

Dank der freundlichen Rechenmaschinen, die keine Dimensionalität kennen, läßt sich dieses Vorhaben durchführen, indem man der Versuchsperson (VP) Manipulatoren zur Verfügung stellt, die »on-line« mit einem schnellen Rechner gekoppelt sind. Gemäß den Stellungen der Manipulatoren schreibt dieser Rechner zwei zugehörige zweidimensionale Projektionen eines vierdimensionalen Körpers auf den Schirm einer Kathodenstrahlröhre, die, von der VP durch ein Stereoskop betrachtet, als drei-dimensionale im Raum schwebende Projektionen dieses Körpers gesehen werden.

Die Konstruktion von Projektionen n-dimensionaler Gebilde (n = 1, 2, ...) auf andere Dimensionen (m < n) läßt sich ohne Schwierigkeit mit einer rekursiven Vorschrift entwickeln, die angibt, wie das (n + 1)-dimensionale Gebilde aus dem analogen n-dimensionalen Gebilde zusammengefügt wird. In den Abbildungen 4 bis 6 ist dargestellt, wie zum Beispiel ein vierdimensionaler »Würfel« (Tesseract) schrittweise aus dem eindimensionalen »Würfel« (Strecke) entwickelt wird. Die rekursive Vorschrift heißt:

(i) Füge an die 2n Begrenzungen des n-dimensionalen »Grundwürfels« je einen n-dimensionalen Würfel, und füge schließlich an einen von diesen einen »Schlußwürfel«.

(ii) Falte die so angefügten Würfel um die 2n Begrenzungen des Grundwürfels in die nächst höhere Dimension, bis sie auf den Begrenzungen senkrecht stehen (das heißt, bis ihre Normalprojektionen verschwinden).

(iii) Falte schließlich den Schlußwürfel und seine gefügte Begrenzung, so daß alle ungefügten Begrenzungen sich fügen.

In den Abbildungen 4a und 4b ist die Vorschrift (i) für die Erzeugung eines zweidimensionalen Würfels (Quadrat) aus vier eindimensionalen Würfeln (Strecken) dargestellt; 4c und 4d deuten Vorschrift (ii) an, und 4d und 4e Vorschrift (iii). Für die Erzeugung der drei- und vierdimensionalen Würfel sind die drei Vorschriften in den drei Schritten der Bilder 5 und 6 skizziert. Es ist klar, daß Normalprojektionen der so entstandenen Gebilde in die Entstehungsräume nichts Neues bieten (die Normalprojektion eines Würfels in die Ebene ist ein Quadrat). Erst wenn das Gebilde schräg projiziert wird, wird seine höhere Mannigfaltigkeit offenbar, wie aus Abbildung 7 hervorgeht, in der ein mit seinem Grundwürfel (Base) parallel zu unserem Raum stehender Tesseract erst schräg in die dritte und dann normal in die zweite Dimension der Papierebene projiziert ist.

Die Abbildungen 8a, 8b und 8c geben die stereoskopischen Paare je eines Tesseracts, eines händigen Blocks von einem Soma-Würfel (ein dreidimensionales Gebilde, das Händigkeit unter einer vierdimensionalen Rotation wechselt), und eine Repräsentation einer Klein-Flasche durch zwei Möbiusbänder, bei denen entsprechende Punkte in der vierten Dimension verbunden sind.[5]

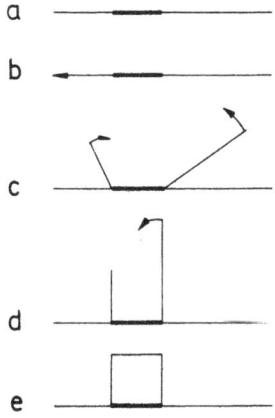

Abbildung 4 Schrittweiser Aufbau eines 2-D Würfels (Quadrat) durch Faltung von drei 1-D Würfeln (Strecken) aus dem Quellraum (Gerade) um ihre Begrenzungen (Punkte).

5 Die Figuren erscheinen ohne Stereoskop dreidimensional, wenn man sie mit gekreuzten Augenachsen fixiert. Fixiere einen zwischen Papierebene und Auge gehaltenen Zeigefinger, bis das stereoskopische

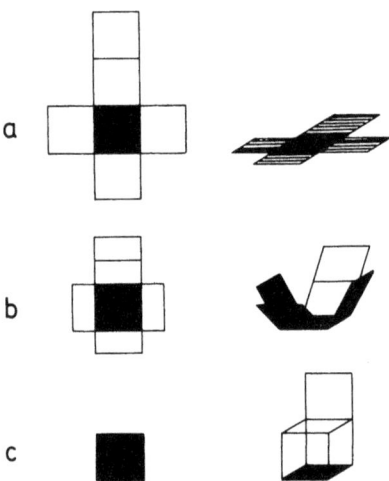

Abbildung 5 Schrittweiser Aufbau eines 3-D Würfels (Würfel) durch Faltung von 5 2-D Würfeln (Quadraten) aus dem Quellraum (Ebene) um ihre Begrenzungen (Kanten).

In der Versuchsanordnung kann nun entweder der Versuchsleiter (VL) oder die VP selbst die auf den Schirm geschriebenen Projektionen über zwei Manipulatoren mit je drei Freiheitsgraden kontrollieren, wobei die rechte Hand die drei Rotationen in der xy-, xz-, yz-Ebene unseres Raumes isomorph steuert, die linke Hand aber die drei in der vierten Dimension, nämlich wx, wy, wz. Obwohl die Versuche noch nicht abgeschlossen sind, kann ich berichten, daß die Einsicht, es handle sich bei diesen sich in merkwürdiger Weise verändernden Gebilden um nichts anderes als die Projektionen ein und desselben Objektes – einer »erzeugenden Invariante« –, bei den meisten naiven VP durch ein lautes und begeistertes »AHA!« in etwa 20 bis 40 Minuten mitgeteilt wird, wenn sie die Manipulatoren selber benützen dürfen. Ein ähnlicher Ausruf kommt, wenn überhaupt, von einer gleichen Kategorie von VP, erst nach vier- bis achtstündigen Sitzungen, in denen

Paar im Hintergrund in ein einziges Bild verschmilzt. Übertrage Fixierpunkte von Finger zu Papier, ohne die Augenachsen zu verändern. Bei Betrachtung mit Stereoskop vertausche links mit rechts (Arnold 1972).

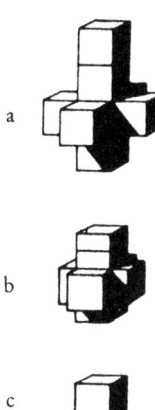

Abbildung 6 Schrittweiser Aufbau eines 4-D Würfels (Tesseract) durch Faltung von sieben 3-D Würfeln (Würfeln) aus dem Quellraum (Raum) um ihre Begrenzungen (Seiten). (Vgl. 6a mit Salvador Dalís Gemälde im Metropolitan Museum, New York: »Crucifixation (Corpus Hypercubus)«. Reproduziert, zum Beispiel, in Descharnes 1962.)

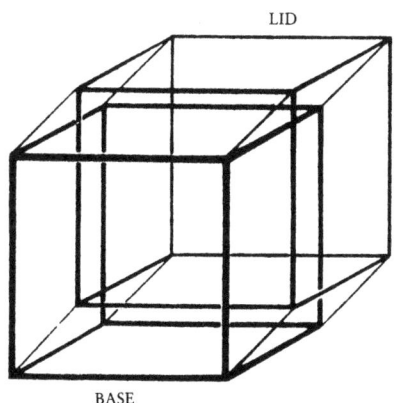

Abbildung 7 Schrägprojektion eines mit seinem Grundwürfel (BASE) parallel zum Raum des Beobachters stehenden Tesseracts (4-D Würfel). (Abschlußwürfel = LID)

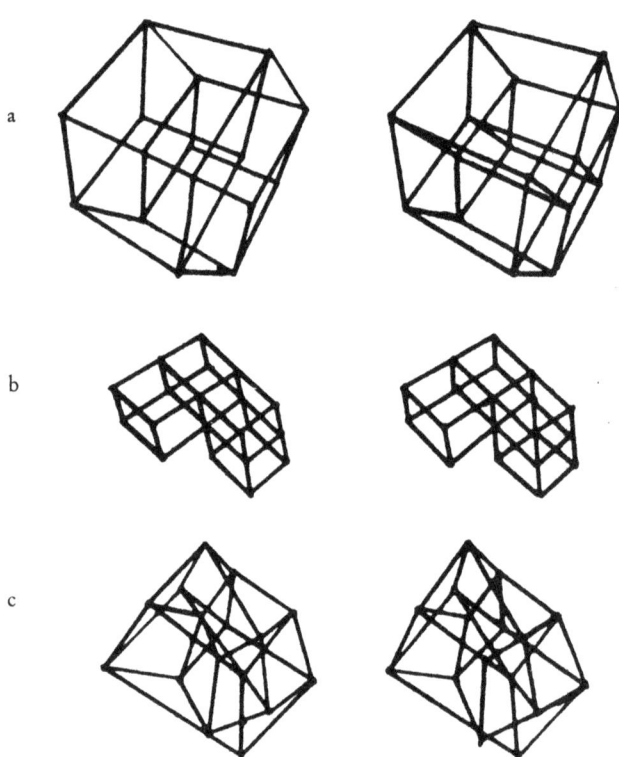

Abbildung 8 Normalprojektionen von schräg zum Raum des Beobachters stehenden (a) Tesseract; (b) Soma-Würfel; (c) Klein Flasche (zu einer stereoskopischen Ansicht siehe Fußnote 5).

der VL mit den Manipulatoren hantiert und geduldig immer wieder die geometrische Situation erklärt, wenn gefragt.

Wir hoffen, durch Weiterentwicklung der Apparatur, bei der der Eingriff in die vierte Dimension durch isometrische Kontraktionen der Hals-, Arm- oder Oberschenkelmuskeln bewerkstelligt wird – also durch motorische Beteiligung, die *keine* 3D-, sondern nur 4D-Konsequenzen zeigt –, die Bedeutung der motorisch-sensorischen Wechselwirkung für das Erkennen noch deutlicher zeigen zu können.

Als einen weiteren Hinweis, wie im Zusammenhang mit dem Zentralnervensystem der Begriff »rekursives Errechnen« aufgefaßt werden kann, will ich noch eine andere Beobachtung als Satz zitieren:

Das neurologische (raumzeitliche) Nahwirkungsgesetz:
»Der Erregungszustand einer Nervenzelle ist ausschließlich bedingt durch die (elektro-chemischen) Zustandsgrößen in ihrer unmittelbaren Nachbarschaft (Mikro-Umwelt) und durch ihren (unmittelbar) vorhergehenden eigenen Erregungszustand: Es gibt keine neurologische Fernwirkung.«

Es ist ja klar, daß wir nicht auf den Tisch da drüben reagieren, sondern auf die Erregungszustände unserer Stäbchen und Zäpfchen und die unserer Propriozeptoren, die, nach gewissen Operationen im Zentralnervensystem, es uns ermöglichen, auf »den Tisch da drüben« Bezug zu nehmen. Das klingt zwar trivial, dient aber dazu, eine Transformation der Betrachtung zu erleichtern, die, ähnlich wie in der Physik, die Aussage »der Mond wird von der Erde angezogen« (Fernwirkungstheorie) in die Aussage verwandelt, »der Mond bewegt sich im Gravitationsfeld der Erde« (Nahwirkungstheorie). Eine unmittelbare Folge dieser Verschiebung in der Betrachtungweise ist, daß der übliche Unterschied zwischen »sensiblen« und »schaltenden« Neuronen – oder, wenn Sie wollen, zwischen peripherem und zentralem Nervensystem – verschwindet, denn jede Nervenzelle ist jetzt als »sensible« Zelle aufzufassen, die spezifisch auf ihre Mikro-Umwelt reagiert. Da aber die Totalität der Mikro-Umwelten aller Neuronen eines Organismus seine »Gesamtumwelt« darstellt, ist es klar, daß es nur einem außenstehenden Beobachter vergönnt ist, zwischen einer »äußeren« und einer »inneren« Umwelt eines Organismus zu unterscheiden. Das ist ein Privileg, das dem Organismus selber versagt ist, denn er kennt nur *eine* Umwelt: die, die er erlebt; er kann ja, zum Beispiel, nicht zwischen halluzinatorischen und nichthalluzinatorischen Erlebniszuständen unterscheiden.

Behalten wir für einen Augenblick die eben erwähnte Unterscheidung des Beobachters bei, dann können wir den Einfluß der beiden Umwelten auf den nervösen Zustand des Organismus im Allergröbsten abschätzen. Ich fasse jede sensible Zelle als einen »Reizpunkt« auf, der mit der äußeren Umwelt (»Außenwelt«) gekoppelt ist, und jeden synaptischen Dorn einer Zelle des Zentralnervensystems als einen bevorzugten Reizpunkt der »Innenwelt«, dessen Mikro-Umwelt durch die chemische Zusammensetzung der Überträgersubstanzen im zugehörigen synaptischen Spalt und durch den elektrischen Erregerzustand des afferenten Axons bestimmt ist. Wenn man als relatives Maß der Wirkungen der Innenwelt und Außenwelt auf den nervösen Zustand des Organismus das Verhältnis der Anzahl der inneren und äußeren Reizpunkte nimmt, dann erhalten wir mit etwa $2 \cdot 10^8$ äußeren und $2 \cdot 10^{13}$ inneren Reizpunkten[6] eine 100 000-fach höhere Empfindlichkeit des Nervensystems gegenüber Veränderungen der Innenwelt als denen der Außenwelt. Ob sich das Nervensystem diese außerordentliche Sensibilität für innere Veränderungen leisten kann, weil die thermischen und hormonalen Parameter innerhalb der Schädeldecke so unglaublich konstant gehalten werden, oder ob durch diese Konstanz synaptische Proliferation gefördert wird, gehört zu der Kategorie der Fragen: Was war zuerst da, Huhn oder Ei? Jedenfalls mag diese Beobachtung für Neuropharmakologen und Psychiater ein Hinweis sein, daß sie es mit einem höchst empfindlichen System zu tun haben, das möglicherweise schon bei minutiösen Änderungen im Stoffwechsel merkbare Veränderungen in seinem gesamten *modus operandi* zeigen kann, und dem Informatiker mag es sagen, daß er es hier mit einem Rechner zu tun hat, dessen Programmstruktur durch seine Aktivität modifizierbar ist (von Foerster 1970/58).

In Abbildung 9 ist dem soeben entworfenen Bild der Organisation des Nervensystems schematisch Rechnung getragen. Die schwarzen Quadrate symbolisieren Nervenbündel, die über die Zwischenräume – ein Kollektiv synaptischer Spalten – auf das folgende Bündel wirken können. Der Signalfluß längs der Bündel läuft von links nach rechts, beginnt mit der sensiblen Oberfläche und terminiert in der motorischen Oberfläche, deren Veränderungen über die Außenwelt – den »motorisch-sensorischen synaptischen Spalt« – auf die sensorische Oberfläche rückgekoppelt werden und so den Signalstrom über einen Kreis schließen. Ein zweiter Signalkreis beginnt an der unteren Begrenzung, die den Kontakt des Zentralnervensystems mit der Neurohypophyse schematisiert, die, analog der motorischen Oberfläche, über das

---

6 Die $2 \cdot 10^{10}$ Neuronen des menschlichen Zentralnervensystems haben im Durchschnitt etwa 10^3 Synapsen.

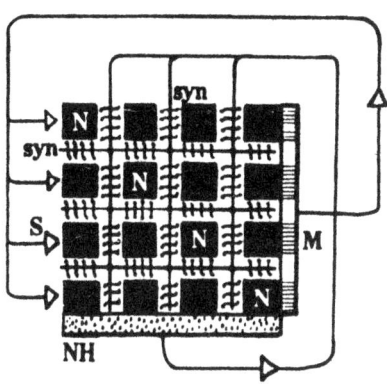

Abbildung 9 Nervöser Signalfluß von der sensiblen Oberfläche (linke Begrenzung, S), über Nervenbündel (schwarze Quadrate, N) und synaptische Spalte (Zwischenräume, syn) zu Muskelfasern (rechte Begrenzung, M) einerseits, deren Aktivität die Reizverteilung der sensiblen Oberfläche verändert, und Neurohypophyse (untere Begrenzung, NH) andererseits, deren Aktivität die Zusammensetzung der Steroide in den synaptischen Spalten und damit die Funktionsverteilung aller Nervenbündel moduliert.

vaskuläre System – den »endokrin-operationellen synaptischen Spalt« – die Mikro-Umwelt aller Synapsen kontrolliert (angedeutet durch die feinen Veräderungen in den Zwischenräumen).

Interpretiert man in diesem Schema die Kantenlänge eines Quadrates mit der Anzahl der Reizpunkte im zugehörigen Nervenbündel, dann hätten wir das ganze System aus $10^5 \times 10^5$ Quadraten bestehend skizzieren müssen, um dem vorher erwähnten Übergewicht der inneren gegenüber der äußeren sensiblen Oberfläche Genüge zu tun. Ein Quadrat müßte dann durch einen Punkt mit einem Durchmesser von etwa 1μ dargestellt werden, sollte das Bild nicht größer werden als das hier wiedergegebene.

Um diesem funktionellen Schema auch geometrisch Rechnung zu tragen, können wir die rechtwinklig zueinander fließenden Signalkreise durch Wicklung um eine vertikale und horizontale Achse schließen. Eine ebene Figur, die nach zwei rechtwinkligen Achsen gewickelt wird, ist aber ein Torus. Abbildung 10 zeigt eine vollständige Schematisierung des Gedankens der doppelten Schließung des Signalstroms. Die vordere Naht entspricht dem

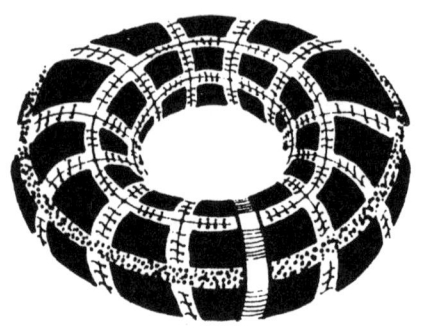

Abbildung 10 Doppelte Schließung der nervösen und hormonalen Kausalkette.
Horizontale punktierte Naht (Äquator): Neurohypophyse.
Vertikale gestrichelte Naht (Meridian): motorisch-sensorischer »synaptischer Spalt«.

motorisch-sensorischen synaptischen Spalt, die horizontale Naht der Neurohypophyse.
Dieses Minimalschema der Ur-Organisation eines nervösen Lebewesens hilft vielleicht auch das Problem zu sehen, das entsteht, wenn wir die Vorgänge des Er-Rechnens einer Realität ohne die Zuhilfenahme eines Beobachters, der vorgibt, zwei Seiten zu kennen, lediglich auf Grund rekursiver Rechenoperationen innerhalb des Organismus ableiten wollen, kurz gesagt: wenn wir eine geschlossene Theorie des Beobachters entwickeln und für diese Theorie nicht sofort wieder einen Beobachter zweiter Ordnung – usw. – zu Hilfe rufen wollen (Maturana 1970a; 1970b).
Als Leitfaden für die Erforschung dieses Problems möge der folgende Satz dienen:

Das Postulat der epistemischen Homöostase:
»Das Nervensystem als Ganzes ist so organisiert (organisiert sich so), daß es eine stabile Realität er-rechnet.«

Aus dem Vorherigen erscheint es klar, daß wir es bei den »stabilen Realitäten« wieder mit einem Eigenwertproblem zu tun haben, und ich könnte mir vorstellen, daß diese Beobachtung in der Psychiatrie von Nutzen sein könnte.
In diesen Bemerkungen mögen manche ihre existentialistische Grundlage entdeckt haben. Mit der doppelten Schließung der

Signalkreise – oder der vollständigen Schließung des Kausalkreises – habe ich ja weiter nichts erreicht, als die Autonomie eines jeden Lebewesens aufs neue zu stipulieren: Die Ursachen meiner Handlungen liegen nicht woanders oder bei jemand anderem – das wäre Heteronomie: der andere ist verantwortlich –, sondern die Ursachen meiner Handlungen liegen in mir, ich bin mein eigener Regler. Frankl, Jaspers oder Buber würden das vielleicht so sagen: In jedem Augenblick kann ich entscheiden, wer ich bin.
Aber damit fällt auch die Verantwortung dafür, wer ich bin und wie ich handle, auf mich zurück; Autonomie bedeutet Verantwortung, Heteronomie aber Verantwortungslosigkeit.
Da sehen wir, daß die erkenntnistheoretischen Probleme der Ethik mit denen der Kybernetik in einem weiten Bereich zusammenfallen, und damit fällt uns Kybernetikern die Verantwortung zu, uns an der Lösung der großen sozialen und ethischen Probleme unserer Zeit zu beteiligen.

Kybernetik

»Regelung und Nachrichtenübertragung im Lebewesen und in der Maschine« kann als Definition von Kybernetik fungieren. Wenn auch das Wort Kybernetik vor ungefähr 150 Jahren von André Marie Ampère (Zeleny 1979) benutzt und dieses Konzept schon vor über 1500 Jahren von Heron von Alexandria (Mayr 1969) verwendet wurde, so war es der Mathematiker Wiener (Wiener 1948), der diesem Begriff schon im Jahre 1948 Namen und Bedeutung im modernen Kontext verlieh. Der Name »Kybernetik« leitet sich vom griechischen Wort *kybernetes* für Steuermann her, woraus im Lateinischen *gubernator* und im Englischen *governor* wurde. Das Konzept, das damit verbunden war, sollte einen Verhaltensmodus kennzeichnen, der sich von der üblichen Auffassung der Operationen von Maschinen mit ihrer eineindeutigen Übereinstimmung von Ursache-Wirkung, Reiz-Reaktion, *input-output* usf. grundlegend unterscheidet. Der Unterschied ist bedingt durch die Anwesenheit von Sensoren, deren (Rück-)Meldungen über den Zustand der Effektoren des Systems auf die Operation dieses Systems einwirken. Insbesondere dann, wenn eine inhibitorische Handlung die Diskrepanz zwischen dem Ist-Wert und dem Soll-Wert des Systems verringert, zeigt das System zielgerichtetes Verhalten (Conant 1981), d.h. nach einer äußeren Störung wird es zu einer Repräsentation des internen Zustands, dem Ziel, zurückkehren. Wenn auch dieses Schema nicht die physikalische Natur der Systemzustände spezifiziert – seien es elektrische Ströme, mechanische oder chemische Prozesse, abstrakte Symbole oder was auch immer –, so ist der biologische Beigeschmack der hier benützten Sprache offenkundig. Das ist kein Zufall; in den entscheidenden Jahren der Konzeptbildung schuf die enge Zusammenarbeit von Wiener mit dem Neurophysiologen Rosenblueth einen physiologischen Kontext. Diese Zusammenarbeit stimulierte auch ihre philosophischen Neigungen, und zusammen mit Bigelow bereiteten sie 1943 mit der Veröffentlichung von »Behavior, Purpose and Teleology« (Rosenblueth, Wiener, Bigelow, 1943) den Boden für die noch heute anhaltenden epistemologischen Untersuchungen. Eine weitere fruchtbare *ménage à trois* von Philosophie, Physiologie und

Mathematik war zunächst die Zusammenarbeit von McCulloch, Philosoph, Logiker, Neurophysiologe oder, wie er sich selbst zu nennen liebte, »experimenteller Epistemologe«, mit einem jungen, brillanten Mathematiker, Pitts, die gemeinsam zwei Artikel veröffentlichten, die entscheidenden Einfluß auf die entstehende Denkungsart hatten. Die Titel dieser Arbeiten geben fast den Inhalt wieder: »A Logical Calculus of the Ideas Immanent in Nervous Activity«, (McCulloch/Pitts 1943); und »How We Know Universals: The Perception of Auditory and Visual Forms« (Pitts/McCulloch 1947). Von Neumanns Faszination von der Parallelität der logischen Organisation von Errechnungen im Nervengewebe und in Artefakten (von Neumann 1960) brachte ihn nahe an McCulloch (ders. 1951) und die Leute um ihn herum. Die diesen verschiedenen Ideen und Konzepten zugrunde liegende Logik war das Thema von zehn zukunftsweisenden Konferenzen zwischen 1946 und 1953, die Mathematiker, Biologen, Anthropologen, Neurophysiologen, Logiker und so weiter zusammenführten, die die Bedeutung der Konzepte erkannten, die im Titel der Konferenzen Ausdruck fanden: »Circular Causal and Feedback Mechanisms in Biological and Social Systems« (Von Foerster 1949/4.; 1950/5.; 1951/6.; 1953/8.; 1955/12). Die Teilnehmer wurden zu Katalysatoren der Verbreitung kybernetischer Konzepte im alltäglichen Sprachgebrauch (z. B. »Feedback«), für epistemologische Untersuchungen von Denken/Bewußtsein und natürlich von »Bewußtsein in Maschinen« (MacKay 1952). Müßte man ein zentrales Konzept, ein erstes Prinzip der Kybernetik nennen, so wäre es »Zirkularität«. Eben die Zirkularität, wie sie im zirkulären Fluß von Signalen in organisatorisch geschlossenen Systemen oder in »zirkulärer Kausalität«, d. h. in Prozessen, in denen letztendlich ein Zustand sich selbst reproduziert, oder in Systemen reflexiver Logik, wie in Selbst-Referenz oder Selbst-Organisation usw. abläuft. Heute kann vielleicht »Zirkularität« durch »Rekursivität« ersetzt werden, und die Theorie rekursiver Funktionen, Kalküle der Selbst-Referenz (Varela 1975) und der Logik der Autologie (Löfgren 1983), d. h. Konzepte, die auf sich selbst angewendet werden können, lassen sich als angemessene Formalismen benutzen.

Mechanismus

Betrachten wir erneut Systeme mit funktionaler Organisation, deren Operation den Unterschied zwischen einem spezifischen Zustand und einer Störung vermindert. Die Tendenz des Systems, sich diesem spezifischen Zustand anzunähern, dem »Ziel«, dem »Ende«, im Griechischen τέλος (daher: »Teleologie«), kann so interpretiert werden, daß das System »einen Zweck verfolgt« (Pask 1969). Der Zweck, die Idee des »Zweckes« zu beschwören, liegt darin, die Irrelevanz der Bahnen zu betonen, die von einem solchen System auf seinem Wege von einem willkürlichen Anfangszustand zu seinem Ziel zurückgelegt werden. In einem synthetischen System, dessen innere Vorgänge bekannt sind, hat diese Irrelevanz keine Bedeutung. Diese Irrelevanz wird aber überaus bedeutsam, wenn das analytische Problem – das Maschinenidentifikationsproblem – unlösbar ist, weil es sich der Errechnung der Gesetzmäßigkeiten des betrachteten Systems entzieht. Man sagt, das Problem sei »transcomputational« (Bremmermann 1974) in dem Sinne, daß mit den bekannten Algorithmen die Anzahl der zur Identifikation nötigen Rechenoperationen das Alter des Universums, ausgedrückt in Nanosekunden, überschreiten würde. So gesehen kann der Begriff Zweck effektiv werden, wenn man sich mit lebenden Organismen befaßt, deren Ziele bekannt, deren Verhaltenswege aber unbestimmbar sind. Aristoteles stellt die »causa efficiens«, wenn »weil« benutzt wird, den Fluß der Ereignisse zu erklären, neben die »causa finalis«, d. h. wenn man »um ... zu« benutzt, um Verhalten zu rechtfertigen. In der frühen enthusiastischen Periode der Kybernetik wurde, um über das Gebaren von synthetischen Mechanismen zu sprechen, manchmal ein Vokabular benützt, das ursprünglich nur auf Lebewesen Bezug nehmen sollte, wie Denken, Wünschen, Sehnen oder Geist. Spuren davon finden sich noch heute in Begriffen wie »Gedächtnis des Computers«, »Informationsverarbeitung«, »künstliche Intelligenz« und so weiter. Die Faszination der »Bio-Mimesis«, d. h. der »Imitation von Leben«, läßt die modernen Nachfolger von Aristoteles nach einer Synthese der Aspekte des Geistigen suchen, indem sie die Leistungen der großen Computer einsetzen. Andererseits läßt das analytische Problem »Was ist Geist?« und »Woher kommen Ideen?« im platonischen Sinne Kybernetiker nach Prinzipien des Errechnens und einer Logik suchen, die sensomotorischer Kompetenz, Denken und Sprache zugrunde liegen.

Selbst wenn in den ersten Phasen dieser Suche in vielen Arbeiten der Begriff »Zweck« auftauchte, so ist es von Bedeutung, daß sich für denselben System-Typ eine völlig zweckfreie Sprache entwickeln läßt, indem man seine Aufmerksamkeit auf die rekursive Natur der beteiligten Prozesse richtet. Dabei sind Umstände von Interesse, wo die Dynamik eines Systems bestimmte Zustände in eben diese Zustände transformiert, wobei die Zustandsbereiche numerische Werte sein können, Anordnungen (Matrizen, Vektoren, Konfigurationen usf.), Funktionen (Polynome, algebraische Funktionen usf.), Funktionale, Verhalten und so weiter (Ulrich/Probst 1984). In theoretischen Arbeiten bezieht man sich, je nach Bereich und Kontext, auf diese Zustände als »Fixpunkte«, »Eigenverhalten«, »Eigenoperatoren« und neuerdings auch als »Attraktoren«, eine Terminologie, die Teleologie in modernem Gewande wieder einführt. Pragmatisch entsprechen diese Zustände der Errechnung von Invarianten, seien es Objekt-Konstanz, perzeptive Universalien, kognitive Invarianten, Identifikationen, Benennungen etc. Natürlich müssen hier auch die klassischen Fälle von Ultrastabilität und Homöostase erwähnt werden. (Ashby 1956).

Epistemologie

Eine bedeutsame Erweiterung der Zirkularität in thermodynamisch offenen Systemen betrifft Geschlossenheit – entweder im Sinne organisatorischer Geschlossenheit wie etwa bei selbst-organisierenden Systemen oder im Sinne der Einbezogenheit wie im Fall des »beteiligten Beobachters«. Selbstorganisierende Systeme sind gekennzeichnet durch ihre intrinsischen, nichtlinearen Operatoren (d.h. die Eigenschaften ihrer konstitutiven Elemente: Makromoleküle, Sporen des Schleimpilzes, Bienen etc.), die makroskopisch (meta-)stabile Muster schaffen, die durch den ständigen Fluß ihrer Konstituenten aufrechterhalten werden (Livingston 1984). Ein besonderer Fall von Selbst-Organisation ist Autopoiesis (Maturana/Varela 1980). Es ist die Organisation, die ihr eigener Eigenzustand ist: das Ergebnis der produktiven Interaktionen der Komponenten des Systems sind eben diese Komponenten. Es ist die Organisation des Lebens und zugleich die Organisation der Autonomie (Varela 1979). Der Begriff »Organisation« trägt ja den von Ordnung in sich und natürlich auch von Unordnung, Komplexität usf. Es ist klar, daß diese Konzepte beobachterabhängig sind, also die Erweiterung der Kybernetik von beobachteten zu beobachtenden Systemen und damit zur Kybernetik der Sprache (Maturana 1982) vollziehen. Hier wird Sprache genau als jenes Kommunikationssystem verstanden, das über sich selbst sprechen kann: eine Sprache muß »Sprache« in ihrem Lexikon aufführen. Autologie ist die Logik der Konzepte, die auf sich selbst Anwendung finden (Löfgren 1983). Darunter sind Bewußtsein und Gewissen: ihre Korollarien, Epistemologie und Ethik, sind die Früchte der Kybernetik.[1]

---

[1] Allgemeine Literatur: Gunderson 1972; Keeney 1983/1987; McCulloch 1965; Powers 1973.

Gedanken und Bemerkungen
über Kognition

Gedanken

Es ist ein übliches Verfahren, das Bild von uns selbst in Dinge oder Funktionen von Dingen in der Außenwelt zu projizieren. Diese Art der Projektion nenne ich »Anthropomorphisierung«. Da wir alle direkte Erfahrung von uns selbst haben, ist der unmittelbarste Weg zum Verstehen von X für uns, eine Abbildung zu finden, in der wir uns durch X selbst dargestellt sehen können. Dies wird deutlichst demonstriert dann, wenn wir bestimmten Dingen die Namen von Teilen unseres Körpers geben, weil sie diesen strukturell und funktional ähnlich sind: Wir sprechen vom »Kopf« einer Schraube, von den »Backen« eines Schraubstocks, den »Zähnen« einer Säge, vom »Hals« einer Flasche, von den »Beinen« eines Tisches usw.

Die Surrealisten, die stets darauf aus waren, Ambivalenzen unserer kognitiven Prozesse deutlich zu machen, stellen uns solche drastisch vor Augen, indem sie sie semantisch korrekten Vorstellungen entgegensetzen: die Beine eines Stuhls (Abbildung 1, aus: Barr (Hg.) 1947, S. 156), ein Brustkasten mit Schubladen (Abbildung 2, aus: Jean 1959, S. 284) usw.

Um die Jahrhundertwende hatten die Tierpsychologen schwer gegen Verhaltens-Anthropomorphismen in der Zoologie zu kämpfen, wo es von romantisierten Tieren mit menschlichen Eigenschaften nur so wimmelte. Da gab es den »treuen« Hund, das »edle« Pferd, den »stolzen« Löwen, den »schlauen« Fuchs usw. Konrad Lorenz, der große Ornithologe, wurde aus Wien hinausgejagt, als er unklugerweise vorschlug, die Population der sich allzu rasch vermehrenden unterernährten und tuberkuloseverseuchten Tauben der Stadt durch Falken zu kontrollieren, die die Eier der Tauben aus den Nestern holen sollten. Das goldene Wiener Herz konnte den Gedanken des »Taubenkindermordes« allerdings nicht ertragen. Die Wiener gaben den Tauben lieber doppelt soviel Futter. Als Lorenz darauf hinwies, daß sie dadurch nur doppelt so viele unterernährte und tuberkuloseverseuchte Tauben heranzüchteten, mußte er gehen, und zwar schnell!

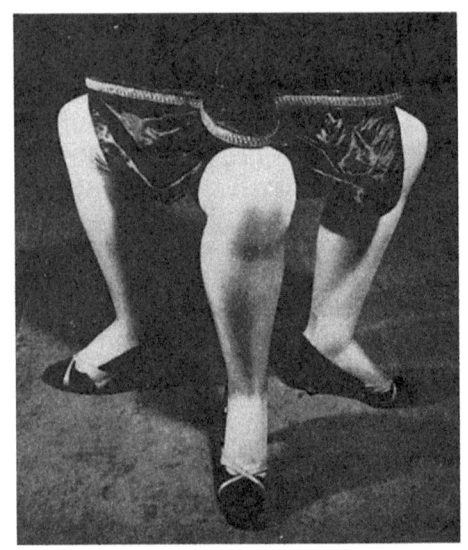

Abbildung 1 »L'Ultra Meuble« (Kurt Seligman)

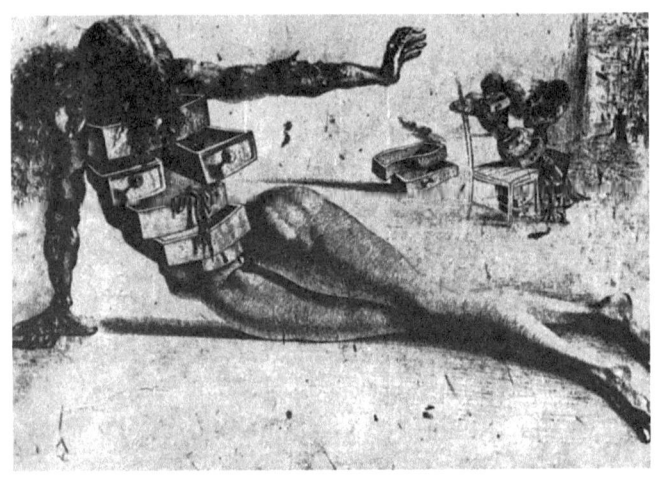

Abbildung 2 »Stadt der Schubladen« (Salvador Dalí)

Natürlich ist im Prinzip gegen Anthropomorphisierungen überhaupt nichts einzuwenden: in den meisten Fällen dienen sie als hilfreiche Algorithmen zur Steuerung des Verhaltens. Wenn man es mit einem Fuchs zu tun hat, ist es sicherlich vorteilhaft zu wissen, daß er »schlau« ist, d. h., daß er eine Herausforderung für unser Gehirn ist und nicht für unsere Muskeln.
Heute lebt der größte Teil der Menschheit in Städten und hat den direkten Kontakt mit der Tierwelt verloren. Statt dessen sind Möbelstücke aus Stahl mit gewissen funktionalen Merkmalen zu Gegenständen unserer Zuneigung geworden: die Computer. Und sie sind es nun, die mit romantisierenden Beiwörtern geschmückt werden. Da wir in einem Zeitalter der Naturwissenschaften und der Technik leben, nicht in einem des Gefühls und der Empfindsamkeit, sind die liebevollen Epitheta dieser unserer Maschinen nicht solche des Charakters, sondern solche des Intellekts. Auch wenn es durchaus möglich und vielleicht sogar angemessen ist, von einem »stolzen« IBM 360-50-System, von der »edlen« 1800 oder der »schlauen« PDP 8 zu sprechen, habe ich nie jemand diese Ausdrucksweise benutzen hören. Statt dessen romantisieren wir angebliche geistige Leistungen dieser Maschinen, wir sprechen von ihrem »Gedächtnis« und sagen, daß diese Maschinen »Information« speichern und wieder auffinden, daß sie »Probleme lösen«, »Theoreme beweisen« usw. Man hat es hier augenscheinlich mit ziemlich intelligenten Geschöpfen zu tun, und es hat daher einige Versuche gegeben, einen A.I.Q, d. h. einen »artificial intelligence quotient« zu bestimmen, um auch in dieses neue Gebiet der »künstlichen Intelligenz« mit Kompetenz und Nachdruck irreführende Vorstellungen einzuführen, wie sie auch bei manchen prominenten Behavioristen noch gang und gäbe sind.
Unser rationales Verhältnis zu diesen Maschinen bedarf also einer klärenden Bestimmung, im emotionalen Bereich dagegen scheinen wir keine Probleme zu haben. Die folgenden Anmerkungen sollen lediglich die charmanten Ausführungen von Madeleine Mathiot (1970) ergänzen, in denen sie über verschiedene Grade der »Ehrfurcht und Bewunderung« berichtet, die mit den Personalpronomen »er«, »sie« und »es« assoziiert werden. Sie entwickelt ein dreiwertiges logisches Stellenwertsystem, in dem das sächliche »es« keinen Bezug zu Ehrfurcht und Bewunderung zeigt, und zwar weder im negativen (Fehlen) noch im positiven Sinn (Vorhandensein), während das personale »er« bzw. »sie«

durchaus entsprechend markiert ist. Das maskuline »er« ist durch das Fehlen von Ehrfurcht und Bewunderung gekennzeichnet, das feminine »sie« natürlich durch ihr Vorhandensein.

Als in den frühen fünfziger Jahren an der Universität von Illinois der Rechner ILLIAC II gebaut wurde, haben wir ihn alle mit dem Pronomen »es« bezeichnet. Die gegenwärtig an ILLIAC III arbeitende Computergruppe verspricht uns, daß »er« bald seine Arbeit aufnehmen wird. ILLIAC IV eröffnet aber bereits ganz andere Dimensionen: Die Planer meinen, daß das Rechnerpotential der Welt sich verdoppeln wird, sobald »sie« eingeschaltet werden kann.

Auch diese Anthropomorphismen sind selbstverständlich völlig in Ordnung, denn sie können die Entwicklung guter Arbeitsbeziehungen mit diesen Werkzeugen erleichtern. Da die meisten der Leute, die ich in unserer Computerabteilung kenne, männlich und heterosexuell sind, ist völlig klar, daß sie ihre Tage und Nächte bei der Arbeit lieber mit einer »Sie« als mit einem »Es« verbringen.

Im letzten Jahrzehnt ist jedoch etwas ganz Seltsames und Betrübliches geschehen: Nicht nur die Ingenieure, die mit solchen Systemen arbeiten, haben langsam zu glauben begonnen, daß die geistigen Funktionen, deren Namen zunächst *metaphorisch* gewissen Maschinenoperationen zugewiesen wurden, tatsächlich diesen Maschinen eigen sind, vielmehr haben auch gewisse Biologen – bewogen dadurch, daß es keine umfassende Theorie des Denkens gibt – zu glauben begonnen, daß bestimmte Maschinenoperationen, die unglücklicherweise die *Namen* einiger geistiger Prozesse tragen, diesen geistigen Operationen funktional isomorph sind. Auf der Suche nach der physiologischen Basis des Gedächtnisses begannen sie z. B. nach neuronalen Mechanismen zu suchen, die gewissen elektromagnetischen oder elektrodynamischen Mechanismen analog sein sollen, welche zeitabhängige Konfigurationen (Magnetbänder, Magnettrommeln oder Magnetkerne) oder räumliche Konfigurationen (Hologramme) des elektromagnetischen Feldes so »einfrieren«, daß sie zu einer späteren Zeit inspiziert werden können.

Der Irrglauben an eine funktionale Isomorphie bei voneinander völlig unabhängigen und verschiedenartigen Prozessen, nur weil diese Prozesse mit dem gleichen *Namen* bezeichnet werden, ist in diesen beiden Fachdisziplinen heute so tief eingewurzelt, daß jeder, der nach dem Beispiel von Lorenz die Maschinen zu »deanthropomorphisieren« und die Menschen zu »de-mechanisieren« sucht, ähnlich feindselige Einstellungen und Handlungen hervorruft, wie sie Lorenz entgegengebracht wurden, als er begann, die Tiere wieder zu Tieren zu machen, sie zu »animalisieren«.

Andererseits ist der Widerstand gegen ein theoretisches Modell, in dem scheinbar voneinander trennbare höhere geistige Fähigkeiten, wie z. B. »Lernen«, »Merken« (»Gedächtnis«), »Wahrnehmen«, »Vorhersagen« usw., als unterschiedliche Manifestationen eines einzigen umfassenden Phänomens »Kognition« aufgefaßt werden, durchaus verständlich. Dies würde nämlich bedeuten, daß man die bequeme Position aufzugeben hat, von der aus alle diese Fähigkeiten isoliert behandelt und auf ziemlich triviale Mechanismen reduziert werden können. Das Gedächtnis etwa wird, isoliert betrachtet, auf »Aufzeichnen« reduziert, »Lernen« auf »Veränderung«, »Wahrnehmung« auf »Input« usw. Mit anderen Worten, durch die Abtrennung dieser Funktionen von der Totalität kognitiver Prozesse ist man das ursprüngliche Problem losgeworden und sucht nun nach Mechanismen, die ganz andere Aufgaben erfüllen. Diese können mit den Prozessen zusammenhängen oder auch nicht, die nach den Ausführungen Maturanas (1970a) der Erhaltung des Organismus als einer funktionierenden Einheit dienen.

Vielleicht können die folgenden drei Beispiele diese Problematik noch deutlicher machen.

Ich möchte mit dem »Gedächtnis« (engl. *memory*)* beginnen. Wenn Ingenieure über das »Gedächtnis« eines Computers sprechen, dann meinen sie nicht eigentlich das »Gedächtnis« eines Computers, sondern Vorrichtungen oder Systeme von Apparaturen, mit denen elektrische Signale festgehalten werden, so daß sie dann, wenn sie für weitere Manipulationen benötigt werden, erneut abgerufen werden können. Diese technischen Vorrichtungen sind daher Speicher oder Speichersysteme und zeigen die charakteristischen Merkmale aller Speicher, nämlich die Erhaltung der

---

* A.d.Ü.: Das englische Wort für den »Speicher« eines Computers, »memory«, ist jedermann primär in seiner Bedeutung »Gedächtnis« vertraut – daher die im folgenden dargelegten fatalen Konsequenzen.

Qualität dessen, was in einem Zeitpunkt gespeichert und zu einem späteren Zeitpunkt wieder abgerufen wird. Der Inhalt dieser Speicher ist eine Aufzeichnung, englisch »record«, und eben dies war in den Zeiten vor der Großen Semantischen Konfusion auch der englische Ausdruck für jene dünnen schwarzen Scheiben, die die Musik wiedergeben, welche auf ihnen aufgezeichnet ist. Ich stelle mir vor, welch große Augen der Verkäufer in einem Musikgeschäft machen würde, wenn man ihn nach dem »Gedächtnis« von Beethovens fünfter Symphonie fragte. Er würde den Kunden wahrscheinlich an den Buchladen nebenan verweisen. Und völlig zu Recht, denn Aufzeichnungen vergangener Erfahrungen reproduzieren nicht die Ursachen dieser Erfahrungen, sie transformieren diese Erfahrungen vielmehr – durch einen Wechsel der qualitativen Bereiche – mit Hilfe einer Menge komplexer Prozesse in Äußerungen oder andere Formen symbolischen oder zielorientierten Verhaltens. Wenn man mich fragt, was ich zum Frühstück gegessen habe, dann produziere ich nicht Rührei, sondern *sage* lediglich »Rührei«. Das »Gedächtnis« eines Computers hat nichts mit solchen Transformationen zu tun, und es sollte auch nie damit zu tun haben. Das bedeutet jedoch nicht, daß ich meine, diese Maschinen würden eines Tages nicht ihre eigenen Memoiren schreiben. Um sie aber so weit zu bringen, müssen wir erst noch einige epistemologische Probleme lösen, denn erst dann können wir uns mit dem Problem der Konstruktion der dafür notwendigen Software und Hardware beschäftigen.

Auch das schmückende Beiwort »Problemlöser« – ebenso wie das Wort »Gedächtnis« für Aufzeichnungsapparate – ist eine irreführende Metapher für unsere Rechenmaschinen. Natürlich sind diese keine Problemlöser, denn sie haben überhaupt keine Probleme. Es sind *unsere* Probleme, die sie uns lösen helfen wie jedes andere Werkzeug auch, etwa ein Hammer, der in der Tat als »Problemlöser« dafür angesehen werden kann, Nägel in ein Brett zu schlagen. Die Gefahr einer solchen subtilen semantischen Verdrehung, durch die die Verantwortung für die eigenen Handlungen vom Menschen auf die Maschine geschoben wird, liegt darin, daß wir das Problem der Kognition aus dem Auge verlieren. Dadurch, daß wir der Verführung erliegen zu glauben, daß das Problem darin besteht, Lösungen für bestimmte wohldefinierte Fragestellungen zu finden, vergessen wir zunächst überhaupt zu fragen, was ein »Problem« ausmacht, sodann worin seine »Lösung« besteht, und schließlich – wenn ein Problem identifiziert ist –, warum wir es überhaupt lösen wollen.

Ein weiterer Fall pathologischer Semantik – und das letzte Beispiel meiner Polemik – ist der weitverbreitete Mißbrauch des Begriffs »Information«. Dieses arme Ding wird heutzutage »verarbeitet«, »gespeichert«, »wieder herbeigeschafft«, »komprimiert«, »zerlegt« usw., so als ob es Hackfleisch wäre. Da die Fallgeschichte dieser modernen Krankheit leicht einen ganzen Band füllen könnte, greife ich nur die soganannten »Systeme der Speicherung und Wiederbereitstellung von Information« heraus, die etwa in der Form bestimmter fortgeschrittener bibliothekarischer Such- und Liefersysteme, computergestützter Datenverarbeitungssysteme usw. ganz ernsthaft als Analogmodelle für das Funktionieren des Gehirns vorgeschlagen worden sind.

Natürlich speichern diese Systeme keinerlei Information, sie speichern Bücher, Bänder, Mikrofiches oder andere Arten von Dokumenten, und es sind eben diese Bücher, Bänder, Mikrofiches oder anderen Dokumente, die wieder hervorgeholt werden und die nur dann die gewünschte Information liefern, wenn ein menschliches Bewußtsein sie erfaßt. Diese Sammlungen von Dokumenten »Systeme der Speicherung und Wiederbereitstellung von Information« zu nennen, ist ebenso falsch wie eine Garage als »System der Speicherung und Wiederbereitstellung von Transport« zu bezeichnen. Die Verwechslung von *Behältern* für potentielle Information mit der *Information* selbst führt wiederum dazu, das Problem der Kognition wunderschön in den blinden Fleck des wissenschaftlichen Sehfeldes zu rücken, so daß es, wie gewünscht, verschwindet. Wäre das Gehirn in der Tat mit irgendeinem dieser Systeme der Speicherung und Wiederbereitstellung vergleichbar und wäre es von diesen nur nach seiner Speicherkapazität und nicht auch nach der Qualität seiner Prozesse verschieden, dann würde eine entsprechende Theorie des Gehirns einen Dämon mit immensen kognitiven Fähigkeiten postulieren müssen, der durch dieses riesige System rast, um aus dessen Beständen jeweils genau die Information zu extrahieren, die für den Besitzer des Gehirns gerade lebensnotwendig ist.

Difficile est satiram non scribere. Ganz offensichtlich bin ich mit dieser Schwierigkeit nicht fertiggeworden, und ich fürchte, daß es mir ebenso wenig gelingen wird, die andere Schwierigkeit zu bewältigen, nämlich nunmehr zu sagen, was Kognition *wirklich* ist.

Es fällt mir sogar schwer, die Tiefe dieses unseres Problems angemessen in Worte zu fassen, wenn ich es in seinem vollen Umfang ernst nehme und vergegenwärtige. In einer Gruppe wie der unsrigen gibt es wahrscheinlich ebenso viele Arten, es zu betrachten, wie es Augenpaare gibt. Mich fasziniert jedenfalls nach wie vor das unergründliche und rätselhafte Geschehen, das sich ereignet, wenn Hans, Peters Freund, die Geräusche hört, die erzeugt werden, wenn jemand die folgenden schwarzen Zeichen liest:

ANNA IST PETERS SCHWESTER

– oder wenn Hans diese Zeichen auch nur sieht. Hans »weiß« danach, daß Anna Peters Schwester ist, und verändert faktisch seine gesamte Einstellung gegenüber der Welt, wie sie sich aus seiner neuen Einsicht in eine relationale Struktur von Elementen dieser Welt ergibt.

Ich meine, daß wir die »kognitiven Prozesse«, die diese Art von Wissen aus bestimmten Sinneswahrnehmungen erzeugen, noch keineswegs verstehen. Ich werde mir in diesem Augenblick nicht weiter den Kopf darüber zerbrechen, ob diese Sinneswahrnehmungen nun durch eine Interaktion des Organismus mit Objekten in der Welt oder mit deren symbolischen Repräsentationen verursacht werden. Wenn ich nämlich Maturana richtig verstehe, werden sich diese zwei Probleme bei angemessener Formulierung auf ein und dasselbe Problem reduzieren, nämlich auf das Problem der Kognition *per se*.

Um diese ganze Problematik für mich selber zu erklären, habe ich die folgenden Bemerkungen zusammengestellt, die um sechs Aussagen gruppiert sind, angeordnet nach $n - 1 \rightarrow 6$. Die mit n. 1, n. 2, n. 3 etc. numerierten Aussagen sind Erläuterungen zu den Aussagen unter der Ziffer n. Die mit n. m1, n. m2 usw. bezeichneten Aussagen sind Kommentare zu den jeweiligen Aussagen n. m usw.

Hier sind sie.

Bemerkungen

1. Ein lebender Organismus, Ω, ist eine abgegrenzte, autonome Einheit, deren funktionale und strukturelle Organisation durch

die Interaktion seiner miteinander verbundenen elementaren Konstituenten bestimmt wird.

1.1 Die elementaren Konstituenten, die Zellen, sind ihrerseits abgegrenzte, funktionale und strukturelle Einheiten, sie sind jedoch nicht notwendigerweise autonom.

1.1.1 Die Autonomie der Zellen geht mit der zunehmenden Differenzierung in Organismen von steigender Komplexität verloren, wodurch andererseits die angemessene »organische Umwelt« dafür geschaffen wird, daß diese komplexen Ganzheiten ihre strukturelle und funktionale Integrität erhalten können.

1.2 Ein lebender Organismus, Ω, wird durch eine geschlossene orientierbare Oberfläche begrenzt. Topologisch ist diese Oberfläche äquivalent einer Kugel mit einer geraden Anzahl von 2p Löchern, die paarweise durch Röhren verbunden sind. Die Zahl p wird als Genus der Oberfläche bezeichnet.

1.2.1 Wird die histologische Unterscheidung zwischen Ektoderm und Endoderm aufrechterhalten, dann ist eine Oberfläche vom Genus $p = (s + t)/2$ äquivalent einer Kugel mit s Oberflächenlöchern, die durch ein Netzwerk von Röhren mit t T-Verzweigungen verbunden sind. Das Ektoderm wird dann durch die Oberfläche der Kugel repräsentiert, das Endoderm durch die Innenwände der Röhren (Abbildung 3).

1.3 Jede geschlossene orientierbare Oberfläche ist metrisierbar. Daher kann jeder Punkt dieser Oberfläche durch die zwei Koordinaten α, β eines geodätischen Koordinatensystems bezeichnet werden, das die Oberfläche in geeigneter Weise bedeckt. Eine der Eigenschaften eines geodätischen Koordinatensystems liegt darin, daß es lokal cartesisch ist. Die Oberflächenkoordinaten α, β heißen »Eigen-Koordinaten« und werden durch ein einziges Symbol, ξ, bezeichnet.

1.3.1 Wenn für die Umgebung jedes Oberflächenpunktes ξ die Gaußsche Krümmung γ gegeben ist, dann legt die Gesamtheit der Tripel α, β, γ die Gestalt Γ der Oberfläche fest ($\gamma = \gamma [\alpha, \beta]$).

1.3.2 Da ein lebender Organismus durch eine geschlossene orientierbare Oberfläche begrenzt wird, läßt sich über die Oberfläche dieses Organismus in einem willkürlich gewählten »Ruhezustand« ein geeignetes geodätisches Koordinatensystem legen, und jedes Oberflächenelement (d. h. jede ektodermale oder endodermale Zelle) läßt sich durch die Eigen-Koordinaten ξ hinsichtlich seiner Lage kennzeichnen.

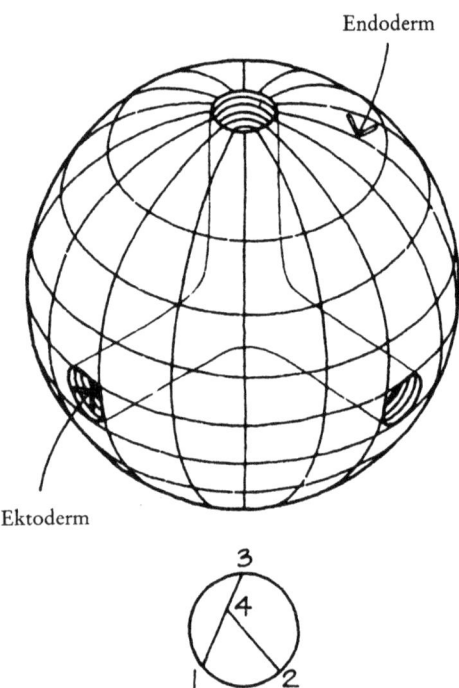

Abbildung 3 Geschlossene orientierbare Oberfläche vom Genus p = 2
(s = 3, t = 1, [s + t]/2 = 4/2 = 2)

1.3.3 Eine entsprechend bestimmte Zelle c_ξ soll diesen ihren Namen nach aufeinanderfolgenden Verzerrungen der Oberfläche (kontinuierlichen Verzerrungen) und auch nach Transplantierung an den Ort ξ' (diskontinuierliche Verzerrungen) beibehalten.
1.3.3.1 Die geodätischen Koordinaten auf der Oberfläche des Organismus lassen sich auf eine topologisch äquivalente Einheitskugel (R = 1) abbilden, so daß jedem Punkt ξ und seiner Umgebung auf dem Organismus präzise ein Punkt λ mit seiner Umgebung auf der Einheitskugel entspricht. Jede Zelle c_ξ auf der Oberfläche des Organismus hat folglich eine Abbildung c_λ auf der Oberfläche der Einheitskugel.
1.3.3.2 Es ist klar, daß Oberflächenverzerrungen des Organis-

mus, ja sogar Transplantierungen von Zellen von einem Ort zu einem anderen, sich nicht in irgendwelchen Veränderungen der Oberfläche dieser Kugel widerspiegeln. Die einmal hergestellte Abbildung bleibt gegenüber solchen Transformationen invariant, und diese Kugel wird daher im folgenden als »repräsentative Körperkugel« bezeichnet (Abbildung 3, oder geeignete Modifikationen mit $p > 2$).

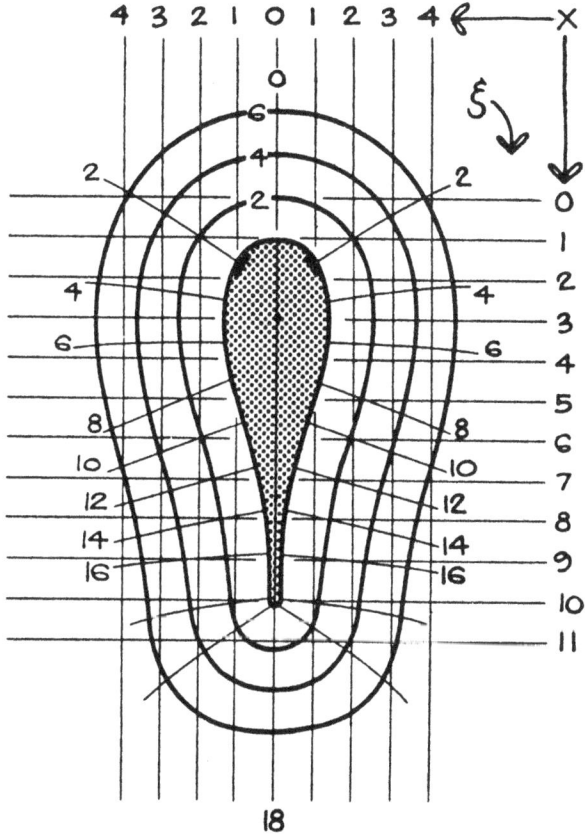

Abbildung 4a Geodäsie des Eigen-Koordinatensystems eines Organismus Ω im Ruhezustand $[\delta\Gamma = 0]$, der in eine Umwelt mit euklidischer Metrik eingebettet ist.

1.3.4 Da das von einer geschlossenen orientierbaren Oberfläche umfaßte Volumen metrisierbar ist, gilt all das, was (1.3 → 1.3.3.2) über die Oberflächenpunkte ζ und die Zellen c_ζ gesagt worden ist, auch für die Rauminhaltspunkte ζ und die Zellen c_ζ bzw. die repräsentativen Zellen c_μ in der Körperkugel.

1.4 Der Organismus, Ω, wird in eine »Umwelt« mit festgelegter euklidischer Metrik eingebettet, d. h. mit den Koordinaten a, b, c,

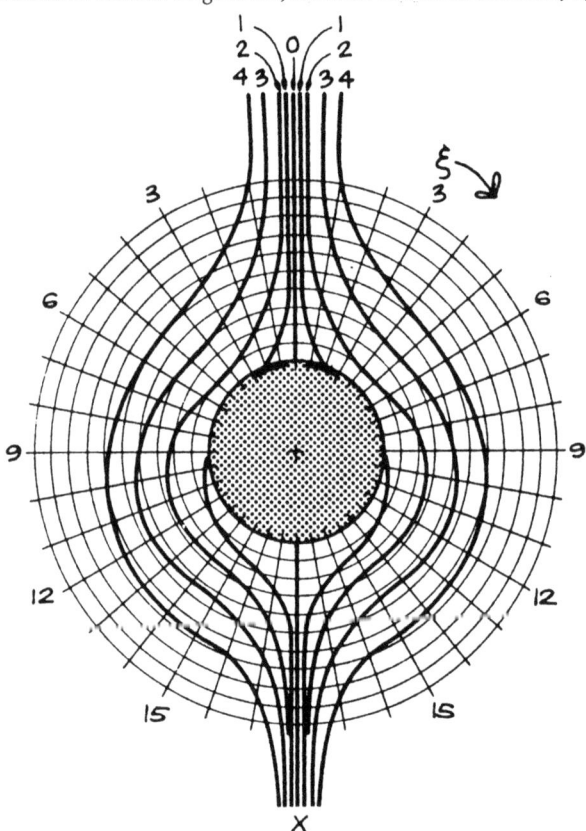

Abbildung 4b Geodäsie (Kreis, Radien) des Eigen-Koordinatensystems hinsichtlich der repräsentativen Körperkugel, die in eine Umwelt mit nicht-euklidischer Metrik eingebettet ist und dem Organismus im Ruhezustand entspricht (Abbildung 4a).

abgekürzt x, in der seine Position durch die Angabe dreier Umweltpunkte x_1, x_2 und x_3 mit drei Oberflächenpunkten ξ_1, ξ_2, ξ_3 des Organismus definiert wird. Umgekehrt wird die repräsentative Körperkugel in eine »repräsentative Umwelt« mit variabler nicht-euklidischer Metrik eingebettet, *mutatis mutandis* bzgl. der übrigen Bedingungen.

1.4.1 Die zwei Paare von Abbildungen (4a und 4b sowie 5a und 5b) illustrieren die Konfiguration des Eigenraumes, ξ, eines Organismus (eines fischähnlichen Tieres), wie er von einer euklidi-

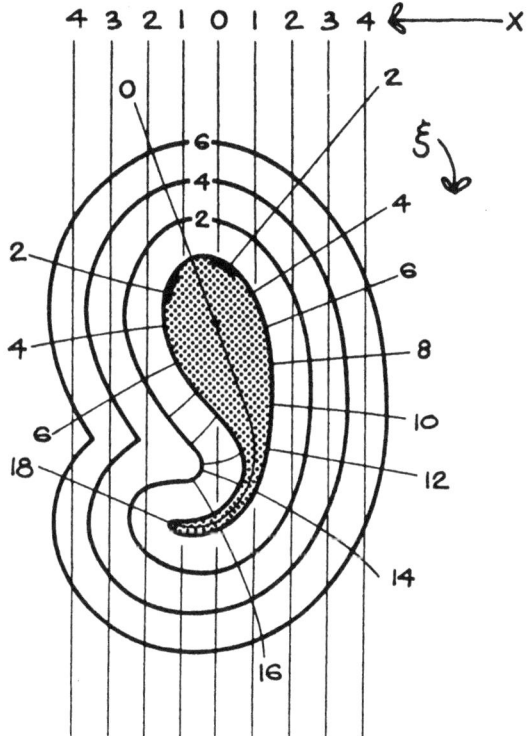

Abbildung 5a Geodäsie des Eigen-Koordinatensystems eines Organismus Ω in Bewegung [$\delta\Gamma \neq 0$], der in eine Umwelt mit euklidischer Metrik eingebettet ist.

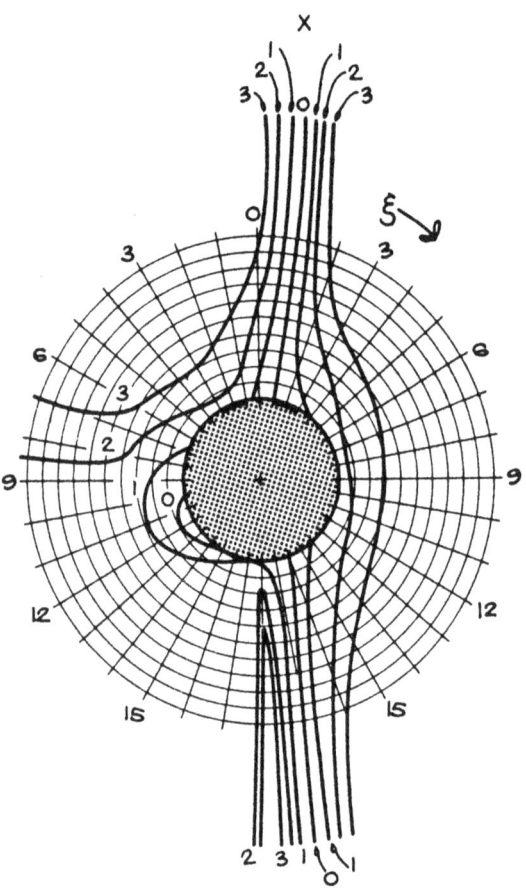

Abbildung 5b Geodäsie (Kreise, Radien) des Eigen-Koordinatensystems hinsichtlich der repräsentativen Körperkugel, die in eine Umwelt mit nicht-euklidischer Metrik eingebettet ist und dem Organismus in Bewegung entspricht (Abbildung 5a).

schen Umwelt her (4a und 5a) gesehen wird, und die Konfiguration der nicht-euklidischen Umwelt, wie sie von der Einheitskugel (4b, 5b) für die zwei Fälle gesehen wird, in denen der Organismus in Ruhestellung (4a, 4b) bezüglich der übrigen Bedingungen ist.

2. Phylogenetisch und ontogenetisch entwickelt sich das Neuralrohr aus dem Ektoderm. Die Rezeptorzellen r_ξ sind differenzierte ektodermale Zellen c_ξ. Das gleiche gilt für die anderen Zellen tief im Körperinneren, die mitwirken an der Übertragung von Signalen (Neuronen) n_ζ und an der Erzeugung von Signalen (Propriozeptoren) p_ζ; es gilt schließlich für alle jene (Effektoren) e_ζ, die durch ihre Signale spezialisierte Fasern (Muskeln) m_ζ kontrahieren und somit Veränderungen $\delta\Gamma$ der Gestalt des Organismus verursachen (Bewegung).

2.1 Sei A ein Agens von der Menge A, das in der Umwelt verteilt ist und dessen Konzentration (Intensität) durch eine Verteilungsfunktion über einen Parameter p bestimmt ist:

$$S(x,p) = \frac{d^2A}{dxdp} = \left(\frac{da}{dp}\right)_x$$

wobei

$$\int_0^\infty S(x,p)dp = a_x \equiv \frac{dA}{dx}$$

2.1.1 Sei $s(\xi,p)$ die (spezifische) Sensitivität des Rezeptors r_ξ hinsichtlich des Parameters p, und sei ϱ_ξ seine Reaktionsaktivität:

$$s(\xi,p) = k\frac{d\varrho}{da} = k\left(\frac{d\varrho}{dp}\right)_\xi \bigg/ \left(\frac{da}{dp}\right)_\xi$$

wobei

$$\int_0^\infty s(\xi,p)dp = 1,$$

und k eine Normalisierungskonstante ist.

2.1.2 Angenommen, x und ξ fallen zusammen. Die Reaktion ϱ_ξ des Rezeptors r_ξ auf seinen Stimulus S_ξ ist dann

$$\varrho_\xi = \int_0^\infty S(\xi,p) \cdot s(\xi,p)dp = F(a_\xi).$$

2.2 Dieser Ausdruck zeigt, daß weder die Modalität des Agens noch seine parametrischen Charakteristika, noch auch der Bezug auf den Umweltpunkt x in der Reaktion des Rezeptors enkodiert werden; durch die Aktivität ϱ_ξ des Rezeptors r_ξ werden lediglich bestimmte Hinweise auf das Vorhandensein eines Stimulus gegeben.

2.2.1 Da alle Rezeptoren eines Organismus in der gleichen Weise reagieren, ist klar, daß Organismen nicht imstande sind, irgendwelche Vorstellungen wie z. B. die der »Mannigfaltigkeit der Eigenschaften der Umwelt« zu bilden, wenn sie nicht auf ihren eigenen Körper Bezug nehmen, indem sie die geometrische Bedeutung der Bezeichnung ξ des Rezeptors r_ξ nutzen, die besagt: »So und so viel ($\varrho = \varrho_1$) gibt es an *diesem* Ort auf meinem Körper ($\xi = \xi_1$).«

2.2.2 Es ist darüber hinaus klar, daß irgendwelche Vorstellungen von »sensorischer Modalität« sich nicht aus einer »sensorischen Spezifität« ergeben können, etwa aus einer Unterscheidung der Sensitivität hinsichtlich verschiedener Parameter p_1 und p_2, oder unterschiedlicher Sensitivitäten s_1 und s_2 mit Bezug auf denselben Parameter p, denn alle diese Unterscheidungen werden, wie der Ausdruck 2.1.2 zeigt, »herausintegriert«. Diese Vorstellungen können sich folglich nur durch eine Unterscheidung der auf den Körper orientierten Orte der Sinneswahrnehmung ξ_1 und ξ_2 ergeben. (Kneipt man den kleinen Zeh des linken Fußes, so spürt man dies nicht im Gehirn, sondern im kleinen Zeh des linken Fußes. Verschiebt man einen Augapfel, indem man ihn vorsichtig auf die Seite drückt, so wird das Umweltabbild in diesem Auge relativ zum Abbild im anderen Auge verschoben.)

2.2.3 Daraus wird klar, daß alle Schlußfolgerungen hinsichtlich der Umwelt von Ω durch Operationen über die Verteilungsfunktion ϱ_ξ errechnet werden müssen. (Dies zeigt außerdem, daß diese Operationen ω_{ij} in einem gewissen Sinn an verschiedene Sensitivitäten s_i [ξ, p_j] gekoppelt sind.)

2.2.4 Dies wird noch deutlicher, wenn ein physikalisches Agens in der Umwelt »Aktionen auf Distanz« erzeugt.

2.2.4.1 Sei g(x, p) die Umweltverteilung der Quellen des Agens mit der parametrischen Mannigfaltigkeit (p); sei R die Entfernung zwischen jedem beliebigen Punkt x der Umwelt und einem festgelegten Punkt x_o; und sei Φ (R) die Distanzfunktion, ensprechend welcher das Agens seine Intensität verliert. Wenn darüber hinaus der Punkt ξ_o auf dem Körper eines Organismus mit dem Punkt x_o zusammenfällt, dann ergibt sich die Stimulusintensität für den Rezeptor r_{ξ_o} wie folgt (Abbildung 6):

$$S(x_o, p)_{Position} = \int_{\substack{senso-\\risches\\Feld}} \Phi(x-x_o) g(x,p) dx$$

Und seine Reaktion ist

$$\varrho_{\xi_o,\ Position} \equiv F(S_{\xi_o,\ Position})$$

(vgl. 2.1.2).

2.2.4.2 Dieser Ausdruck zeigt erneut die Unterdrückung aller raumbezogenen Hinweise mit Ausnahme der Selbstreferenz, aus-

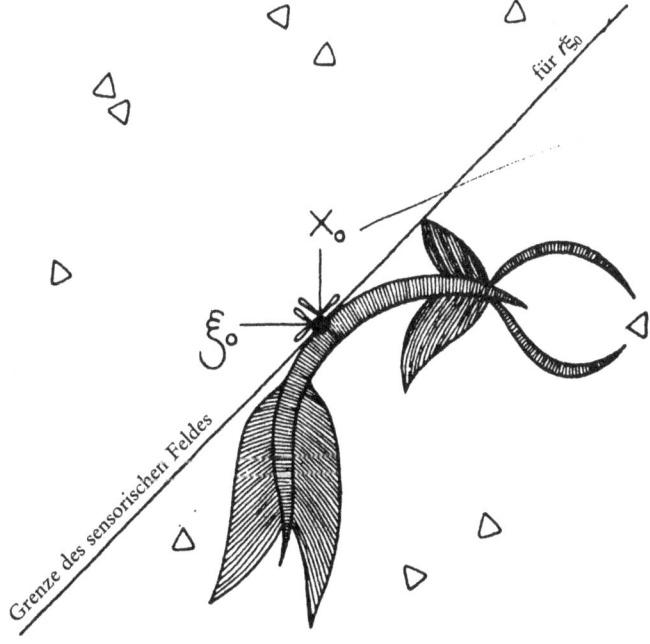

Abbildung 6 Geometrie des sensorischen Feldes für einen spezifischen Sensor r_{ξ_o}, der auf ein Agens △ reagiert, welches über den Raum der Umwelt verteilt ist.

gedrückt durch die körperliche Lokalisierung ξ_0 der Sinneswahrnehmung *und* durch die Position des Organismus, die durch die Grenzen des Integrals angegeben wird, welches natürlich nur über das sensorische Feld berechnet werden kann, das von der Rezeptorzelle r_{ξ_0} »gesehen« wird (Abbildung 6).

2.2.5 Da ϱ_ξ keine Hinweise auf die Art des Stimulus (p) gibt, müssen entweder ξ, der Ursprungsort der Sinnesempfindung oder die Operation $\omega(\varrho_\xi)$ oder beide die Ausbildung einer »sensorischen Modalität« bewirken.

2.2.5.1 In bestimmten Fällen ist es möglich, die räumliche Verteilung eines Agens aus der bekannten Verteilung seiner Wirkungen über eine geschlossene Oberfläche von gegebener Gestalt zu berechnen. So hat etwa die räumliche Verteilung eines elektrischen Potentials V_x eine eindeutige Lösung durch die Berechnung der Laplaceschen Gleichung

$$\Delta V = 0$$

für die gegebenen Werte V_ξ über eine geschlossene orientierbare Oberfläche (elektrischer Fisch). Weitere Beispiele ließen sich zitieren.

2.2.5.2 In einigen anderen Fällen ist es möglich, die räumliche Verteilung eines Agens aus seinen Wirkungen auf zwei kleine, aber getrennte Bereiche des Körpers zu berechnen. So läßt sich z. B. die (euklidische, dreidimensionale) Vorstellung der »Tiefe« berechnen, indem die Diskrepanz zwischen den zwei unterschiedlichen Abbildungen der »gleichen Szene« auf der Retina der beiden Augen bei binokularen Tieren ausgelöst wird (Abbildung 7). Sei L(x, y) ein postretinales Netzwerk, das die Relation »x ist links von y« berechnet. Während das rechte Auge mitteilt, das Objekt »a« befinde sich links von »b« ($L_r[a, b]$), berichtet das linke Auge in entgegengesetzter Weise, daß Objekt »b« sich links von »a« befinde ($L_l[b,a]$). Ein Netzwerk B, das den unterschiedlichen Ursprung von Signalen von Zellgruppen $\{r_\xi\}_r$ und $\{r_\xi\}_l$ auf der linken bzw. rechten Seite des Körpers des Lebewesens berücksichtigt, berechnet mit $B(L_r, L_l)$ eine neue »Dimension«, nämlich die Relation B(a,b): »a ist hinter b mit Bezug auf *mich*« (das Subskript s ≡ »Selbst«).

2.2.5.3 Die Ergebnisse dieser Berechnungen beruhen stets auf einer (geometrischen oder anderen) Relation zwischen dem Organismus und seiner Umwelt, wie sie durch die relative Vorstellung

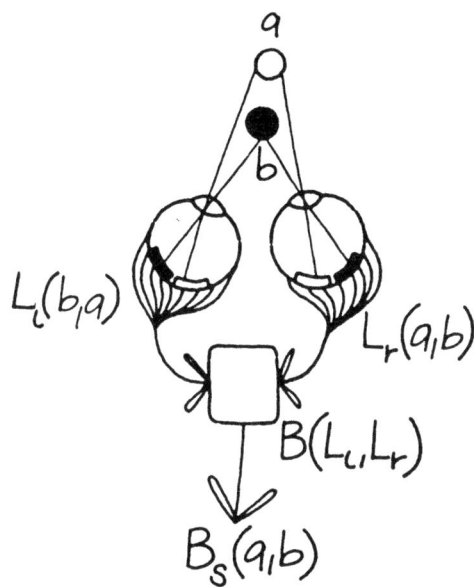

Abbildung 7 Berechnung der »Tiefe« durch Auflösung einer sensorischen Diskrepanz beim binokularen Sehen; (L) Netzwerke berechnen die Relation »x ist links von y«; (B) Netzwerke berechnen die Relation »x ist hinter y«.

»hinten«/»hinter« ausgedrückt wird; oder auf einer Relation zwischen dem Organismus und sich selbst, wie sie durch die absoluten Vorstellungen »*mein* linkes Auge« oder »*mein* rechtes Auge« ausgedrückt wird. Dies ist der Ursprung der »Selbstreferenz«.

2.2.5.4 Es ist klar, daß die Hauptlast dieser Berechnungen in den Operationen ω liegt, die über die Verteilungsfunktionen ϱ_ξ ablaufen.

2.2.6 Damit sich irgendwelche derartigen Operationen ausbilden können, müssen Veränderungen der Sinneswahrnehmung $\delta\varrho_\xi$ mit Ursachen dieser Veränderungen, die vom Organismus kontrolliert werden, verglichen werden.

3. In einer stationären Umwelt, die hinsichtlich der Parameter p_i anisotropisch ist, verursacht eine Bewegung $\delta\Gamma$ des Organismus eine Veränderung seiner Sinneswahrnehmungen $\delta\varrho_\xi$. Es ergibt sich daher

(Bewegung) → (Veränderung der Sinneswahrnehmung),

aber nicht notwendig

(Veränderung der Sinneswahrnehmung) → (Bewegung).

3.1 Die Begriffe »Veränderung der Sinneswahrnehmung« und »Bewegung« beziehen sich auf Erfahrungen des Organismus. Daher beschreibt die Notation, die ich hier verwende, diese Sachverhalte ϱ_ξ, μ_ζ ausschließlich durch die Eigen-Koordinaten ξ und ζ. (μ_ζ soll die Aktivität kontraktiler Elemente m_ζ anzeigen. μ_ζ ist folglich eine äquivalente Beschreibung von $\delta\Gamma$: $\mu_\zeta \to \delta\Gamma$).
3.1.1 Diese Begriffe sind eingeführt worden, um sie mit den Begriffen »Stimulus« und »Reaktion« eines Organismus zu konfrontieren, die sich auf die Erfahrungen desjenigen beziehen, der den Organismus *beobachtet*, nicht auf die Erfahrungen des *Organismus selbst*. Die hier verwendete Notation beschreibt diese Sachverhalte S_x, $\delta\Gamma_x$ durch die Umweltkoordinaten x. Dies ist insofern korrekt, als der Organismus Ω für einen Beobachter O ein Teil der Umwelt ist.
3.1.1.1 Damit ist klar, daß »Stimulus« nicht mit »Veränderung der Sinneswahrnehmung« und »Reaktion« nicht mit »Bewegung« gleichgesetzt werden kann, auch wenn durchaus denkbar ist, daß die komplexen Relationen, die unzweifelhaft zwischen diesen Begriffen bestehen, einmal eindeutig ermittelt werden können, wenn über den kognitiven Prozeß sowohl im Beobachter als auch im Organismus selbst mehr bekannt ist.
3.1.1.2 Aus dem unter Aussage 3 abgeleiteten *non sequitur* ergibt sich *a fortiori*:

nicht notwendig: (Stimulus) → (Reaktion).

3.2 Das Auftreten eines wahrnehmbaren Agens in schwacher Konzentration kann einen Organismus veranlassen, sich auf dieses Agens hin zu bewegen (Annäherung). Das Auftreten desselben Agens in starker Konzentration kann diesen Organismus jedoch veranlassen, sich von ihm zu entfernen (Abwendung).
3.2.1 Dies kann durch das folgende Schema abgebildet werden:

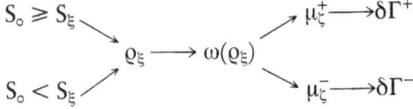

(+) und (−) bezeichnen Annäherung bzw. Abwendung.
3.2.1.1 Dieses Schema repräsentiert in Minimalform

a) »Umwelt« [S]
b) »interne Repräsentation der Umwelt« ($\omega[\varrho_\xi]$)
c) »Beschreibung der Umwelt« ($\delta\Gamma^+$, $\delta\Gamma^-$).

4. Die logische Struktur von Beschreibungen ergibt sich aus der logischen Struktur von Bewegungen; »Annäherung« und »Abwendung« sind die Vorläufer von »Ja« und »Nein«.
4.1 Die zwei Phasen elementaren Verhaltens, »Annäherung« und »Abwendung«, bilden den operationalen Ursprung der beiden fundamentalen Axiome der zweiwertigen Logik, nämlich des »Gesetzes vom ausgeschlossenen Widerspruch«:

$\overline{X \& \overline{X}}$ (nicht: X *und* nicht-X) und des »Gesetzes vom ausgeschlossenen Dritten«:
X $\vee$ $\overline{X}$ (X *oder* nicht-X) (Abbildung 8).

4.2 In Wittgensteins *Tractatus* (1961) lautet Aussage 4.0621:

»Daß aber die Zeichen ›p‹ und ›nicht-p‹ das gleiche sagen *können*, ist wichtig. Denn es zeigt, daß dem Zeichen ›nicht‹ in der Wirklichkeit nichts entspricht. Daß in einem Satz die Verneinung vorkommt, ist noch kein Merkmal seines Sinnes (nicht-nicht-p = p).«

4.2.1 Da in der Umwelt nichts der Negation entspricht, müssen die Negation ebenso wie alle anderen »logischen Partikel« (Inklusion, Alternation, Implikation usw.) innerhalb des Organismus aufgrund seiner Wahrnehmung der Relation zwischen sich selbst und seiner Umwelt entstehen.
4.3 Beschreibungen können nicht nur im logischen Sinne bejahend oder verneinend, sondern auch wahr oder falsch sein.
4.3.1 Aus Susanne K. Langers *Philosophy in a New Key* (1951) zitieren wir:

»Der Gebrauch von Zeichen ist das allererste Zeugnis des Bewußtseins. Er ergibt sich ebenso früh in der biologischen Geschichte wie der berühmte ›bedingte Reflex‹, bei dem ein begleitendes Merkmal eines Stimulus die Stimulusfunktion übernimmt. Das begleitende Merkmal wird zu einem *Zeichen* für die Situation, der die Reaktion genau angemessen ist. Dies ist der eigentliche Anfang des Denkens, denn hier liegt der Ursprung des *Irrtums* und somit der *Wahrheit*.«

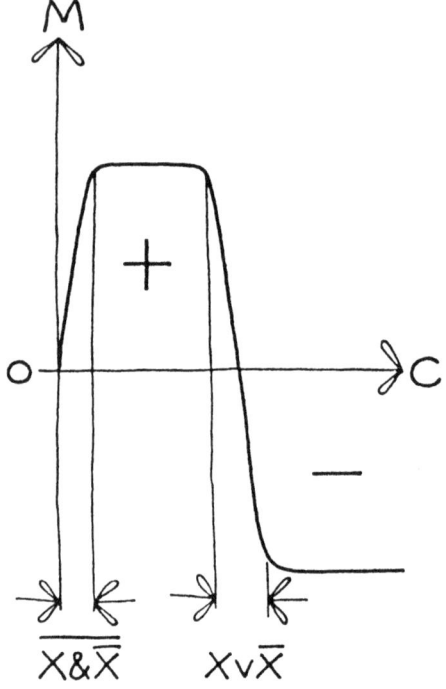

Abbildung 8 Die Gesetze vom »ausgeschlossenen Widerspruch« ($\overline{X \& \overline{X}}$) und vom »ausgeschlossenen Dritten« ($X \vee \overline{X}$) in den Übergangszonen zwischen Bewegungslosigkeit ($M = 0$) und Annäherung ($+$) sowie zwischen Annäherung ($+$) und Abwendung ($-$) als Funktion der Konzentration (C) eines wahrnehmbaren Agens.

4.3.2 Damit ist nicht nur die logische Struktur, sondern auch der Wahrheitswert von Beschreibungen an Bewegung gekoppelt.

4.4 Die Bewegung, $\delta\Gamma$, wird intern durch Operationen über periphere Signale repräsentiert, die erzeugt werden durch

(a) Propriozeptoren p_ξ: $\qquad \delta\Gamma \to \pi_\zeta \to \omega(\pi_\zeta)$,

(b) Sensoren r_ξ: $\qquad \delta\Gamma \to \delta\varrho_\xi \to \omega(\varrho_\xi)$;

und Bewegung wird ausgelöst durch Operationen über die Aktivität ν_ζ zentraler Elemente n_ζ,

(c) Absicht: $\omega(v_\zeta) \to \mu_\zeta \to \delta\Gamma$.

4.4.1 Da periphere Aktivität zentrale Aktivität bedingt,
$$\varrho_\xi \to v_\zeta \leftarrow \pi_\zeta,$$
ergibt sich

$$\begin{array}{ccc} \omega(v_\zeta) & \to & \delta\Gamma \\ \uparrow & & \downarrow \\ \delta\Gamma & \leftarrow & \omega(v_\zeta). \end{array}$$

4.4.1.1 Damit zeigt sich, daß eine Konzeptualisierung von Beschreibungen der (internen Repräsentation von) Umwelt aus der Konzeptualisierung potentieller Bewegungen entsteht. Dies führt zu Ausdrücken der Form

$$\omega^{(n)}(\delta\Gamma_1, \omega^{(n-1)}[\delta\Gamma_2, \omega^{(n-2)}(\ldots[\varrho_\xi])]),$$

d. h. zu »Beschreibungen von Beschreibungen ...«, oder äquivalent, zu »Repräsentationen von Repräsentationen von Repräsentationen ...«

5. Die Information eines Ereignisses E besteht in der Ausbildung von Operationen ω, die die interne Repräsentation $\omega(\varrho_\xi)$ oder die Beschreibung $\delta\Gamma$ dieses Ereignisses kontrollieren.

5.1 Das Maß der möglichen Auswahl von Repräsentationen ($\omega_i[E]$) oder Beschreibungen ($\delta\Gamma_i[E]$) dieses Ereignisses – oder der Wahrscheinlichkeiten p_i seines Auftretens – ist der »Informationsbetrag« dieses Ereignisses mit Bezug auf den Organismus Ω. ($H[E, \Omega] = -\overline{\log_2 p_i}$, d. h. der negative Mittelwert[1] aller $[\log_2 p_i]$.)

5.1.1 Damit ist gezeigt, daß Information ein relativer Begriff ist. Dies gilt auch für H.

5.2 Die Klasse verschiedener Repräsentationen eines Ereignisses E legt eine Äquivalenzklasse für verschiedene Ereignisse ($E_i[\omega]$) $\equiv$ E fest. Damit ist ein Maß der Anzahl von Ereignissen (E_i), die eine kognitive Einheit, eine »Kategorie E« (Quastler 1958) bilden – oder der Wahrscheinlichkeiten p_i ihres Auftretens –, wiederum der »Informationsbetrag«, H, der von einem Beobachter aufgrund seiner Wahrnehmung des Auftretens eines dieser Ereignisse empfangen wird.

---

[1] Der Mittelwert einer Menge von Größen x_j, deren Auftretenswahrscheinlichkeit von p_i durch $\bar{x}_j = \Sigma x_j \cdot p_i$ gegeben ist.

5.2.1 Dies bedeutet, daß der Informationsbetrag eine Zahl ist, die von der Wahl einer Kategorie, d. h. einer kognitiven Einheit, abhängt.

5.3 Ich zitiere aus einer Arbeit von Jerzy Konorski (1962):

»Es ist nicht so, wie wir aufgrund unserer Introspektion geneigt sind anzunehmen, daß der Empfang von Information und deren Nutzung zwei getrennte Prozesse sind, die auf beliebige Art miteinander kombiniert werden können; im Gegenteil, Information und ihre Nutzung sind untrennbar und bilden in Wirklichkeit einen einzigen Prozeß.«

5.3.1 Diese Prozesse sind die Operationen ω, und sie werden durch die strukturelle und funktionale Organisation nervöser Aktivität verwirklicht.

5.4 Seien v_i die Signale, die die einzelnen Fasern i durchlaufen, und sei $v^{(1)}$ das Ergebnis einer Interaktion von N Fasern (i = 1, 2 ..., N):

$$v^{(1)} = F^{(1)}(v_1, v_2, \ldots, v_N) \equiv F^{(1)}([v_i]).$$

5.4.1 Es ist nützlich, die Aktivität einer Teilmenge dieser Fasern als entscheidend für die funktionale Interaktion der übrigen Fasern aufzufassen (»Inhibition« verändert die funktionale Interaktion »exzitatorischer« Signale). Dies läßt sich durch einen Formalismus ausdrücken, der die durch die übrigen Fasern errechneten Funktionen bestimmt:

$$v^{(1)} = f^{(1)}_{[v_i]}([v_i]), \qquad j \neq i.$$

Die Übereinstimmung zwischen den Werten v des Zeilenvektors v_i und den entsprechenden Funktionen $f_v^{(1)}$ bildet ein Funktional für die Klasse der Funktionen

$$f^{(1)}_{[v_i]}.$$

5.4.1.1 Diese Notation macht klar, daß die Signale selbst zum Teil verantwortlich sind für die Festlegung der über ihnen ausgeführten Operationen.

5.4.2 Die Abbildung, die diese Übereinstimmung herstellt, wird gewöhnlich als »strukturelle Organisation« dieser Operationen interpretiert, während die so erzeugte Menge von Funktionen ihre »funktionale Organisation« ist.

5.4.2.1 Damit wird deutlich, daß die Unterscheidung zwischen der strukturellen und funktionalen Organisation kognitiver Prozesse vom Standpunkt des Beobachters abhängt.

5.4.3 Betrachtet man N Fasern, dann gibt es 2^N mögliche Interpretationen (die Menge aller Teilmengen von N) der funktionalen und strukturellen Organisation derartiger Operationen. Sind alle Interpretationen gleichwahrscheinlich, dann ist die »Unsicherheit« dieses Systems hinsichtlich seiner Interpretierbarkeit $H = \log_2 2^N = N$ bits.

5.5 Seien $v_i^{(1)}$ die Signale, die die einzelnen Fasern i durchlaufen, und sei $v^{(2)}$ das Ergebnis einer Interaktion von N_1 solcher Fasern $(i = 1, 2, \ldots, N_1)$:

$$v^{(2)} = F^{(2)}([v_i^{(1)}])$$

oder rekursiv aus 5.4:

$$v^{(k)} = F^{(k)}(F^{[k-1]}[F^{[k-2]}(\ldots F^{[1]}[v_i])]).$$

5.5.1 Da die $F^{(k)}$ als Funktionale $f^{(k)}_{[v_i]}$ interpretiert werden können, erreichen wir damit einen Kalkül rekursiver Funktionale für die Repräsentation kognitiver Prozesse ω.

5.5.1.1 Dies wird besonders deutlich, wenn $v_i^{(k-t)}$ die Aktivität der Faser i in dem Zeitintervall t vor ihrer gegenwärtigen Aktivität $v_i^{(k)}$ bezeichnet, d. h. die Rekursion in 5.5 als eine Rekursion in der Zeit interpretiert werden kann.

5.5.2 Der in 5.5 zur Repräsentation kognitiver Prozesse, ω, eingesetzte Formalismus rekursiver Funktionale ist der lexikalischen Definitionsstruktur von Substantiven isomorph. Im wesentlichen bezeichnet ein Substantiv eine Klasse $cl^{(1)}$ von Gegenständen. Durch eine Definition wird es als Element einer umfassenderen Klasse $cl^{(2)}$ ausgewiesen, die ihrerseits durch ein Substantiv benannt wird, welches seinerseits durch eine Definition als Mitglied einer noch umfassenderen Klasse $cl^{(3)}$ ausgewiesen wird, usw. [Fasan → Vogel → Tier → Organismus → Gegenstand]:

$$cl^{(n)} = (cl^{[n-1]}_{i_{n-1}}[cl^{[n-2]}_{i_{n-2}}(\ldots [cl^{(1)}_{i_1}])]).$$

Dabei vertritt die Notation (e_i) eine aus Elementen e_i gebildete Klasse, und subskribierte Subskripte werden benützt, um diese Subskripte mit den entsprechenden Superskripten zu verknüpfen.

5.5.2.1 Das n* höchster Ordnung in dieser Hierarchie von Klas-

sen wird immer durch einen einzigen undefinierten Begriff repräsentiert, etwa durch »Gegenstand«, »Entität«, »Akt« usw., der sich auf Grundvorstellungen der Wahrnehmungsfähigkeit schlechthin bezieht.
5.6 Kognitive Prozesse schaffen Beschreibungen der Umwelt, d. h. Information über die Umwelt.
6. Die Umwelt enthält keine Information. Die Umwelt ist, wie sie ist.

Danksagung

Humberto Maturana, Gotthard Günther und Ross Ashby danke ich sehr herzlich für ihr unermüdliches Bemühen, mich in Fragen des Lebens, der Logik und großer Systeme aufzuklären, Lebbeus Woods für Zeichnungen, die meine Behauptungen besser verdeutlichen, als ich es mit Worten allein könnte. Für alle verbleibenden Mängel meiner Analyse und Darstellung trage aber ich allein die Verantwortung und keiner dieser meiner Freunde, die mir so großzügig ihre Zeit geschenkt haben.

Gegenstände: greifbare Symbole für (Eigen-)Verhalten

> Ein Keim nur, leider keine Blüte.
> Für Jean Piaget zum 80. Geburtstag
> in Bewunderung und Zuneigung

Ich möchte über Begriffe sprechen, die sich ergeben, wenn die Organisation sensorisch-motorischer Interaktionen (und auch zentraler Prozesse [kortikaler-zerebellarer-spinaler, kortikaler-thalamischer-spinaler usw.]) als zirkuläre (oder präziser: rekursive) Organisation aufgefaßt wird. Rekursion spielt in solchen Überlegungen immer dann eine Rolle, wenn die Veränderungen der Sinneswahrnehmungen eines Lebewesens durch dessen Bewegungen ($s_i = S(m_k)$) und seine Bewegungen durch seine Sinneswahrnehmungen bestimmt werden ($m_k = M(s_j)$). Wenn diese beiden Bestimmungen zusammengenommen werden, dann bilden sie »rekursive Ausdrücke«, d.h. Ausdrücke, die die Zustände (Bewegungen, Sinneswahrnehmungen) des Systems (des Lebewesens) durch eben diese Zustände selbst festlegen ($s_i = S(M(s_j)) = SM(s_j)$; $m_k = M(S(m_l)) = MS(m_l)$).

Ein Kernpunkt der Überlegungen, der mit mehr Zeit, mehr Aufwand und mehr Raum in exakter Weise – und nicht lediglich andeutungsweise wie hier – dargelegt werden könnte, besteht darin, daß das, was in einer beobachterlosen (linearen, offenen) Epistemologie als »Gegen-Stand« angesehen wird, in einer den Beobachter einbeziehenden (zirkulären, geschlossenen) Epistemologie als »Zeichen für stabile Verhaltensweisen« (oder, wenn man die Terminologie der Theorie rekursiver Funktionen verwendet, als (be-)greifbares »Zeichen für Eigenverhalten«) erscheint.

Unter den vielen möglichen Zugängen zu diesem Thema scheint mir der für diese Gelegenheit passendste in dem (rekursiven) Ausdruck zu liegen, der die letzte Zeile auf Seite 63 in Jean Piagets *L'Équilibration des Structures Cognitives* (1975) bildet:

$$\text{Obs.O} \to \text{Obs.S} \to \text{Coord.S} \to \text{Coord.O} \to \text{Obs.O} \to \text{etc.}$$

Dies ist die Beschreibung eines Beobachters einer Interaktion zwischen einem Subjekt S und einem Objekt (oder einer Menge von Objekten) O. Die in diesem Ausdruck verwendeten Symbole (im zitierten Werk auf Seite 59 definiert) bedeuten (vgl. auch Abbildung 1):

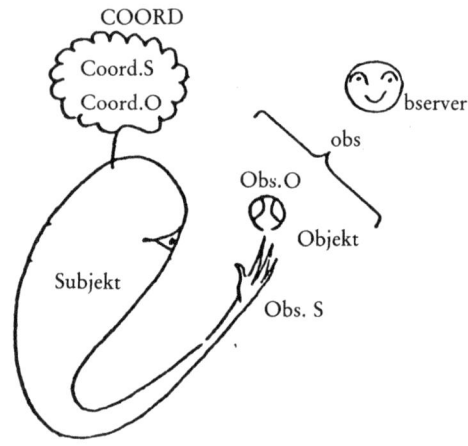

Abbildung 1

Obs.S.: »Observable bezüglich der Handlung des Subjekts«
Obs.O.: »Observable bezüglich der Objekte«
Coord.S.: »Inferentielle Koordinationen der Handlungen (oder Operationen) des Subjekts«
Coord.O.: »Inferentielle Koordinationen zwischen Objekten«
etc.: »der (syntaktische) Befehl, die Sequenz dieser Operationen (ohne festgelegte Grenzen) zu iterieren«
(H. von Foerster).

Der Kürze (oder Klarheit?) halber schlage ich vor, den eben zitierten Symbolismus noch weiter zu komprimieren, d. h. alles, was beobachtet wird (d. h. Obs.O und Obs.S), in eine einzige Variable, obs, und die koordinierenden Operationen, die vom Subjekt ausgeführt werden (d. h. Coord.S und Coord.O), in einen einzigen Operator, COORD, zusammenzufassen. COORD transformiert, rearrangiert, modifiziert usw. die Formen, Anordnungen, Verhaltensweisen usw., die in einer bestimmten Situation beobachtet werden (diese sei obs₀ und heiße das »primäre Argument«), zu all jenen, die in der nächsten Situation, obs₁, beobachtet werden. Das Ergebnis dieser Operation sei durch die folgende Gleichung ausgedrückt[1]:

$$\text{obs}_1 = \text{COORD}(\text{obs}_0). \tag{1}$$

Auch wenn nun in dieser Verdichtung bestimmte relationale Feinstrukturen (klarerweise) verlorengehen, ermöglicht sie einen leichteren Zugang zu der Abfolge von Ereignissen, wie sie in den letzten Zeilen auf Seite 62 des zitierten Werkes formuliert und nachstehend wiedergegeben wird.

```
Obs. S(n)    → Coord. S(n)    ⟷ Obs. O(n)    ← Coord. O(n)
Obs. S(n+1)  → Coord. S(n+1)  ⟷ Obs. O(n+1)  ← Coord. O(n+1)
Obs. S(n+2)  → Coord. S(n+2)  ⟷ Obs. O(n+2)  ← Coord. O(n+2)
   etc.                                                etc.
```

Der Operator COORD werde nun auf das zuvor erhaltene Ergebnis angewandt; es ergibt sich

$$\text{obs}_2 = \text{COORD}(\text{obs}_1) = \text{COORD}(\text{COORD}(\text{obs}_0)) \tag{2}$$

und (rekursiv) nach n Schritten

$$\text{obs}_n = \underbrace{\text{COORD}(\text{COORD}(\text{COORD}(\ldots}_{n\text{-mal}} \underbrace{(\text{obs}_0)))\ldots)}_{n\text{-mal}} \tag{3}$$

[1] Wenn man den Pfeil »→«, dessen operationale Bedeutung im wesentlichen darin liegt, eine einsinnige (semantische) Verknüpfung zwischen nebeneinander stehenden Ausdrücken anzuzeigen (z. B. »geht über in«, »impliziert«, »löst aus«, »führt zu« usw.), durch ein Gleichheitszeichen ersetzt, wird die Basis für einen Kalkül geschaffen. Damit dieses Zeichen jedoch in zulässiger Weise benutzt werden kann, müssen die Variablen »obsᵢ« zum gleichen Bereich gehören. Die Wahl des Bereiches bleibt natürlich dem Beobachter überlassen. Er kann seine Beobachtungen etwa in numerischen Werten oder in Vektoren als Repräsentationen von Anordnungen oder geometrischen Konfigurationen ausdrücken, er kann im besonderen seine Beobachtungen von Verhaltensweisen durch mathematische Funktionen (z. B. Bewegungsgleichungen usw.) oder logische Propositionen (z. B. McCulloch-Pitts' [1943] »TPE's« [d. h. temporal-propositionale Ausdrücke] usw. darstellen.

oder in verkürzter Notation

$$\text{obs}_n = \text{COORD}^{(n)}(\text{obs}_0). \tag{4}$$

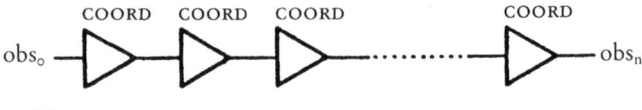

Abbildung 2

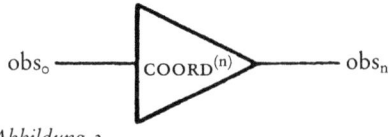

Abbildung 3

Diese Abkürzung der Notation zeigt außerdem, daß funktional Abbildung 2 durch Abbildung 3 ersetzt werden kann.

Möge nun n ohne Begrenzung ($n \to \infty$) wachsen:

$$\text{obs}_\infty = \lim_{n \to \infty} \text{COORD}^{(n)}(\text{obs}_0) \tag{5}$$

oder:

$$\text{obs}_\infty = \text{COORD}(\text{COORD}(\text{COORD}(\text{COORD}\ldots \tag{6}$$

Zum Ausdruck (6) ist zu bemerken:
1. Die unabhängige Variable obs_0, das »primäre Argument«, ist verschwunden. (Dies läßt sich als Anzeichen dafür auffassen, daß die einfache Verbindung zwischen unabhängigen und abhängigen Variablen in indefiniten Rekursionen verlorengeht, und daß derartige Ausdrücke eine andere Bedeutung annehmen.)
2. Da obs_∞ eine indefinite Rekursion der Operatoren COORD über den Operatoren COORD ausdrückt, kann jede indefinite Rekursion innerhalb dieses Ausdruckes durch obs_∞ ersetzt werden:

$$\text{obs}_\infty =$$
$$\text{COORD}(\text{COORD}(\text{COORD}(\text{COORD}(\ldots$$

```
                    └────── obs∞ ──────→
            └────── obs∞ ──────────────→
    └────── obs∞ ──────────────────────→
```

3. Daraus ergibt sich

$$\text{obs}_\infty = \text{obs}_\infty \tag{7.0}$$
$$\text{obs}_\infty = \text{COORD}(\text{obs}_\infty) \tag{7.1}$$
$$\text{obs}_\infty = \text{COORD}(\text{COORD}(\text{obs}_\infty)) \tag{7.2}$$
$$\text{obs}_\infty = \text{COORD}(\text{COORD}(\text{COORD}(\text{obs}_\infty))) \tag{7.3}$$
etc.

Obwohl in dieser Darstellung der *horror infinitatis* des Ausdrucks (6) verschwunden ist (alle Ausdrücke in COORD sind finit), so ist doch ein neues Merkmal aufgetreten, nämlich jenes, daß die abhängige Variable obs_∞ sozusagen »von sich selbst abhängig« (oder: »selbstdefinierend«, »selbstreflektierend« etc. durch den Operator COORD) geworden ist.

Sollte es nun Werte $\text{obs}_{\infty i}$ geben, die die Gleichung (7) erfüllen, so mögen diese Werte

»Eigen-Werte«,
$$\text{obs}_{\infty i} \equiv \text{Obs}_i \tag{8}$$

(oder: »Eigenfunktionen«, »Eigenoperatoren«, »Eigenalgorithmen«, »Eigenverhalten« usw. in Abhängigkeit von dem Bereich der obs) heißen. Sie seien dadurch gekennzeichnet, daß ihr erster Buchstabe großgeschrieben wird. (Beispiele vgl. Anhang A.)

Wir wollen nun Ausdrücke von der Form (7) betrachten und festhalten:

1. Eigenwerte sind diskret (auch wenn der Bereich des primären Arguments obs_0 kontinuierlich ist).

Dies verhält sich so, weil jede infinitesimale Störung $\pm \varepsilon$ durch einen Eigenwert Obs_i (das heißt $\text{Obs}_i \pm \varepsilon$) verschwindet, wie alle anderen Werte von obs verschwunden sind, ausgenommen jene, für die $\text{obs} = \text{Obs}_i$, und weil obs entweder auf Obs_i (*stabiler* Eigenwert) oder auf einen anderen Eigenwert Obs_j (*instabiler* Eigenwert Obs_i) zurückgeführt wird.

Mit anderen Worten, Eigenwerte stellen *Gleichgewichtszustände* dar. Diese Gleichgewichtszustände können in Abhängigkeit vom gewählten Bereich des primären Arguments Gleichgewichtswerte (»Fixpunkte«), funktionale Gleichgewichtszustände, operationale Gleichgewichtszustände, strukturelle Gleichgewichtszustände usw. sein.

2. Die Eigenwerte Obs_i und die ihnen entsprechenden Operatoren COORD stehen in einem komplementären Verhältnis zueinan-

der, d. h. sie implizieren einander; die Obs_i repräsentieren die in der Außenwelt beobachtbaren Manifestationen der (introspektiv zugänglichen) kognitiven Rechenprozesse (Operationen) COORD.

3. Eigenwerte erzeugen aufgrund ihrer selbstdefinierenden (oder selberzeugenden) Natur topologische »Geschlossenheit« (»Zirkularität«) (vgl. Abbildung 4).

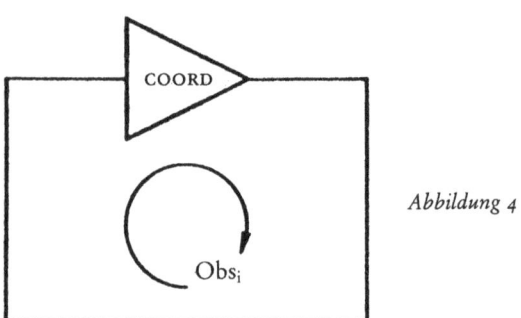

Abbildung 4

Dieser Sachverhalt erlaubt nun eine symbolische Neuformulierung des Ausdrucks (5):

$$\lim_{n \to \infty} \text{COORD}^{(n)} \equiv \text{COORD}$$

Und dies ist gleichbedeutend mit der Schlange, die sich in den eigenen Schwanz beißt (Abbildung 5):

Abbildung 5

Kognition errechnet ihre eigenen Kognitionen

Wir wollen nun für einen gegebenen Operator COORD zumindest drei Eigenwerte

Obs$_1$, Obs$_2$, Obs$_3$

und eine (algebraische) Verknüpfung »*« annehmen, so daß

Obs$_1$ * Obs$_2$ = Obs$_3$. (10)

Die koordinierenden Operationen COORD koordinieren damit das Ganze (das heißt die Verknüpfung der Teile) als die Verknüpfung der gegebenen Koordinationen der Teile (vgl. Beweis im Anhang B):

COORD (Obs$_1$ * Obs$_2$) = COORD (Obs$_1$) * COORD (Obs$_2$). (11)

Mit anderen Worten, die Koordination der Verknüpfungen (d. h. des Ganzen) entspricht der Verknüpfung der Koordinationen. Dies ist nun die Bedingung für das, was als »Prinzip der kognitiven Kontinuität« bezeichnet werden kann (z. B. ergibt das Auseinanderbrechen von Kreidestücken wiederum Kreidestücke). Dies läßt sich dem »Prinzip der kognitiven Diversität« gegenüberstellen, das gilt, wenn die Obs$_i$ und die Verknüpfung »*« *nicht* die Eigenwerte und Verknüpfungen sind, die die Koordination COORD komplementieren:

COORD (Obs$_1$ * Obs$_2$) ≠ COORD (Obs$_1$) * COORD (Obs$_2$). (12)

Dieses Prinzip besagt, daß das Ganze zwar weder mehr, noch weniger ist als die Summe seiner Teile: das Ganze ist *anders*. Darüber hinaus läßt der Formalismus, in dem diese Auffassung vorgelegt wird (Ausdruck 12), geringen Zweifel daran, daß er weder von »Ganz(heit)en« noch von »Teilen« spricht, sondern von der Unterscheidung, die ein Subjekt zwischen zwei Sachverhalten trifft, welche von einem (anderen) Beobachter nicht qualitativ, sondern lediglich quantitativ geschieden werden.

Es hat sich nun gezeigt, daß Eigenwerte ontologisch diskret, stabil, voneinander trennbar und miteinander verknüpfbar sind, während sie ontogenetisch als Gleichgewichtszustände entstehen, die sich in zirkulären Prozessen selbst bestimmen. Ontologisch gesehen können »Eigenwerte« und »Objekte« nicht unterschieden werden; und so ist es auch unmöglich, vom ontogenetischen Standpunkt zwischen stabilem Verhalten eines Subjekts und der

Manifestation des »Begreifens« eines Objekts durch dieses Subjekt zu unterscheiden. In beiden Fällen sind »Objekte« ausschließlich in die Erfahrung der eigenen sensomotorischen Koordinationen eines Subjekts eingeschlossen, d. h. »Objekte« sind durchweg subjektiv! Unter welchen Bedingungen erlangen Objekte dann »Objektivität«?

Offensichtlich geschieht dies erst dann, wenn ein Subjekt S_1 die Existenz eines weiteren Subjekts S_2 feststellt, das ihm selbst nicht unähnlich ist, welches seinerseits die Existenz eines weiteren Subjekts, das ihm nicht unähnlich ist, behauptet, das mit S_1 identisch sein kann.

In diesem atomaren sozialen Kontext kann nunmehr die Erfahrung der eigenen sensomotorischen Koordinationen jedes Subjekts (jedes Beobachters) durch ein Zeichen, d. h. ein »Objekt« repräsentiert werden, das gleichzeitig als Zeichen dafür dient, daß der gemeinsame Raum eine Außenwelt bildet.

Damit bin ich zur Topologie der Geschlossenheit zurückgekehrt (Abbildung 6):

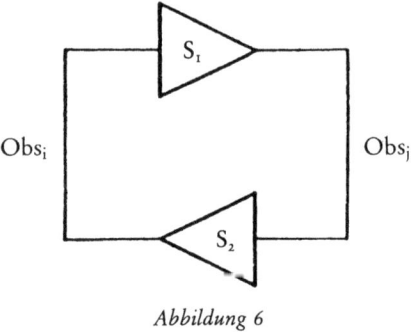

Abbildung 6

Hier wird Gleichgewicht dann erreicht, wenn das Eigenverhalten eines Beteiligten (rekursiv) das Eigenverhalten eines anderen generiert (vgl. etwa Beispiel A 2 im Anhang); wenn eine Schlange in den Schwanz der anderen Schlange beißt, so als ob es ihr eigener wäre (Abbildung 7); wenn Kognition ihre eigenen Kognitionen durch die Kognitionen eines anderen errechnet. Hierin liegt der Ursprung der Ethik.

Abbildung 7

Anhang A

Beispiele

A 1 Nehmen wir den Operator (die lineare Transformation) Op_1,

$Op_1 = $ »Dividiere durch 2 und addiere 1«,

und wenden wir ihn (rekursiv) auf x_0, x_1 usw. an (deren Bereiche die reellen Zahlen sind). Wir wählen als Ausgangssymbol x_0, zum Beispiel $x_0 = 4$.

$x_1 = Op_1(4) = \frac{4}{2} + 1 = 2 + 1 = 3;$

$x_2 = Op_1(3) = 2.500;$
$x_3 = Op_1(2.500) = 2.250;$
$x_4 = Op_1(2.250) = 2.125;$
$x_5 = Op_1(2.125) = 2.063;$
$x_6 = Op_1(2.063) = 2.031;$
$x_{11} = Op_1(x_{10}) = 2.001;$
$x_\infty = Op_1(x_\infty) = 2.000$

Als weiteren Ausgangswert nehmen wir z. B. $x_0 = 1$.

$x_1 = Op_1(1) = 1.500;$
$x_2 = Op_1(1.500) = 1.750;$
$x_3 = Op_1(1.750) = 1.875;$
$x_8 = Op_1(x_7) = 1.996;$
$x_{10} = Op_1(x_9) = 1.999;$
$x_\infty = Op_1(x_\infty) = 2.000$

Es ergibt sich in der Tat:

$\frac{1}{2} \cdot 2 + 1 = 2$
$Op_1(2) = 2,$

d. h. »2« ist der (einzige) Eigenwert von Op_1.

A 2 Nehmen wir nun den Operator Op_2:

$Op_2 = \exp(\cos\ ).$

Es gibt hier drei Eigenwerte, wovon zwei einander implizieren (»Bi-Stabilität«) und der dritte instabil ist:

$Op_2(2.4452...) = 0.4643...$ stabil
$Op_2(0.4643...) = 2.4452...$
$Op_2(1.3029...) = 1.3092...$ instabil.

Dies bedeutet:

$Op_2^{(2)}(2.4452...) = 2.4452$ stabil
$Op_2^{(2)}(0.4643...) = 0.4643$ stabil.

A 3 Nehmen wir nun den Differentialoperator Op_3:

$Op_3 = \frac{d}{dx}.$

Die Eigenfunktion für diesen Operator ist die Exponentialfunktion »exp«:

$Op_3(\exp) = \exp,$

d. h.

$\frac{de^x}{dx} = e^x.$

Die Generalisierungen dieses Operators sind natürlich alle Differentialgleichungen, Integralgleichungen, Integral-Differentialgleichungen usw., was sofort einsichtig wird, wenn diese Gleichungen in Operatorform neu geschrieben werden, etwa auf folgende Weise:

$F(Op_3^{(n)}, Op_3^{(n-1)}..., f) = 0.$

Natürlich können auch diese Operatoren ihrerseits Eigenwerte (Eigenoperatoren) von »Meta-Operatoren« sein usw. Dies bedeutet, daß COORD zum Beispiel auch selbst als Eigenoperator behandelt werden kann, der innerhalb bestimmter Grenzen stabil ist, aber in andere Werte übergeht, wenn die Grenzbedingungen seinen Stabilitätsbereich verändern:

$Op (COORD_i) = COORD_i.$

Man ist schließlich versucht, die Vorstellung eines Meta-Operators zu der eines »Meta-Meta-Operators« zu erweitern, der die »Eigen-Meta-Operatoren« errechnet usw. immer höher in der Hierarchie ohne Ende. Es ist jedoch nicht notwendig, diesen Fluchtweg zu benutzen, wie Warren S. McCulloch schon vor Jahren (1945) in seiner Arbeit »A Heterarchy of Values Determined by the Topology of Nervous Nets« demonstriert hat.
Es würde den Rahmen dieser Darlegung sprengen, hier die Konstruktion von Heterarchien von Operatoren zu demonstrieren, wie sie sich aus deren Verknüpfbarkeit ergeben.

A 4 Nehmen wir die (selbst-referentielle) Aussage

»THIS SENTENCE HAS ... LETTERS«

und vervollständigen wir diese Aussage, indem wir in die Leerstelle genau das Zahlwort (oder die Zahlworte) schreiben, die diese Aussage wahr machen.
Wenn wir nach der *regula falsi* vorgehen und das, was dieser Satz aussagt (Abszisse), mit dem vergleichen, was er ist (Ordinate), dann finden wir zwei Eigenwerte, nämlich »thirty-one« und »thirty-three«. Man wende nun die obige Aussage auf sich selbst an: »›This sentence has thirty-one letters‹ has thirty-one letters«. Es gilt unter anderem, daß die Aussage »This sentence consists of ... letters« nur *einen* Eigenwert hat (nämlich: thirty-nine), wäh-

rend die Aussage »This sentence is composed of … letters« *keinen* hat![2]

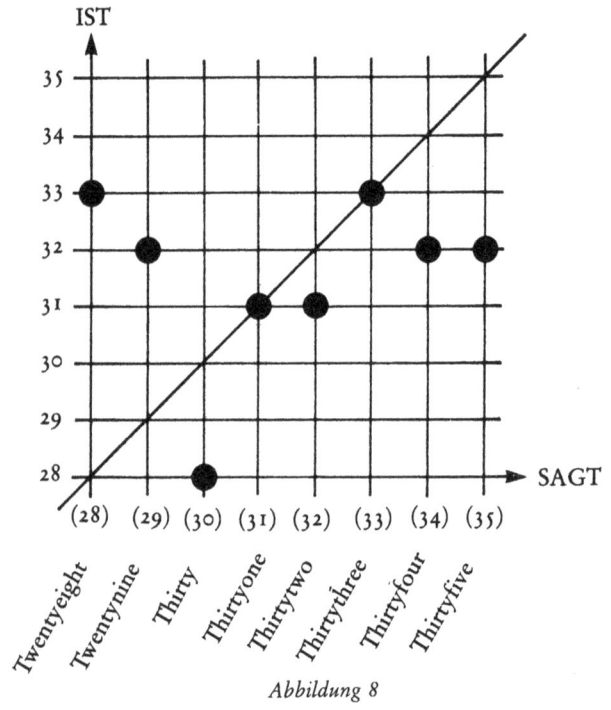

Abbildung 8

Anhang B

B 1 Beweis des Ausdrucks (11):

$$\text{COORD}(\text{Obs}_1 * \text{Obs}_2) = \text{COORD}(\text{Obs}_3) =$$
$$\text{Obs}_3 = \text{Obs}_1 * \text{Obs}_2 = \text{COORD}(\text{Obs}_1) * \text{COORD}(\text{Obs}_2)$$
Q.E.D.

[2] Es sei darauf hingewiesen, daß die deutsche Variante »Dieser Satz hat … Buchstaben« genau *eine* Lösung hat, d. h. *einen* Eigenwert, deren Ermittlung ich aber dem geneigten Leser überlassen möchte.

Die augenscheinliche Distributivität des Operators COORD über die Verknüpfung »*« sollte nicht so mißverstanden werden, daß »*« eine lineare Verknüpfung bedeutet. So verbinden sich zum Beispiel die Fixpunkte $u_i = \exp(2\pi\lambda i)$ (für $i = 0, 1, 2, 3 \ldots$), die den Operator Op(u) komplementieren:

$$Op(u) = u \tan\left(\frac{\pi}{4} \pm \frac{1}{\lambda}\ln u\right),$$

in multiplikativer Weise, wobei λ eine beliebige Konstante ist:

$$Op(u_i \cdot u_j) = Op(u_i) \cdot Op(u_j).$$

usw.

Bemerkungen zu einer Epistemologie des Lebendigen

1. Das Problem

Im ersten Viertel dieses Jahrhunderts sahen sich die Physiker und Kosmologen gezwungen, die grundlegenden Begriffe zu revidieren, die für die Naturwissenschaften bestimmend gewesen waren. Im letzten Viertel dieses Jahrhunderts dagegen werden die Biologen eine Revision all der Grundbegriffe erzwingen, die für die Wissenschaft schlechthin bestimmend sind. Nach jener »ersten Revolution« war klar, daß die klassische Vorstellung einer »letztgültigen Wissenschaft«, d. h. einer objektiven Beschreibung der Welt, in der es keine Subjekte gibt (also eines »subjektlosen Universums«), in sich widersprüchlich ist.

Um die Widersprüche zu beseitigen, galt es, Position und Funktion des »Beobachters« (d. h. zumindest *eines* Subjekts) zu explizieren:

1. Beobachtungen sind nicht absolut, sondern relativ zum Standpunkt eines Beobachters (d. h. relativ zu seinem Koordinatensystem: Einstein);
2. Beobachtungen beeinflussen das Beobachtete und machen so jede Hoffnung des Beobachters zunichte, Vorhersagen treffen zu können (d. h. seine Unsicherheit ist absolut: Heisenberg).

Wir verfügen daher jetzt über die Binsenwahrheit, daß eine Beschreibung (des Universums) jemanden voraussetzt, der (es) beschreibt (beobachtet). Was wir nunmehr benötigen, ist die Beschreibung des »Beschreibers« oder, mit anderen Worten, eine Theorie des Beobachters. Da gemäß dem Stande unseres Wissens nur lebende Organismen zu Beobachtern qualifiziert erscheinen, wird diese Aufgabe wohl den Biologen zufallen müssen. Aber auch der Biologe ist ein lebendes Wesen, und das bedeutet, daß er mit seiner Theorie nicht nur sich selbst, sondern auch das Schreiben dieser seiner Theorie erklären (können) muß. Damit ändern sich Art und Geltung wissenschaftlicher Aussagen, denn in traditioneller Auffassung wurde der Beobachter von seinen Beobachtungen getrennt, und alle Rückbezüglichkeit in wissenschaft-

lichen Aussagen mußte sorgfältig vermieden werden. Diese Trennung war keineswegs nur eine Marotte oder bloße Torheit; denn die Einbeziehung des Beobachters in seine Beschreibungen konnte unter bestimmten Umständen zu Paradoxa führen, wie die Äußerung »Ich bin ein Lügner« bestätigt.
Inzwischen ist jedoch mehr als klar geworden, daß diese enge Beschränkung nicht nur die mit wissenschaftlicher Tätigkeit verbundenen ethischen Probleme erzeugt, sondern auch die Erforschung des Lebens in seiner ganzen Fülle von molekularen bis hin zu sozialen Organisationen verkümmern läßt. Das Leben läßt sich nicht *in vitro* studieren, man muß es *in vivo* ergründen.
Die uns gestellte Frage »Die Einheit des Menschen: biologische Invarianten und kulturelle Universalien« kann nicht in der herkömmlichen beschränkten Weise angegangen werden, wenn unsere Antworten darauf dem heute erreichten Wissen um unsere eigene Biologie und Kultur entsprechen sollen.
Im Gegensatz zur klassischen Problemstellung wissenschaftlicher Forschung, die zunächst eine beschreibungsinvariante »objektive Welt« postuliert (als ob es so etwas gäbe) und sodann versucht, deren Beschreibung anzufertigen, sehen wir uns heute herausgefordert, eine beschreibungsinvariante »subjektive Welt« zu entwickeln, d. h. eine Welt, die den Beobachter einschließt. *Das ist das Problem.*
Durchaus in Übereinstimmung aber mit der klassischen Tradition wissenschaftlicher Forschung, die ständig »Wie?« fragt und nicht »Was?«, verlangt diese Aufgabe eine Epistemologie des »Wie erkennen wir?« statt des »Was erkennen wir?«.
Die folgenden Notizen zu einer Epistemologie für Lebewesen beschäftigen sich mit diesem »Wie?«. Vielleicht können sie als Vergrößerungsglas dienen, um das Problem deutlicher erkennbar zu machen.

II. Einführung

Die mit 1,2,3,...,12 numerierten zwölf Aussagen unter den folgenden 80 Notizen bilden den Minimalrahmen für das Bezugssystem, in dem die verschiedenen Konzepte, die erörtert werden, ihre Bedeutung gewinnen sollen. Da die Aussage 12 wieder direkt zur Aussage 1 zurückführt, können die Notizen im Kreis gelesen werden. Kommentare, Beweise und Erklärungen aber, die sich auf diese 12 Aussagen beziehen, sind diesen unter entsprechenden Dezimalzahlen (z. B. »5.423«) angefügt; dabei bezieht sich die letzte Ziffer (»3«) auf eine Aussage, die durch die Ziffern davor bezeichnet ist (»5.42«) usw. (»5.42« bezieht sich auf »5.4« usw.).

Obwohl man in diese Notizen an jeder beliebigen Stelle eintreten und sodann den ganzen Kreis durchlaufen kann, schien es ratsam, den Kreis zwischen den Aussagen »11« und «1« zu unterbrechen, die Notizen mit Aussage 1 zu beginnen und in entsprechender linearer Abfolge zu präsentieren.

Da der verwendete Formalismus manchem Leser eher verwirrend denn klärend erscheinen mag, schicke ich eine übersichtsweise Erläuterung der – etwas modifizierten – 12 Aussagen in Prosa voraus, um die Lektüre der Notizen selbst zu erleichtern.

1. *Die Umwelt wird erfahren als der Ort von Objekten, die stationär sind, die sich bewegen oder die sich verändern.* ⇥[1]

Diese Aussage mag auf den ersten Blick harmlos erscheinen, beim zweiten Hinsehen aber wird man sich vielleicht nach der Bedeutung eines »sich verändernden Objekts« zu fragen beginnen. Meinen wir damit die Veränderung der Erscheinung(sweise) desselben Objekts, wie etwa dann, wenn wir einen Würfel drehen oder wenn sich ein Mensch umwendet, und wir beide dennoch weiter als dieselben Objekte (d. h. denselben Würfel, dieselbe Person usw.) ansehen? Oder wenn wir einen Baum wachsen sehen oder alte Schulkameraden nach 10 oder 20 Jahren wieder treffen und uns fragen, ob sie sich verändert haben oder dieselben geblieben sind, oder ob sie vielleicht nur in der einen Hinsicht anders, in der anderen aber unverändert sind? Oder wenn Circe Männer in Tiere verwandelt, oder ein Freund einen Gehirnschlag erleidet, und wir uns fragen, was in diesen Metamorphosen invariant ist und was sich verändert? Wer sagt uns denn, daß es sich um dieselben Personen oder Objekte handelt?

Wir wissen aus Untersuchungen von Piaget (1954) und anderen (Witz/Easley 1972), daß »Objektkonstanz« eine von den vielen kognitiven Fertigkeiten ist, die in der frühen Kindheit erworben

---

1 ⇥ zeigt in dieser Einführung das Ende einer numerierten Aussage an.

werden und folglich dem Einfluß von Sprache und Kultur unterliegen.

Um daher Begriffe wie »biologische Invarianten«, »kulturelle Universalien« usw. sinnvoll verwenden zu können, müssen zunächst die logischen Eigenschaften von Begriffen wie »Invarianz« und »Veränderung« festgestellt werden.

Aus den folgenden Notizen wird klar werden, daß diese logischen Eigenschaften die Eigenschaften von Beschreibungen (Repräsentationen) sind und nicht die von Objekten. »Objekte«, so zeigt sich, verdanken ihre Existenz in der Tat den Eigenschaften von Repräsentationen.

Hierzu werden die nächsten vier Aussagen formuliert.

2. *Die logischen Eigenschaften von »Invarianz« und »Veränderung« sind die Eigenschaften von Repräsentationen. Wird dies mißachtet, entstehen Paradoxa.*

Zwei Paradoxa, die sich ergeben, wenn die Begriffe »Invarianz« und »Veränderung« in einem kontextuellen Vakuum definiert werden, werden zitiert. Sie belegen die Notwendigkeit, Repräsentationen zu formalisieren.

3. *Die Repräsentationen R bzw. S werden mit Bezug auf zwei Mengen von Variablen {x} und {t} formalisiert, die versuchsweise als »Entitäten« bzw. »Augenblicke« benannt werden.*

Die Schwierigkeit anzufangen, über etwas zu reden, was erst später so verständlich wird, daß man beginnen kann, darüber zu reden, wird hier dadurch umgangen, daß zwei Mengen von noch undefinierten Variablen »versuchsweise« höchst bedeutsame Namen gegeben werden, nämlich »Entitäten« und »Augenblicke«, die erst später begründet werden.

Diese scheinbare Abweichung vom exakten Vorgehen ist als Zugeständnis an die Verständlichkeit anzusehen. Die Streichung der bedeutungsvollen Etiketten dieser Variablen verändert den Argumentationsgang nicht.

Unter dieser Aussage werden Ausdrücke für Repräsentationen entwickelt, die verglichen werden können. Dies umgeht die scheinbare Schwierigkeit, einen Apfel mit sich selbst zu vergleichen, bevor und nachdem er geschält worden ist. Es bereitet aber nur geringe Schwierigkeiten, den geschälten Apfel, wie er *jetzt gesehen* wird, mit dem ungeschälten Apfel zu vergleichen, wie er in seinem früheren Zustand *erinnert* wird.

Mit dem Begriff »Vergleich« wird jedoch eine Operation («Rechnen«) über Repräsentationen eingeführt, die eine genauere Analyse erfordert. Dies geschieht durch die nächste Aussage. Von da an wird der Begriff »Rechnen« konsistent auf alle (nicht notwendig numerischen) Operationen angewendet, die entweder Symbole (im »abstrakten« Sinne) oder deren physikalische Erscheinungsformen (im »konkreten« Sinne) transformieren, modifizieren, ordnen, neu anordnen usw. Dadurch soll das Gefühl dafür verstärkt werden, daß diese Operationen in der strukturellen und funktionalen Organisation vollentwickelter Nervengewebe oder anderswie konstruierter Maschinen verwirklicht werden können.

4. *Wir betrachten Relationen, »Rel«, zwischen den Repräsentationen R und S.*

Es wird aber gleich eine höchst spezifische Relation untersucht, nämlich eine »Äquivalenzrelation« zwischen zwei Repräsentationen. Aufgrund der strukturellen Merkmale von Repräsentationen sind die zur Bestätigung oder Widerlegung der Äquivalenz von Repräsentationen nötigen Rechenvorgänge nicht trivial. Wenn man die Rechengänge für die Herstellung von Äquivalenzen verfolgt, entstehen »Objekte« und »Ereignisse« als *Resultate* bestimmter Rechenprozesse, die als Prozesse der Abstraktion und des Merkens (Gedächtnisses) identifiziert werden.

5. *Objekte und Ereignisse sind keine primitiven Erfahrungen. Objekte und Ereignisse sind Repräsentationen von Relationen.*

Da »Objekte« und »Ereignisse« keine primären Erfahrungen sind und folglich keinen absoluten (objektiven) Status beanspruchen können, sind die Relationen zwischen ihnen, d. h. unsere »Umwelt«, eine rein persönliche Angelegenheit, deren spezifische einschränkende Bedingungen in anatomischen und kulturellen Faktoren liegen. Damit löst sich das Postulat einer »externen (objektiven) Realität« auf, es entsteht eine Realität, die durch interne Rechenverfahren festgelegt wird (Castañeda 1971).

6. *Von einem operationalen Gesichtspunkt ist die Errechnung einer bestimmten Relation eine Repräsentation dieser Relation.*

Zwei Schritte von grundlegender Wichtigkeit für die in diesen Notizen vorgelegte Argumentation werden hier gleichzeitig getan. Der eine besteht darin, eine (Er-)Rechnung als eine Repräsentation anzusehen, der andere darin, erstmals »Rekursionen« einzuführen. Mit Rekursion ist gemeint, daß eine Funktion zu

ihrem eigenen Argument gemacht wird. In der obigen Aussage 6 geschieht dies dadurch, daß die Errechnung einer Relation zwischen *Repräsentationen* erneut als eine Repräsentation betrachtet wird.
Obwohl nun die Ersetzung der Repräsentation einer Relation durch einen Rechenprozeß keine besonderen begrifflichen Schwierigkeiten erzeugen mag (die Lochkarte eines Computerprogramms, das die Rechenvorgänge zur Ermittlung einer Relation steuert, kann als passende Metapher dienen), scheint doch die Einführung rekursiver Ausdrücke logischen Spitzbübereien aller Art Tür und Tor zu öffnen.
Es gibt jedoch Mittel, nicht in solche Fallen zu tappen. Eines besteht darin, eine Notation zu entwickeln, die die Ordnung der Repräsentationen festhält. So kann z. B. »die Repräsentation einer Repräsentation einer Repräsentation« als eine Repräsentation dritter Ordnung $R^{(3)}$ betrachtet werden. Das gleiche gilt für Relationen höherer Ordnung n: $Rel^{(n)}$.
Nachdem nun die Begriffe der Repräsentationen bzw. Relationen höherer Ordnung eingeführt worden sind, werden ihre physikalischen Erscheinungsformen definiert. Da Repräsentationen und Relationen Rechenprozesse sind, sind ihre Erscheinungsformen »Spezialrechner«, die »Repräsentoren« und »Relatoren« heißen. Die verschiedenen Ebenen des Rechnens werden dadurch auseinandergehalten, daß derartige Strukturen als Repräsentoren (Relatoren) n-ter Ordnung bezeichnet werden. Mit diesen Begriffen besteht nun die Möglichkeit, »Organismen« einzuführen.
7. Ein lebender Organismus ist ein Relator dritter Ordnung, der die Relationen berechnet, die den Organismus als Ganzheit erhalten.
Das ganze Arsenal rekursiver Ausdrücke wird nun auf die rekursive Definition lebender Organismen angewendet, wie sie zuerst von Maturana (1970a; 1970b) vorgeschlagen wurde und von Maturana und Varela in ihrem Modell der »Autopoiese« (1972) weiterentwickelt worden ist.
Mit Hilfe dieses Formalismus und der in früheren Aussagen entwickelten Begriffe ist es nunmehr möglich, eine Interaktion zwischen der internen Repräsentation eines Organismus von sich selbst mit der eines anderen Organismus zu erklären. Dies führt zu einer Theorie der Kommunikation, die auf einer rein konnotativen »Sprache« basiert. Die überraschende Eigenschaft einer

derartigen Theorie wird in der folgenden Aussage 8 beschrieben.

8. *Ein Formalismus, der notwendig und hinreichend ist für eine Theorie der Kommunikation, darf keine primären Symbole enthalten, die Kommunikabilien repräsentieren (z. B. Symbole, Wörter, Botschaften usw.).*

Diese Aussage mag auf den ersten Blick völlig unhaltbar erscheinen, nach längerem Nachdenken aber wird sicherlich klar, daß eine Theorie der Kommunikation sich zirkulärer Definitionen schuldig macht, wenn sie Kommunikabilien voraussetzt, um Kommunikation abzuleiten.

Der Kalkül rekursiver Ausdrücke umgeht diese Schwierigkeit. Die Tragweite solcher Ausdrücke wird durch das (unbeschränkt rekursive) personale Reflexivpronomen »Ich« exemplifiziert. Natürlich ist die magische Semantik derartiger infiniter Rekursionen seit geraumer Zeit bekannt, man denke nur an die Äußerung »Ich bin der ich bin« (2. Mos. 3, 14).

9. *Terminale Repräsentationen (Beschreibungen), die ein Organismus herstellt, manifestieren sich in seinen Bewegungen; die logische Struktur von Beschreibungen ergibt sich folglich aus der logischen Struktur von Bewegungen.*

Die zwei Grundmerkmale der logischen Struktur von Beschreibungen, nämlich ihr Sinn (Bejahung oder Verneinung) und ihr Wahrheitswert (Wahr oder Falsch), beruhen, so wird gezeigt, auf der logischen Struktur der Bewegung: Annäherung und Abwendung mit Bezug auf den ersten Aspekt, Funktionieren oder Versagen des bedingten Reflexes mit Bezug auf den zweiten.

Es ist nunmehr möglich, eine exakte Definition des Begriffs der »Information« einer Äußerung zu entwickeln. »Information« ist ein relatives Konzept, das Bedeutung nur dann annimmt, wenn es auf die kognitive Struktur des Beobachters dieser Äußerung (des »Rezipienten«) bezogen wird.

10. *Die Information einer Beschreibung hängt von der Fähigkeit eines Beobachters ab, aus dieser Beschreibung Schlußfolgerungen abzuleiten.*

Die klassische Logik unterscheidet zwischen zwei Formen des Schließens: Deduktion und Induktion (Aristoteles, *Metaphysik*). Während es im Prinzip möglich ist, unfehlbare deduktive Schlüsse zu ziehen (»Notwendigkeit«), ist es im Prinzip unmöglich, unfehlbare induktive Schlüsse zu ziehen (»Zufall«). Zufall und Notwendigkeit sind folglich Begriffe, die sich nicht auf die Welt beziehen, sondern auf unsere Versuche, diese Welt (bzw. eine Beschreibung davon) zu erzeugen.

11. *Die Umwelt enthält keine Information: die Umwelt ist, wie sie ist.*

12. *Zurück zu Aussage 1.*

III. Bemerkungen

1. *Die Umwelt wird erfahren als der Ort von Objekten, die stationär sind, die sich bewegen oder die sich verändern.*

1.1 »Veränderung« setzt Invarianz voraus, »Invarianz« Veränderung.

2. *Die logischen Eigenschaften von »Invarianz« und »Veränderung« sind die Eigenschaften von Repräsentationen. Wird dies mißachtet, entstehen Paradoxa.*

2.1 Das Paradoxon der »Invarianz«:

WAS VERSCHIEDEN IST, SOLL DASSELBE SEIN

Aber es hat keinen Sinn zu schreiben: $x_1 = x_2$ (warum die Subskripte?). Und $x = x$ sagt zwar etwas über »=«, nichts aber über x.

2.2 Das Paradoxon der »Veränderung«:

WAS DASSELBE IST, SOLL VERSCHIEDEN SEIN

Aber es hat keinen Sinn zu schreiben: $x \neq x$.

3. *Wir formalisieren die Repräsentationen R, S, ... mit Bezug auf zwei Mengen von Variablen x_i und t_j (i,j = 1,2,3,...), die versuchsweise »Entitäten« bzw. »Augenblicke« heißen sollen.*

3.1 Die Repräsentation R einer Entität x mit Bezug auf den Augenblick t_1 ist verschieden von der Repräsentation dieser Entität mit Bezug auf den Augenblick t_2:

$$R(x(t_1)) \neq R(x(t_2)).$$

3.2 Die Repräsentation S eines Augenblicks mit Bezug auf die Entität x_1 ist verschieden von der Repräsentation dieses Augenblicks mit Bezug auf die Entität x_2:

$S(t(x_1)) \neq S(t(x_2))$.

3.3 Die vergleichende Beurteilung (»verschieden von«) kann jedoch nicht ohne einen Mechanismus vorgenommen werden, der diese Unterscheidungen errechnet.

3.4 Wir verkürzen die Notation durch

$R(x_i(t_j)) \rightarrow R_{ij}$
$S(t_k(x_l)) \rightarrow S_{kl}$

$(i,j,k,l = 1,2,3,\ldots)$.

4. *Wir betrachten die Relationen* Rel_μ *zwischen den Repräsentationen* R *und* S:

$\text{Rel}_\mu (R_{ij}, S_{kl})$

$(\mu = 1,2,3,\ldots)$.

4.1 Wir nennen die Relation, die die Unterscheidung $x_i \neq x_l$ und $t_j \neq t_k$ auslöscht (d. h. $i = l$; $j = k$), die »Äquivalenzrelation«; sie sei repräsentiert durch

$\text{Equ}(R_{ij}, S_{ji})$.

4.1.1 Diese Formel repräsentiert eine Relation zwischen zwei Repräsentationen und lautet:
»Die Repräsentation R einer Entität x_i mit Bezug auf den Augenblick t_j ist äquivalent der Repräsentation S eines Augenblicks t_j mit Bezug auf die Entität x_i.«

4.1.2 Eine mögliche linguistische Metapher für die oben angeführte Repräsentation der Äquivalenzrelation zwischen zwei Repräsentationen ist die Äquivalenzrelation zwischen einem »handelnden Ding« (in den meisten indo-europäischen Sprachen) und der »dingenden Handlung« (in einigen afrikanischen Sprachen) (kognitive Dualität). Beispiel:

»Das Pferd galoppiert« ⇌ »Der Galopp pferdet«.

4.2 Die Errechnung der Äquivalenzrelation 4.1 hat zwei Verzweigungen:

4.2.1 Ein Zweig errechnet Äquivalenzen nur für x:

$\text{Equ}(R_{ij}, S_{ki}) = \text{Obj}(x_i)$.

4.2.1.1 Die Berechnungen entlang dieses Zweiges der Äquivalenzrelation werden »Abstraktionen« genannt: Abs.

4.2.1.2 Die Ergebnisse dieses Zweiges des Rechenprozesses werden gewöhnlich »Objekte« (Entitäten) genannt, und ihre Invarianz unter verschiedenen Transformationen ($t_j, t_k, \ldots$) wird dadurch angezeigt, daß jedes Objekt ein verschiedenes, aber invariantes Etikett N_i (einen »Namen«) erhält:

$$\text{Obj}(x_i) \rightarrow N_i.$$

4.2.2 Der andere Zweig errechnet Äquivalenzen ausschließlich für t:

$$\text{Equ}(R_{ij}, S_{jl}) \equiv \text{Eve}(t_j).$$

4.2.2.1 Die Berechnungen entlang dieses Zweiges der Äquivalenzrelation werden »Merken« (»Gedächtnis«) genannt: Mem.

4.2.2.2 Die Ergebnisse dieses Zweiges des Rechenprozesses werden gewöhnlich als »Ereignisse« (Augenblicke) bezeichnet, und ihre Invarianz unter verschiedenen Transformationen ($x_i, x_l, \ldots$) wird dadurch angezeigt, daß jedes Ereignis mit einem verschiedenen, aber invarianten Etikett T_j (»Zeit«) verknüpft wird:

$$\text{Eve}(t_j) \rightarrow T_j.$$

4.3 Damit ist gezeigt, daß die Begriffe »Objekt«, »Ereignis«, »Name«, »Zeit«, »Abstraktion«, »Merken« (»Gedächtnis«), »Invarianz«, »Veränderung«, einander erzeugen.
Daraus ergibt sich die nächste Aussage.

---

5. *Objekte und Ereignisse sind keine primitiven Erfahrungen. »Objekte« und »Ereignisse« sind Repräsentationen von Relationen.*

5.1 Eine mögliche graphische Metapher für die Komplementarität von »Ereignis« und »Objekt« ist ein orthogonales Gitter, das von beiden gebildet wird (Abbildung 1).

5.2 »Umwelt« ist die Repräsentation von Relationen zwischen »Objekten« und »Ereignissen«:

$$\text{Env}(\text{Obj}, \text{Eve}).$$

5.3 Da die Errechnung von Äquivalenzrelationen nicht einmalig ist, sind auch die Ergebnisse dieser Errechnungen, nämlich »Objekte« und »Ereignisse«, nicht eindeutig.

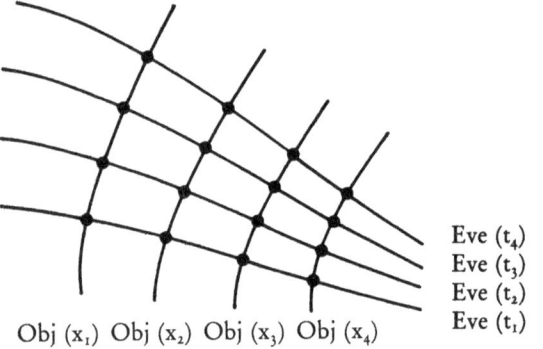

Abbildung 1 »Objekte« erzeugen »Ereignisse« und umgekehrt.

5.3.1 Dies erklärt die Möglichkeit einer beliebigen Anzahl verschiedener, intern jedoch konsistenter (sprachbedingter) Taxonomien.

5.3.2 Dies erklärt die Möglichkeit einer beliebigen Anzahl verschiedener, intern jedoch konsistenter (kulturbedingter) Wirklichkeiten.

5.4 Da die Errechnung von Äquivalenzrelationen über primitiven Erfahrungen ausgeführt wird, ist eine Außenwelt keine notwendige Voraussetzung für die Errechnung einer Wirklichkeit.

6. *Von einem operationalen Gesichtspunkt ist die Errechnung Cmp(Rel) einer bestimmten Relation eine Repräsentation dieser Relation:*

$$R = Cmp(Rel).$$

6.1 Eine mögliche mathematische Metapher für die Äquivalenz einer Berechnung und einer Repräsentation ist etwa der Algorithmus von Wallis für das unendliche Produkt:

$$2 \cdot \frac{2}{1} \cdot \frac{2}{3} \cdot \frac{4}{3} \cdot \frac{4}{5} \cdot \frac{6}{5} \cdot \frac{6}{7} \cdots$$

Da dies eine der vielen möglichen Definitionen der Zahl π (3,14159...) ist, und da π eine Zahl ist, können wir π als eine (numerische) Repräsentation dieser Berechnung ansehen.

6.2 Wir wollen Repräsentationen von Berechnungen von Relationen »Repräsentationen zweiter Ordnung« nennen. Dies wird verständlich, wenn eine derartige Repräsentation voll ausgeschrieben wird:

R = Cmp(Rel(R$_{ij}$,S$_{kl}$)),

wobei R$_{ij}$ und S$_{kl}$ natürlich, wie früher (3.3), »Repräsentationen erster Ordnung« sind.

6.2.1 Aus dieser Notation wird klar, daß Repräsentationen erster Ordnung als Relationen nullter Ordnung interpretiert werden können (man beachte die doppelten Subskripte bei S und R).

6.2.2 Aus dieser Notation wird außerdem klar, daß Repräsentationen und Relationen höherer Ordnung (n-ter Ordnung) formuliert werden können.

6.3 Ein physikalischer Mechanismus, der eine Repräsentation n-ter Ordnung (oder eine Relation n-ter Ordnung) errechnet, heiße ein »Repräsentor n-ter Ordnung«, RP$^{(n)}$ (bzw. ein »Relator n-ter Ordnung«, RL$^{(n)}$).

6.4 Die externalisierte physikalische Manifestation des Ergebnisses einer Errechnung heiße eine »terminale Repräsentation« oder eine »Beschreibung«.

6.5 Eine mögliche mechanische Metapher für Relator, Relation, Objekte und Beschreibungen ist ein mechanischer Tischrechner (der Relator), dessen interne Struktur (die Anordnung von Rädern und Stiften) die Repräsentation einer Relation ist, die gewöhnlich »Addition« genannt wird: Add(a,b,c). Gegeben zwei Objekte, a = 5, b = 7, berechnet diese Maschine eine terminale Repräsentation (eine Beschreibung) der Relation zwischen diesen zwei Objekten in digitaler dekadischer Form:

Add (5, 7; 12).

6.5.1 Natürlich kann eine Maschine mit einer anderen internen Repräsentation (Struktur) der gleichen Relation add(a,b;c) eine andere terminale Repräsentation (Beschreibung) dieser Relation zwischen denselben Objekten erzeugen, etwa in der Form des Produkts von Primzahlen:

Add (5, 7; $2^2 \cdot 3^1$).

6.6 Eine weitere mögliche mechanische Metapher für die Auffassung der Berechnung einer Relation als einer Repräsentation dieser Relation ist ein Elektronenrechner mit seinem Programm. Das Programm steht für die besondere Relation und verknüpft die

Teile der Maschine auf solche Art, daß die terminale Repräsentation (der Ausdruck) des bearbeiteten Problems mit der gewünschten Form übereinstimmt.

6.6.1 Ein Programm, das Programme errechnet, wird als »Metaprogramm« bezeichnet. In unserer Terminologie ist eine Maschine, die Metaprogramme akzeptiert, ein Relator zweiter Ordnung.

6.7 Diese Metaphern bekräftigen die bereits früher gemachte Feststellung (5.3), daß die Berechnungen von Repräsentationen von Objekten und Ereignissen nicht eindeutig sind.

6.8 Diese Metaphern machen darüber hinaus deutlich, daß mein Nervengewebe, das z. B. eine terminale Repräsentation in der Form der folgenden Äußerung errechnet: »Das ist die Brille meiner Großmutter«, weder meiner Großmutter noch ihrer Brille ähnlich sieht, noch daß sich irgendeine »Spur« von beiden in ihm findet (ebensowenig wie es Spuren der Zahl »12« in den Rädern und Stiften eines Tischrechners oder Spuren irgendwelcher Zahlen in einem Computerprogramm gibt). Außerdem sollte meine Äußerung »Das ist die Brille meiner Großmutter« weder mit der Brille meiner Großmutter noch mit dem Programm verwechselt werden, das diese Äußerung errechnet, noch auch mit der Repräsentation (physikalischen Manifestation) dieses Programms.

6.8.1 Es läßt sich jedoch eine Relation zwischen der Äußerung, den Objekten und den diese beiden errechnenden Algorithmen berechnen (vgl. 9.4).

7. *Ein lebender Organismus* Ω *ist ein Relator dritter Ordnung (*Ω *= $RL^{(3)}$), der die Relationen errechnet, die den Organismus als Ganzheit erhalten* (Maturana 1970a; 1970b):

$$\Omega[\text{Equ}[R(\Omega(\text{Obj})), S(\text{Eve}(\Omega))]].$$

Dieser Ausdruck ist rekursiv in Ω.

7.1 Ein Organismus ist für sich selbst das letztgültige Objekt.

7.2 Ein Organismus, der eine Repräsentation dieser Relation errechnen kann, hat Ich-Bewußtsein.

7.3 Unter den internen Repräsentationen der Errechnung von Objekten $\text{Obj}(x_i)$ innerhalb eines Organismus Ω kann es eine Repräsentation $\text{Obj}(\Omega^*)$ eines anderen Organismus Ω^* geben. Umgekehrt kann es in Ω^* eine Repräsentation $\text{Obj}^*(\Omega)$ geben, die Ω errechnet.

7.3.1 Beide Repräsentationen sind in Ω bzw. Ω^* rekursiv. Es gilt z. B. für Ω:

$$\text{Obj}^{(n)}(\Omega^{*(n-1)}(\text{Obj}^{*(n-1)}(\Omega^{(n-2)}(\text{Obj}^{(n-2)}(\ldots\Omega^*))))).$$

7.3.2 Dieser Ausdruck ist der Kern einer Theorie der Kommunikation.

8. *Ein Formalismus, der notwendig und hinreichend ist für eine Theorie der Kommunikation, darf keine primären Symbole enthalten, die Kommunikabilien repräsentieren (z. B. Symbole, Wörter, Botschaften usw.).*

8.1 Dies gilt, weil eine »Theorie« der Kommunikation, die primäre Kommunikabilien enthielte, keine Theorie, sondern eine Technologie der Kommunikation wäre, die Kommunikation als gegeben voraussetzt.

8.2 Die Aktivität des Nervensystems eines Organismus kann nicht mit einem anderen Organismus geteilt werden.

8.2.1 Dies bedeutet, daß in der Tat nichts »kommuniziert« wird bzw. werden kann.

8.3 Da der Ausdruck in 7.3.1 zyklisch werden kann (wenn $\text{Obj}^{(k)} = \text{Obj}^{(k-2i)}$), liegt es nahe, eine teleologische Theorie der Kommunikation zu entwickeln, in der das angestrebte Ziel darin besteht, $\text{Obj}(\Omega^*)$ unter allen Einwirkungen von seiten Ω^* invariant zu halten.

8.3.1 Es liegt auf der Hand, daß in einer solchen Theorie Fragen wie »Siehst Du die Farbe dieses Objekts so, wie ich sie sehe?« irrelevant werden.

8.4 Kommunikation ist die Interpretation der Interaktion zwischen zwei Organismen Ω_1 und Ω_2 durch einen Beobachter.

8.4.1 Seien $\text{Evs}_1 \equiv \text{Evs}(\Omega_1)$ und $\text{Evs}_2 \equiv \text{Evs}(\Omega_2)$ *Sequenzen* von Ereignissen $\text{Evs}(t_j)$, ($j = 1,2,3,\ldots$) mit Bezug auf zwei Organismen Ω_1 und Ω_2, und sei Com die (interne) Repräsentation einer Relation zwischen diesen Ereignissequenzen durch einen Beobachter:

$$\text{OB}(\text{Com}(\text{Evs}_1,\text{Evs}_2)).$$

8.4.2 Da Ω_1 oder Ω_2 oder beide Beobachter sein können ($\Omega_1 = \text{OB}_1$; $\Omega_2 = \text{OB}_2$), kann der obige Ausdruck in Ω_1 oder in Ω_2 oder in beiden rekursiv werden.

8.4.3 Dies zeigt, daß »Kommunikation« die (interne) Repräsentation einer Relation zwischen (einer internen Repräsentation von) mir selbst und jemand anders ist.

$R(\Omega^{(n+1)}, Com(\Omega^{(n)}, \Omega^*))$.

8.4.4 Wir kürzen dies ab als

$C(\Omega^{(n)}, \Omega^*)$.

8.4.5 In diesem Formalismus erscheint das personale Reflexivpronomen »Ich« als der (indefinit angewandte) rekursive Operator

$Equ[\Omega^{(n+1)}C(\Omega^{(n)},\Omega^{(n)})]$

oder in Worten:

> »Ich bin die beobachtete Relation zwischen mir selbst und der Beobachtung meiner selbst.«

8.4.6 »Ich« ist ein Relator (*und* Repräsentor) unbeschränkter Ordnung.

9. *Terminale Repräsentationen (Beschreibungen), die ein Organismus macht, manifestieren sich in seinen Bewegungen; die logische Struktur von Beschreibungen ergibt sich folglich aus der logischen Struktur von Bewegungen.*

9.1 Es ist bekannt, daß die Anwesenheit eines wahrnehmbaren Agens in schwacher Konzentration einen Organismus veranlassen kann, sich auf dieses Agens hin zu bewegen (Annäherung). Das Auftreten des gleichen Agens in starker Konzentration kann diesen Organismus jedoch veranlassen, sich von ihm zu entfernen (Abwendung).

9.1.1 Dies bedeutet, daß »Annäherung« und »Abwendung« die Vorläufer von »Ja« und »Nein« sind.

9.1.2 Diese zwei Phasen elementaren Verhaltens, »Annäherung« und »Abwendung«, bilden den operationalen Ursprung der beiden fundamentalen Axiome der zweiwertigen Logik, nämlich des »Gesetzes vom ausgeschlossenen Widerspruch«:

$\overline{(x \,\&\, \overline{x})}$

in Worten: »nicht: x *und* nicht-x«,
und des »Gesetzes vom ausgeschlossenen Dritten«:

$x \vee \overline{x}$

in Worten: »x *oder* nicht-x (vgl. Abbildung 2).

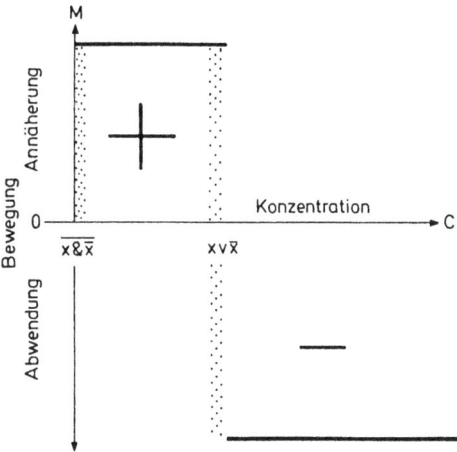

Abbildung 2 Die Gesetze vom »ausgeschlossenen Widerspruch« $(\overline{x \& \overline{x}})$ und vom »ausgeschlossenen Dritten« $(x \vee \overline{x})$ in den Übergangszonen zwischen Bewegungslosigkeit (M = 0) und Annäherung (+), und zwischen Annäherung (+) und Abwendung (−), als eine Funktion der Konzentration (C) eines wahrnehmbaren Agens.

9.2 Aus Wittgensteins *Tractatus* (1961) zitieren wir Aussage 4.0621:

»Daß aber die Zeichen ›p‹ und ›nicht-p‹ das gleiche sagen *können,* ist wichtig. Denn es zeigt, daß dem Zeichen ›nicht‹ in der Wirklichkeit nichts entspricht.
Daß in einem Satz die Verneinung vorkommt, ist noch kein Merkmal seines Sinnes (nicht-nicht-p = p).«

9.2.1 Da in der Umwelt der Negation nichts entspricht, müssen die Negation ebenso wie alle anderen »logischen Partikel« (Inklusion, Alternation, Implikation usw.) innerhalb des Organismus selbst entstehen.
9.3 Beschreibungen können nicht nur im logischen Sinne bejahend oder verneinend, sondern auch wahr oder falsch sein.
9.3.1 Wir entnehmen dem Buch *Philosophy in a New Key* von Susanne K. Langer (1951):

»Der Gebrauch von Zeichen ist das allererste Zeugnis des Bewußtseins. Er ergibt sich ebenso früh in der biologischen Geschichte wie der berühmte ›bedingte Reflex‹, bei dem ein begleitendes Merkmal eines Stimulus die Stimulusfunktion übernimmt. Das begleitende Merkmal wird zu einem *Zeichen* für die Situation, der die Reaktion genau angemessen ist. Dies ist der eigentliche Anfang des Denkens, denn hier liegt der Ursprung des *Irrtums* und somit der *Wahrheit*.«

9.3.2 Damit ist nicht nur der Sinn (Ja oder Nein) von Beschreibungen, sondern auch deren Wahrheitswert (Wahr oder Falsch) an Bewegung (Verhalten) gekoppelt.

9.4 Sei D* eine terminale Repräsentation, hergestellt von einem Organismus Ω^*, und werde diese von einem Organismus Ω beobachtet; sei die interne Repräsentation der von Ω erzeugten Beschreibung $D(\Omega,D^*)$; und sei schließlich Ω's interne Repräsentation seiner Umwelt $E(\Omega,E)$. Dann ergibt sich:
Der Bereich der Relationen zwischen D und E, die von Ω errechnet werden können, repräsentiert die »Information«, die von Ω gewonnen wird, wenn er Ω^* beobachtet:

$$\text{Inf}(\Omega,D^*) \equiv \text{Domain}\{\text{Rel}_\mu(D,E)\}$$

($\mu = 1,2,3,\ldots,m$).

9.4.1 Der Logarithmus (zur Basis 2) der Anzahl m der Relationen Rel_μ, die von Ω errechenbar sind (oder der negative Mittelwert der logarithmischen Wahrscheinlichkeiten ihres Auftretens $\langle \log_2 p_i \rangle = \Sigma p_i \log_2 p_i$; $i = 1 \to m$), ist der »Informationsbetrag H« der Beschreibung D* mit Bezug auf Ω:

$$H(D^*,\Omega) = \log_2 m$$
$$\text{oder: } H(D^*) = -\sum_{i}^{m} p_i \log_2 p_i.$$

9.4.2 Dies zeigt, daß Information ein relativer Begriff ist. Dasselbe gilt für H.

9.5 Einer Arbeit von Jerzy Konorski (1962) entnehmen wir:

»Es ist nicht so, wie wir aufgrund unserer Introspektion geneigt sind anzunehmen, daß der Empfang von Information und deren Nutzung zwei getrennte Prozesse sind, die auf beliebige Art miteinander kombiniert werden können; im Gegenteil, Information und ihre Nutzung sind untrennbar und bilden in Wirklichkeit einen einzigen Prozeß.«

10. *Die Information einer Beschreibung hängt von der Fähigkeit*

eines Beobachters ab, aus dieser Beschreibung Schlußfolgerungen abzuleiten.

10.1 »Notwendigkeit« entsteht aus der Fähigkeit, unfehlbare Deduktionen zu machen.

10.2 »Zufall« entsteht aus der Unfähigkeit, unfehlbare Induktionen zu machen.

11. *Die Umwelt enthält keine Information. Die Umwelt ist wie sie ist.*

12. *Die Umwelt wird erfahren als der Ort von Objekten, die stationär sind, die sich bewegen oder die sich verändern (Aussage 1).*

Unordnung/Ordnung: Entdeckung oder Erfindung?

Meine Damen und Herren! Das ist ein großartiges Symposium! Ich genieße jede Minute. Und dennoch fühle ich mich unzufrieden, und das, weil Gregory Bateson nicht bei uns ist. Warum besonders ich traurig bin, daß er nicht unter uns sitzt, liegt nicht allein daran, daß auch er sich außerordentlich gefreut hätte, hier dabeisein zu können, ebenso wie Sie sich über ihn gefreut hätten, sondern daran, daß ich seiner Hilfe bedarf, um mit einer Frage fertigzuwerden, die während dieser Tagung immer wieder gestellt worden ist. Diese Frage lautet: *Sind die Zustände der Ordnung und Unordnung Sachverhalte, die entdeckt worden sind, oder sind es Sachverhalte, die erfunden werden?*

Da ich zu der Antwort neige, daß sie erfunden werden, brauche ich jede Unterstützung, die ich auftreiben kann, um diese Position zu verteidigen, und so beschwöre ich den Geist Gregory Batesons, mir zur Seite zu stehen und mir dabei zu helfen. Ich möchte ihn bitten, uns eine seiner so bezaubernden Vignetten zu präsentieren, die vorgeben, Dialoge zwischen einer fiktiven Tochter und einem fiktiven Vater zu sein. (Ich glaube allerdings nicht, daß diese Fiktionen allzu fiktiv sind.) Er nannte diese Dialoge »Metaloge«, und ich möchte Ihnen nun einen solchen »Metalog« vorlesen und dazu einige Kommentare abgeben. Der Titel: »Metalog: Was ist ein Instinkt?« Er beginnt mit der Frage der Tochter: »Papi, was ist ein Instinkt?« Hätte mich meine Tochter oder mein Sohn gefragt: »Papi, was ist ein Instinkt?«, dann wäre ich höchstwahrscheinlich in die Falle getappt, eine gelehrte lexikalische Definition von mir zu geben. Ich hätte etwa gesagt: »Ein Instinkt, mein Schatz, ist das angeborene Verhalten von Lebewesen, das nicht gelernt worden ist, das eine gewisse Komplexität aufweist«, oder irgend etwas dieser Art. Bateson jedoch stolpert nicht in diese Falle und sagt als Antwort auf die Frage »Papi, was ist ein Instinkt?«: »Ein Instinkt, mein Schatz, ist ein Erklärungsprinzip.« Das reicht der Tochter aber nicht, und sie fragt daher sofort weiter: »Was aber erklärt es?« Und er antwortet (Achtung!): »Alles, fast alles, alles, was du dadurch erklärt haben möchtest.« Nun machen Sie sich bitte klar, daß etwas, was »alles, was Sie dadurch erklärt haben möchten«, erklärt, natürlich nichts erklärt. Die Tochter aber spürt das und sagt: »Sei doch nicht albern, es erklärt nicht die Schwerkraft!« Darauf der Vater: »Nein, aber nur, weil niemand die Schwerkraft durch Instinkt erklären will. Wollte das jemand, dann würde Instinkt die Schwerkraft erklären. Wir könnten ja einfach sagen, der Mond hat einen Instinkt, dessen Stärke umgekehrt proportional ist dem Quadrat der Entfernung ...« Die Tochter: »Aber Papi, das ist doch Unsinn!« – »Ja, sicher, aber du warst es doch, die Instinkt ins Gespräch gebracht hat, nicht ich.« – »Sicher, aber was erklärt denn dann die Schwerkraft?« – »Nichts, mein Schatz. Denn die Schwerkraft ist ein Erklärungsprinzip.« »Oh«, sagt darauf die Tochter, »glaubst du also, daß du ein Erklärungsprinzip nicht verwenden kannst, um ein anderes Prinzip zu erklären, nie?« Der Vater: »Kaum jemals. Das hat Newton nämlich gemeint, als er sagte: *hypotheses non fingo*.« – »Und was heißt das bitte?« fragt die Tochter. (Nun möchte ich Ihre Aufmerksamkeit darauf lenken, daß alles, was der Vater in seinen Antworten sagt, im Bereich der Beschreibung vorgetragen wird. Es hat immer mit Sagen oder mit Zeigen zu tun.) Die Tochter also: »Was bedeutet das bitte?« Der Vater: »Nun, du weißt ja, was Hypothesen sind. Jede Aussage, die zwei deskriptive Aussagen miteinander verknüpft, ist eine Hypothese. Wenn du sagst, daß es am 1. Februar Vollmond gab und dann wieder am 1. März, und wenn du dann diese beiden Beschreibungen auf irgendeine Weise miteinander verknüpfst, dann ist die Aussage, die sie verknüpft, eine Hypothese.« – »Gut, ich weiß auch, was *non* bedeutet. Was aber heißt *fingo*?« – »Nun, *fingo* ist ein spätlateinisches Wort für ›machen‹. Von ihm kann man ein Verbalsubstantiv ableiten, nämlich *fictio*, von dem unser Wort ›Fiktion‹ stammt.« – »Papi, glaubst du, daß Isaac Newton gemeint hat, daß alle Hypothesen erfunden sind, so wie Geschichten?« Der Vater: »Ja, genau das.« – »Aber hat er denn nicht die Schwerkraft entdeckt? Mit dem Apfel?« – »Nein, mein Schatz, er hat sie erfunden!«

Mit diesem Dialog Batesons habe ich sozusagen die Szenerie für das eingerichtet, was ich sagen will. Ursprünglich hatte ich geplant, ein paar historische Bemerkungen über die Begriffe der Unordnung bzw. Ordnung zu machen, im Laufe dieser Tagung aber erkannte ich, daß ich auf etwas anderes eingehen sollte. Zwei

Gründe haben mich dazu bewogen. Zum einen ist mir bekannt geworden, daß wir die große Freude haben, Michel Serres bei uns begrüßen zu können, einen hervorragenden Historiker, der natürlich alles Historische viel besser darstellen kann, als ich es jemals erfinden könnte; zum anderen bin ich nicht der letzte Redner, und da ich glaube, daß diese Tagung von historischer Bedeutung ist, und daß das, was ich heute sage, morgen ausgelöscht sein wird, bin ich sehr glücklich, daß die Organisatoren dieser Tagung in ihrer Weisheit Michel Serres als letzten Redner vorgesehen haben. Zudem hoffe ich, daß er Edgar Morins Wunsch erfüllen wird, den Beobachter in seine Beobachtungen einzubeziehen, denn er würde damit auch zur Geschichte dieser Tagung beitragen.

Womit soll ich mich also nun beschäftigen, wenn ich mich nicht mit Geschichte beschäftigen soll? Ich werde von der Geschichte zur Erkenntnistheorie übergehen, denn ich habe das Gefühl, daß viele der während dieser Tagung gestellten Fragen eine erkenntnistheoretische Wurzel haben. Nichtsdestoweniger möchte ich mit Ihrer Erlaubnis zwei Feststellungen machen, die mit historischen Ereignissen im Zusammenhang mit den Begriffen Unordnung und Ordnung zu tun haben. Dabei berührt unser Gegenstand einen gewissen Zweig der Dichtung, nämlich die Thermodynamik. Ich tue dies, weil ich während dieser Tagung immer wieder feststellen mußte, daß Vorstellungen, die sich durch die Interaktion von Menschen in naturwissenschaftlichen Tätigkeitsbereichen, etwa zwischen Thermodynamikern und anderen, entwickelt haben, zu einem Jargon, einer Sprache, einer Notation geführt haben, die hier benutzt werden, und leider in etwas nachlässiger Weise, so daß ich Sie gerne zu jenen Ereignissen zurückführen möchte, aus denen diese Vorstellungen hervorgegangen sind. Nach diesen kurzen Kontakten mit der Geschichte, die lediglich eine richtige Perspektive eröffnen sollen, möchte ich zu zeigen versuchen, daß die Begriffe der Ordnung, der Unordnung und der Organisation theoretisch mit einem allgemeinen Begriff des Er-Rechnens zusammenhängen. Damit werde ich eine Basis dafür schaffen, in quantitativen Begriffen über Ordnung und Komplexität und somit über jene Prozesse zu sprechen, durch welche Ordnung oder Komplexität vergrößert oder verkleinert wird. Außerdem – und darin liegt die eigentliche Rechtfertigung dafür, diese Begriffe mit Rechenvorgängen zu verknüpfen – kann ich damit zeigen, daß diese Maße vollständig vom gewählten theoretischen Rahmen (der, wie sich zeigt, die Sprache ist) abhängig sind, innerhalb dessen diese Rechenoperationen ausgeführt werden. Mit anderen Worten, der Betrag an Ordnung oder an Komplexität ist unweigerlich mit der Sprache verbunden, in der wir über diese Phänomene sprechen. Mit einem Wechsel der Sprache werden also unterschiedliche Ordnungen und Komplexitäten erzeugt, und eben das ist es, was ich in erster Linie klarstellen möchte.

Da es uns freisteht, die Sprache zu wählen, die wir verwenden wollen, haben wir diese Entscheidung in einen kognitiven Bereich verlegt, so daß ich über zwei Typen der Kognition nachdenken möchte, auf die ich bereits in meinen einführenden Aussagen eingegangen bin, über das Problem nämlich, ob die Zustände, die wir »Unordnung und Ordnung« nennen, Sachverhalte sind, die entdeckt oder erfunden werden. Wenn ich die Position der *Erfindung* einnehme, dann ergibt sich daraus klar, daß der Erfinder verantwortlich ist für seine Erfindung. Mit der Idee der Verantwortung aber entsteht gleichzeitig die Idee der *Ethik*. Ich möchte sodann die Grundidee einer Ethik entwickeln, die sich allen Ordnungsprinzipien widersetzt, die eine Kontrolle des Mitmenschen durch das Gebot »Du sollst!« versuchen, und sie durch das Organisationsprinzip ersetzen, bei dem man sich selbst durch das Gebot »Ich soll!« organisiert. Ich habe Ihnen mit diesen Bemerkungen einen kurzen Abriß meines Vortrags gegeben. Ich kann nun, meine Damen und Herren, mit meiner Präsentation beginnen.

Als erstes möchte ich Sie bitten, mit mir in das Jahr 1850 zurückzugehen. Etwa um diese Zeit galt der Erste Hauptsatz der Thermodynamik als gesichert, man verstand das Prinzip der Erhaltung der Energie, und der Zweite Hauptsatz der Thermodynamik war im Entstehen begriffen. Da gab es ein interessantes Experiment, das von den Menschen mit größter Spannung beobachtet wurde. Bitte sehen Sie sich nun mit mir den folgenden faszinierenden Sachverhalt an. Vor uns befinden sich zwei Gefäße oder Behälter von gleicher Größe. Der eine ist heiß, der andere kalt. Wir nehmen nun diese Behälter und fügen sie zusammen, verschmelzen sie sozusagen, und beobachten dann, was geschieht. Ohne daß wir nun irgend etwas mit den Behältern machen, wird der kalte Behälter spontan wärmer werden und der warme kalt. Nun sagen Sie vielleicht: Schön und gut, aber was soll's? Meine Damen und

Herren, wenn Sie immer nur »Was soll's?« sagen, dann werden Sie nie etwas sehen.

Die Techniker, die es mit Dampfmaschinen oder mit Wärmekraftmaschinen usw. zu tun hatten, fragten sich, worin die Leistungsfähigkeit dieser Maschinen bestand. (Herr Prigogine hat ganz richtig hervorgehoben, daß die Thermodynamik ursprünglich eine technische Wissenschaft war.) Sie wußten sehr wohl, daß man zwischen einen heißen und einen kalten Behälter eine Wärmekraftmaschine setzen kann, die für uns arbeitet, die bohrt, pumpt, zieht und anderes mehr. Sie wußten aber auch: Je geringer das Temperaturgefälle zwischen diesen beiden Behältern ist, desto geringer ist auch die Möglichkeit, eine Wärmekraftmaschine in Gang zu bringen. Das bedeutet, daß die Möglichkeit, Wärme in Arbeit zu verwandeln, immer geringer wird, je stärker sich die Temperaturen der beiden Behälter einander angleichen.

Clausius prüfte diese Sachlage sehr sorgfältig und erkannte schließlich, was dabei vorging: Wird der Unterschied der beiden Temperaturen geringer, dann sinkt auch die Konvertibilität, die Umwandlung oder die Veränderung von Wärmeenergie zu Arbeit. Er wollte daher dieser Möglichkeit, Wärme zu Arbeit zu machen bzw. in Arbeit umzuwandeln, einen guten und schlagkräftigen Namen geben. Zu seiner Zeit war es außerordentlich beliebt, die griechische Sprache für Neuprägungen zu benutzen. Clausius nahm also sein Wörterbuch und schlug die griechischen Wörter für »Veränderung« und »Wandel« nach. Er stieß auf das Wort *tropé*. Gut, sagte er zu sich selbst, ich möchte aber über *Nicht-Wandel* sprechen, denn je länger diese Prozesse andauern, desto weniger Wärme kann in Arbeit umgewandelt werden. Unglücklicherweise hatte er aber entweder ein sehr schlechtes Wörterbuch, oder er beherrschte die griechische Sprache nicht besonders gut, oder vielleicht hatte er Freunde, die nicht verstanden, wovon er überhaupt redete. Statt das Wort »Utropie« zu bilden, denn »ou« ist das griechische Wort für »nicht«, wie etwa auch in »Utopie« (»kein Ort«) – und Utropie hätte er seinen neuen Begriff nennen müssen –, sprach er aus irgendeinem Grunde von »Entropie«, denn er dachte, die Vorsilbe »en« sei dasselbe wie das lateinische »in« und würde deshalb »nicht« bedeuten. Daher hängen wir heute an einer völlig falschen Terminologie. Und was noch schlimmer ist, niemand hat dies jemals überprüft! Eine ganz unglaubliche Schlamperei! In der richtigen Ausdrucksweise also vermehrt sich die *Utropie*, wenn die beiden Behälter miteinander verbunden werden, denn die Möglichkeit, die Wärme in Arbeit umzuwandeln bzw. sie zu Arbeit zu machen, wird immer geringer.

Ein paar Jahre später beschäftigten sich zwei Herren mit einer faszinierenden Hypothese, einer Hypothese, die so verrückt war, daß die meisten ihrer Kollegen in der akademischen Gemeinschaft es ablehnten, darüber auch nur zu sprechen. Die beiden Herren waren Clerk Maxwell in Schottland, nämlich in Edinburgh, und Ludwig Boltzmann in Österreich, nämlich in Wien. Beide dachten darüber nach, ob es nicht sein könnte, daß die Materie nicht unendlich oft geteilt werden kann, daß sie daher auf einer gewissen Ebene der Teilung nicht mehr weiter teilbar ist. Es würden also kleine Stücke Materie übrigbleiben. Das lateinische Wort für »Masse« ist »moles« und das Verkleinerungssuffix im Lateinischen ist »-cula«, und so erhalten wir die hypothetischen »Moleküle«, die keine weitere Teilung zulassen.

Überlegen Sie, ob diese Hypothese überhaupt einen Sinn hat. Um Ihnen die Sichtweise jener Zeit, nämlich der Jahre 1871 oder 1872, nahezubringen, will ich Ihnen zuerst sagen, daß Boltzmann in Wien lehrte und einen Lehrstuhl für Physik innehatte. Der andere Lehrstuhl gehörte Ernst Mach, dessen Name Ihnen sicher vertraut ist. Mach hörte sich die Vorlesungen Boltzmanns an, er saß in der letzten Reihe des großen Physikhörsaals, und wenn Boltzmann das Wort »Molekül« in seinen Vorlesungen verwendete, schrie Mach von hinten: »Zeig' mir eines!« Natürlich konnte man ihm zu dieser Zeit kein Molekül zeigen, denn Moleküle waren rein hypothetische Größen. In jedem Falle beschäftigten sich die beiden Herren Maxwell und Boltzmann mit dem Problem, ob wir in der Tat einige der grundlegenden Gesetze der Physik so verstehen können, daß die Materie aus Elementartcilchen, nämlich Molekülen, bestünde. Sie waren erfolgreich. Sie zeigten, daß drei Grundgrößen der Thermodynamik mit Hilfe von Molekulareigenschaften dargestellt werden konnten. Die erste ist Druck. Druck wird als ein Hagelsturm von Molekülen verstanden, der gegen die Wände eines Behälters braust. Die kinetische Energie bzw. die Geschwindigkeit der Moleküle bestimmt die Temperatur. Und dann stießen auch sie auf den Begriff der Entropie – der *Utropie*, wie ich sagen würde –, und es ereignete sich etwas ganz Außergewöhnliches.

Sie konnten die Utropie nicht mit rein molekularen Begriffen

erklären und mußten auf die kognitiven Funktionen des Beobachters zurückgreifen. Das war das erste Mal, daß der Beobachter in der Naturwissenschaft Teil seines deskriptiven Systems wurde. Um nämlich den Begriff der Utropie überhaupt handhaben zu können, war es notwendig, über die Unterscheidbarkeit von Sachverhalten zu sprechen. Ich gebe Ihnen ein Beispiel. Wir betrachten erneut die beiden Behälter, die nach ihrer Temperatur unterschieden werden können. Der eine hat eine hohe Temperatur, der andere eine niedrige. Wir fügen sie so zusammen, daß sie verschmelzen. Nun wird der heißere kälter und der kältere wird langsam wärmer, und im Laufe der Zeit wird der Temperaturunterschied verschwinden: man könnte sagen, die »Kon-Fusion« der Behälter nimmt immer mehr zu ... Noch besser wäre es, davon zu sprechen, die »Konfusion« des Beobachters nehme zu, denn er ist immer weniger in der Lage, die beiden Behälter zu unterscheiden, weil seine »Konfusion« immer größer wird, je stärker die Utropie ansteigt. Hier nun haben Sie eine erste Version des Zweiten Hauptsatzes der Thermodynamik: Utropie wächst mit wachsender Konfusion oder, wie andere sagen würden: Entropie steigt mit Unordnung.
Die Erkenntnis nun, daß diese grundlegenden Hauptsätze der Thermodynamik, die ursprünglich formuliert wurden, um makroskopische Phänomene zu erklären, ihre eigene Grundlage in einer mikroskopischen Mechanik hatten, provozierte Fragen nach den Möglichkeiten und Grenzen dieser grundlegenden Gesetze.
Ich sehe Clerk Maxwell vor mir, wie er dasitzt und sich eine krumme Sache ausdenkt, um den Zweiten Hauptsatz der Thermodynamik zu überlisten: »Wenn ich zwei Behälter mit der gleichen Temperatur vor mir habe, was muß dann geschehen, daß ohne jeglichen Einfluß von außen der eine heißer und der andere kälter wird?« Oder, wenn Sie wollen, mit anderen Worten: Was muß geschehen, daß Ordnung (Unterscheidbarkeit) aus Unordnung (Ununterscheidbarkeit) entsteht, daß also die Entropie des Systems vermindert wird? Maxwell hatte nun in der Tat einen bezaubernden Einfall, er erfand einen Dämon, der nach einer wohldefinierten Regel arbeitet. Dieser Dämon bewacht eine kleine Öffnung in der Wand, die die beiden Behälter voneinander trennt, und beobachtet die Moleküle, die auf diese Öffnung zufliegen. Er macht die Öffnung auf, um ein Molekül durchzulas-

sen, wenn ein schnelles Molekül von der kalten Seite oder wenn ein langsames Molekül von der heißen Seite ankommt. Sonst läßt er die Öffnung geschlossen. Augenscheinlich erreicht er mit diesem Manöver, daß der kalte Behälter immer kälter wird (denn er verliert alle seine »heißen« Moleküle) und daß der heiße Behälter immer heißer wird, denn er verliert alle seine »kalten« Moleküle – und setzt damit scheinbar den Zweiten Hauptsatz der Thermodynamik außer Kraft. Maxwell erfand also diesen seinen berühmten Dämon, der daher natürlich »Maxwells Dämon« heißt, und man glaubte eine Zeitlang tatsächlich, daß er damit den Zweiten Hauptsatz der Thermodynamik außer Kraft gesetzt habe. (Später wurde allerdings gezeigt – das ist aber für meine Geschichte ganz ohne Bedeutung –, daß der Zweite Hauptsatz der Thermodynamik durchaus bestehen bleibt, obwohl der Dämon am Werke ist. Damit nämlich dieser Dämon überhaupt entscheiden kann, ob die Moleküle schnell oder langsam sind, muß er eine Taschenlampe benutzen, um die Moleküle sehen zu können. Eine Taschenlampe aber hat eine Batterie, und Batterien verlieren ihre Energie – und damit müssen wir natürlich alle Hoffnungen aufgeben, den Zweiten Hauptsatz der Thermodynamik außer Kraft gesetzt zu haben!)

Ich möchte aber noch auf einen zweiten Punkt eingehen, der mit diesem Dämon zu tun hat, nämlich den, daß er nicht nur *par excellence* ein Prinzip verkörpert, das Ordnungen und Unterscheidungen hervorbringt, sondern ebenso einen allgemeinen Begriff des Rechnens. Einer der grundlegendsten Begriffe des Rechnens, so meine ich, wurde in den dreißiger Jahren von dem englischen Mathematiker Alan Turing entwickelt. Er hat seine Vorstellung an einer fiktiven »Maschine«, einem begrifflichen Kunstgriff, demonstriert, nämlich an einer Maschine, die verschiedener interner Zustände fähig ist und zwei externe Komponenten besitzt, von denen eine die internen Zustände bestimmt, die andere von diesen bestimmt wird. Die eine Komponente ist ein (theoretisch unendlich) langes Band, das in gleich große Quadrate unterteilt ist, auf das – wieder löschbare – Symbole eines bestimmten Alphabets (man kann auch von einer »Sprache« sprechen) geschrieben werden können. Die andere Komponente ist ein Lese- bzw. ein Schreibkopf, der das Symbol auf dem Quadrat unter ihm abtastet und es je nach dem internen Zustand der Maschine entweder verändert oder unverändert läßt. Danach bewegt sich dieser Kopf zum nächsten Quadrat nach links oder nach rechts und ändert schließlich seinen internen Zustand. Wenn diese Operationen abgeschlossen sind, kann ein neuer Zyklus beginnen, und der Lesekopf liest dann das Symbol auf einem anderen Quadrat. Turing hat in einer berühmten Veröffentlichung (1936) bewiesen, daß diese Maschine in der Tat alle berechenbaren Zahlen berechnen kann oder, wie ich mit Bezug auf unser hier verhandeltes Thema sagen würde, alle »vorstellbaren Anordnungen«.

Ich möchte nun zeigen, daß diese Maschine – sie heißt natürlich Turing-Maschine – und Maxwells Dämon funktional isomorph sind oder, mit anderen Worten, daß die Rechenleistung der Maschine und die Ordnungsfähigkeiten des Dämons äquivalent sind. Der Grund dafür, daß ich hier auf diese Äquivalenz eingehe, liegt, wie Sie sich vielleicht aufgrund meiner einführenden Bemerkungen erinnern, darin, daß ich mit den Begriffen der Unordnung, Ordnung und Komplexität Meßvorschriften bzw. Maße verbinden möchte, die uns erlauben, sowohl über verschiedene Grade der Ordnung zu reden, etwa darüber, daß hier »mehr Ordnung« herrscht oder dort »weniger Ordnung«, als auch die Prozesse zu beobachten, die diese Ordnungsgrade verändern.

Lassen Sie uns nun rasch den Demonstrationsgang durchlaufen, indem wir die Verhaltensweisen der Maschine M sowie des Dämons D während der fünf Stadien eines vollständigen Zyklus vergleichen. Erster Schritt: M liest ein Symbol, D beobachtet ein Molekül; zweiter Schritt: M vergleicht das Symbol mit dem internen Zustand, D vergleicht die Geschwindigkeit des Moleküls mit einem internen Maßstab; dritter Schritt: M bearbeitet das Symbol bzw. das Band, D arbeitet an der Öffnung, d.h. öffnet oder schließt sie; vierter Schritt: M verändert seine internen Zustände, D seinen internen Maßstab; fünfter Schritt: M und D gehen zurück zu 1. Q.E.D.

Die Tatsache dieser Äquivalenz erlaubt uns nun, jegliches Ordnungsproblem in ein Rechenproblem umzuwandeln. Nehmen wir z.B. irgendeine beliebige Anordnung A und deren Abbildung auf dem Band einer Turing-Maschine mit Hilfe eines bestimmten Alphabets (einer Sprache). Turing hat gezeigt, daß es auch einen anderen Ausdruck auf dem Band gibt, der »Beschreibung« von A heißt und der als Ausgangssequenz auf dem Band die Maschine instandsetzt, daraus die Anordnung A zu berechnen. Ich möchte

Ihnen nun drei Maßzahlen (Zahlen) vorstellen. Die eine ist die Länge L(A) (d. h. die Anzahl der Quadrate) des Bandes, die die Anordnung A umfaßt; die zweite ist die Länge L(B) der Beschreibung von A (der Ausgangssequenz auf dem Band); und die dritte Zahl ist N, d. h. die Anzahl der Zyklen, die die Maschine durchlaufen muß, um die Anordnung A aus ihrer Beschreibung D zu berechnen.

Nun sind wir in der Lage, einige der Früchte unserer intellektuellen Investition in die Theorie der Maschinen, Dämonen usw. zu ernten. Ich möchte vier davon beschreiben:

1. Ordnung Ist die Ausgangssequenz auf dem Band, also die »Beschreibung«, kurz, und ist das, was berechnet werden soll, also die Anordnung, sehr lang (L(B) < L(A)), dann besitzt die Anordnung offensichtlich eine Menge an Ordnung: einige wenige Regeln genügen, um A zu erzeugen. Nehmen wir an, A sei 0, 1, 2, 3, 4, 5, 6, 7, …, 999 999, 1 000 000. Eine geeignete Beschreibung dieser Anordnung könnte sein: *Jede Folgezahl ist gleich der Vorgängerzahl plus 1.*

2. Unordnung Wenn die Länge der Beschreibung sich der Länge der Anordnung annähert, dann verstehen wir offenbar diese Anordnung nicht, denn die Beschreibung imitiert bloß die Anordnung. Nehmen wir an, A sei = 8, 5, 4, 9, 1, 7, 6, 3, 2, 0. Ich fordere alle anwesenden Mathematiker oder auch alle Rätselfreaks auf, eine Regel zu formulieren, die nicht bloß lautet: »Schreibe 8, 5, 4 …«, und die diese Anordnung generiert.

3. Komplexität Ich schlage vor, N, d. h. die Anzahl der Zyklen, in denen eine Anordnung errechnet wird, als ein Maß der Komplexität dieser Anordnung anzusehen. Mit anderen Worten, ich schlage vor, daß wir die Komplexität irgendeiner Anordnung mit der Zeit verknüpfen, die die Maschine braucht, um sie zu berechnen. Während dieser Tagung wurde z. B. eine Verknüpfung von Molekül und Mensch vorgeschlagen, und zwar mit der Absicht – so habe ich das verstanden –, etwas über die Eigenschaften menschlicher Wesen aus den bekannten Eigenschaften von Molekülen ableiten zu können. Im Jargon des Rechnens werden derartige Rechenprozesse als Rechnungen *ab ovo* oder in unserem Falle *a molecula* bezeichnet. In dieser Perspektive dürfte es nicht allzuschwer fallen zu sehen, daß N, also die Anzahl der Rechenschritte, so groß ist (z. B. ist das Alter des Universums zu gering, um N unterzubringen), daß N »unberechenbar« bleibt. Wir können die ganze Sache also getrost vergessen, denn wir werden nie an ihr Ende kommen.

4. *Sprache* Die köstlichste Frucht von allen vieren habe ich bis zum Schluß aufgehoben, denn sie ist die allerwichtigste und bedeutendste in meiner Geschichte. Es handelt sich um die Beobachtung, daß alle drei vorhin erwähnten Größen, die Länge einer Anordnung, die Länge ihrer Beschreibung und die Länge der Berechnung dieser Anordnung, drastisch verändert werden, wenn man das Alphabet *a* in ein anderes, etwa *b* verändert. Mit anderen Worten, der Grad der Unordnung oder Ordnung, der in einer Anordnung gesehen werden kann, hängt in ganz entscheidender Weise von der Wahl der Sprache (des Alphabets) ab, die für solche Operationen verwendet wird. Nehmen Sie als Beispiel meine Telefonnummer in Pescadero. Sie lautet 8 79-06 16. Verwenden wir nun ein anderes Alphabet, etwa das binäre. In dieser Sprache lautet meine Telefonnummer 10 00 01 10 00 10 00 10 01 01 10 00. Wenn Sie Schwierigkeiten haben, sich diese Nummer zu merken, wählen Sie lieber das erste Alphabet.
Nehmen wir als ein weiteres Beispiel die Zufallszahlenfolge 8, 5, 4 usw., von der ich oben unter Punkt 2 bereits gesprochen habe. Ich schlage vor, daß wir das Alphabet, das arabische Zahlzeichen verwendet, durch ein Alphabet ersetzen, das die Zahlwörter auf Englisch ausschreibt: 8 – eight, 5 – five, 4 – four usw., und sofort wird klar, daß gemäß diesem Alphabet die frühere Zufallssequenz völlig festgelegt ist, also nur eine sehr kurze Beschreibung erfordert: die Sequenz ist nämlich alphabetisch geordnet (eight, five, four, nine, one etc.).
Obwohl ich nun die wesentlichen Teile meiner Darlegung mit einer Fülle von Beispielen weiter bekräftigen und veranschaulichen könnte, möchte ich in der Hoffnung, daß die gegebenen Beispiele ausreichen, die Hauptpunkte in zwei Aussagen zusammenfassen. Erstens: Die Metapher des Er-Rechnens gestattet uns, den Ordnungsgrad einer Anordnung mit der Kürze ihrer Beschreibung zu verknüpfen. Zweitens: die Länge der Beschreibungen ist sprachabhängig. Aus diesen zwei Aussagen folgt eine dritte, mein eigentlicher Paukenschlag: Da Sprache nicht etwas

ist, was wir entdecken – sie ist unsere Wahl, und wir haben sie erfunden –, sind Unordnung und Ordnung unsere Erfindungen! (Das galt nicht für die Griechen. Sie glaubten, die Götter hätten die Sprache erfunden, und wir Menschen seien dazu verurteilt, sie zu entdecken).

Mit dieser Folge von Aussagen bin ich wieder zu meiner anfänglichen Behauptung zurückgekehrt, daß ich die Frage, ob Ordnung und Unordnung Entdeckungen oder Erfindungen sind, ein für allemal erledigen werde. Meine Antwort auf diese Frage ist klar.

Ich möchte nun aus dieser konstruktivistischen Position einige erkenntnistheoretische Schlußfolgerungen ziehen, die den Möchtegern-Entdeckern nicht zugänglich sind.

Eine davon ist die, daß Eigenschaften, die angeblich in Dingen gegeben sind, sich als Eigenschaften des Beobachters erweisen. Nehmen Sie z.B. die semantischen Schwestern der Unordnung: Störung, Unvorhersagbarkeit, Zufall, oder jene der Ordnung: Gesetz, Vorhersagbarkeit, Notwendigkeit.

Die jeweils letzten Begriffe der beiden Triaden, Zufall und Notwendigkeit, sind bis vor kurzem noch im Wirken der Natur gesehen worden. Aus konstruktivistischer Sicht entsteht Notwendigkeit durch die Fähigkeit, unfehlbare Deduktionen zu machen, während der Zufall sich aus der Unfähigkeit ergibt, unfehlbare Induktionen vorzunehmen. Zufall und Notwendigkeit spiegeln daher einige *unserer* Fähigkeiten und Unfähigkeiten und nicht die der Natur.

Darüber gleich noch etwas mehr. Für den Augenblick möchte ich mich jedoch mit der Frage beschäftigen, ob es für diese Begriffe eine biologische Grundlage gibt. Die Antwort darauf ist ja, und ich bin sehr glücklich, daß die Fachleute hier bei uns sind, die die biologische Grundlage erarbeitet haben, aufgrund deren ich nun in der Lage bin, über einen Organismus als eine autonome Entität zu sprechen. Die ursprüngliche Version dieser Vorstellung stammt von drei chilenischen Neurophilosophen, die die Idee der Autopoiese erfunden haben. Einer von ihnen sitzt hier, Francisco Varela, der zweite ist Humberto Maturana, und der dritte ist Ricardo Uribe, zur Zeit an der University of Illinois. Sie alle haben die erste Arbeit über den Begriff der Autopoiese in englischer Sprache geschrieben, und in meinem Computerjargon würde ich sagen, daß Autopoiese jene Organisation ist, die ihre eigene Organisation errechnet. Ich hoffe, daß Francisco mich morgen nicht im Stich lassen und sich selbst mit dieser Vorstellung auseinandersetzen wird. Autopoiese ist ein Begriff, der systemische Geschlossenheit verlangt. Das bedeutet organisatorische, aber nicht notwendig thermodynamische Geschlossenheit. Autopoietische Systeme sind thermodynamisch offen, aber organisatorisch geschlossen.

Ohne hier nun in Einzelheiten gehen zu wollen, möchte ich darauf hinweisen, daß der Begriff der Geschlossenheit in jüngster Zeit besonders in der Mathematik aktuell ist, und zwar in einem ihrer hochentwickelten Zweige, nämlich der Theorie rekursiver Funktionen. Einer der Gegenstände dieser Theorie sind Operationen, die iterativ auf ihre eigenen Ergebnisse angewandt werden, d. h. Operationen, die operational in sich geschlossen sind. Einige der Ergebnisse sind direkt mit Vorstellungen der Selbstorganisation verknüpfbar, mit stabilen, instabilen, multiplen und dynamischen Gleichgewichten, aber auch mit anderen Begriffen, die zum Thema unserer Tagung hier passen würden.

Historisch gesehen hat es jedoch immer logische Probleme mit dem Begriff der Geschlossenheit gegeben, und daher stammt auch die Abneigung und das Zögern bis vor kurzem, einige der problematischen Aspekte dieser Vorstellung zu behandeln. Nehmen wir z. B. die Beziehung eines Beobachters zu dem System, das er beobachtet. Unter Bedingungen der Geschlossenheit wäre der Beobachter in dem System, das er beobachtet, eingeschlossen. Dies wäre aber natürlich völlig undenkbar für eine Naturwissenschaft, deren oberstes Gesetz »Objektivität« heißt. Objektivität verlangt, daß die Eigenschaften des Beobachters nicht in die Beschreibungen seiner Beobachtungen eingehen dürfen. Diese Ächtung des Beobachtersubjekts wird offenkundig, wenn man einer wissenschaftlichen Fachzeitschrift einen Artikel zum Druck vorlegt, der einen Ausdruck wie »Ich beobachtete, daß ...« enthält. Der Herausgeber wird den Artikel zurückschicken, und zwar mit der Korrektur »Es kann beobachtet werden, daß ...« Ich behaupte, daß dieser Übergang vom »Ich« zum »Es« eine Strategie der Verantwortungsvermeidung ist: »Es« kann nicht verantwortlich gemacht werden, vor allem aber kann »Es« nicht beobachten. Diese Abneigung gegen eine Geschlossenheit der Art, daß der Beobachter Teil des Systems ist, das er beobachtet, kann noch tiefer gehen. Sie kann sich aus der Angst der Rechtgläubigen herleiten, daß Selbstreferenz zu Paradoxien führt und daß die Zulassung von Paradoxien dasselbe ist, wie den Bock zum Gärtner zu machen. Wie würden Sie denn reagieren, wenn ich die folgende selbstreferentielle Äußerung täte: »Ich bin ein Lügner.« Sage ich die Wahrheit? Dann lüge ich. Aber wenn ich lüge, sage ich die Wahrheit. Ganz offenbar hat solche logische Spitzbüberei keinen Platz in einer Naturwissenschaft, die auf einer soliden Grundlage arbeiten will, wo Aussagen entweder wahr oder falsch sind.

Lassen Sie mich nun aber festhalten, daß die Probleme der Logik der Selbstreferenz sehr überzeugend durch einen Kalkül der Selbstreferenz bewältigt worden sind, dessen Verfasser zu meiner Linken sitzt (Varela). Ich hoffe, er läßt mir etwas an Unterstützung bzw. Selbstreferenz zuteil werden, wenn er morgen spricht.

Die Gesellschaftstheorie benötigt Akteure, die den Zusammenhalt der sozialen Gebilde erklären. Traditionellerweise treten diese Akteure im Rahmen von diktatorisch klingenden Verboten auf, die gewöhnlich die Form »Du sollst nicht!« haben. Es ist klar, daß alles, was ich eben gesagt habe, nicht nur solchen Ansichten widerspricht, sondern diese widerlegt. Die drei Säulen Autonomie, Verantwortung und Wahlfreiheit, auf denen meine Position ruht, zeigen in genau die entgegengesetzte Richtung.

Worin bestünde nun mein Gegenvorschlag? Ich möchte meine Darstellung mit einer Aussage beschließen, die sehr gut als ein konstruktivistischer ethischer Imperativ dienen könnte: »Ich werde stets so handeln, daß die Gesamtanzahl der Wahlmöglichkeiten zunimmt.«

Diskussion

Watzlawick: Heinz, würdest Du sagen, daß zusätzlich zu dem von Dir so genannten »ethischen Imperativ« noch eine weitere Schlußfolgerung gezogen werden muß, und zwar die, daß Du dann, wenn Du erkennst, daß Du der Konstrukteur Deiner eigenen Wirklichkeit bist, auch frei bist und daß damit die Frage der Freiheit sich stellt und somit in dem, was Du gesagt hast, auch eine deontische Qualität verborgen ist?
von Foerster: Meine Antwort ist: Ja, genau!
Karl H. Pribram (Stanford Medical School): Heinz, ich stimme

allem zu, was Du gesagt hast, und auch dem, was Francisco sagt, aber ich habe ein Problem. Und dieses Problem ist angesichts des Rahmens, den Du eben für uns erfunden hast und den ich sehr mag, das folgende: Wenn ich in das Labor gehe, und es geschieht etwas, was mich überrascht: warum? Wenn ich nämlich zu wissen meine, wie die Dinge sich verhalten, und es dann nicht tun.

von Foerster: Du bist ein sehr erfindungsreicher Mensch – Du erfindest ja sogar deine eigenen Überraschungen. Als ich z. B. über die beiden Behälter gesprochen habe, die zusammengefügt werden, und sagte, daß eine sehr überraschende Sache passiert, nämlich daß der heiße kühler wird und der kalte heißer, da hatte ich das Gefühl, daß dies vielleicht als Witz verstanden würde – natürlich, das weiß ja nun jedermann, also was soll's? Dennoch hatte ich gehofft, daß Du versuchen würdest, dieses Phänomen so zu betrachten, als ob es das erste Mal wäre, als etwas Neues, etwas Faszinierendes. Ich möchte diesen Punkt nochmals mit einem Beispiel illustrieren: Ich weiß nicht, ob Du Dich an Castañeda und seinen Lehrer Don Juan erinnerst. Castañeda möchte etwas über Dinge lernen, die in den ungeheuren Weiten des mexikanischen Chaparral vor sich gehen. Don Juan sagt: »Siehst du das?« Und Castañeda sagt: »Was? Ich sehe überhaupt nichts.« Das nächste Mal sagt Don Juan: »Schau hier, sieh mal her.« Und Castañeda schaut und sagt: »Ich sehe nichts.« Don Juan wird verzweifelt, denn er möchte ihn wirklich lehren, wie man sieht. Schließlich findet Don Juan eine Lösung: »Ich verstehe nun, worin Dein Problem besteht. Du kannst nur Dinge sehen, die du erklären kannst. Vergiß deine Erklärungen, und Du wirst sehen.« Nun, Du warst überrascht, weil Du Deine Voreingenommenheit, die auf Erklärungen zielte, aufgegeben hast. Daher konntest Du auf einmal sehen. Ich hoffe, daß Du immer wieder überrascht werden wirst.

Molekular-Ethologie: ein unbescheidener Versuch semantischer Klärung

1. Einführung

Die molekulare Genetik ist ein Beispiel für den erfolgreichen Brückenschlag zwischen einer Phänomenologie unmittelbar erfahrener makroskopischer Dinge (einer Taxonomie von Arten, Variationen innerhalb einer Art usw.) und der Struktur und Funktion einiger weniger mikroskopischer Elementareinheiten (in diesem Falle einer spezifischen Menge organischer Makromoleküle), deren Eigenschaften aus anderen, eigenständigen Beobachtungen abgeleitet worden sind. Ein wichtiger Schritt in diesem Brückenbau ist die Erkenntnis, daß diese elementaren Einheiten nicht notwendig die alleinigen Konstituenten der an Dingen beobachtbaren makroskopischen Merkmale sind, sondern vielmehr Determinanten der Synthese von Einheiten, die die makroskopischen Entitäten aufbauen. Gleichermaßen hilfreich ist die Metapher, die die elementaren Einheiten als »Programm« und die synthetisierten Bestandteile in ihrer makroskopischen Erscheinung als Ergebnis einer »Errechnung« auffaßt, welche durch das entsprechende Programm eingeleitet und gesteuert wird. Die Gene, die blaue Augen festlegen, sind nicht selbst blaue Augen, in blauen Augen jedoch finden sich Kopien der Gene, die die Entwicklung blauer Augen bestimmen.

Angefeuert durch den Erfolg der molekularen Genetik, fühlt man sich nun versucht, nach der Brücke zu suchen, die eine andere Menge makroskopischer Phänomene, nämlich das Verhalten von Lebewesen, mit der Struktur und der Funktion einiger weniger mikroskopischer Elementarbausteine verbindet, höchstwahrscheinlich den gleichen, die für Gestalt und Organisation des lebenden Organismus verantwortlich sind. Die »molekulare Ethologie« ist jedoch bis jetzt noch nicht von Erfolg gekrönt, und es scheint empfehlenswert, die Ursachen dafür zu klären.

Eine Ursache scheint darin zu liegen, daß die kognitiven Fähigkeiten des Menschen, Formen und Gestalten zu unterscheiden und zu identifizieren, im Vergleich zu seinen Fähigkeiten der

Unterscheidung und Identifizierung von Veränderungen und Bewegungen ungleich größer sind. Es gibt in der Tat einen Unterschied zwischen diesen beiden kognitiven Prozessen, der sich auch in der semantischen Struktur jener Sprachelemente niederschlägt, die diese beiden Erscheinungsarten bezeichnen; wir verwenden nämlich verschiedene Substantive für Gegenstände, die sich nach Form und Gestalt unterscheiden, und Verben für Veränderungen und Bewegung.

Der strukturelle Unterschied zwischen Substantiven (cl_i^k) und Verben (v_i) wird deutlich, wenn dafür lexikalische Definitionen gegeben werden. Im allgemeinen bezeichnet ein Substantiv eine Klasse (cl^1) von Objekten. Wird ein Substantiv definiert, dann wird es als Element einer umfassenderen Klasse (cl^2) ausgewiesen, die ihrerseits ebenso durch ein Substantiv bezeichnet wird, welches seinerseits durch Definition als Element einer wiederum umfassenderen Klasse (cl^3) ausgewiesen wird usw. [Fasan → Vogel → Tier → Organismus → Ding]. Dies entspricht dem folgenden Schema der Repräsentation des Definitionsparadigmas für Substantive:

$$cl^n = \{cl_{i_{n-1}}^{n-1} \{cl_{i_{n-2}}^{n-2} \{\ldots \{cl_{im}^{m}\}\}\}\}, \tag{1}$$

wobei die Notation $\{\varepsilon_i\}$ für eine Klasse von Elementen ε_i (i = 1,2,...,p) steht und die subskribierten Subskripte dazu dienen, diese Subskripte mit den entsprechenden Superskripten zu verknüpfen. Die höchste Ordnung n in dieser Hierarchie von Klassen wird stets durch einen einzigen undefinierten Begriff, wie »Ding«, »Entität«, »Akt«, etc., repräsentiert, der sich stets auf grundlegende Vorstellungen der allgemeinen Wahrnehmungsfähigkeit schlechthin bezieht. Eine graphische Darstellung der hierarchischen Ordnung von Substantiven bietet Abbildung 1; eine detaillierte Erörterung der Eigenschaften solcher (umgekehrter) »Substantivketten-Bäume« ist an anderer Stelle verfügbar (Weston 1964; von Foerster 1967/51).

Ein Verb (v_i) bezeichnet im wesentlichen eine Handlung, seine Definition wird gewöhnlich durch eine Menge von Synonymen $\{v_j\}$, d. h. durch die Vereinigungs- oder die Schnittmenge der Bedeutungen von Verben gegeben, die ähnliche Handlungen bezeichnen: [schlagen → {klopfen, prügeln, pulsieren} → {(schlagen, prügeln, ...) (hauen, dreschen, kämpfen, ringen, meistern, züch-

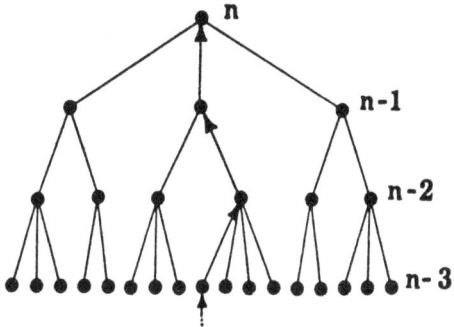

Abbildung 1 Aufsteigende hierarchische Definitionsstruktur für Substantive. (Substantive: Knoten; Pfeilspitzen: Definiens; Pfeilenden: Definiendum.)

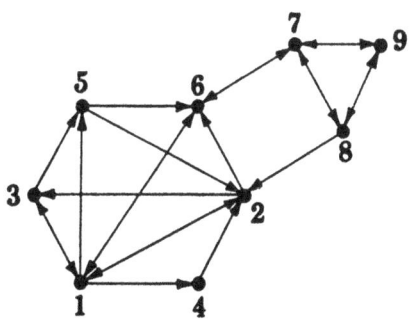

Abbildung 2 Geschlossene heterarchische Definitionsstruktur für Verben. (Verben: Knoten; Pfeilspitzen: Definiens; Pfeilenden: Definiendum.)

tigen, vergelten, ... balzen) (klopfen, pulsieren, schwingen, stampfen, schütteln, stoßen ...)} → etc.]

$$v_i = \{v_j\} \vee \Sigma v_k \vee \Pi v_e \tag{2}$$

Eine graphische Darstellung dieser im Grunde geschlossenen heterarchischen Struktur bietet Abbildung 2; die entsprechende Abbildung in Form endlicher Matrizen ist an anderer Stelle erörtert worden (von Foerster 1966).

Der wesentliche Unterschied zwischen den kognitiven Prozessen, die die Identifikation von Formen, und jenen, die die Identifikation von Veränderungen von Formen ermöglichen, spiegelt sich nicht nur in den völlig unterschiedlichen Formalismen, die für die Abbildung der verschiedenen Definitionsstrukturen von Substantiven [Gleichung (1)] und Verben [Gleichung (2)] benötigt werden, sondern auch in der Tatsache, daß die Menge der Invarianten, die eine Gestalt in verschiedenen Transformationen identifizieren, durch einen einzigen *deduktiven* Algorithmus berechnet werden kann (Pitts/McCulloch 1947), während die Identifizierung schon der elementarsten Verhaltenskonzepte *induktive* Algorithmen erfordert, die nur durch ständigen Vergleich der gegenwärtigen Zustände des betrachteten Systems mit seinen vorausgegangenen Zuständen berechnet werden können (von Foerster u. a. 1968/52).
Diese kognitiven Handikaps machen es dem Ethologen ungleich schwerer als seinem Kollegen, dem Genetiker, eine Phänomenologie für seinen Gegenstandsbereich zu entwickeln. Den Werkzeugen zur Beschreibung seiner Phänomene geht nicht nur die schöne Isomorphie ab, die zwischen der hierarchischen Struktur aller Taxonomien und den Definitionen von Substantiven gilt, die diese bezeichnen, er kann vor allem leicht in eine semantische Falle gehen, indem er einer begrifflich isolierbaren Funktion einen entsprechend isolierbaren Mechanismus unterstellt, der diese Funktion generieren soll. Diese Verführung scheint mir ganz besonders stark zu sein dann, wenn unser Wortschatz eine Vielfalt von begrifflich trennbaren höheren geistigen Fähigkeiten anbietet, wie zum Beispiel »lernen«, »merken«, »sich erinnern«, »wahrnehmen«, »vorhersagen« usw., und wenn der Versuch gemacht wird, in den verschiedenen Teilen unseres Gehirns die Mechanismen zu identifizieren und zu lokalisieren, die jeweils lernen, merken, wahrnehmen, sich erinnern, vorhersagen usw. Die Aussichtslosigkeit der Suche nach Mechanismen, die ausschließlich eine dieser Funktionen erfüllen, hat keinen physiologischen Grund, wie etwa »die große Komplexität des Gehirns«, »die Schwierigkeit zu messen« usw. Diese Aussichtslosigkeit hat eine rein semantische Grundlage. Das in Isolation untersuchte »Gedächtnis« etwa wird so reduziert auf »Aufzeichnungen«, »Lernen« auf »Veränderung«, »Wahrnehmen« auf »Input« usw. Mit anderen Worten, durch die Abtrennung dieser Funktion von

der Totalität der kognitiven Prozesse hat man das ursprüngliche Problem verlassen und sucht nun nach Mechanismen, die völlig andere Funktionen erfüllen, und die gewissen Prozessen, die der Aufrechterhaltung des Organismus als einer funktionierenden Einheit dienen, ähnlich sein mögen oder auch nicht (Maturana 1970a).

Man betrachte einmal zwei denkbare Definitionen des Gedächtnisses:
(A) die potentielle Vergegenwärtigung der vergangenen Erfahrungen eines Organismus:
(B) die beobachtete Veränderung der Reaktion eines Organismus auf ähnliche Abfolgen von Ereignissen.

Während die Definition A eine Fähigkeit (Gedächtnis$_A$) für einen Organismus postuliert, dessen innere Erfahrung einem außenstehenden Beobachter nicht zugänglich ist, postuliert Definition B die gleiche Fähigkeit (Gedächtnis$_A$) als nur im Beobachter wirksam – denn andernfalls hätte dieser den Begriff der »Veränderung« nicht entwickeln können –, ignoriert jedoch diese Fähigkeit im beobachteten Organismus, denn ein Beobachter kann an den inneren Erfahrungen des Organismus »prinzipiell« nicht teilhaben. Daraus ergibt sich Definition B.

Nach herrschender Meinung gehorcht am ehesten die Definition B den Grundregeln der »wissenschaftlichen Methode«, so als ob es unmöglich wäre, Selbstreferenz, Selbstbeschreibung und Selbsterklärung wissenschaftlich zu behandeln, d. h. geschlossene logische Systeme, die den Bezugsgegenstand (Referenten) in die Bezugnahme (Referenz), den Beschreiber in die Beschreibung und die Axiome in die Erklärung einbeziehen.

Eine solche Auffassung ist unbegründet. Derartige logische Systeme sind nicht nur eingehend untersucht worden (z. B. von Günther 1967; Löfgren 1968), auch Neurophysiologen (Maturana u. a. 1968), Experimentalpsychologen (Konorski 1962) und andere (Pask 1968; von Foerster 1969/56) sind zu solchen Konzepten vorgestoßen.

Diese Vorbemerkungen zeigen, daß die Erforschung der Mechanismen des Denkens zwei Arten von Problemen zu lösen hat und daß nur eine Art davon zur Physiologie bzw. zur Physik gehört; die andere gehört zur Semantik. Es bedarf folglich einer erneuten Prüfung gewisser gängiger Begriffe des Lernens und des Gedächtnisses hinsichtlich der Kategorie, zu der sie gehören, sowie der

Entwicklung eines theoretischen Rahmens, in dem diese Begriffe ihren angemessenen Ort haben.

Der nächste Abschnitt, »Theorie«, prüft und definiert Begriffe, die im Rahmen eines einheitlichen mathematischen Formalismus mit Lernen und Gedächtnis verknüpft werden. Im Abschnitt III werden verschiedene Modelle der Interaktion von Molekülen mit funktionalen Einheiten höherer Organisation erörtert.

II. Theorie

A. Allgemeine Vorbemerkungen

Da wir noch nicht über eine umfassende Theorie des Verhaltens verfügen, haben wir auch keine Theorie des Lernens und folglich auch keine Theorie des Gedächtnisses. Nichtsdestoweniger gibt es heute ein großes Spektrum von Begriffssystemen, das von naivsten Interpretationen des Lernens bis zu subtilsten Erklärungsansätzen dieses Phänomens reicht. Am naiven Pol wird »Lernen« als eine Veränderung der Auftretenshäufigkeit der Handlungen eines Organismus interpretiert. Diese Handlungen sind im vorhinein zweifach festgelegt: einmal durch die Fähigkeit eines Experimentators, Handlungen überhaupt einzugrenzen, zum anderen durch sein Wertsystem, das Handlungen als »Treffer« oder als »Fehler« klassifiziert. Veränderungen werden durch die Manipulation des Organismus mit Hilfe von Elektroschocks, Nahrungsangeboten usw. oder in noch drastischerer Weise durch Verstümmelung oder sogar Entfernung bestimmter Organe des Organismus herbeigeführt. »Lehren« ist in dieser Perspektive die Anwendung von »Verstärkungen«, die die bei anderer Gelegenheit beobachteten Veränderungen bewirken.

Am subtilen Pol wird Lernen als ein Prozeß der Entwicklung von Algorithmen angesehen, mit denen Kategorien von Problemen zunehmender Komplexität gelöst werden (Pask 1968), oder als ein Prozeß der Entwicklung von Relationsbereichen zwischen dem Organismus und der Außenwelt, von Relationen zwischen diesen Bereichen usw. (Maturana 1970a). Lehren ist in dieser Perspektive die Förderung und Erleichterung derartiger evolutionärer Prozesse.

In einem direkten Verhältnis zum Grad der begrifflichen Verfeinerung aller dieser Ansätze steht ihre mathematische Primitivität: die begrifflich simplen Theorien verschleiern ihre Simplizität durch ein Gewölk mathematischen Aufwands; die differenzierten Theorien erweisen sich als völlig außerstande, ihre Tiefe zu vermitteln, da ihnen ein strenges, formales Instrumentarium abgeht. Unter den vielen Gründen für diese unbefriedigende Sachlage scheint einer besonders hervorzustechen: die außerordentlichen Schwierigkeiten, auf die jeder Versuch sofort stößt, mathematische Modelle zu entwickeln, die unserem erkenntnistheoretischen Verständnis angemessen sind. Vielleicht bedarf es des universalen Geistes eines John von Neumann, die adäquaten Werkzeuge dafür zu entwickeln. Da sie nun aber eben fehlen, wollen wir uns einmal in der mathematischen Werkstatt umsehen und prüfen, was zur Verfügung steht und unseren konkreten Zielen am besten dienen kann.

Ich habe in dieser Arbeit die Theorie der »Maschinen mit endlich vielen Zuständen« ausgewählt, um damit Reichweite und Grenzen bestimmter Konzepte in Theorien des Gedächtnisses, des Lernens und des Verhaltens zu demonstrieren, und dies vor allem aus zwei Gründen. Der erste Grund liegt darin, daß diese Theorie den direktesten Weg bietet, die externen Variablen eines Systems wie zum Beispiel Stimulus, Reaktion, Input, Output, Ursache, Wirkung usw. mit Zuständen und Operationen zu verknüpfen, die im Inneren des Systems angesiedelt sind. Da das zentrale Problem eines Buches über »molekulare Mechanismen des Gedächtnisses und des Lernens« darin bestehen muß, eine Verknüpfung zwischen solchen inneren Mechanismen und ihren Manifestationen im beobachtbaren Verhalten herzustellen, scheint die »Maschine mit endlich vielen Zuständen« ein nützliches Modell für diese Aufgabe zu sein.

Der zweite Grund für diese Wahl ist, daß die Interpretationen dieses Formalismus völlig offen bleiben können, daß sie das Lebewesen als Ganzes, Zellgruppen innerhalb des Lebewesens, einzelne Zellen und ihre operationalen Modalitäten, z. B. das einzelne Neuron, subzelluläre Bestandteile und schließlich die molekularen Bausteine dieser Bestandteile betreffen können.

Mit der Bitte um Nachsicht an alle jene Leser, die an eine ausführlichere und strengere Behandlung dieses Themas gewöhnt sind, möchte ich die wichtigsten Teile dieser Theorie kurz skizzieren, um all jenen, die mit diesem Formalismus vielleicht nicht voll vertraut sind, die Mühe des Studiums weiterer Literatur zu ersparen (Ashby 1956; Ashby 1962; Gill 1962).

B. Maschinen mit endlich vielen Zuständen

1. Deterministische Maschinen

Die Theorie der Maschinen mit endlich vielen Zuständen ist im wesentlichen die Theorie des Rechnens. Sie postuliert zwei endliche Mengen externer Zustände, die »Inputzustände« und »Outputzustände« genannt werden, eine endliche Menge »interner Zustände« und zwei explizit definierte Operationen (Berechnungen), die die gleichzeitigen sowie die historischen Relationen zwischen diesen Zuständen determinieren.[1]

Seien x_i ($i = 1, 2, \ldots, n_x$) die n_x Rezeptoren für die Inputs x_i, deren jeder eine endliche Anzahl, $v_i > 0$, verschiedener Werte annehmen kann. Die Anzahl unterscheidbarer Inputzustände ist dann:

$$X = \prod_{i=1}^{n_x} v_i. \tag{3}$$

Ein bestimmter Inputzustand $x(t)$ zur Zeit t (oder kurz x) besteht dann in der Identifizierung der Werte x_i in allen n_x Inputrezeptoren x_i, in diesem »Moment«:

$$x(t) \equiv x = \{x_i\}_t. \tag{4}$$

Seien in ähnlicher Weise $\mathfrak{y}_j$ ($j = 1, 2, \ldots, n_y$) die n_y Ausgänge für die Outputs y_j, deren jeder eine endliche Anzahl, $v_j > 0$, verschiede-

---

[1] Auch wenn die Interpretation von Zuständen und Operationen mit Bezug auf Observable völlig offengelassen wird, ist Vorsicht angebracht, sollen diese als mathematische Modelle etwa des Verhaltens eines lebenden Organismus dienen. Eine spezifische physikalische raumzeitliche Konfiguration, die von einem Experimentator identifiziert werden kann, der wünscht, daß diese Konfiguration von dem Organismus als ein »Stimulus« verarbeitet wird, kann nicht einfach *als solche* als ein »Inputzustand« der Maschine angenommen werden! Ein derartiger Stimulus kann für den Experimentator stimulierend sein, vom Organismus aber überhaupt nicht beachtet werden. Andererseits kann ein Inputzustand von der Maschine nicht ignoriert werden, es sei denn, diese wäre explizit angewiesen worden, eben dies zu tun. Genauer gesprochen, muß die Verteilung der Aktivität der afferenten Nervenfasern als Input angenommen werden, und in ähnlicher Weise die Verteilung der Aktivität der efferenten Fasern als Output des Systems.

ner Werte annehmen kann. Die Anzahl unterscheidbarer Outputzustände ist dann:

$$Y = \prod_{j=1}^{n_y} v_j. \qquad (5)$$

Ein bestimmter Outputzustand y(t) zur Zeit t (oder kurz y) besteht dann in der Identifizierung der Werte y_i in allen n_y Ausgängen y_i in diesem »Moment«:

$$y(t) \equiv y = \{y_i\}_t. \qquad (6)$$

Sei schließlich Z die Anzahl interner Zustände z, die zum Zwecke dieser Darlegung (wenn nicht anders angegeben) als nicht weiter analysierbar angesehen werden. Die Werte von z können folglich einfach als die natürlichen Zahlen von 1 bis Z angenommen werden, und ein besonderer Outputzustand z(t) zum Zeitpunkt t (oder kurz z) besteht in der Identifizierung des Wertes von z in diesem »Moment«:

$$z(t) \equiv z. \qquad (7)$$

Jeder dieser »Momente« soll ein endliches Zeitintervall, Δ, dauern, in dem die Werte aller Variablen x, y, z identifiziert werden können. Danach, d. h. zur Zeit t + Δ, nehmen sie Werte x(t + Δ), y(t + Δ), z(t + Δ) (oder kurz x′, y′, z′) an; ihre Werte in der vorausgegangenen Periode t−Δ waren x(t−Δ), y(t−Δ), z(t−Δ) (oder kurz x*, y*, z*).

Nachdem wir nun die Variablen definiert haben, die in der Maschine wirksam sind, können wir die Operationen über diesen Variablen definieren. Diese sind von zweierlei Art und können auf verschiedene Weisen bestimmt werden. Die gängigste Verfahrensweise besteht darin, zuerst eine »Antriebsfunktion« zu definieren, die in jedem Augenblick den Outputzustand festlegt, und zwar auf der Basis eines gegebenen Inputzustandes und des in diesem Augenblick gegebenen internen Zustandes:

$$y = f_y(x, z). \qquad (8)$$

Obwohl nun diese Antriebsfunktion f_y bekannt sein und der Zeitverlauf der Inputzustände x durch den Experimentator gesteuert werden mag, bleiben die Outputzustände y im Ablauf der Zeit so lange unvorhersehbar, als die Werte von z, d. h. die internen Zustände der Maschine, noch nicht bestimmt sind. Es gibt eine große Vielfalt von Möglichkeiten für die Bestimmung des Zeitverlaufs von z in Abhängigkeit von x, von y oder von anderen neu zu definierenden internen oder externen Variablen. Die nützlichste Bestimmung für unsere Zwecke ist, z rekursiv als von vorausgegangenen Tatbeständen abhängige Variable zu definieren. Wir definieren daher die »Zustandsfunktion« f_z der Maschine wie folgt:

$$z = f_z(x^*, z^*), \tag{9a}$$

oder auf andere und äquivalente Weise:

$$z' = f_z(x, z). \tag{9b}$$

Dies bedeutet: der gegenwärtige interne Zustand der Maschine ist eine Funktion ihres vorausgegangenen internen Zustandes sowie ihres vorausgegangenen Inputzustandes; oder in anderer und äquivalenter Weise: der nächste interne Maschinenzustand ist eine Funktion sowohl ihrer gegenwärtigen internen Zustände als auch ihrer Inputzustände.

Das Verhalten der Maschine, d. h. ihre Outputsequenz, ist durch die drei Mengen von Zuständen, $\{x\}$, $\{y\}$, $\{z\}$, und die zwei Funktionen f_y und f_z vollständig determiniert, wenn die Inputsequenz gegeben ist.

Eine derartige Maschine wird als sequentielle, zustandsdeterminierte, »nicht-triviale« Maschine bezeichnet, und in Abbildung 3a sind die Relationen zwischen ihren verschiedenen Teilen schematisch dargestellt.

Eine solche nicht-triviale Maschine reduziert sich auf eine »triviale« Maschine, wenn sie auf Veränderungen der internen Zustände nicht reagiert oder wenn die internen Zustände sich nicht ändern (Abbildung 3b):

$$z' = z = z_o = \text{konstant} \tag{10a}$$
$$y = f_y(x, \text{konstant}) = f(x). \tag{10b}$$

Mit anderen Worten, eine triviale Maschine koppelt in deterministischer Weise einen bestimmten Inputzustand mit einem bestimmten Outputzustand, oder, in der Sprache der naiven Reflexologen, einen bestimmten Stimulus mit einer bestimmten Reaktion.

Da der Begriff des »internen Zustands« für die Differenzierung zwischen trivialen und nicht-trivialen Maschinen entscheidend

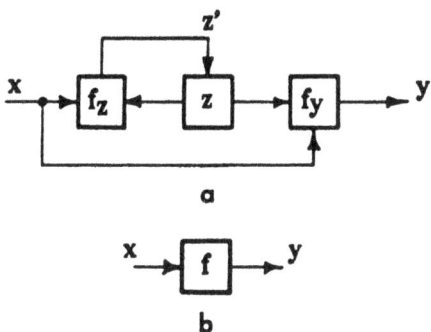

Abbildung 3 Signalfluß in einer Maschine mit endlich vielen Zuständen (a); Input-Output-Relation in einer trivialen Maschine (b).

ist, möchte ich nun verschiedene formale Interpretationen dieser Zustände geben, um sie aus der Grauzone der »Unanalysierbarkeit« herauszuholen.

Zunächst mag es scheinen, daß man diese mysteriösen Zustände mit Hilfe eines Kunstgriffs loswerden kann, indem man die Antriebsfunktion f_y in rekursiver Weise definiert. Wie wir jedoch sofort sehen werden, treten diese Zustände dann nur in anderer Form auf.

Nehmen wir einmal die Antriebsfunktion [Gleichung (8)] zur Zeit t, und einen Schritt später (t + Δ):

$$y = f_y(x,z) \\ y' = f_y(x',z'), \tag{8'}$$

und nehmen wir an, es gibt eine »inverse Funktion« zu f_y:

$$z = \varphi_y(x,y). \tag{11}$$

Wir fügen nun die Zustandsfunktion [Gleichung (9b)] für z' in Gleichung (8') ein und ersetzen z durch Gleichung (11):

$$y' = f_y(x', f_z(x, \varphi_y(x,y))) = F_y^{(1)}(x',x,y), \tag{12}$$

oder in anderer und äquivalenter Weise:

$$y = F_y^{(1)}(x, x^*, y^*). \tag{13}$$

Durch Gleichung (13) ist y* jedoch in rekursiver Weise gegeben:

$$y^* = F_y^{(1)}(x^*, x^{**}, y^{**}), \tag{13*}$$

und wenn wir diesen Ausdruck in die Gleichung (13) einfügen, ergibt sich

$$y = F_y^{(2)}(x, x^*, x^{**}, y^{**}),$$

und für n rekursive Schritte

$$y = F_y^{(n)}(x, x^*, x^{**}, x^{***} \ldots x^{(n)*}, y^{(n)*}), \tag{14}$$

Aus diesem Ausdruck geht hervor, daß der Output einer nichttrivialen Maschine nicht lediglich eine Funktion ihres gegenwärtigen Input ist, sondern vielmehr von der besonderen Sequenz der Inputs, die in die ferne Vergangenheit zurückreicht, sowie von einem Outputzustand in eben dieser fernen Vergangenheit abhängig sein kann. Dies trifft aber nur in einem bestimmten Ausmaß zu – die »Ferne« erstreckt sich nur über Z rekursive Schritte, und außerdem determiniert die Gleichung (14) die Eigenschaften der Maschine nicht in eindeutiger Weise –, und die Abhängigkeit des Verhaltens der Maschine von ihrer Vergangenheit sollte uns daher nicht dazu verführen, in dieses System die Fähigkeit eines Gedächtnisses zu projizieren, denn es kann im besten Falle nur seinen gegenwärtigen internen Zustand betrachten, der zwar durchaus ein *Ausdruck* der Vergangenheit sein mag, aber dem System keinesfalls die Möglichkeit eröffnet, alles Vergangene zurückzuholen.

Dies läßt sich am leichtesten einsehen, wenn man Gleichung (13) in ihrer vollständigen rekursiven Form für eine lineare Maschine schreibt (mit x und y nun als reellen Zahlen):

$$y(t + \Delta) - ay(t) = bx(t), \tag{15a}$$

oder in der analogen Differentialform mit der Erweiterung $y(t + \Delta) = y(t) + \Delta dy/dt$:

$$\frac{dy}{dt} - \alpha y = x(t), \tag{15b}$$

mit den entsprechenden Lösungen

$$y(n\Delta) = a^n \left[y(0) + b \sum_{i=0}^{\nu} \alpha^{-i} x(i\Delta) \right] \tag{16a}$$

und

$$y(t) = e^{\alpha t}\left[y(o) + \int_0^t e^{-\alpha\tau}x(\tau)d\tau\right]. \tag{16b}$$

Diese Ausdrücke machen klar, daß der Verlauf der Ereignisse, der durch $x(i\Delta)$ (oder $x(\tau)$) repräsentiert ist, »hinausintegriert« wird und nur in einem additiven Term manifest bleibt, der sich nichtsdestoweniger im Laufe der Zeit verändert.

Die Tatsache, daß sich diese simple Maschine als unbrauchbar erweist, das Gedächtnis zu erklären, sollte uns nicht daran hindern, sie als ein möglicherweise nützliches Element eines Systems zu betrachten, das sich tatsächlich erinnern kann.

In den gegebenen Beispielen haben die internen Zustände z es der Maschine ermöglicht, ihre Vergangenheit – wie geringfügig auch immer – zu berücksichtigen; wir werden nun eine Interpretation der internen Zustände z geben, indem wir sie als Selektor einer spezifischen Funktion aus einer Menge mehrwertiger logischer Funktionen auffassen. Dies läßt sich am leichtesten einsehen, wenn die Antriebsfunktion f_y in Form einer Tabelle geschrieben wird.

Seien a,b,c...X die Inputwerte x; α,β,γ...Y die Outputwerte y; und 1,2,3...Z die Werte der internen Zustände. Eine bestimmte Antriebsfunktion f_y ist dann definiert, wenn allen Paaren {xz} ein angemessener Wert von y zugeordnet wird. Dies wird durch Tabelle 1 dargestellt.

z	1	1	1	...1	2	2	2	...2	...	Z	Z	Z	...Z
x	a	b	c	...X	a	b	c	...X	...	a	b	c	...X
y	γ	α	β	...δ	α	γ	β	...ε	...	β	ε	γ	...δ

Tabelle 1 Berechnung von Z logischen Funktionen $F_Z(x)$ über die Inputs x.

Klarerweise wird bei $z = 1$ eine bestimmte logische Funktion $y = F_1(x)$ definiert, die y mit x verknüpft; bei $z = 2$ wird eine andere logische Funktion, $y = F_2(x)$ definiert, und allgemein wird für jedes z eine logische Funktion $y = F_z(x)$ definiert.

Die Antriebsfunktion f_y kann daher in folgender Weise neu geschrieben werden:

$$y = F_z(x), \tag{17}$$

und das bedeutet, daß diese Maschine eine neue logische Funktion F_z über ihre Inputs x berechnet, wenn ihre internen Zustände z sich entsprechend der Zustandsfunktion $z' = f_z(x,z)$ verändern.

Oder mit anderen Worten, immer dann, wenn sich z verändert, wird die Maschine zu einer *anderen* trivialen Maschine.

Diese Beobachtung kann wichtig sein, den fundamentalen Unterschied zwischen nicht-trivialen und trivialen Maschinen zu erfassen und die Bedeutung dieses Unterschieds für eine Theorie des Verhaltens zu würdigen, sie erlaubt uns aber auch, die Anzahl der internen Zustände zu berechnen, die die Veränderung des *modus operandi* dieser Maschine bewirken kann.

Gehen wir nun nach dem Modell vor, die Anzahl $\mathfrak{N}$ der logischen Funktionen als die Anzahl der Zustände der abhängigen Variablen erhoben zur Potenz der Anzahl der Zustände der unabhängigen Variablen zu berechnen:

$$\mathfrak{N} = \begin{pmatrix} \text{Anzahl der Zustände} \\ \text{der} \\ \text{abhängigen Variablen} \end{pmatrix}^{\begin{pmatrix} \text{Anzahl der Zustände} \\ \text{der} \\ \text{unabhängigen Variablen} \end{pmatrix}} \qquad (18)$$

dann ergibt sich als die Anzahl möglicher trivialer Maschinen, die y mit x verknüpfen:

$$\mathfrak{N}_T = Y^X. \qquad (19)$$

Diese Anzahl ist aber auch zugleich die größte Anzahl der internen Zustände, die eine effektive Änderung in der Funktion $F_z(x)$ bewirken könnte. Das liegt daran, daß jeder zusätzliche innere Zustand einer Funktion zugeordnet werden muß, für die eine Zuordnung bereits gewählt wurde. Das heißt, daß sich weitere interne Zustände als ununterscheidbar, also als überflüssig erweisen.

Die Gesamtzahl der Antriebsfunktionen $f_y(x, z)$ ist

$$\mathfrak{N}_D = Y^{XZ}, \qquad (20)$$

ihr größter Wert ist daher

$$\mathfrak{N}_D = Y^{XY^X}. \qquad (21)$$

In ähnlicher Weise ergibt sich die Anzahl der Zustandsfunktionen $f_z(z, x)$

$$\mathfrak{N}_S = Z^{X \cdot Z}, \qquad (22)$$

und ihr größter effektiver Wert ist

$$\mathfrak{N}_S = Y^{X \cdot XY^X} = [\mathfrak{N}_D]^X. \qquad (23)$$

Diese Zahlen wachsen sehr schnell zu meta-astronomischen Größen auch für Maschinen an, die nur höchst bescheidene Ansprüche erheben.

Wir wollen annehmen, daß eine Maschine nur einen zweiwertigen Output hat ($n_y = 1$; $v_y = 2$; $y = \{0; 1\}$; $Y = 2$), und daß sie n zweiwertige Inputs hat ($n_z = n$; $v_x = 2$; $x = \{0; 1\}$; $X = 2^n$). Tabelle 2 stellt die Anzahl der effektiven internen Zustände, die Anzahl der möglichen Antriebsfunktionen und die Anzahl effektiver Zustandsfunktionen für Maschinen dar, die bis zu vier »Afferenten« entsprechend den folgenden Gleichungen aufweisen:

$$Z = 2^{2^n}$$
$$\mathfrak{N}_D = 2^{2^{(2^n + n)}}$$
$$\mathfrak{N}_S = 2^{2^{(2^n + 2n)}}$$

n	Z	$\mathfrak{N}_D$	$\mathfrak{N}_S$
1	4	256	65336
2	16	$2 \cdot 10^{19}$	$6 \cdot 10^{76}$
3	256	10^{600}	$300 \cdot 10^{4 \cdot 10^3}$
4	65536	$300 \cdot 10^{4 \cdot 10^3}$	$1600 \cdot 10^{7 \cdot 10^4}$

Tabelle 2: Die Anzahl der effektiven Zustände Z, die Anzahl der möglichen Antriebsfunktionen $\mathfrak{N}_D$ und die Anzahl der effektiven Zustandsfunktionen $\mathfrak{N}_S$ für Maschinen mit einem zweiwertigen Output und mit bis zu vier zweiwertigen Inputs.

Diese rasch ansteigenden Zahlen drücken aus, daß schon auf der molekularen Ebene ohne viel Aufwand eine rechnerische Mannigfaltigkeit am Werke sein kann, die alle unsere Vorstellungen übersteigt. Ganz offensichtlich beweist die große Vielfalt der Ergebnisse genetischer Errechnungen, wie sie sich in der Mannigfaltigkeit der Lebensformen auch nur innerhalb einer einzigen Art manifestiert, derartige Möglichkeiten. Eine genauere Erörterung dieser Möglichkeiten soll jedoch dem nächsten Abschnitt vorbehalten bleiben.

2. Interagierende Maschinen

Wir wollen nun den allgemeineren Fall erörtern, in dem zwei oder mehrere solche Maschinen miteinander interagieren. Wenn bestimmte Aspekte des Verhaltens eines Organismus durch eine Maschine mit endlich vielen Zuständen modelliert werden können, dann könnte die Interaktion des Organismus mit seiner Umwelt ein solcher Fall sein, wenn die Umwelt in gleicher Weise durch eine Maschine mit endlich vielen Zuständen repräsentiert werden kann. In der Tat bilden derartige Interaktionen zwischen zwei Maschinen das gängige Modell des Verhaltens von Lebewesen in experimentellen Lernsituationen, wobei die Komplexität der Situation gewöhnlich dadurch verringert wird, daß als experimentelle Umwelt eine triviale Maschine eingesetzt wird. Das »Kriterium« dieser Lernexperimente wird vom Lebewesen angeblich dann erfüllt, wenn es dem Experimentator gelungen ist, es aus einer nicht-trivialen Maschine in eine triviale Maschine zu transformieren, so daß aufgrund der Experimente nur noch zwei triviale Maschinen miteinander interagieren.

Wir wollen die zur Umwelt (E) gehörenden Quantitäten mit römischen Lettern bezeichnen, die zum Organismus (Ω) gehörenden mit den entsprechenden griechischen Buchstaben. So lange E und Ω unabhängig sind, legen sechs Gleichungen ihr Schicksal fest. Die vier »Maschinengleichungen«, zwei für jedes System,

$$\begin{aligned} \text{E:} \quad & y = f_y(x, z) & (24a) \\ & z' = f_z(x, z) & (24b) \\ \Omega\text{:} \quad & \eta = f_\eta(\xi, \zeta) & (25a) \\ & \zeta' = f_\zeta(\xi, \zeta) & (25b) \end{aligned}$$

und die zwei Gleichungen, die den Ereignisverlauf an den »Rezeptoren« der beiden Systeme beschreiben:

$$x = x(t); \quad \xi = \xi(t) \qquad (26a, b)$$

Wir lassen nun diese beiden Systeme miteinander interagieren, indem wir den (um einen Schritt verzögerten) Output jeder Maschine mit dem Input der anderen verknüpfen. Die Verzögerung soll eine Art »Reaktionszeit« (Berechnungszeit) jedes Systems auf einen gegebenen Input (Stimulus, Ursache) (vgl. Abbildung 4) repräsentieren. Mit diesen Verbindungen sind nun die folgenden Relationen zwischen den externen Variablen der beiden Systeme hergestellt:

$$x' = \eta = u'; \quad \xi' = y = v', \qquad (27a, b)$$

wobei die neuen Variablen u und v die von $\Omega \rightarrow E$ bzw $E \rightarrow \Omega$ übertragenen »Botschaften« darstellen. Wenn wir in den Gleichungen (24) und (25) entsprechend Gleichung (27) x, y, η, ξ durch u und v ersetzen, ergibt sich:

$$\begin{aligned} v' &= f_y(u, z); \quad u' = f_\eta(v, \zeta) \\ z' &= f_z(u, z); \quad \zeta' = f_\zeta(v, \zeta). \end{aligned} \qquad (28)$$

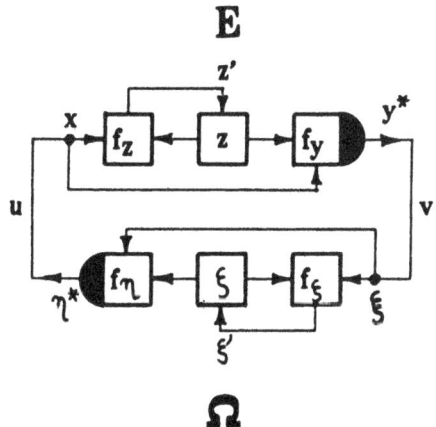

Abbildung 4 Zwei Maschinen mit endlich vielen Zuständen (E) (Ω), die über Verzögerungen (schwarze Halbkreise) verbunden sind.

Dies sind vier rekursive Gleichungen für die vier Variablen u,v,z,ζ, und wenn die vier Funktionen $f_y, f_z, f_\eta, f_\zeta$ gegeben sind, ist das Problem, u(t),v(t),z(t),ζ(t) zu »lösen«, d.h. diese Variablen explizit als Zeitfunktionen auszudrücken, ein rein mathematisches. Mit anderen Worten, das »Meta-System« (EΩ), gebildet aus den Subsystemen E und Ω, ist sowohl physikalisch als auch mathematisch »geschlossen«, und sein Verhalten ist für alle Zeiten vollständig determiniert. Wenn außerdem in einem gegebenen Moment, etwa t = 0 (Ausgangsbedingungen), die Werte aller Variablen u(0), v(0), z(0), ζ(0) bekannt sind, ist das System auch vollständig vorhersagbar. Da dieses Meta-System keinen Input hat, läuft es nach diesen seinen Regeln so lange einfach weiter, bis es schließlich irgendwann ein statisches oder dynamisches Gleichgewicht erreicht, je nachdem, wie seine Regeln und die Ausgangsbedingungen aussehen.

Der allgemeine Fall des Verhaltens solcher Systeme ist mit Hilfe von Computersimulationen eingehend untersucht worden (Walker 1965; Ashby/Walker 1966; Fitzhugh 1963), während die Lösungen für die Gleichungen (28) im linearen Fall auf direktem Wege erzielt werden können, besonders dann, wenn angenommen werden darf, daß sich die Rekursionen über infinitesimal kleine Schritte erstrecken:

$$w' = w(t + \Delta) = w(t) + \Delta \frac{dw}{dt}. \tag{29}$$

Unter diesen Bedingungen werden die vier Gleichungen (28) zu

$$w_i = \sum_{j=1}^{4} a_{ij} w_j, \tag{30}$$

wobei die w_i (i = 1, 2, 3, 4) nunmehr die reellen Zahlen sind und die vier entsprechenden Variablen ersetzen, w die erste abgeleitete Größe mit Bezug auf die Zeit repräsentiert und die 16 Koeffizienten a_{ij} (i, j = 1, 2, 3, 4) die vier entsprechenden linearen Funktionen definieren. Dieses System simultaner linearer Differentialgleichungen erster Ordnung wird gelöst durch

$$w_i(t) = \sum_{j=1}^{4} A_{ij} e^{\lambda_j t} \tag{31}$$

wobei λ_j die Wurzeln der Determinante sind

$$| a_{ij} - \delta_{ij} \lambda | = 0$$
$$\delta_{ij} = \begin{cases} 1 \ldots i = j \\ 0 \ldots i \neq j \end{cases} \tag{32}$$

und die A_{ij} von den Ausgangsbedingungen abhängen. Je nachdem, ob die λ_j komplexe, negative oder positive reelle Zahlen sind, wird das System letztlich oszillieren, absterben oder explodieren.[2]

Eine eingehende Erörterung der verschiedenen Verhaltensweisen solcher Systeme würde den Rahmen dieser Übersicht sprengen. Es sollte allerdings festgehalten werden, daß in allen Fällen als Verhaltensmerkmal eine anfängliche Übergangsphase auftritt, die eine sehr große Zahl von Zuständen durchlaufen kann, bis schließlich ein Zustand erreicht wird, der eine stabile zyklische Bahn festlegt: das dynamische Gleichgewicht. Form und Länge sowohl der transitorischen als auch der endgültigen Gleichgewichtsphasen sind von den Ausgangsbedingungen abhängig, eine Tatsache, die Ashby (1956) solche Systeme als »multistabil« bezeichnen ließ. Da gewöhnlich eine große Menge von Ausgangsbedingungen auf einen einzigen Gleichgewichtszustand abgebildet wird, läßt sich dieser Gleichgewichtszustand als eine *dynamische Repräsentation* einer Menge von Ereignissen auffassen, und in einem multistabilen System kann daher jeder Zyklus als eine »Abstraktion« dieser Ereignisse gesehen werden.

Mit Hilfe dieser Konzepte wollen wir nun sehen, was sich aus einem typischen Lernexperiment (z. B. John u. a. 1969) ableiten läßt, in dem das Versuchstier in einem Y-Labyrinth die Wahl ($\xi_0 \equiv C$ für »Wahl«) zwischen zwei Handlungen ($\eta_1 \equiv L$, »links abbiegen«; $\eta_2 \equiv R$, »rechts abbiegen«) angeboten bekommt. Auf diese Handlungen hin reagiert die Umwelt E, eine triviale Maschine, mit neuen Inputs für das Tier ($\eta_1 = x'_1 \rightarrow y'_1 = \xi''_1 \equiv S$, »Schock«; oder $\eta_2 = x'_2 \rightarrow y'_2 = \xi''_2 \equiv F$, »Futter«), die in diesem Schmerz ($\eta_3 \equiv$ »−«) oder Lust ($\eta_4 \equiv$ »+«) erzeugen. Diese Reaktionen veranlassen E, das Tier in die ursprüngliche Wahlsituation ($\xi_0 \equiv C$) zurückzuversetzen.

Betrachten wir nun die einfache Überlebensstrategie, die in das Tier eingebaut ist und durch die es unter neutralen und lustvollen Bedingungen seine internen Zustände [$\zeta' = \zeta$, für (Cζ) und (Fζ)] aufrechterhält, während es sie unter Schmerzbedingungen ändert [$\zeta' \neq \zeta$, für (Sζ)]. Wir wollen acht innere Zustände annehmen ($\zeta = i, i = 1,2,3,\ldots,8$).

---

[2] Dieses Ergebnis ist natürlich unmöglich in einer Maschine mit endlich vielen Zuständen. Es ergibt sich hier nur, weil die diskreten und finiten Variablen u, v, z, ζ durch w_i ersetzt worden sind, die kontinuierliche und unbegrenzte Quantitäten darstellen.

Durch diese Regeln ist das gesamte System (ΩE) bestimmt und sein Verhalten vollständig determiniert. Der Einfachheit halber sind die drei Funktionen $f_y = f$ für die triviale Maschine E, f_η und f_ζ für Ω, in den Tabellen 3a, b, c aufgelistet.

Tabelle 3a

$y = f(x)$

$x(= \eta^*)$	$y(= \xi')$
L	S
R	F
−	C
+	C

Tabelle 3b

$\eta = f_\eta(\xi, \zeta)$

$\eta(= x')$		ζ							
		1	2	3	4	5	6	7	8
	C	L	L	L	L	R	R	R	R
$\xi(= y^*)$	S	−	−	−	−	−	−	−	−
	F	+	+	+	+	+	+	+	+

Tabelle 3c

$\zeta' = f_\zeta(\xi, \zeta)$

ζ'		ζ							
		1	2	3	4	5	6	7	8
	C	1	2	3	4	5	6	7	8
$\xi(= y^*)$	S	2	3	4	5	6	7	8	1
	F	1	2	3	4	5	6	7	8

Mit Hilfe dieser Tabellen lassen sich die acht Verhaltensbahnen des (ΩE)-Systems entsprechend den acht Ausgangsbedingungen beschreiben. Dies ist im folgenden dargestellt, wobei lediglich die Werte der Paare $\xi\zeta$ angegeben sind, wie sie aufgrund der Reaktionen des Organismus bzw. der Umwelt aufeinander folgen.

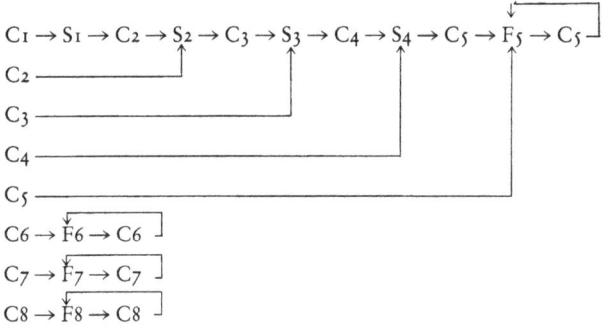

Diese Bahnen zeigen das Verhalten genau, wie es vorhin gekennzeichnet wurde: die Anfangsübergänge hängen in ihrer Länge von den Ausgangsbedingungen ab; letztlich ergibt sich ein dynamisches Gleichgewicht, das zwischen den beiden externen Zuständen ohne Veränderung des internen Zustandes wechselt. Das ganze System und seine Teile sind zu trivialen Maschinen geworden. Da man auch mit maximaler semantischer Toleranz nicht behaupten kann, daß eine triviale Maschine ein Gedächtnis hat, muß man sich fragen, was gemessen werden soll, wenn sie in dieser Phase aufgemacht wird und wenn ihre internen Mechanismen untersucht werden. Möchte man ihre gegenwärtige Funktionsweise prüfen? Oder möchte man feststellen, wie sehr sich die Maschine seit früheren Prüfungen verändert hat? Im besten Falle handelt es sich dabei um Tests des Gedächtnisses des Experimentators; ob die Maschine aber irgendwelche Veränderungen selbst verarbeiten kann, kann prinzipiell nicht durch Experimente erfahren werden, deren Konzeption eben die Qualität eliminiert, die sie messen sollen.

3. Probabilistische Maschinen

Dieses Dilemma läßt sich noch deutlicher machen, wenn wir für einen Augenblick die Perspektive der statistischen Lerntheorie einnehmen (Skinner 1959; Estes 1959; Logan 1959). Hier wird entweder die Vorstellung interner Zustände verworfen oder die Existenz interner Zustände ignoriert. Immer dann aber, wenn die Gesetze ignoriert werden, die Ursachen mit Wirkungen verknüpfen, sei es aus Ignoranz oder durch bewußte Entscheidung, wird die Theorie zu einer Theorie von Wahrscheinlichkeiten.

Wenn wir im vorausgegangenen Beispiel den Ausgangszustand nicht kennen, dann stehen die Chancen 50 zu 50, daß sich das Tier beim ersten Versuch entweder nach links oder nach rechts wendet. Nach einem Durchgang ist die Wahrscheinlichkeit, daß es sich nach rechts wendet, 5/8 usw., bis das Tier sich aus einer »probabilistischen (nicht-trivialen) Maschine« in eine «deterministische (triviale) Maschine« verwandelt hat und sich von da an stets nach rechts wendet. Während nun der Verfechter einer statistischen Lerntheorie die sich verändernden Wahrscheinlichkeiten in jedem der nachfolgenden Versuche zu einem »ersten Prinzip« erheben wird, ist dies für den Betrachter einer Maschine mit endlich vielen Zuständen eine ganz offensichtliche Konsequenz der Wirkung gewisser Inputs auf die internen Zustände seiner Maschine: sie werden durch die Koppelung mit »schmerzhaften Inputs« unzugänglich. Der ganze mathematische Apparat der statistischen Lerntheorie kann faktisch auf das Paradigma reduziert werden, unter Beachtung gewisser Nicht-Ersetzungsregeln Kugeln von verschiedener Farbe aus einer Urne zu ziehen.

Gegeben sei eine Urne mit Kugeln von m verschiedenen Farben, die mit 0,1,2,..., (m−1) etikettiert sind. Gewisse noch nicht definierte Regeln erlauben oder verbieten es, eine bestimmte farbige Kugel in die Urne zurückzugeben, sobald sie herausgezogen worden ist. Betrachten wir nun die Ergebnisse einer Sequenz von n Ziehungen, einer »n-Sequenz«, als eine n-stellige m-adische Zahl (z. B. m = 10; n = 12).

$$v = 1\ 5\ 7\ 3\ 0\ 2\ 1\ 8\ 6\ 2\ 1\ 4$$

↑ zuletzt gezogen   ↑ zuerst gezogen.

Damit ist klar, daß es

$$\mathfrak{N}(n, m) = m^n$$

verschiedene n-Sequenzen gibt. Eine *bestimmte* n-Sequenz soll eine v-Zahl heißen, d.h.:

$$0 \leq v(m, n) = \sum_{i=1}^{n} j(i) m^{(i-1)} \leq m^n - 1, \tag{33}$$

wobei $0 \leq j(i) \leq (m-1)$ das mit j etikettierte Ergebnis des i-ten Versuchs darstellt.

Die Wahrscheinlichkeit einer *bestimmten* n-Sequenz (dargestellt durch eine v-Zahl) ist somit

$$p_n(v) = \prod_{i=1}^{n} p_i[j(i)], \qquad (34)$$

wobei $p_i[j(i)]$ die Wahrscheinlichkeit dafür angibt, daß die mit j etikettierte Farbe beim i-ten Versuch in Übereinstimmung mit der spezifischen v-Zahl, wie sie durch Gleichung (33) definiert wird, auftritt.

Da nach jedem Versuch mit einem »Nicht-zurückgeben«-Ergebnis alle Wahrscheinlichkeiten geändert werden, wird die Wahrscheinlichkeit eines Ereignisses beim n-ten Versuch von dem »Verlaufsweg«, d. h. von der Vergangenheit bzw. der Geschichte der Ereignisse abhängen, die zu diesem Ereignis geführt haben. Da es m^{n-1} mögliche Verlaufswege gibt, die dem Ziehen von j beim n-ten Versuch vorausgehen können, ergibt sich die Wahrscheinlichkeit dieses Ereignisses wie folgt:

$$p_n(j) = \sum_{v=0}^{m^{n-2}-1} p_n(j \cdot m^{n-1} + v(n-1, m)),$$

wobei $j \cdot m^{n-1} + v(n-1, m)$ eine $v(n, m)$-Zahl repräsentiert, die mit j beginnt.

Davon läßt sich eine nützliche Rekursion ableiten. Seien j* die Farben der Kugeln, die *nicht* ersetzt werden, wenn sie gezogen sind, und seien j die anderen Kugeln. Seien weiterhin n_{j*} und n_j die Anzahl der vorausgegangenen Versuche, bei denen j* bzw. j gezogen wurden ($\Sigma n_{j*} + \Sigma n_j = n-1$), dann ist die Wahrscheinlichkeit, j (oder j*) beim n-ten Versuch mit einem Verlaufsweg von Σn_{j*} Entnahmen zu ziehen

$$p_n(j) = \frac{N_j}{N - \Sigma n_{j*}} \cdot p_{n-1}(\Sigma n_{j*}) \qquad (35a)$$

und

$$p_n(j*) = \frac{N_{j*} - n_{j*}}{N - \Sigma n_{j*}} \cdot p_{n-1}(\Sigma n_{j*}), \qquad (35b)$$

wobei $N = \Sigma N_j + \Sigma N_{j*}$ die anfängliche Anzahl an Kugeln ist, und N_j und N_{j^*} die anfängliche Anzahl an Kugeln mit den Farben j bzw. j*.

Wir wollen mit N Kugeln in einer Urne beginnen, wobei N_w davon weiß sind und $(N-N_w)$ schwarz. Wird eine weiße Kugel gezogen, dann wird sie wieder in die Urne zurückgegeben; eine schwarze Kugel wird jedoch beiseite gelegt. Mit »weiß« ≡ o und »schwarz« ≡ 1 wäre eine bestimmte n-Sequenz (n = 3):

$$v(3,2) = 1 \circ 1,$$

und ihre Wahrscheinlichkeit:

$$p_3(1 \circ 1) = \frac{N-N_w-1}{N-1} \cdot \frac{N_w-1}{N-1} \cdot \frac{N-N_w}{N}.$$

Die Wahrscheinlichkeit, beim dritten Versuch eine schwarze Kugel zu ziehen, ist somit:

$$p_3(1) = p_3(1 \circ \circ) + p_3(1 \circ 1) + p_3(1\ 1\ \circ) + p_3(1\ 1\ 1).$$

Wir wollen nun die Wahrscheinlichkeit feststellen, beim n-ten Versuch eine weiße Kugel zu ziehen. Diese Wahrscheinlichkeit sei durch p(n) bezeichnet, die Wahrscheinlichkeit, eine schwarze Kugel zu ziehen, mit $q(n) = 1-p(n)$.

Versucht man [mit Gleichung (35)], durch iterative Approximation zu erreichen, daß Versuchsfolgen von der Länge m verlaufsunabhängig werden [$p_i(j) = p_1(j)$], dann erhält man eine Approximation erster Ordnung an eine Rekursion in p(n):

$$p(n) = p(n-m) + \frac{m}{N}q(n-m) \tag{36}$$

oder für $m = n-1$ (gültig für $p(1) \approx 1$, und $n/N \ll 1$):

$$p(n) = p(1) + \frac{n-1}{N}q(1) \tag{37}$$

und für $m = 1$ (gültig für $p(1) \approx 1$):

$$p(n) = p(n-1) + \frac{1}{N}q(n-1). \tag{38}$$

Eine zweite Approximation verändert den obigen Ausdruck zu

$$p(n) = p(n-1) + \theta q(n-1) \tag{39}$$

wobei $\theta = \theta(N, N_w)$ in allen Versuchen konstant ist.
Damit ergibt sich

$$p(n) - p(n-1) = \Delta p = \theta(1-p), \tag{40}$$

und mit dem Limes

$$\lim_{\Delta n \to 0} \frac{\Delta p}{\Delta n} = \frac{dp}{dn}$$

ergibt sich

$$\frac{dp}{dn} = \theta(1-p(n))$$

mit der Lösung

$$p(n) = 1-(1-p_0)e^{-\theta n}. \tag{41}$$

Dies wiederum ist eine Approximation für $p \approx 1$ von

$$p(n) = \frac{p_0}{p_0 + (1-p_0)e^{-\theta n}}, \tag{42}$$

was die Lösung darstellt für

$$\frac{dp}{dn} = \theta p(1-p) \tag{43}$$

oder, rekursiv ausgedrückt, für

$$p(n) = p(n-1) + \theta p(n-1) \cdot q(n-1). \tag{44}$$

Bild 5a vergleicht die Wahrscheinlichkeiten p(n), beim n-ten Versuch eine weiße Kugel zu ziehen, wie sie durch Approximation [Gleichung (42)] (durchgezogene Kurven) berechnet wurden, mit den exakten Werten, die auf einem IBM 360/50-System mit Hilfe eines Programms berechnet wurden, das Herr Atwood freundlicherweise zur Verfügung gestellt hat, und zwar für eine Urne, die von Anfang an vier Kugeln (N = 4) enthielt, bzw. für die drei Fälle, in denen eine, zwei oder drei Kugeln weiß sind ($N_w = 1$; $N_w = 2$; $N_w = 3$). Die Entropie[3] H(n) in Bits pro Versuch, wie sie

---

3 Oder: »Betrag der Unsicherheit«, »Informationsbetrag«, der durch das Ergebnis jedes Versuchs erhalten wird, definiert durch $-H(n) = p(n)\log_2 p(n) + q(n)\log_2 q(n)$.

diesen Fällen entspricht, wird in Abbildung 5b gezeigt, und man kann feststellen, daß sie zwar für gewisse Fälle [$p(1) \leq 0{,}5$] im Verlauf des Spiels ein Maximum erreicht, daß sie aber in all den Fällen verschwindet, in denen Gewißheit des Ergebnisses approximiert wird [$p(n) \to 1$].

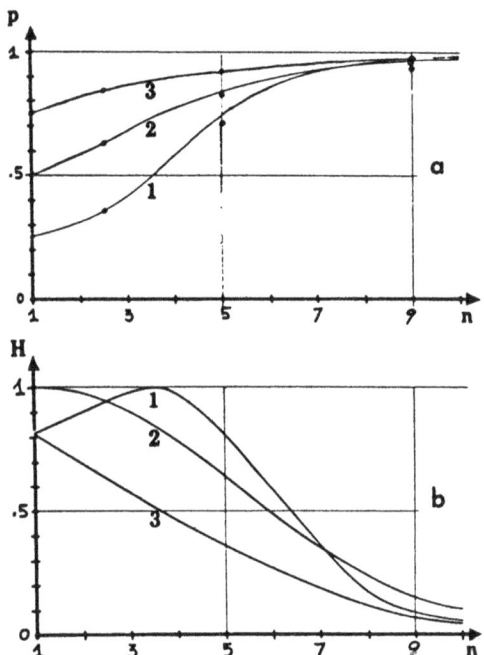

Abbildung 5 Wahrscheinlichkeit, beim *n*-ten Versuch eine weiße Kugel aus einer Urne zu ziehen, in dem sich von Anfang an vier Kugeln befinden, von denen eine, zwei oder drei weiß, die übrigen schwarz sind. Die weißen Kugeln werden stets in die Urne zurückgegeben, die schwarzen nicht (a). Entropie beim *n*-ten Versuch (b).

Auch wenn sich diese Skizze der Wahrscheinlichkeiten ausschließlich mit Urnen, Kugeln und Ziehungen beschäftigt hat, werden Verfechter der statistischen Lerntheorie in den Gleichungen (39), (41) und (42) die Basisaxiome dieser Theorie wiedererkannt haben [Estes 1959; Gleichungen (5), (6) und (9)], und es

gibt heute keinen Zweifel, daß Tiere unter den gegebenen experimentellen Bedingungen in der Tat genau die Lernkurven zeichnen, die für diese Bedingungen abgeleitet worden sind.
Da der Formalismus, der für das Verhalten dieser experimentellen Lebewesen gilt, auch für unsere Urne gilt, stellt sich nun die Frage: Können wir behaupten, daß eine Urne lernt? Ist die Antwort »Ja«, dann bedarf es ganz offensichtlich für das Lernen keines Gedächtnisses, denn unsere Urne zeigt keinerlei Spuren von schwarzen Kugeln, wenn es schließlich korrekt mit weißen Kugeln auf die »Stimulierung« durch eine Ziehung »reagiert«; ist die Antwort »Nein«, dann müssen wir durch Analogie zur Schlußfolgerung kommen, daß in diesen Tierversuchen jedenfalls nichts beobachtet wird, was *Lernen* entspricht.
Um diesem Dilemma zu entgehen, braucht man sich nur daran zu erinnern, daß eine Urne eine Urne ist, daß es aber Lebewesen sind, die lernen. Lernen findet nun in diesen Experimenten in der Tat auf zwei Ebenen statt. Einmal lernen die experimentellen Lebewesen, sich in einer »urnenmäßigen« Weise zu verhalten, oder besser, sich auf solche Weise zu verhalten, daß dem Experimentator die Anwendung urnengemäßer Kriterien möglich wird. Zum anderen hat der Experimentator etwas über die Tiere erfahren, indem er sie aus nicht-trivialen (probabilistischen) Maschinen in triviale (deterministische) Maschinen verwandelt hat. Es ist also die Untersuchung des Experimentators, die uns Hinweise auf Gedächtnis und Lernen liefern muß.

C. *Maschinen mit endlich vielen Funktionen*

1. Deterministische Maschinen

Aufgrund unserer Beobachtung richtet sich nun die Frage, wo wir nach Gedächtnis und Lernen suchen sollen, in die genau entgegengesetzte Richtung. Statt in der Umwelt nach Mechanismen zu suchen, die Organismen in triviale Maschinen verwandeln, müssen wir die Mechanismen innerhalb der Organismen feststellen, die diese in den Stand versetzen, ihre Umwelt zu einer trivialen Maschine zu machen.
Nach dieser Formulierung des Problems scheint klar zu sein, daß

ein Organismus für die Manipulation seiner Umwelt – irgendwie – eine interne Repräsentation all der Gesetzmäßigkeiten der Umwelt konstruieren muß, die er überhaupt erfassen kann. Die Neurophysiologen wissen seit langem von den abstrahierenden Rechenleistungen, die neuronale Netze von der Rezeptorenebene aufwärts bis zu den höheren Nuklei ausführen (Lettvin u. a. 1959; Maturana u. a. 1968; Eccles u. a. 1967). Mit anderen Worten, es stellt sich hier die Frage, wie anstelle von Zuständen Funktionen berechnet werden, oder wie eine Maschine zu bauen ist, die anstelle numerischer Ergebnisse Programme errechnet. Dies bedeutet, daß wir nach einem Formalismus suchen müssen, der »Maschinen mit endlich vielen *Funktionen*« bewältigt. Ein derartiger Formalismus liegt natürlich eine Ebene höher als der vorhin erörterte, einige seiner wesentlichen Merkmale lassen sich aber dennoch deutlich machen, wenn wir verschiedene der jeweils gültigen Analogien beibehalten.

Unsere Variablen sind nunmehr Funktionen, und da Relationen zwischen Funktionen gewöhnlich als »Funktionale« bezeichnet werden, werde ich nun kurz die wesentlichen Merkmale eines Kalküls rekursiver Funktionale skizzieren.

Nehmen wir ein System wie das in Abbildung 3a dargestellte und lassen es nunmehr im Unterschied dazu über einer endlichen Menge von Funktionen von zweierlei Art operieren, $\{f_{yi}\}$ und $\{f_{zj}\}$. Diese Funktionen operieren ihrerseits über ihren jeweiligen Mengen von Zuständen $\{y_i\}$ und $\{z_j\}$. Die Operationsregeln für eine derartige Maschine mit endlich vielen Funktionen werden nun exakt entsprechend den Regeln für Maschinen mit endlich vielen Zuständen formuliert. Es ergibt sich:

$$f_y = F_y[x, f_z] \qquad (45a)$$
$$f_z' = F_z[x, f_z], \qquad (45b)$$

wobei F_y und F_z die Funktionale bedeuten, die aus der gegebenen internen Funktion f_z und einem Input x die Antriebsfunktionen f_y und die sich daraus ergebenden internen Funktionen f'_z generieren. Es ist jedoch zu bemerken, daß der Input hier immer noch ein Zustand ist. Dies deutet auf ein wichtiges Merkmal dieses Formalismus hin, nämlich auf die Einführung eines Bindeglieds zwischen dem Zustandsbereich und dem davon völlig verschiedenen Funktionsbereich. Mit anderen Worten, dieser Formalismus trifft eine Unterscheidung zwischen Entitäten und ihren Repräsentationen und stellt zwischen diesen beiden Bereichen eine Beziehung her.

Mit Hilfe eines Verfahrens, das dem in den Gleichungen (10) – (14) angewandten ähnlich ist, lassen sich die Funktionen vom Typ f_z eliminieren, indem die gegenwärtige Antriebsfunktion als das Ergebnis früherer Zustandsbedingungen abgeleitet wird. Aufgrund gewisser Eigenschaften jedoch, die Funktionale von Funktionen unterscheiden, schließen diese früheren Zustandsbedingungen sowohl Inputzustände als auch Outputfunktionen ein. Es ergibt sich für n rekursive Schritte:

$$f_y = \Phi_y^{(n)}[x, x^*, x^{**}, x^{***}, \ldots, x^{(n)*}; f_y^*; f_y^{**}; \ldots; f_y^{(n)*}]. \quad (46)$$

Vergleicht man diesen Ausdruck mit dem analogen Ausdruck für Maschinen mit endlich vielen Zuständen (14), dann zeigt sich deutlich, daß der Bezug auf vergangene Ereignisse sich hier nicht nur auf jene Ereignisse erstreckt, die die Geschichte der Inputs des Systems ausmachen, $\{x^{(i)*}\}$, sondern auch auf seine Geschichte potentieller Aktionen, $\{f_y^{(i)}\}^*$. Wird dieses rekursive Funktional außerdem mit explizitem Zeitbezug gelöst ($t = k\Delta; k = 0,1,2,3,\ldots;$) [vgl. Gleichung (16)], dann wird wiederum die Geschichte der Inputs »hinausintegriert«; die Geschichte der potentiellen Aktionen bleibt jedoch intakt, denn es gibt eine Menge von »Eigenfunktionen«, die Gleichung (46) genügen. Für ($k\Delta$) und für die i-te Eigenfunktion gilt explizit:

$$f_y^i(k\Delta) = K_i(k\Delta) \cdot [\pi_i(f_y^{(i)*}) + G_i(x, x^*, x^{**}, \ldots, x^{(n)*})] \\ i = 1, 2, 3, \ldots, n, \quad (47)$$

wobei K_i und G_i Funktionen von ($k\Delta$) sind und wobei der letztere Ausdruck einen Wert ergibt, der von einer Folge von Werten in $x^{(j)*}$ abhängt, die n Schritte lang ist. π_i ist wiederum ein Funktional und repräsentiert die Outputfunktion f_y von i Schritten in der Vergangenheit durch eine andere Funktion.

Auch wenn dieser Formalismus keinen Mechanismus festlegt, der die erforderlichen Rechenoperationen ausführen könnte, liefert er uns zumindest eine adäquate Beschreibung der funktionalen Organisation des Gedächtnisses. Der Zugang zur »vergangenen Erfahrung« ist hier durch die Verfügbarkeit des dem System eigenen *modus operandi* aus früheren Situationen gegeben, und es ist beruhigend, dem Ausdruck (47) entnehmen zu können, daß die subtile Unterscheidung zwischen einer Erfahrung in der Vergangenheit, $(f_y^{(i)*})$, und der gegenwärtigen Erfahrung einer Erfahrung in der Vergangenheit, $[\pi_i(f_y^{(i)*})]$ – d. h. der Unterschied zwischen »Erfahrung« und »Erinnerung« – tatsächlich durch diesen Formalismus angemessen berücksichtigt wird. Das System kann außerdem aufgrund seines Zugangs zu früheren Zuständen seines Funktionierens und eben nicht aufgrund eines Rückgriffs auf eine gespeicherte Ansammlung von zufälligen Paaren $\{x_i, y_i\}$, die dieses Funktionieren manifestieren, einen Strom von »Daten« errechnen, die mit der vergangenen Erfahrung des Systems konsistent sind. Diese Daten können nun die Outputwerte $\{y_i\}$ dieser Zufallspaare enthalten oder auch nicht. Diesen Preis muß man zahlen, wenn man die Bereiche wechselt, wenn man von Zuständen zu Funktionen und wieder zurück zu Zuständen geht. Dies ist jedoch ein in der Tat sehr geringer Preis angesichts des Gewinns eines unendlich leistungsfähigeren »Speicherungssystems«, das die Antwort auf eine Frage *errechnet,* und eben nicht alle Antworten zusammen mit allen möglichen Fragen speichert, um eine Antwort dann bereitzustellen, wenn es die Frage finden kann (von Foerster 1965/45).

Diese Beispiele mögen genügen, um ohne größere Schwierigkeiten eine weitere Eigenschaft der Maschine mit endlich vielen Funktionen zu interpretieren, die der Maschine mit endlich vielen Zuständen genau analog ist. Eine Maschine mit endlich vielen Funktionen wird ebenso wie eine Maschine mit endlich vielen Zuständen bei der Interaktion mit einem anderen System anfänglich Übergangszustände durchlaufen, die von den Ausgangsbedingungen abhängen, und schließlich in dynamisches Gleichgewicht gelangen. Wir haben hier wiederum, wenn es keine interne Veränderung der Funktion gibt ($f'_z = f_z = f_o$), eine »triviale Maschine mit endlich vielen Funktionen« mit ihrer »Zielfunktion« f_o. Es ist leicht zu sehen, daß eine triviale Maschine mit endlich vielen Funktionen einer nicht-trivialen Maschine mit endlich vielen Zuständen äquivalent ist.[4]

Statt nun weitere Eigenschaften der funktionalen Organisation von Maschinen mit einer endlichen Zahl von Funktionen anzu-

---

4 Im Falle mehrerer Gleichgewichtszustände, $\{f_{oi}\}$, haben wir natürlich eine *Menge* nicht-trivialer Maschinen mit endlich vielen Zuständen, die das Resultat unterschiedlicher Ausgangsbedingungen darstellen.

führen, mag es nützlich sein, verschiedene Möglichkeiten ihrer strukturellen Organisation zu betrachten. Klarerweise haben wir es hier mit Aggregaten von großen Zahlen von Maschinen mit endlich vielen Zuständen zu tun, und es bedarf eines leistungsfähigeren Notationssystems, die durch solche Aggregate ausgeführten Operationen abzubilden.

2. Tesselierungen

Obwohl eine Maschine mit endlich vielen Zuständen aus drei verschiedenen Teilen besteht, d.h. den zwei Rechnern f_y und f_z und dem Speicher für z (vgl. Abbildung 3a), möchte ich die ganze Maschine nur durch ein Quadrat (oder Rechteck) darstellen; ihr Inputbereich ist weiß abgebildet, ihr Outputbereich schwarz (Abbildung 6).

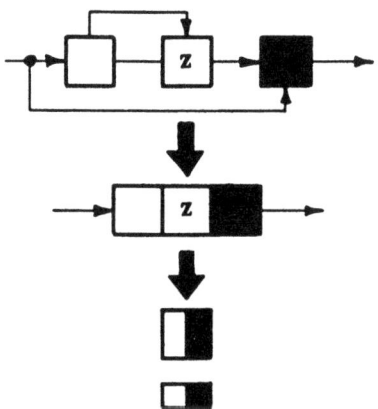

Abbildung 6 Symbolisierung einer Maschine mit endlich vielen Zuständen durch einen Elementarrechner; Inputbereich weiß, Outputbereich schwarz.

Ich werde diese Einheit nun als einen elementaren Rechner behandeln – als eine »Rechenfliese«, T_i –, die durch Kombination mit anderen Fliesen, T_j, ein »Mosaik« von solchen Rechenfliesen bilden kann – eine »Rechentesselierung«, J. Die durch die i-te Fliese ausgeführten Operationen sollen die einer Maschine mit endlich vielen Zuständen sein, ich werde aber statt Subskripten verschiedene Buchstaben verwenden, um die beiden charakteristischen Funktionen zu unterscheiden. Subskripte sollen sich jeweils auf Fliesen beziehen.

$$y_i = f_i(x_i, z_i)$$
$$z_i = g_i(x_i, z_i). \tag{48}$$

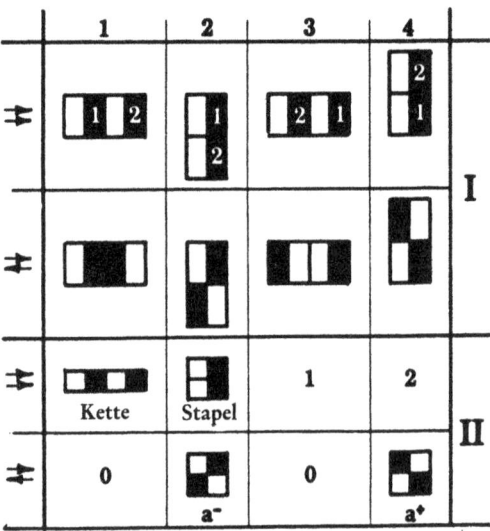

Abbildung 7 Elementare Tesselierungen.

Abbildung 7/I skizziert die acht möglichen Arten (jeweils vier für den parallelen und den antiparallelen Fall), auf die zwei Fliesen miteinander verbunden werden können. Daraus ergeben sich zwei Klassen elementarer Tesselierung, deren Strukturen durch Abbildung 7/II dargestellt werden. Die Fälle I/1 und I/3 sowie I/2 und I/4 sind im Parallelfall äquivalent und werden durch II/1 (»Kette«) bzw. II/2 (»Stapel«) repräsentiert. Im antiparallelen Fall sind die beiden Konfigurationen I/1 und I/3 unbrauchbar, denn Outputs können nicht auf Outputs und Inputs nicht auf Inputs wirken; die Fälle I/2 und I/4 erzeugen zwei autonome elementare Tesselierungen $A = \{a^+, a^-\}$, die nur der Rotationsrichtung nach, in der die Signale verarbeitet werden, verschieden sind.

Die Iterierung derselben Verkettungen ergibt Tesselierungen mit den folgenden funktionalen Eigenschaften (für n Iterierungen):

1. *Stapel* nT: $y = \sum_1^n f_i(x_i, z_i)$ (49)

2. *Kette* T^n: $y = f_n(f_{n-1}(f_{n-2}\ldots(x^{(n)*}, z^{(n)*})\ldots z^{**}_{n-2})z^{*}_{n-1})z_n$ (50)

3. $A = \{a^+, a^-\}$
$\left.\begin{array}{l}a^+a^-\\a^-a^+\end{array}\right\} = 0 \qquad \left.\begin{array}{l}a^+a^+\\a^-a^-\end{array}\right\} \neq 0$

(i) *Stapel* nA^n (51)
(ii) *Kette* A^n (52)

Führt man eine vierte elementare Tesselierung dadurch ein, daß man T→A→T, oder TAT, verknüpft, dann ergibt sich

4. TAT
(i) *Stapel* $n(TA^nT)$ (53)
(ii) *Kette* $(TAT)^n$ (54)

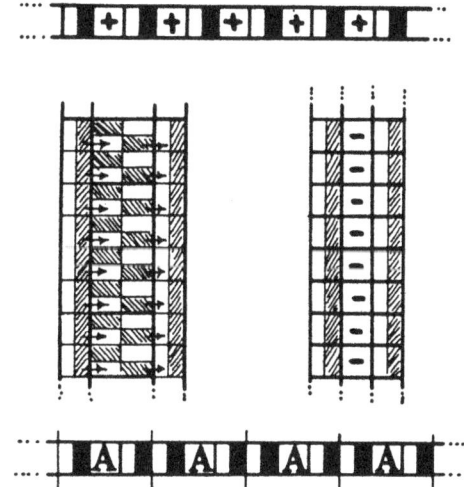

Abbildung 8 Einige Beispiele für einfache Tesselierungen.

Abbildung 8 zeigt weitere Gebilde elementarer Tesselierung. Alle diese enthalten autonome Elemente, denn das Auftreten von zumindest zwei solchen Elementen, wie z. B. in $(TAT)^2$, konstituiert eine Maschine mit endlich vielen Funktionen. Ist keines dieser Elemente »tot« – d. h. auf einen einzigen Zustand statischen Gleichgewichts festgelegt –, so zwingen diese Elemente einander, von einem dynamischen Gleichgewicht zu einem anderen überzugehen. Mit anderen Worten, sie verwandeln einander unter bestimmten Umständen aus einer trivialen Maschine mit endlich vielen Funktionen in eine andere, dies ist aber genau das Kriterium dafür, eine nicht-triviale Maschine mit endlich vielen Funktionen zu sein.

Es ist hier darauf hinzuweisen, daß die Vorstellung, daß formale mathematische Entitäten miteinander interagieren, nicht neu ist. John von Neumann (1966) hat dieses Konzept für sich selbst reproduzierende »Automaten« ausgearbeitet, die viele Eigenschaften mit unseren Mosaiken gemeinsam haben. Lars Löfgren (1962) hat dieses Konzept so erweitert, daß es die selbsttätige Reparatur gewisser Rechenelemente einschließt, die entweder stationär sind oder sich in ihren Tesselierungen frei bewegen, und Gordon Pask schließlich hat (1962) ähnliche Ideen entwickelt, um die soziale Selbstorganisation von Aggregaten solcher Automaten erörtern zu können.

Es ist festzuhalten, daß in all diesen Untersuchungen *Mengen* von Elementen betrachtet werden, um bei der Diskussion der Eigen-Begriffe und Autonomie-Eigenschaften der behandelten Elemente, wie z. B. *Selbst*-Replikation, *Selbst*-Reparatur, *Selbst*-Organisation, *Selbst*-Erklärung usw. logische Geschlossenheit zu erreichen. Dies ist kein Zufall, wie Löfgren (1968) beobachtet hat, denn das Präfix »Selbst-« kann durch jenen Term ersetzt werden, dessen Präfix es ist, um einen Begriff zweiter Ordnung zu erzeugen, d. h. den Begriff eines Begriffs. Selbst-Erklärung ist die Erklärung einer Erklärung; Selbst-Organisation ist die Organisation einer Organisation (Selfridge 1962) etc. Da Kognition im wesentlichen ein selbstreferentieller Prozeß ist (von Foerster 1969/56), ist zu erwarten, daß wir bei der Erörterung der ihr zugrundeliegenden Mechanismen Funktionen von Funktionen und Strukturen von Strukturen zu betrachten haben.

Da im Aufbau dieser Strukturen ihre funktionale Komplexität rasch zunimmt, würde eine detaillierte Diskussion ihrer Eigenschaften den Rahmen dieser Arbeit überschreiten. *Ein* Merkmal dieser Rechentesselierungen ist jedoch leicht zu erkennen, und zwar, daß ihre operationalen Modalitäten eng mit ihrer strukturellen Organisation verbunden sind. Hier gehen Funktion und Struktur Hand in Hand, und man sollte nicht übersehen, daß der größte Teil der Rechenarbeit vielleicht bereits geleistet worden ist, wenn die Topologie des Systems vorliegt (Werner 1970). Dies geschieht in Organismen natürlich primär durch genetische Rechenprozesse.

Diese Beobachtung führt uns direkt zur Physiologie und zur Physik organischer Tesselierungen.

III. Biophysik

A. Allgemeine Bemerkungen

Es stellt sich nun die Frage, ob man strukturelle oder funktionale Einheiten in lebenden Organismen eingrenzen kann, die im Sinne der zuvor erwähnten rein mathematischen Objekte, also der »Tesselierungen«, »Automaten«, »Maschinen mit endlich vielen Funktionen« usw. interpretiert werden können. Diese Verfahrensweise, nämlich zuerst ein Modell anzufertigen und dann nach bestätigenden Daten zu suchen, scheint der »wissenschaftlichen Methode« zu widersprechen, nach der die »Tatsachen« ihrer Erklärung vorausgehen sollen. Was jedoch als »Tatsache« festgestellt wird, ist bereits durch das kognitive System des Beobachters gegangen, welches diesen ja sozusagen mit apriorischen Interpretationen versorgt. Da unser Geschäft hier darin besteht, die Mechanismen zu bestimmen, die Beobachter beobachten (d. h. zu »Selbst-Beobachtern« werden), ist es unser gutes Recht, zuerst die notwendigen funktionalen Strukturen dieser Mechanismen zu postulieren. In der Tat ist dies außerdem ein sehr gängiger Ansatz, wie sich am häufigen Gebrauch von Ausdrücken wie »Spur«, »Engramm«, »Speicher«, »Einlesen«, »Ausdrucken« usw. beobachten läßt, die in der Erörterung der Mechanismen des Gedächtnisses auftreten. Auch hier geht klarerweise die Metapher den Beobachtungen voraus. Metaphern haben jedoch mit Interpretationen die Eigenschaft gemein, daß sie weder wahr noch falsch sind: sie sind lediglich entweder nützlich, nutzlos oder irreführend.

Wenn eine funktionale Einheit begrifflich eingegrenzt wird – ein *Lebewesen*, ein *Gehirn*, das *Kleinhirn*, *neuronale Nuklei*, ein *einzelnes Neuron*, eine *Synapse*, eine *Zelle*, die *Organellen*, die *Genome* und andere molekulare Bausteine –, dann ist die Anwendung des Begriffs der Maschine in seinem abstrakten Sinne auf diese Einheiten nützlich, auch wenn dies nur dazu diente, den Verwender dieses Begriffes so zu disziplinieren, daß er die strukturellen und funktionalen Bestandteile seiner »Maschine« in angemessener Weise bestimmt. In der Tat haben die Konzepte der Maschine mit endlich vielen Zuständen bzw. alle ihre methodologischen Verwandten – explizit oder implizit – erheblich zum Verständnis einer großen Vielfalt derartiger funktionaler Einheiten beigetragen. Die Nützlichkeit etwa der Begriffe »Transkript«, »Enkodierung«, »Dekodierung«, »Rechnen« usw. in der Molekulargenetik ist kaum zu bestreiten.

Sei nun die n-Sequenz der vier Basen (b = 4) eines bestimmten DNS-Moleküls durch eine v-Zahl $v(n,b)$ repräsentiert [vgl. Gleichung (33)]; sei $Tr(v) = \bar{v}$ eine Operation, die die Symbole (0,1,2,3) in eben dieser Ordnung zu (3,2,1,Ø) transformiert, wobei $0 \equiv$ Thymin, $1 \equiv$ Cytosin, $2 \equiv$ Guanin, $3 \equiv$ Adenin und $Ø \equiv$ Uracil, und sei I die Identitätsoperation $I(v) = v$; sei schließlich $\Phi[\bar{v}(n,b)] = v(n/3,a) = \mu(m,a)$, mit a = 20 und j = 0,1,...,19, die Repräsentation der 20 Aminosäuren der Polypeptidkette. Damit ergibt sich

(i) DNS Replikation: $v = I(v)$ (55a)
(ii) DNS/RNS Transkript: $\bar{v} = Tr(v)$ (55b)
(iii) Proteinsynthese: $\mu = \Phi(\bar{v})$. (55c)

Während die Operationen I und Tr lediglich triviale Maschinen für den Transkriptionsprozeß benötigen, ist Φ eine rekursive Berechnung von der Form

$$j(i) \equiv y(i) = y(i-1) + a^i f(x). \tag{56}$$

Wenden wir nun die vorgeschlagene Rekursion an [vgl. Gleichung (14)]:

$$y(i) = a^i f(x) + a^{i-1} f(x^*) + a^{i-2} f(x^{**}) \ldots$$

oder

$$y(i) = \sum_{k=0}^{i} a^{i-k} f(x^{(k)*}) \qquad (57)$$

und

$$y(m) \equiv \mu(m, a).$$

Die Funktion f wird natürlich von dem Ribosom berechnet, welches das Kodon x liest und die Aminosäuren synthetisiert, die sodann durch die Rekursion zu einer verbundenen Polypeptidkette verknüpft werden.

Die Veranschaulichung des ganzen Prozesses durch die Operationen einer sequentiellen Maschine endlich vieler Zustände war wahrscheinlich mehr als nur ein Hinweis für das Gelingen der »Entschlüsselung des genetischen Kodes« und der Identifizierung des Inputzustandes dieser Maschine als Tripel (u,v,w) angrenzender Symbole in der $\bar{v}$-Zahl-Repräsentation der Boten-RNS.

Eine Methode zur Berechnung von v-Zahlen molekularer Sequenzen direkt aus den Eigenschaften der generierten Struktur wurde von Pattee vorgeschlagen (1961). Er verwendete die Vorstellung eines sequentiellen »Vorschubregisters«, also das Prinzip einer autonomen Fliese. In der Errechnung periodischer Sequenzen in wachsenden gewendelten Molekülen wird das Element, das als jeweils nächstes dem Wendel angefügt werden soll, ausschließlich durch die gegebenen und einige frühere Bausteine determiniert. Es bedarf keinerlei externen Rechensystems.

Wenn man auf einer höheren Ebene der hierarchischen Organisation das Neuron als funktionale Einheit annimmt, dann lassen sich viele Beispiele geben, in denen dieses als Errechner rekursiver Funktionen betrachtet werden kann. Je nachdem, was als »Signal« angesehen wird, ein einziger Puls, ein Kode von durchschnittlicher Häufigkeit, ein Latenzkode, ein Wahrscheinlichkeitskode (Bullock 1968) usw., wird das Neuron zu einem »Alles-oder-Nichts«-Instrument der Berechnung logischer Funktionen (McCulloch/Pitts 1943), ein lineares Element (Sherrington 1906), ein logarithmisches Element etc., wobei sich eigentlich nur ein einziger für dieses Neuron charakteristischer Parameter verändert (von Foerster 1967/48). Das gleiche gilt für Nervennetze, in denen diese Rekursion durch Schleifen oder manchmal direkt durch rekurrente Fasern hergestellt wird. Das »zyklisch operierende« neuronale Netz ist ein typisches Beispiel für eine Ma-

schine mit endlich vielen Zuständen im dynamischen Gleichgewicht.
Angesichts wohl einer ganzen Bibliothek voll der Beispiele, in denen der Begriff der Maschine mit endlich vielen Zuständen sich als nützlich erwiesen hat, mag es nun überraschend wirken, wenn man feststellt, daß derartige Systeme rein physikalisch völlig absurd sind. Um in Gang zu bleiben, müssen sie *perpetua mobilia* sein. Dies kann zwar von einem mathematischen Objekt ohne Schwierigkeiten geleistet werden, ist aber für ein reales Objekt ausgeschlossen. Natürlich ist es von einem heuristischen Standpunkt aus irrelevant, ob ein Modell physikalisch verwirklichbar ist oder nicht, solange es in sich konsistent ist und unsere Vorstellung zu weiteren Untersuchungen anspornt.
Wenn jedoch der Energiefluß zwischen verschiedenen Ebenen der Organisation vernachlässigt und die Mechanismen der Energieumwandlung und der Energieübertragung ignoriert werden, dann ergeben sich Schwierigkeiten bei der Zuordnung der deskriptiven Parameter funktionaler Einheiten auf einer Ebene zu solchen auf höheren oder niedrigeren organisatorischen Ebenen. Eine Beziehung etwa zwischen dem Kode eines bestimmten RNS-Moleküls und, sagen wir, dem Pulsfrequenzkode im gleichen Neuron läßt sich nicht herstellen, wenn die Mechanismen der Energieübertragung nicht berücksichtigt werden. Solange die Frage nicht gestellt wird, was den Organismus in Gang hält und wie dies geschieht, bleibt die Kluft zwischen funktionalen Einheiten auf verschiedenen Ebenen der Organisation unüberbrückt. Läßt sich dies mit Hilfe der Thermodynamik durchführen?
Im folgenden sollen drei verschiedene Arten molekularer Mechanismen kurz erörtert werden, die sich für diese Zwecke unmittelbar anbieten. Alle diese gebrauchen verschiedene Formen der

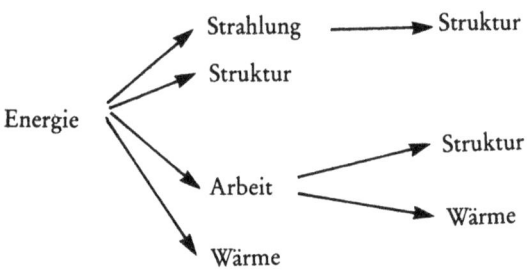

Energie, als Strahlung (vh), potentielle Energie (V, Struktur), Arbeit (pΔv) und Wärme (kΔt) und deren verschiedene Konversionen von einer Form in eine andere.

Wir verbleiben damit in der Terminologie der Maschine mit endlich vielen Zuständen und klassifizieren die drei Arten des Mechanismus nach ihren Inputs und ihren Outputs, vernachlässigen jedoch für den Augenblick alle Unterscheidungen von Energieformen, abgesehen von der potentiellen Energie (Struktur), die von allen anderen Formen (Energie) verschieden ist.

(i) Molekularspeicher: Energie hinein,
　　　　　　　　　　　Energie heraus.
(ii) Molekularrechner: Energie hinein,
　　　　　　　　　　　Struktur heraus.
(iii) Molekularträger: Energie und Struktur hinein,
　　　　　　　　　　　Energie heraus.

Diese drei Fälle sollen nun kurz erörtert werden.

B. Molekularspeicher

Der wahrscheinlich nächstliegende und daher vielleicht älteste Ansatz zur Verknüpfung makroskopischen Verhaltens, wie z. B. des Vergessens von Unsinnssilben (Ebbinghaus 1885), mit dem quantenmechanischen Abklingen der zahlreichen erregten, metastabilen Zustände von Makromolekülen, nimmt weiter nicht analysierbare »Elementareindrücke« an, die mit dem metastabilen Zustand eines Moleküls verknüpft werden (von Foerster 1948; von Foerster 1949). Diese können durch eine nicht-destruktive Ablesung auf ein anderes Molekül übertragen werden, und eine Aufzeichnung dieser Elementareindrücke kann entweder zerfallen oder aber wachsen, je nachdem, ob das Produkt aus Quantenzerfallszeitkonstante und Ablesegeschwindigkeit größer oder kleiner ist als 1. Auch wenn dieses Modell eine gute Übereinstimmung zwischen makroskopischen Variablen, z. B. den Vergessensraten, oder der Temperaturabhängigkeit von vorgestellten Zeitsprüngen (Hoagland 1951; Hoagland 1954) und mikroskopischen Variablen wie Bindeenergien oder Elektron-Orbitalsequenzen herzustellen erlaubt, leidet es wie alle Aufzeichnungsmodelle daran, daß es völlig außerstande ist, aus den angesammelten Aufzeichnungen irgend etwas an Folgerungen abzuleiten. Nur dann, wenn dieser Sammlung eine induktive Inferenzmaschine, die die angemessenen Verhaltensfunktionen berechnet, angeschlossen wird, kann ein Organismus überleben (von Foerster u. a. 1968). Man kann daher alle Spekulationen über Systeme, die Merkmale aufzeichnen, sein lassen und sich jenen zuwenden, die Verallgemeinerungen berechnen.

C. Molekularrechner

Die gute Übereinstimmung zwischen makroskopischen und mikroskopischen Variablen des eben besprochenen Modells legt nahe, daß diese Beziehung weiter verfolgt werden sollte. Es läßt sich in der Tat zeigen (von Foerster 1969/56), daß die Energieintervalle zwischen erregten metastabilen Zuständen so organisiert sind, daß die Abklingzeiten im Gitterschwingungsband neuronalen Pulsintervallen und ihre Energieebenen einem Polarisationspotential von 60 mV bis 150 mV entsprechen. Eine Pulsfolge von verschiedenen Pulsintervallen »pumpt« daher ein solches Molekül in höhere Erregungszustände, die von den Ausgangsbedingungen abhängen. Erreicht die Erregungsebene jedoch etwa 1,2 eV, dann erfährt das Molekül strukturelle Veränderungen, die jeweils einen Tag oder länger anhalten können. In diesem »strukturell geladenen« Zustand kann es nun auf verschiedene Arten an der Veränderung der Transferfunktionen eines Neurons mitwirken, indem es seine Energie entweder auf andere Moleküle überträgt oder deren Reaktionen erleichtert. Da in diesem Modell ungerichtete potentielle elektrische Energie eingesetzt wird, um spezifische strukturelle Veränderungen herbeizuführen, wird es mit »Energie hinein – Struktur heraus« bezeichnet. Dies führt zur Vorstellung einer molekularen Errechnung, deren Ergebnis die Ablagerung von Energie an einem spezifischen Verwendungsort ist. Damit beschäftigt sich das nächste und letzte Modell.

D. Molekularträger

Eines der am häufigsten verwendeten Prinzipien der Energiedissemination in einem lebenden Organismus liegt in der Trennung des Orts der Synthese von dem der Verwendung. Die allgemein für den Transfer verwendete Methode besteht in einer zyklischen Operation, die einen oder mehrere molekulare Träger benutzt, welche dort, wo Umweltenergie absorbiert werden kann, »aufgeladen«, und dort »entladen« werden, wo diese Energie eingesetzt werden muß. Aufladen und Entladen wird gewöhnlich mit Hilfe chemischer Modifikationen der basalen Trägermoleküle bewerkstelligt. Ein einleuchtendes Beispiel für den gerichteten Fluß der Energie und den zyklischen Fluß der Materie ist natürlich die Komplementarität der Prozesse der Photosynthese und der Atmung (Abbildung 9).

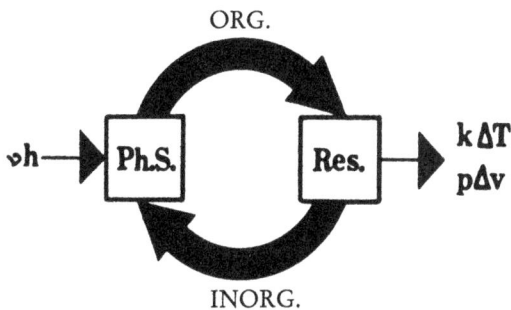

Abbildung 9 Gerichteter Fluß der Energie und zyklischer Fluß der Materie in der Kopplung von Photosynthese (Ph.S.) und Atmung (Res.).

Lichtenergie, vh, bricht die stabilen Bindungen der anorganischen Oxyde und transformiert diese in energetisch aufgeladene organische Moleküle. Diese werden sodann im Atmungsprozeß verbrannt und geben ihre Energie als Arbeit, pΔv, oder Wärme, kΔT, am Ort ihrer Verwendung ab und kehren darauf als anorganische Oxyde wieder an den Ort der Synthese zurück.
Ein weiteres Beispiel ist der äußerst komplizierte Prozeß der Energiemobilisierung in den Mitochondrien. Diese Reaktion synthetisiert nicht nur Adenosintriphosphat (ATP), in dem Adenosindiphosphat (ADT) mit einer Phosphatgruppe gekoppelt wird, sondern lädt auch das ATP-Molekül mit beträchtlicher Energie auf, die bei der Muskelkontraktion sehr wirksam wieder abgegeben wird; der Kontraktionsprozeß konvertiert ATP wieder zu ADP, indem die zuvor angebundene Phosphatgruppe abgespalten wird.

Schließlich sei noch die Boten-RNS als Beispiel für getrennte Orte der Synthese bzw. Verwendung zitiert, obwohl die Energetik dieses Falls bis jetzt noch nicht so gut bekannt ist wie in den anderen Fällen. Auch hier ist es offensichtlich die Struktur, die von einem Ort zum anderen übertragen werden muß, und nicht die Energie.

All diesen Prozessen gemeinsam ist die Tatsache, daß im Prozeß der Synthese nicht nur ein wieder abrufbares Quantum Energie, ΔE, auf den molekularen Träger geladen wird, sondern auch eine Adresse, die angibt, wo das Paket abgeladen werden soll. Diese Adresse erfordert einen zusätzlichen Organisationsbetrag, $-\Delta H$, (Negentropie), um ihren Bestimmungsort zu lokalisieren. Es ergibt sich damit die entscheidende Bedingung

$$\frac{\Delta E}{\Delta H} < 0, \qquad (58)$$

die besagt: »Bei hoher Energie ist niedrige Entropie, bei niedriger Energie hohe Entropie erforderlich.« Dies widerspricht natürlich dem gewöhnlichen Verlauf der Ereignisse, wo diese beiden Quantitäten in einer positiven Beziehung verknüpft sind.

Es läßt sich jedoch zeigen, daß dann, wenn ein System aus Bestandteilen aufgebaut ist, die im Basiszustand getrennt sind, die jedoch, wenn »erregt«, in »halbwegs stabilen« metastabilen Zuständen zusammenhängen, die oben formulierte entscheidende Bedingung erfüllt ist (von Foerster 1964/40).

Sei

$$V = \pm \left(A e^{-x/\varkappa} + B \sin \frac{2\pi x}{p} \right) \qquad (59)$$

mit

$$A/B \gg 1 \quad \text{und} \quad \varkappa/p \gg 1$$

die Potentialverteilung in zwei eindimensionalen, linearen »periodischen Kristallen« C^+ und C^-, wobei das $\pm$ sich auf entsprechende Fälle bezieht. Der wesentliche Unterschied zwischen diesen beiden linearen Strukturen, die sich als lineare Verteilungen elektrischer Ladungen vorstellen lassen, die ihr Vorzeichen (fast) periodisch ändern, besteht darin, daß Energie benötigt wird, um den »Kristall« C^+ zusammenzusetzen, und daß es etwa dieselbe Energie braucht, um den Kristall C^- in seine Bestandteile zu zerlegen. Diese linearen Gitter haben metastabile Gleichgewichtszustände bei

$C^+ \to x_1, x_3, x_5, \ldots$
$C^- \to x_0, x_2, x_4, \ldots,$

die Lösungen sind von

$$e^{x/\varkappa}\cos\frac{2\pi x}{p} = \frac{1}{2\pi}\frac{Ap}{B\varkappa} \approx 1.$$

Diese Zustände sind durch eine Energieschwelle geschützt, die sie für den durchschnittlichen Zeitbetrag

$$\tau = \tau_0 e^{\Delta v/kT} \qquad (60)$$

in diesem Zustand erhält, wobei τ_0^{-1} die Elektron-Orbital-Frequenz ist und ΔV die Differenz zwischen den Energien im Tal und am Kamm der Potentialwelle $[\pm \Delta V_n = V(x_n) - V(x_{n+1})]$. Um die Entropie dieser Konfiguration festzustellen, lösen wir die Schrödinger-Gleichung (die hier in normalisierter Form gegeben wird)

$$\psi'' + \psi[\lambda - V(x)] = 0 \qquad (61)$$

für ihre Eigenwerte λ_i und ihre Eigenfunktionen ψ_i, ψ_i^*, die sodann die Wahrscheinlichkeitsverteilung dafür liefern, daß das Molekül im i-ten Eigenzustand ist:

$$\left(\frac{dp}{dx}\right)_i = \psi_i \cdot \psi_i^*, \qquad (62)$$

natürlich mit

$$\int_{-\infty}^{+\infty} \psi_i \cdot \psi_i^* dx = 1, \qquad (63)$$

woraus wir die Entropie

$$H_i = \int_{-\infty}^{+\infty} \psi_i \cdot \psi_i^* \ln \psi_i \cdot \psi_i^* \qquad (64)$$

für den i-ten Eigenzustand ableiten.
Es ist bemerkenswert, daß die Veränderung des Energie-Entropieverhältnisses für die beiden Kristalle C^+ und C^- aufgrund der Aufladung $(\Delta E = e(V(x_n) - V(x_{n+2})))$ in zwei entgegengesetzten Richtungen verläuft:

$$C^- \rightarrow \left(\frac{\Delta E}{\Delta H}\right)^- > 0$$

$$C^+ \rightarrow \left(\frac{\Delta E}{\Delta H}\right)^+ < 0.$$

Damit ist gezeigt, daß die beiden Kristalle ganz verschiedene Lebewesen sind: der eine ist tot (C^-), der andere lebendig (C^+).

IV. Zusammenfassung

Diese Arbeit ist im Kern ein Versuch, die ursprüngliche Bedeutung von Begriffen wie Gedächtnis, Lernen, Verhalten usw. wieder herzustellen, und zwar dadurch, daß sie als unterschiedliche Manifestationen des umfassenderen Phänomens der Kognition aufgefaßt werden. Es wird der Versuch gemacht, diese Behauptung zu rechtfertigen und einen Begriffsapparat von genügender Reichhaltigkeit zu skizzieren, um diese Phänomene in ihrem angemessenen Umfang zu beschreiben. Dieser Vorschlag wurde in seiner prägnantesten Form als eine Suche nach Mechanismen in lebenden Organismen dargestellt, die diese in den Stand versetzen, ihre Umwelt in eine triviale Maschine zu verwandeln, im Gegensatz zu einer Suche nach Mechanismen der Umwelt, die die Organismen in triviale Maschinen verwandeln.

Dieser Standpunkt wird durch die Erkenntnis gerechtfertigt, daß der zweite Ansatz – wenn er Erfolg hat – keine Erklärung für die Mechanismen liefert, die er zu entdecken sucht; denn eine triviale Maschine zeigt keine der gewünschten Eigenschaften; und wenn er scheitert, dann enthüllt er nicht die Ursachen für dieses Scheitern.

Im Rahmen des Begriffssystems der Maschinen mit endlich vielen Zuständen wurde der Kalkül rekursiver Funktionale als ein deskriptiver (phänomenologischer) Formalismus vorgeschlagen, um Gedächtnis als potentielle Vergegenwärtigung früherer Interpretationen von Erfahrungen zu begründen, folglich auch, um den Ursprung des *Begriffs* der »Veränderung« und die Übergänge zwischen Bereichen zu erklären, wie sie dann auftreten, wenn wir von »Tatsachen« zu »Beschreibungen von Tatsachen« und – da diese ihrerseits Tatsachen sind – zu »Beschreibungen von Beschreibungen von Tatsachen« kommen usw.

Elementare Maschinen mit endlich vielen Funktionen lassen sich verknüpfen, um lineare oder zweidimensionale Tesselierungen von beträchtlicher rechnerischer Flexibilität und Komplexität zu bilden. Derartige Tesselierungen sind nützliche Modelle für Aggregate interagierender funktionaler Einheiten auf verschiedenen Ebenen der hierarchischen Organisation von Organismen. Auf der molekularen Ebene z. B. kann eine kettenähnliche Tesselierung, die zu einer Helix gedreht wird, sich selbst (Selbstreplikation) oder in Verbindung mit anderen Elementen weitere funktionale molekulare Einheiten errechnen (Synthese).

Während der Begriff des rekursiven Funktionals in der Erörterung deskriptiver Formalismen die Brücke dafür liefert, verschiedene deskriptive Bereiche zu durchschreiten, verbindet der Begriff der Energieübertragung zusammen mit dem der entropischen Veränderung die funktionalen Einheiten auf verschiedenen Organisationsebenen in operationaler Weise. Eben diese Bindeglieder, seien sie begriffliche oder operationale, schaffen die Voraussetzungen für die Erklärung von Strukturen und Funktionen lebender Organismen, die als autonome selbstreferentielle Organismen angesehen werden. Werden diese Bindeglieder mißachtet, ist der Begriff des Organismus leer, und seine unverbundenen Einzelteile werden entweder zu Trivialitäten oder bleiben Rätsel.

Zukunft der Wahrnehmung:
Wahrnehmung der Zukunft

> »Die Definition eines Problems sowie die zu dessen Lösung unternommenen Maßnahmen hängen weitgehend von der Sichtweise ab, in der die Individuen oder Gruppen, die das Problem entdeckt haben, jenes System auffassen, mit dem das Problem zusammenhängt. Ein Problem kann daher etwa definiert werden als ein mangelhaft interpretierter Output, oder als fehlerhafter Output einer fehlerhaften Outputvorrichtung, oder auch als fehlerhafter Output eines zwar fehlerfreien, aber gestörten Systems, oder schließlich als zwar richtiger, jedoch unerwünschter Output eines fehlerfreien und folglich unerwünschten Systems. Alle diese Definitionen außer der letzten verlangen korrigierendes Eingreifen, die letzte Definition allein aber fordert Veränderung und bietet somit ein unlösbares Problem für alle jene, die Veränderung ablehnen.« (Brün 1971)

Gemeinplätze haben den fatalen Nachteil, daß sie durch Abstumpfen unserer Sinne die Wahrheit verschleiern. Kaum ein Mensch wird in Aufregung geraten, wenn er hört, daß in Zeiten der Kontinuität Zukunft und Vergangenheit gleich sind. Nur wenigen wird zum Bewußtsein kommen, was daraus folgt: in Zeiten soziokulturellen Wandels wird die Zukunft *nicht* sein wie die Vergangenheit.

Wenn wir uns aber gar kein klares Bild von der Zukunft machen, dann können wir auch nicht wissen, was wir tun sollen, da eines jedenfalls gewiß ist: Wenn wir selbst nicht handeln, wird mit uns gehandelt werden. Wenn wir also lieber Subjekte als Objekte sein wollen, dann muß unsere gegenwärtige Weltsicht, unsere Wahrnehmung also, auf die Zukunft gerichtet sein, nicht auf die Vergangenheit.

Epidemie

Meine Kollegen und ich erforschen gegenwärtig die Geheimnisse menschlichen Denkens und Wahrnehmens. Wenn wir von Zeit zu Zeit durch die Fenster unseres Labors auf die Ereignisse dieser

Welt schauen, dann bedrückt uns immer mehr, was wir beobachten müssen. Die Welt scheint im Griff einer sich rasch ausbreitenden Krankheit zu sein, die schon fast globale Ausmaße erreicht hat. Im Individuum manifestieren sich die Symptome dieser Störung als ein fortschreitender Wahrnehmungsverfall, und eine verkommene Sprache ist der Infektionserreger, der diese Krankheit so hochgradig ansteckend macht.
Schlimmer noch; in fortgeschrittenen Stadien des Leidens werden die davon Befallenen völlig empfindungslos, verlieren Schritt für Schritt das Bewußtsein für ihr Gebrechen.
Diese Sachlage macht deutlich, warum mir unsere Wahrnehmungsfähigkeit Sorgen bereitet, wenn ich über die Zukunft nachdenke, denn:

> Wenn wir nicht wahrnehmen können,
> können wir die Zukunft nicht erkennen.
> Wir wissen daher nicht, was jetzt zu tun ist.

Ich möchte behaupten, daß man dieser Schlußfolgerung durchaus zustimmen kann. Schaut man sich um, erscheint die Welt wie ein Ameisenhaufen, dessen Bewohner jeden Orientierungssinn verloren haben. Sie rennen ziellos herum, reißen einander in Stücke, beschmutzen ihr Nest, fallen über ihre Jungen her, investieren gewaltige Energien in den Bau komplizierter technischer Systeme, die nach Vollendung wieder aufgegeben werden oder dann, wenn sie weiter benutzt werden, die zuvor beobachtbare Zerrüttung nur noch vergrößern, usw. Die gezogenen Schlüsse scheinen somit den Tatsachen zu entsprechen. Sind aber die Prämissen gültig? Und was hat das alles mit Wahrnehmung zu tun?
Lassen Sie mich einige semantische Fallstricke beseitigen, bevor wir fortfahren, denn – wie ich bereits vorhin sagte – verkommene Sprache ist der Infektionserreger. Ein paar eindeutige Perversionen fallen Ihnen sicher sofort ein: z. B. »Friedenssicherung« statt »Kriegsvorbereitung«, »Schutzmaßnahme« statt »Aggression«, »Nahrungsentzug« statt »Vergiftung von Menschen, Tieren und Pflanzen«. Glücklicherweise haben wir eine gewisse Immunität gegen solche Zumutungen entwickelt, denn zu lange schon sind wir von der Werbung mit syntaktischen Mißgeburten gefüttert worden, so z. B. mit »X ist besser«, ohne daß je »als was« gesagt würde. Es gibt jedoch viele weit tiefer liegende semantische Kon-

fusionen, und auf solche möchte ich jetzt Ihre Aufmerksamkeit lenken.
Es gibt drei Paare von Begriffen, bei denen ständig das eine Element eines Paars für das andere eingesetzt und so die Reichhaltigkeit unserer Vorstellungen beschnitten wird. Es ist zu einer Selbstverständlichkeit geworden, Prozeß und Substanz, Relation und Prädikat und schließlich Qualität und Quantität zusammenzuwerfen. Ich möchte dies mit einigen wenigen Beispielen aus einem außerordentlich großen Katalog illustrieren und gleichzeitig zeigen, zu welch paralytischem Verhalten eine derartige begriffliche Dysfunktion führen kann.

Prozeß – Substanz

Die ursprünglichsten und zutiefst persönlichen Prozesse in jedem Menschen, und in der Tat in jedem Organismus, nämlich »Information« und »Erkenntnis«, werden gegenwärtig durchweg als Dinge bzw. Güter aufgefaßt, also als Substanzen. Information ist natürlich der Prozeß, durch den wir Erkenntnis gewinnen, und Erkenntnis sind die Prozesse, die vergangene und gegenwärtige Erfahrungen integrieren, um neue Tätigkeiten auszubilden, entweder als Nerventätigkeit, die wir innerlich als Denken und Wollen wahrnehmen können, oder aber als äußerlich wahrnehmbare Sprache und Bewegung (Maturana 1970a; 1970b; von Foerster 1969/56; 1970/60).
Keiner dieser Prozesse kann »weitergegeben werden«, wie man uns immer wieder sagt, z. B. mit Sätzen wie »...Universitäten sind Horte des Wissens, das von Generation zu Generation weitergegeben wird...« usw., denn *Ihre* Nerventätigkeit ist ausschließlich *Ihre* Nerventätigkeit und – leider! – nicht *meine*.
Es ist kein Wunder, daß ein Bildungssystem, welches den Prozeß der Erzeugung neuer Prozesse mit der Verteilung von Gütern, genannt »Wissen«, verwechselt, in den dafür bestimmten Empfängern große Enttäuschung hervorrufen muß, denn die Güter kommen nie an: es gibt sie nicht!
Die Konfusion, die Wissen als Substanz auffaßt, geht historisch auf ein Flugblatt zurück, das im 16. Jahrhundert in Nürnberg gedruckt wurde. Es zeigt einen sitzenden Schüler mit einem Loch im Kopf, in dem ein Trichter steckt. Daneben steht der Lehrer,

der einen Kübel »Wissen« in den Trichter gießt: Buchstaben des Alphabets, Zahlen und einfache Gleichungen. Was die Erfindung des Rades für die ganze Menschheit gebracht hat, brachte der Nürnberger Trichter für die Bildung: es kann nun noch schneller abwärts gehen.
Gibt es ein Heilmittel? Natürlich, es gibt eines! Wir müssen Vorträge, Bücher, Diapositive, Filme usw. nicht als *Information,* sondern als *Träger* potentieller Information ansehen. Dann wird uns nämlich klar, daß das Halten von Vorträgen, das Schreiben von Büchern, die Vorführung von Diapositiven und Filmen usw. kein Problem löst, sondern ein Problem erzeugt: nämlich zu ermitteln, in welchen Zusammenhängen diese Dinge so wirken, daß sie in den Menschen, die sie wahrnehmen, neue Einsichten, Gedanken und Handlungen erzeugen.

Relation – Prädikat

Die Vermischung von Relationen und Prädikaten ist zu einem politischen Zeitvertreib geworden. In der Aussage »Spinat ist grün« ist »grün« ein Prädikat, in der Aussage »Spinat ist gut« bedeutet »gut« eine Relation zwischen der Chemie des Spinats und dem Beobachter, der den Spinat genießt. Er kann die Relation zwischen sich selbst und dem Spinat als »gut« bezeichnen. Unsere Mütter, die ersten Politiker, denen wir begegnen, machen sich die semantische Mehrdeutigkeit des syntaktischen Operators »ist« zunutze, indem sie uns sagen »Spinat *ist* gut«, so als ob sie sagten »Spinat ist *grün*«.
Wenn wir älter werden, werden wir mit solchen semantischen Verdrehungen überschüttet, die sicher lustig wären, wenn sie nicht so tiefgreifende Folgen hätten. Aristophanes hätte sehr gut eine Komödie schreiben können, in der die weisesten Menschen seines Landes sich eine Aufgabe stellen, die prinzipiell nicht bewältigt werden kann. Sie wollen ein für allemal die Eigenschaften feststellen, die einen obszönen Gegenstand oder eine obszöne Handlung definieren. Natürlich, »Obszönität« ist keine Eigenschaft, die den Dingen selbst angehört, sondern eine Subjekt-Objekt-Beziehung; denn wenn wir Herrn X ein Gemälde zeigen und er dieses obszön nennt, dann wissen wir eine Menge über Herrn X, aber sehr wenig über das Gemälde. Wenn also unsere

Gesetzgeber endlich mit der von ihnen ausgedachten Liste von obszönen Eigenschaften an die Öffentlichkeit treten, werden wir eine Menge über die Gesetzgeber erfahren, ihre Gesetze aber werden gefährlicher Unsinn sein.

»Ordnung« ist ein weiterer Begriff, den wir, so trichtert man uns ein, in den Dingen selbst sehen sollen und nicht in unserer Wahrnehmung der Dinge. In den zwei Folgen A und B

A: 1, 2, 3, 4, 5, 6, 7, 8, 9
B: 8, 3, 1, 5, 9, 6, 7, 4, 2

erscheint die Folge A geordnet, die Folge B dagegen völlig durcheinander, bis man uns sagt, daß B die gleiche wunderschöne Ordnung aufweist wie A, denn B ist alphabetisch geordnet (acht, drei, eins...). »Alles hat seine Ordnung, sobald man es versteht«, sagt einer meiner Freunde, ein Neurophysiologe, der Ordnung dort sieht, wo ich nur einen völlig verworrenen Haufen von Zellen zu erkennen vermag. Wenn ich hier darauf bestehe, »Ordnung« als eine Subjekt-Objekt-Relation anzusehen und sie nicht mit einer Eigenschaft von Dingen zu verwechseln, dann mag das zu pedantisch erscheinen. Wenn es jedoch zum Problem von »Recht und Ordnung« kommt, kann eine derartige Verwechslung tödliche Konsequenzen haben. »Recht und Ordnung« ist kein Problem, es ist ein uns allen gemeinsames Ziel; das Problem ist nämlich, *»welches* Recht und *welche* Ordnung« gelten sollen, oder in anderen Worten, das Problem ist »Gerechtigkeit und Freiheit«.

Kastration

Man kann solche Konfusionen in dem Glauben zur Seite wischen, daß sie ohne Schwierigkeiten zu korrigieren sind. Man kann behaupten, daß ich eben das gerade getan habe. Ich fürchte jedoch, daß dem nicht so ist. Die Wurzeln reichen tiefer als wir glauben. Wir scheinen in einer Welt aufgewachsen zu sein, die wir eher durch die Beschreibungen anderer sehen als durch unsere eigene Wahrnehmung. Dies hat zur Konsequenz, daß wir, statt die Sprache als ein Werkzeug zu benutzen, mit dem wir Gedanken und Erfahrungen ausdrücken, die Sprache als ein Werkzeug ansehen, das unsere Gedanken und unsere Erfahrungen festlegt.

Es ist nicht leicht, diese Behauptung zu beweisen, denn dafür ist nicht weniger erforderlich, als in unseren Kopf hineinzusteigen und die semantische Struktur bloßzulegen, die die Art und Weise unseres Wahrnehmens und Denkens widerspiegelt. Es gibt jedoch neue und faszinierende Experimente, aus denen diese semantischen Strukturen erschlossen werden können. Lassen Sie mich ein solches Experiment beschreiben, das meine Behauptung verdeutlicht.

AGAIN	AIR	APPLE	BRING	CHEESE	COLD
COME	DARK	DOCTOR	EAT	FIND	FOOT
HARD	HOUSE	INVITE	JUMP	LIVE	MILK
NEEDLE	NOW	QUICKLY	SADLY	SAND	SEND
SLEEP	SLOWLY	SOFT	SUFFER	SUGAR	SWEET
TABLE	TAKE	VERY	WATER	WEEP	WHITE

Abbildung 1 Eine Auswahl von 36 auf Karten gedruckten Wörtern, die nach ihrer Bedeutungsähnlichkeit klassifiziert werden sollen.

Die von George Miller (1967) vorgeschlagene Methode besteht darin, mehrere Versuchspersonen unabhängig voneinander zu bitten, eine Reihe von Wörtern, die auf Karten aufgedruckt sind (Abbildung 1), nach ihrer Bedeutungsähnlichkeit zu klassifizieren. Jede Versuchsperson kann so viele Klassen bilden, wie sie will, und jede beliebige Anzahl einzelner Wörter kann in eine Klasse aufgenommen werden. Die so gesammelten Daten können durch einen »Baum« so dargestellt werden, daß mit wachsender Entfernung der Verzweigungspunkte von der »Wurzel« des Baums die Übereinstimmung zwischen den Versuchspersonen zunimmt. So ergibt sich für die jeweilige Gruppe von Versuchspersonen ein Maß der Ähnlichkeit der Wortbedeutung.
Abbildung 2 zeigt die Resultate einer solchen »Cluster-Analyse« der 36 Wörter aus Abbildung 1 für 20 erwachsene Versuchspersonen (»Wurzel« jeweils links).
Ganz offensichtlich klassifizieren Erwachsene nach syntaktischen Kategorien, setzen Substantive in eine Klasse (unterer Baum), Adjektive in eine andere (nächsthöherer Baum), Verben in eine weitere, und schließlich ebenso jene kleinen Wörter, mit denen man nichts anzufangen weiß.

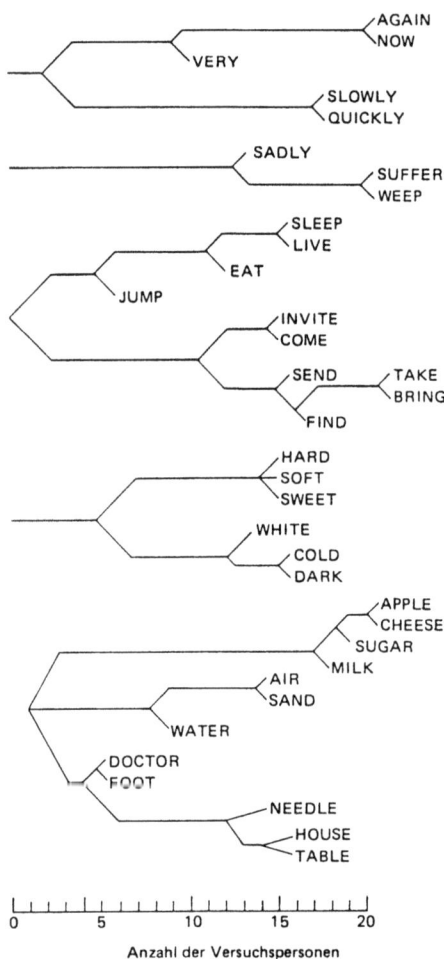

Abbildung 2 Clusteranalyse der 36 Wörter aus Abbildung 1, wie sie von 20 Erwachsenen klassifiziert wurden. Es fällt auf, daß syntaktische Kategorien genau beachtet, semantische Relationen dagegen fast völlig ignoriert wurden.

3. und 4. Schuljahrgang

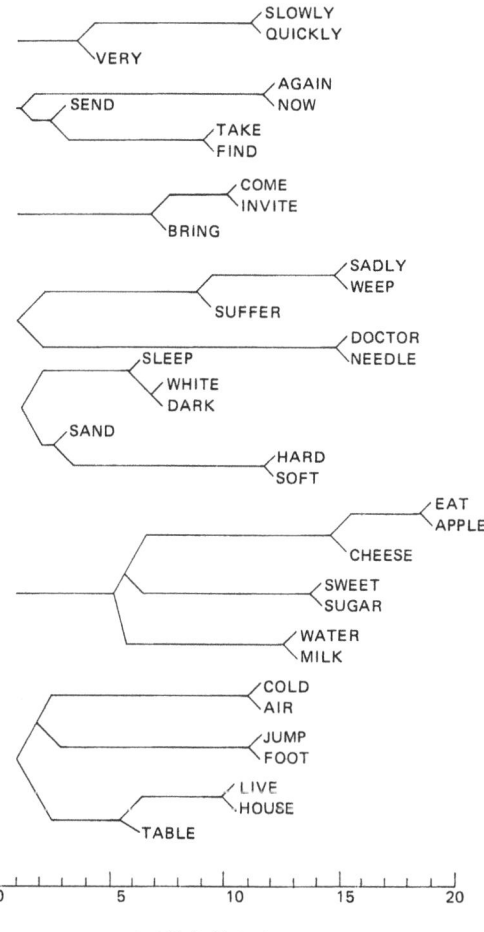

Anzahl der Versuchspersonen

Abbildung 3 Die 36 Wörter der Abbildungen 1 und 2, wie sie von Kindern des dritten und vierten Schuljahres klassifiziert wurden. Es fällt auf, daß hier bedeutungsvolle kognitive Einheiten erscheinen, während syntaktische Kategorien fast völlig ignoriert werden.

Es zeigt sich ein eindrucksvoller Unterschied, wenn die Ergebnisse der Erwachsenen mit der Reichhaltigkeit der Wahrnehmung und bildhaften Phantasie von Kindern des 3. und 4. Schuljahrganges verglichen werden, die die gleiche Aufgabe gestellt bekamen (Abbildung 3). Miller kommentiert diese wunderschönen Ergebnisse so:

»Kinder neigen dazu, die Wörter zusammenzuordnen, mit denen man über die gleiche Sache spricht – was alle die sauberen syntaktischen Grenzen durchbricht, die für Erwachsene so wichtig sind. So stimmen alle 20 Kinder darin überein, das Verbum ›essen‹ mit dem Substantiv ›Apfel‹ zusammenzustellen; ›Luft‹ ist für viele Kinder ›kalt‹, sie brauchen den ›Fuß‹, um zu ›springen‹, sie ›leben‹ in einem ›Haus‹, und ›Zucker‹ ist für sie ›süß‹; die Gruppe ›Doktor‹, ›Nadel‹, ›leiden‹, ›weinen‹, und ›traurig‹ kann als besondere kleine Vignette angesehen werden.«

Was stimmt mit unserer Erziehung nicht, daß sie die Beherrschung unserer Sprache dermaßen kastriert? Von den vielen dafür verantwortlichen Faktoren nenne ich nur den einen, der unsere Art zu denken in tiefgreifender Weise beeinflußt, nämlich die falsche Anwendung der »wissenschaftlichen Methode«.

Die wissenschaftliche Methode

Die wissenschaftliche Methode ruht auf zwei tragenden Säulen:
1. Regeln, die in der Vergangenheit befolgt wurden, gelten auch für die Zukunft. Dies wird gewöhnlich als das Prinzip der Erhaltung von Regeln bezeichnet, und ich zweifle nicht daran, daß Ihnen allen dieses Prinzip vertraut ist. Die andere Säule jedoch steht im Schatten der ersten und ist daher nicht so klar erkennbar:
2. Fast alles im Universum soll irrelevant sein. Dies wird gewöhnlich das Prinzip der notwendigen und hinreichenden Ursache genannt. Was es fordert, wird unmittelbar einsichtig, wenn man erkennt, daß »Relevanz« eine triadische Relation ist, die eine Menge von Aussagen (P_1, P_2...) mit einer anderen Menge von Aussagen (Q_1, Q_2...) im Bewußtsein (B) eines Menschen verknüpft, der diese Verknüpfung herzustellen wünscht. Wenn P die Ursachen sind, die die wahrgenommenen Wirkungen Q erklären sollen, dann zwingt uns das Prin-

zip der notwendigen und hinreichenden Ursache dazu, unsere Wahrnehmung der Wirkungen immer weiter zu reduzieren, bis wir auf die notwendige und hinreichende Ursache stoßen, die die gewünschte Wirkung erzeugt: alles andere im Universum muß irrelevant bleiben.

Es ist leicht zu zeigen, daß die Fundierung der eigenen kognitiven Funktionen durch diese zwei Säulen für jede Betrachtung evolutionärer Prozesse kontraproduktiv ist, sei es das Aufwachsen eines Individuums oder die Veränderung einer ganzen Gesellschaft. Dies war schon Aristoteles bekannt, der zwei Arten von Ursachen unterschied, einmal die »Wirkursache«, zum anderen die »Zweckursache«, die uns zwei verschiedene Erklärungsmodelle für unbelebte Materie bzw. lebendige Organismen liefern, wobei der Unterschied darin liegt, daß die Wirkursache der Wirkung *vorausgeht,* während die Zweckursache der Wirkung *nachfolgt.* Wenn ich mit einem Streichholz die präparierte Fläche einer Streichholzschachtel reibe, dann ist dieses Reiben die (wirkende) Ursache dafür, daß sich das Streichholz entzündet. Die Ursache dafür jedoch, daß ich dieses Streichholz reibe, ist mein Wunsch, daß es brenne (Zweckursache).

Vielleicht erscheinen meine eingangs gemachten Bemerkungen durch diese Unterscheidung nun viel klarer. Natürlich dachte ich an die Zweckursache, als ich sagte, daß wir dann, wenn wir die Zukunft wahrnehmen können (das sich entzündende Streichholz), wissen, wie wir jetzt zu handeln haben (reiben!). Daraus will ich sofort eine Schlußfolgerung ziehen, nämlich:

In jedem Augenblick unseres Lebens sind wir frei, auf *die* Zukunft hin zu handeln, die wir uns wünschen.

Mit anderen Worten, die Zukunft wird so sein, wie wir sie sehen und erstreben. Dies kann nur für diejenigen ein Schock sein, die ihr Denken von dem Prinzip leiten lassen, daß für die Zukunft nur die Regeln gelten sollen, die in der Vergangenheit befolgt wurden. Für diese Menschen ist die Vorstellung einer »Veränderung« unbegreiflich, denn Veränderung ist der Prozeß, der die Regeln der Vergangenheit auslöscht.

Qualität – Quantität

Um die Gesellschaft vor den gefährlichen Folgen der Veränderung zu schützen, sind ganze Wirtschaftsunternehmen entstanden, und die Regierung hat mehrere Behörden eingerichtet, die sich damit beschäftigen, die Zukunft vorherzusagen, indem sie die Regeln der Vergangenheit anwenden. Es handelt sich um die Futurologen. Ihr Job besteht darin, Qualität und Quantität zu vermengen, und ihre Produkte sind sogenannte »Szenarios der Zukunft«, in denen die Qualitäten gleichbleiben und nur die Quantitäten sich ändern: mehr Autos, breitere Straßen, schnellere Flugzeuge, größere Bomben usw. Obwohl diese »Szenarios der Zukunft« in einer sich verändernden Welt sinnlos sind, sind sie doch zu einem profitablen Geschäft für Unternehmen geworden, die sie an Firmen verkaufen, welche aus geplantem Produktverschleiß ihren Gewinn ziehen.

Mit der Diagnose der Unfähigkeit, qualitativen Wandel wahrzunehmen, d. h. einen Wandel unserer Subjekt-Objekt- und unserer Subjekt-Subjekt-Beziehungen, sind wir bis zur Wurzel der Epidemie vorgestoßen, von der ich in meinen einleitenden Bemerkungen gesprochen habe. Ein Beispiel aus der Neurophysiologie wird vielleicht die Unfähigkeit verständlich machen, die heutzutage auf der kognitiven Ebene wirksam ist.

Dysgnosie

Die visuellen Rezeptoren in der Retina, die Zapfen und die Stäbchen, arbeiten optimal nur unter bestimmten Belichtungsbedingungen. Über oder unter diesen Bedingungen vermindert sich die Sehschärfe oder die Farbdifferenzierung. Im Wirbeltierauge arbeitet die Retina jedoch fast immer unter optimalen Bedingungen, weil die Iris sich so verengt oder erweitert, daß bei wechselnden Helligkeitsbedingungen stets die gleiche Lichtmenge zu den Rezeptoren gelangt. Das vom Sehnerv »gesehene« Szenario weist daher stets die gleiche Helligkeit auf, unabhängig davon, ob wir uns in hellem Sonnenschein oder in einem abgedunkelten Zimmer befinden. Wie wissen wir also, ob es hell oder dunkel ist?

Die Information über diesen Tatbestand liegt in dem Regler, der die Aktivität des Sehnervs mit dem gewünschten Standard vergleicht und dafür sorgt, daß sich die Iris verengt, wenn diese Aktivität zu groß ist, und daß sie sich erweitert, wenn sie zu klein ist. Die Information über Helligkeit ergibt sich folglich nicht aus einer Prüfung des Szenarios – dieses zeigt stets vergleichbare Helligkeit –, sie ergibt sich vielmehr aus einer Prüfung des Reglers, der die Wahrnehmung einer Veränderung unterdrückt.

Es gibt Menschen, die Schwierigkeiten haben, den Zustand ihres Reglers einzuschätzen, und die daher nur in geringem Maße fähig sind, verschiedene Helligkeitsgrade zu unterscheiden. Sie werden »Dysphotiker« genannt. Sie bilden den Gegensatz zu den Fotografen, die »Photiker« genannt werden könnten, denn sie haben einen besonders scharfen Sinn für Helligkeitsdiskriminierung. Es gibt nun aber Menschen, die Schwierigkeiten haben, jene Regler einzuschätzen, die ihre eigene Identität in einer sich wandelnden Welt erhalten. Ich möchte Individuen, die von dieser Störung betroffen sind, »Dysgnostiker« nennen, denn sie können sich selbst nicht erkennen. Da diese Störung schon ungewöhnlich weit verbreitet ist, hat man sie auch auf höchster nationaler Ebene bereits bemerkt.

Ich denke an jene hier in den Vereinigten Staaten, von denen man jetzt als der »Silent Majority« – der schweigenden Mehrheit – spricht. Ich aber sage, diese Menschen schweigen nicht, sie sind einfach stumm. Aber wie Sie wissen, sind es bei den Stummen nicht die Stimmbänder, sondern die Ohren, die nicht funktionieren: die Stummen sind taub! Das heißt, die schweigende Mehrheit kann nicht hören. Und sie kann nicht hören und kann nicht sehen, weil sie nicht hören und nicht sehen will, wie sich alles um sie verändert.

Der betrüblichste Aspekt dieser Beobachtung aber ist, daß auch ihr Gehör völlig in Ordnung ist. Sie könnten hören, wenn sie nur wollten: aber sie wollen nicht. Ihre Hörunfähigkeit ist ebenso freiwillig bzw. gewollt wie die Blindheit anderer.

Jetzt werden Sie natürlich Beweise für diese unerhörten Behauptungen verlangen. TIME-Magazine (1970) liefert sie in seinem Bericht über den Mittleren Westen der USA.

Da ist z. B. die Frau eines Rechtsanwalts in Glencoe/Illinois, die sich Sorgen macht über das Amerika, in dem ihre vier Kinder heranwachsen: »Ich möchte, daß meine Kinder in dem Amerika leben und aufwachsen, wie ich selbst es *erlebt* habe« – <Beachten Sie das Prinzip der Erhaltung von Regeln, dem gemäß die Zukunft der Vergangenheit gleich ist!> –, »in einem Amerika, in dem wir noch stolz waren, Bürger dieses Landes zu sein. Ich habe die Nase verdammt voll davon, mir all diesen Unsinn dar-

über anzuhören, wie schrecklich Amerika ist.« <Beachten Sie die freiwillige bzw. gewollte Gehörlosigkeit!>
Ein anderes Beispiel ist der Zeitungsbibliothekar aus Pittsfield/Massachusetts, der sich über die Studentenunruhen ärgert: »Immer wenn ich Protestler sehe, sage ich, ›Schau dir diese Typen an!‹«. <Beachten Sie die Verminderung der Sehschärfe!> »Aber dann sagt mir mein zwölfjähriger Sohn: ›Was hast du gegen die?. Es ist ihr gutes Recht, das zu tun, was sie tun wollen.‹« <Beachten Sie die un(v)erwachsene Wahrnehmungsfähigkeit des Jungen!>
Die Tragödie, die in diesen Beispielen zum Ausdruck kommt, besteht darin, daß die Opfer der »Dysgnosie« nicht nur nicht wissen, daß sie nicht sehen, hören oder fühlen, sondern daß sie dies auch gar nicht wollen.
Wie können wir diese Situation ändern?

Trivialisierung

Ich habe bisher einige Beispiele für Wahrnehmungsstörungen gegeben, die unsere Sicht der Zukunft blockieren. Diese Symptome bilden insgesamt das Syndrom unserer epidemischen Erkrankung. Nun wäre der aber ein schlechter Arzt, der sich daran machte, den Patienten von einem Symptom nach dem anderen zu befreien, denn die Ausmerzung eines Symptoms kann ein anderes verschärfen. Gibt es einen gemeinsamen Nenner für die Wurzel des gesamten Syndroms?
Lassen Sie mich hier zwei Begriffe einführen, den Begriff der »trivialen« Maschine und den Begriff der »nicht-trivialen« Maschine. Der Ausdruck »Maschine« bezieht sich in diesem Zusammenhang auf wohldefinierte funktionale Eigenschaften einer abstrakten Größe und nicht in erster Linie auf ein System von Zahnrädern, Knöpfen und Hebeln, obwohl solche Systeme jene abstrakten funktionalen Größen verwirklichen können.
Eine triviale Maschine ist durch eine eineindeutige Beziehung zwischen ihrem »Input« (Stimulus, Ursache) und ihrem »Output« (Reaktion, Wirkung) charakterisiert. Diese invariante Beziehung ist »die Maschine«. Da diese Beziehung ein für allemal festgelegt ist, handelt es sich hier um ein deterministisches System; und da ein einmal beobachteter Output für einen bestimmten

Input für den gleichen Input zu späterer Zeit ebenfalls gleich sein wird, handelt es sich dabei auch um ein vorhersagbares System.
Nicht-triviale Maschinen sind jedoch ganz andere Geschöpfe. Ihre Input-Output-Beziehung ist nicht invariant, sondern wird durch den zuvor erzeugten Output der Maschine festgelegt. Mit anderen Worten, ihre vorausgegangenen Arbeitsgänge legen ihre gegenwärtigen Reaktionen fest. Obwohl diese Maschinen auch deterministische Systeme sind, sind sie schon allein aus praktischen Gründen nicht vorhersagbar: ein einmal nach einem bestimmten Input beobachteter Output wird höchstwahrscheinlich zu späterer Zeit, auch wenn der Input gleich ist, ein anderer sein.
Um nun den grundlegenden Unterschied zwischen diesen beiden Arten von Maschinen zu begreifen, ist es hilfreich, sich »interne Zustände« in diesen Maschinen vorzustellen. Während in der trivialen Maschine in allen Fällen nur ein einziger interner Zustand an ihren internen Operationen mitwirkt, macht gerade der Übergang von einem internen Zustand zu einem anderen die nicht-triviale Maschine so unfaßbar.
Man kann nun diese Unterscheidung als die heutige Version der aristotelischen Unterscheidung zwischen den Erklärungsmodellen für unbelebte Materie und lebende Organismen ansehen.
Alle Maschinen, die wir konstruieren oder kaufen, sind hoffentlich triviale Maschinen. Ein Toaster sollte toasten, eine Waschmaschine waschen, ein Auto sollte in vorhersagbarer Weise auf die Handlungen seines Fahrers reagieren. Und in der Tat zielen alle unsere Bemühungen nur darauf, triviale Maschinen zu erzeugen, oder dann, wenn wir auf nicht-triviale Maschinen treffen, diese in triviale Maschinen zu verwandeln. Die Entdeckung der Landwirtschaft ist die Entdeckung, daß einige Aspekte der Natur trivialisiert werden können: Wenn ich heute pflüge, dann habe ich morgen Brot.
Zugegeben, in manchen Fällen gelingt uns die Herstellung idealer trivialer Maschinen nicht ganz. Eines Morgens etwa drehen wir den Zündschlüssel unseres Autos, und das Miststück startet nicht. Offenbar hat es seinen internen Zustand in einer für uns undurchschaubaren Weise verändert, und zwar als Folge seiner vorhergegangenen Outputs (vielleicht hat es seinen Benzinvorrat aufgebraucht). Es hat so für einen Augenblick sein wahres Wesen als nicht-triviale Maschine enthüllt. Aber das ist natürlich eine

unerhörte Sache, und so ein Zustand muß sofort behoben werden.
Während nun unsere eifrigen Bemühungen um die Trivialisierung unserer Umwelt in einem Bereich nützlich und konstruktiv sein mögen, sind sie in einem anderen nutzlos und zerstörerisch. Trivialisierung ist ein höchst gefährliches Allheilmittel, wenn der Mensch es auf sich selbst anwendet.
Betrachten Sie etwa den Aufbau unseres Schulsystems. Der Schüler kommt zur Schule als eine unvorhersagbare »nicht-triviale Maschine«. Wir wissen nicht, welche Antwort er auf eine Frage geben wird. Will er jedoch in diesem System Erfolg haben, dann müssen die Antworten, die er auf unsere Fragen gibt, bekannt sein. Diese Antworten sind die »richtigen« Antworten.

> F: »Wann wurde Napoleon geboren?«
> A: »1769.«
> Richtig! (weil erwartet)
> Schüler → Schüler
> Aber:
> F: »Wann wurde Napoleon geboren?«
> A: »Sieben Jahre vor der amerikanischen Unabhängigkeitserklärung.«
> Falsch! (weil unerwartet)
> Schüler → Nicht-Schüler.

Tests sind Instrumente, um ein Maß der Trivialisierung festzulegen. Ein hervorragendes Testergebnis verweist auf vollkommene Trivialisierung: der Schüler ist völlig vorhersagbar und darf daher in die Gesellschaft entlassen werden. Er wird weder irgendwelche Überraschungen noch auch irgendwelche Schwierigkeiten bereiten.

Zukunft

Ich nenne eine Frage, deren Antwort bekannt ist, eine »illegitime Frage«. Wäre es nicht faszinierend, ein Bildungssystem aufzubauen, das von seinen Schülern erwartet, Antworten auf »legitime Fragen« zu geben, d. h. auf Fragen, deren Antworten unbekannt sind (H. Brün, persönliche Mitteilung)? Wäre es nicht noch faszinierender, sich eine Gesellschaft auszumalen, die ein solches Bildungssystem einrichten würde? Die notwendige Voraussetzung für diese Utopie ist, daß ihre Mitglieder einander als autonome und nicht-triviale Wesen auffassen. Eine derartige Gesellschaft wird, so sage ich vorher, einige ganz verblüffende Entdeckungen machen. Ich führe hier als Belege nur die folgenden drei auf:

1. »Bildung ist weder ein Recht noch ein Privileg: sie ist eine Notwendigkeit.«
2. »Bildung besteht darin, legitime Fragen stellen zu lernen.«

Eine Gesellschaft, die diese beiden Entdeckungen gemacht hat, wird schließlich in der Lage sein, auch die dritte und utopischste zu machen:

3. »A geht es besser, wenn es B besser geht.«

Wenn nun jemand in der heutigen Lage auch nur einen dieser drei Vorschläge ernsthaft machen wollte, wird er sicherlich in Schwierigkeiten geraten. Vielleicht erinnern Sie sich an die Geschichte, die Iwan Karamasow erfindet, um den Geist seines jüngeren Bruders Aljoscha ein bißchen zu kitzeln. Es ist die Geschichte vom Großinquisitor. Wie Sie wissen, geht der Großinquisitor an einem sehr angenehmen Nachmittag durch seine Stadt Sevilla. Er ist gut gelaunt. Am Morgen hat er auf dem Scheiterhaufen um die 120 Häretiker verbrannt, er hat seine Pflicht getan, alles ist in bester Ordnung. Plötzlich sieht er vor sich eine Menschenmenge, und er geht näher heran, um zu sehen, was da geschieht. Er sieht einen Fremden, der einem Lahmen seine Hand auflegt, und wie der Lahme auf einmal gehen kann. Dann bringt man ein blindes Mädchen zu ihm, der Fremde legt seine Hand auf ihre Augen, und auf einmal kann es sehen. Der Großinquisitor weiß sofort, wer Er ist, und er sagt zu seinen Henkern: »Nehmt diesen Menschen fest!« Sie stürzen sich auf ihn, packen ihn und werfen ihn ins Gefängnis. In der Nacht besucht der Großinquisitor den Fremden in seiner Zelle und sagt zu ihm: »Schau, ich weiß, wer du bist, Unruhestifter. Eintausendundfünfhundert Jahre hat es uns gekostet, den ganzen Unfrieden zu beseitigen, den du gesät hast. Du weißt sehr wohl, daß Menschen selbständig keine Entscheidungen treffen können. Du weißt sehr wohl, daß Menschen nicht frei sein können. *Wir* müssen ihre Entscheidungen treffen. *Wir* sagen ihnen, wer sie sein sollen. Du weißt das sehr wohl. Daher werde ich dich morgen auf dem Scheiterhaufen verbrennen.« Der Fremde steht auf, umarmt den Großinquisitor und küßt ihn. Der Großinquisitor geht hinaus, aber als er die Zelle verläßt, schließt er die Tür nicht zu, und der Fremde verschwindet in die Dunkelheit der Nacht...

Lassen Sie uns an diese Geschichte denken, wenn wir solchen Unruhestiftern begegnen, und lassen Sie uns die Türen für sie offenhalten. Wir werden sie an einer schöpferischen Tat erkennen:

»Sehet!«

Und es ward Licht.

Über selbst-organisierende Systeme und ihre Umwelten

Ich zögere ein wenig mit den einleitenden Bemerkungen meines Vortrages, da ich fürchte, die Gefühle gerade jener zu verletzen, die diese Tagung über selbst-organisierende Systeme so großzügig unterstützt haben. Andererseits glaube ich aber, eine Antwort auf die Frage vorschlagen zu können, die Dr. Weyl in seiner ebenso sachgerechten wie anregenden Einführung gestellt hat: »Was macht ein selbst-organisierendes System aus?« Ich hoffe also, daß Sie mir vergeben werden, wenn ich meine Ausführungen mit der folgenden These eröffne: »Es gibt keinerlei Systeme, die sich selbst organisieren!«
Angesichts des Themas dieser Tagung habe ich nun einen sehr überzeugenden Beweis für diese These zu liefern! Dies wird allerdings nicht allzu schwierig sein, sollte der geheime Zweck dieser Versammlung nicht gerade in einer Verschwörung bestehen, den Zweiten Hauptsatz der Thermodynamik abzuschaffen. Ich werde also nun die Nicht-Existenz selbst-organisierender Systeme durch eine *reductio ad absurdum* der Annahme beweisen, daß es so etwas gibt wie ein System, das sich selbst organisiert.

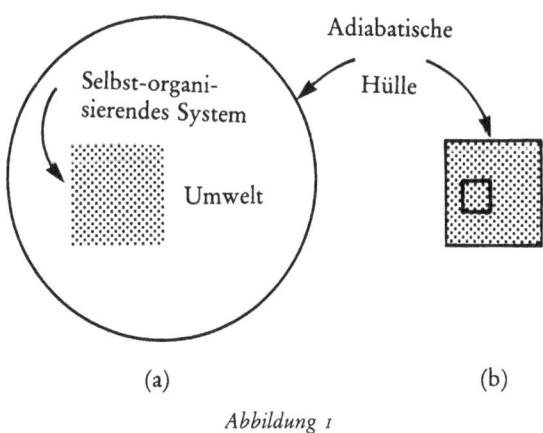

Abbildung 1

Nehmen wir ein endliches Universum U_o, an, so klein oder so groß, wie sie es wünschen (vgl. Abbildung 1a), das in eine adiabatische Hülle eingeschlossen ist, welche dieses finite Universum von dem »Meta-Universum« trennt, in das es eingebettet ist. Nehmen wir des weiteren an, daß es in diesem Universum U_o eine geschlossene Oberfläche gibt, die es in zwei voneinander völlig getrennte Teile teilt: der eine Teil wird vollständig durch ein selbst-organisierendes System S_o besetzt, während wir den anderen Teil die Umwelt E_o dieses selbst-organisierenden Systems nennen können:

$$S_o \& E_o = U_o.$$

Ich darf anfügen, daß es irrelevant ist, ob sich unser selbst-organisierendes System innerhalb oder außerhalb der geschlossenen Oberfläche befindet. In Abbildung 1 liegt das System innerhalb. Wird diesem selbst-organisierenden System nun Gelegenheit gegeben, sich eine Zeitlang damit zu beschäftigen, sich selbst zu organisieren, dann wird seine Entropie während dieser Zeit unzweifelhaft abnehmen:

$$\frac{\delta S_S}{\delta t} < 0,$$

sonst würden wir es ja auch nicht als selbst-organisierendes System bezeichnen, sondern lediglich als mechanisches $\delta S_s/\delta t = 0$ oder als thermodynamisches $\delta S_s/\delta t > 0$ System. Die Entropie im übrigen Teil unseres endlichen Universums, d.h. die Entropie der Umwelt, muß also zunehmen,

$$\frac{\delta S_E}{\delta t} > 0,$$

sonst würde der Zweite Hauptsatz der Thermodynamik verletzt. Wenn nun einige der Prozesse, die zur Abnahme der Entropie des Systems beigetragen haben, irreversibel sind, dann stellen wir fest, daß die Entropie des Universums U_o höher ist als zu dem Zeitpunkt, da unser System begann, sich selbst zu organisieren. Der Zustand des Universums weist folglich weniger Organisation auf als vor $\delta S_U/\delta t > 0$, mit anderen Worten, die Aktivität des Systems ist des-organisierend, und wir können ein derartiges System zu Recht als »des-organisierendes System« bezeichnen.

Man muß nun aber feststellen, daß es unfair ist, das System für Veränderungen im gesamten Universum verantwortlich zu machen, und daß diese offenbare Inkonsistenz dadurch entstand, daß wir nicht nur das System selbst betrachtet, sondern auch die Umwelt des Systems in unsere Überlegung einbezogen haben. Wenn man eine zu große adiabatische Hülle konstruiert, führt man Prozesse ein, die für unsere Überlegungen überhaupt nicht von Bedeutung sind. Also gut, lassen wir die adiabatische Hülle mit der geschlossenen Oberfläche zusammenfallen, die das System vorhin von seiner Umwelt getrennt hat (Abbildung 1b). Dieser Schritt räumt nicht nur den obigen Einwand aus, er erlaubt mir außerdem zu zeigen, daß ein selbst-organisierendes System, welches von dieser Hülle umschlossen wird, sich nicht nur als ein des-organisierendes, sondern sogar als ein sich selbst desorganisierendes System erweist.

Mein früheres Beispiel mit der großen Hülle macht klar, daß auch hier – sollten irreversible Prozesse auftreten – die Entropie des Systems, das nunmehr innerhalb der Hülle liegt, zunehmen muß, daß daher im Laufe der Zeit das System sich selbst des-organisieren würde, obwohl die Entropie in gewissen Bereichen tatsächlich abgenommen haben mag. Man kann nun darauf hinweisen, daß wir unsere Hülle eben nur um diese Bereiche hätten wickeln sollen, da sie der eigentliche selbst-organisierende Teil unseres Systems zu sein scheinen. Aber ich könnte hier erneut dasselbe Argument wie früher anbringen, diesmal nur mit Bezug auf einen kleineren Bereich, und so könnten wir für immer weiter fortfahren, bis unser angeblich selbst-organisierendes System in die glücklichen ewigen Jagdgründe des Infinitesimalen verschwunden ist.

Obwohl ich nun diesen Beweis der Nicht-Existenz selbst-organisierender Systeme vorgeschlagen habe, möchte ich den Begriff »selbst-organisierendes System« weiterhin verwenden. Dabei muß allerdings besonders beachtet werden, daß dieser Begriff sinnlos wird, wenn das System in engem Kontakt mit einer Umwelt steht, *die verfügbare Energie und Ordnung besitzt,* und mit der unser System durch ständige Wechselwirkung verbunden ist, so daß es in bestimmter Weise auf Kosten dieser Umwelt zu »leben« vermag.

Obwohl ich nun nicht im Detail die interessante Diskussion des Energieflusses von der Umwelt in das System und zurück aufnehmen werde, möchte ich kurz die beiden Denktraditionen erwähnen, die mit diesem Problem zusammenhängen. Die eine sieht Energiefluß und Signalfluß als eine eng verknüpfte Ein-Kanal-

Angelegenheit an (d.h. die Botschaft trägt auch die Nahrung, oder wenn Sie wollen, Signal und Nahrung sind synonym), während die andere diese beiden Größen sorgfältig voneinander trennt, auch wenn es in dieser Theorie einen bemerkenswerten Zusammenhang zwischen Signalfluß und Energievorrat gibt.

Ich bekenne, daß ich der zweiten Denkweise anhänge, und ich bin besonders glücklich, daß im weiteren Verlauf dieser Tagung Gordon Pask diese Sichtweise in seinem Vortrag »Die Naturgeschichte von Netzwerken« (1960) viel klarer darstellen wird, als ich dies jemals vermöchte.

Was mich im gegenwärtigen Augenblick besonders interessiert, das ist nicht so sehr die Energie aus der Umwelt, die vom System verdaut wird, sondern die Nutzung der Umweltordnung durch das System. Mit anderen Worten, die Frage, die ich gerne beantworten würde, lautet: »Wieviel an Ordnung, wenn überhaupt, kann unser System von der Umwelt assimilieren?«

Bevor ich diese Frage anpacke, muß ich noch zwei Hürden nehmen, die jeweils Probleme im Zusammenhang mit dem Begriff »Umwelt« darstellen. Da Sie ohne Zweifel bemerkt haben, daß in meiner Philosophie selbst-organisierender Systeme die Umwelt solcher Systeme eine *conditio sine qua non* darstellt, bin ich zunächst verpflichtet zu zeigen, in welchem Sinne wir über die Existenz einer solche Umwelt reden können. Sodann habe ich zu zeigen, daß eine solche Umwelt strukturiert sein muß, sollte sie existieren.

Das erste Problem, das ich nun zu eliminieren beabsichtige, ist vielleicht eines der ältesten philosophischen Probleme, mit dem die Menschheit hat leben müssen. Dieses Problem entsteht dann, wenn wir, die Menschen, uns selbst als selbst-organisierende Systeme auffassen. Wir können dann darauf bestehen, daß uns Introspektion nicht gestattet zu entscheiden, ob die Welt, wie wir sie sehen, »wirklich« oder bloß eine Phantasmagorie, ein Traum, eine Illusion unserer Einbildungskraft ist. Eine Entscheidung dieses Dilemmas ist insofern wichtig für meine Diskussion, als für den Fall, daß die letztere Alternative gilt, meine ursprüngliche These, die die Unsinnigkeit der Vorstellung eines isolierten selbst-organisierenden Systems behauptet, kläglich in sich zusammenbrechen müßte.

Ich möchte nun versuchen, die Realität der Welt, die wir wahrnehmen, zu zeigen, und zwar durch eine *reductio ad absurdum*

Abbildung 2

der These: Diese Welt existiert nur in unserer Vorstellung, und die einzige Realität ist das sich etwas vorstellende »Ich«.

Dank des künstlerischen Beistandes von Gordon Pask, der diese und einige meiner weiteren Behauptungen so wunderschön illustriert hat (Abbildungen 2, 5, 6), wird es für mich leicht, meine Argumentation zu entwickeln.

Nehmen wir für den Augenblick an, daß ich der erfolgreiche Geschäftsmann mit der Melone auf dem Kopf in Abbildung 2 bin und daß ich darauf bestehe, die einzige Realität zu sein, während alles übrige nur in meiner Vorstellung auftritt. Ich kann nun aber nicht leugnen, daß in meiner Vorstellung Menschen, Naturwis-

senschaftler, andere erfolgreiche Geschäftsleute usw. erscheinen, wie z. B. bei dieser Tagung hier. Da ich diese Erscheinungen in vielen Hinsichten als mir selber ähnlich erkenne, muß ich ihnen auch das Privileg zugestehen, daß sie selber darauf bestehen, daß sie die einzige Realität sind und alles andere nur ein Gebräu ihrer Einbildung darstellt. Andererseits können sie wiederum nicht leugnen, daß ihre eigene Phantasie von Menschen bevölkert ist ...
– und einer dieser Menschen könnte ich sein, mit der Melone auf dem Kopf und allem Drum und Dran!

Damit haben wir den Zirkel unseres Widerspruchs geschlossen: Wenn ich annehme, daß ich die einzige Realität bin, dann stellt sich heraus, daß ich nur die Vorstellung von jemand anders bin, der seinerseits annimmt, daß *er* die einzige Realität ist. Natürlich läßt sich dieses Paradox leicht dadurch auflösen, daß man die Realität der Welt postuliert, in der wir alle so glücklich blühen und gedeihen.

Nachdem wir nun die Realität wieder eingesetzt haben, ist die interessante Feststellung zu machen, daß die Realität als konsistenter Bezugsrahmen für zumindest zwei Beobachter auftritt. Dies wird besonders klar dann, wenn erkannt wird, daß mein »Beweis« exakt nach dem »Relativitätsprinzip« modelliert war, das im wesentlichen folgendes besagt: Wenn eine Hypothese, die auf eine Menge von Gegenständen anwendbar ist, für einen Gegenstand allein und einen anderen Gegenstand allein gilt, dann auch für beide Gegenstände zusammen gilt, dann ist die Hypothese allgemein gültig. In der Ausdrucksweise der symbolischen Logik gilt daher:

$$(\exists x)[H(a) \& H(x) \rightarrow H(a + x)] \rightarrow (x)H(x). \quad (1)$$

Kopernikus etwa hätte diese Argumentation auf folgende Weise zu seinem Vorteil verwenden können: Wenn wir an ein geozentrisches System glauben, [H(a)], dann könnten z. B. die Venusianer an ein venuzentrisches System glauben, [(Hx)]. Da wir aber nicht beides sein können, Zentrum und Epyzikloid zur gleichen Zeit, [H(a + x)], kann mit einem planetozentrischen System etwas nicht stimmen.

Man sollte jedoch nicht übersehen, daß der oben formulierte Ausdruck $\mathcal{R}(H)$ keine Tautologie ist, also eine empirisch gehalt-

volle Aussage sein muß.[1] Diese Aussage schafft eine Form, in der über die Existenz einer Umwelt geredet werden kann.
Bevor ich nun zu meiner ursprünglichen Frage zurückkehren kann, wieviel Ordnung ein selbst-organisierendes System aus seiner Umwelt assimilieren kann, muß ich zeigen, daß unsere Umwelt eine gewisse Struktur aufweist. Dies läßt sich in der Tat sehr leicht allein durch die Feststellung tun, daß wir uns ganz augenscheinlich noch nicht in dem schrecklichen Zustand des Boltzmannschen »Wärmetods« befinden. Daher nimmt die Entropie immer noch zu, und dies bedeutet, daß es eine gewisse Ordnung geben *muß* – zumindest jetzt –, andernfalls könnten wir Ordnung nicht verlieren.
Lassen Sie mich die bisher vorgelegten Argumente kurz zusammenfassen:
1. Mit einem selbst-organisierenden System meine ich jenen Teil eines Systems, der sich Energie und Ordnung aus seiner Umwelt einverleibt.
2. Es gibt eine Realität der Umwelt in dem Sinne, den die Akzeptanz des Relativitätsprinzips nahelegt.
3. Die Umwelt besitzt Struktur.
Wir wollen uns nun wieder unseren selbst-organisierenden Systemen zuwenden. Von solchen Systemen erwarten wir, daß sie ihre innere Ordnung vergrößern. Um diesen Prozeß zu beschreiben, wäre es zuerst einmal schön, wenn wir »innere« definieren könnten, und zweitens, wenn wir irgendein Maß für Ordnung hätten. Das erste Problem entsteht immer dann, wenn wir es mit Systemen zu tun haben, die nicht von einer Haut umhüllt sind. In solchen Fällen liegt es an uns, die geschlossene Grenze unseres Systems zu definieren. Dies kann jedoch Schwierigkeiten bereiten, denn wenn wir einen bestimmten Bereich im Raum als den intuitiv richtigen Platz für unser selbst-organisierendes System ansehen, dann kann es sich herausstellen, daß eben dieser Bereich überhaupt keine selbst-organisierenden Eigenschaften aufweist, und daß wir gezwungen sind, eine andere Wahl zu treffen, in der

---

1 Dies hat Wittgenstein bemerkt, obwohl seine Einsicht das Prinzip der mathematischen Induktion betraf. Der enge Zusammenhang aber zwischen dem Induktions- und dem Relativitätsprinzip ist durchaus evident. Ich würde sogar die Behauptung wagen, daß das Prinzip der mathematischen Induktion das Relativitätsprinzip der Zahlentheorie ist.

Hoffnung, diesmal größeres Glück zu haben. Genau diese Schwierigkeit tritt etwa auf in Verbindung mit dem Problem der »Lokalisierung von Funktionen« im Großhirn.
Wir können die Argumentation andersherum aufziehen, indem wir unsere Grenze jeweils als die Hülle desjenigen Bereichs im Raum definieren, der die gewünschte Zunahme an Ordnung zeigt. Aber auch damit geraten wir in Schwierigkeiten; ich kenne nämlich kein Gerät, das angeben würde, ob es an einen sich selbst *des*organisierenden oder einen sich selbst organisierenden Bereich angeschlossen ist, und das uns somit eine solide operationale Definition liefert.
Eine weitere Schwierigkeit ergibt sich aus der Möglichkeit, daß diese selbst-organisierenden Bereiche sich nicht nur ständig im Raum bewegen und in ihrer Form verändern, sondern daß sie auch hier und dort spontan auftreten und wieder verschwinden können, so daß der »Ordometer« diesen völlig ungreifbaren Systemen nicht nur nachlaufen, sondern auch den Ort ihrer Entstehung riechen muß!
Mit dieser kleinen Abschweifung wollte ich lediglich darauf hinweisen, daß wir sehr vorsichtig sein müssen, wenn wir in diesem Zusammenhang das Wort »innen« verwenden, da ein Beobachter trotz der Tatsache, daß seine Position festgelegt worden ist, beträchtliche Schwierigkeiten haben kann, das auszudrücken, was er sieht.
Wir wollen uns nun dem anderen Punkt zuwenden, den ich erwähnt habe, nämlich dem Versuch, ein angemessenes Maß für Ordnung zu finden. Ich persönlich bin der Auffassung, daß wir mit diesem Begriff zwei Sachverhalte beschreiben möchten. Erstens könnten wir daran interessiert sein, bestimmte Beziehungen zwischen den Elementen einer Menge zu erklären, die die möglichen Anordnungen der Elemente dieses Systems Einschränkungen unterwerfen. In dem Maße, in dem die Organisation des Systems zunimmt, werden immer mehr dieser Beziehungen erkennbar. Zweitens scheint mir Ordnung eher eine relative denn eine absolute Konnotation zu haben; der Begriff ist nämlich bezogen auf die maximale Unordnung der Elemente der Menge. Daraus ergibt sich, daß es bequem wäre, wenn das Ordnungsmaß Werte zwischen 0 und 1 annehmen würde, um im ersten Fall maximale Unordnung, im zweiten Fall maximale Ordnung auszudrücken. Damit wird die »Negentropie« als Ordnungsmaß eli-

miniert, da Negentropie für Systeme in vollständiger Unordnung stets endliche Werte annimmt. Was Shannon (1949) aber als »Redundanz« definiert hat, scheint mir maßgeschneidert für eine Beschreibung von Ordnung, wie ich sie mir vorstelle. Nach Shannons Definition der Redundanz ergibt sich:

$$R = 1 - \frac{H}{H_m}, \tag{2}$$

wobei H/H_m das Verhältnis zwischen der Entropie H einer Informationsquelle und dem Maximumwert H_m ist, den sie erreichen könnte, solange sie auf dieselben Symbole beschränkt bleibt. Shannon nennt dieses Verhältnis die »relative Entropie«. Der obige Ausdruck erfüllt ganz offensichtlich die Anforderungen an ein Maß für Ordnung, wie ich sie vorhin aufgezählt habe. Wenn sich das System im Zustand maximaler Unordnung $H = H_m$ befindet, dann ist R gleich 0; wenn die Elemente des Systems dagegen so geordnet sind, daß mit Gegebensein eines Elements die Position aller anderen Elemente determiniert ist, dann verschwindet die Entropie – bzw. der Grad der Unsicherheit –, R wird 1 und zeigt damit vollkommene Ordnung an. Natürlich erwarten wir von einem selbst-organisierenden System, daß die Ordnung des Systems, wie sie in einem bestimmten Anfangszustand gegeben ist, im Laufe der Zeit zunimmt. Mit unserem Ausdruck (2) können wir sogleich das Kriterium dafür angeben, daß ein System sich selbst organisiert, d. h. daß die Rate der Veränderung von R positiv ist:

$$\frac{\delta R}{\delta t} > 0. \tag{3}$$

Wenn wir die Gleichung (2) mit Bezug auf die Zeit differenzieren und die Ungleichung (3) hinzuziehen, ergibt sich:

$$\frac{\delta R}{\delta t} = -\frac{H_m(\delta H/\delta t) - H(\delta H_m/\delta t)}{H_m^2} \tag{4}$$

Da $H_m^2 > 0$ unter allen Bedingungen gilt (es sei denn, wir beginnen mit Systemen, die sich nur als ständig vollkommen geordnet denken lassen: $H_m = 0$), können wir die Bedingung dafür, daß ein System sich selbst organisiert, mit Hilfe des Entropiekonzepts ausdrücken:

$$H\frac{\delta H_m}{\delta t} > H_m\frac{\delta H}{\delta t}. \tag{5}$$

Um die Bedeutung dieser Ungleichung klarzumachen, möchte ich zuerst zwei besondere Fälle kurz erörtern, jene Fälle nämlich, in denen jeweils einer der beiden Ausdrücke H bzw. H_m als konstant angenommen wird.

(a) H_m = konstant

Wir wollen zunächst den Fall betrachten, in dem H_m, d. h. die maximale Entropie des Systems, konstant bleibt, denn dies ist der Fall, den man sich gewöhnlich vorstellt, wenn man von sich selbst organisierenden Systemen spricht. Wenn H_m als konstant angenommen wird, dann verschwindet die zeitabhängige Ableitung von H_m, und es ergibt sich aus Gleichung (5):

$$\frac{\delta H_m}{\delta t} = 0 \ldots \frac{\delta H}{\delta t} < 0. \tag{6}$$

Diese Gleichung stellt ganz einfach fest, daß die Entropie des Systems im Laufe der Zeit abnimmt. Das wußten wir bereits – wir können uns nun aber fragen, wie dies erreicht werden kann? Da die Entropie des Systems von der Wahrscheinlichkeitsverteilung der in bestimmten unterscheidbaren Zuständen befindlichen Elemente abhängt, muß sich diese Wahrscheinlichkeitsverteilung klarerweise verändern, wenn H reduziert werden soll. Wir können uns dies ebenso wie seine Verwirklichung verdeutlichen, indem wir auf die Faktoren achten, die die Wahrscheinlichkeitsverteilung bestimmen. Einer dieser Faktoren könnte in bestimmten Eigenschaften unserer Elemente liegen, die es mehr oder minder wahrscheinlich machen, daß ein Element in einem bestimmten Zustand anzutreffen sein wird. Nehmen wir z. B. an, daß der entsprechende Zustand darin besteht, »in einem Loch einer bestimmten Größe zu sein.« Die Wahrscheinlichkeit dafür, daß Elemente sich in diesem Zustand finden, die größer sind als das Loch, ist klarerweise Null. Wenn die Elemente also wie kleine Ballons langsam aufgeblasen werden, wird sich die Wahrscheinlichkeitsverteilung ständig ändern. Ein weiterer Faktor, der die Wahrscheinlichkeitsverteilung beeinflußt, könnte in gewissen anderen Eigenschaften unserer Elemente liegen, die die bedingten Wahrscheinlichkeiten dafür bestimmen, daß ein Element in bestimmten Zuständen angetroffen wird, wenn der Zustand anderer Elemente des Systems gegeben ist. Wiederum wird eine Veränd erung dieser bedingten Wahrscheinlichkeiten die Wahrscheinlichkeitsverteilung und somit die Entropie des Systems verändern. Da alle diese Veränderungen im Inneren stattfinden, will ich einen »inneren Dämon« für diese Veränderungen verantwortlich machen. Er bewirkt, daß H abnimmt, z. B. dadurch, daß er eifrig die kleinen Ballons aufbläst und somit die Wahrscheinlichkeitsverteilung verändert, oder daß er die bedingten Wahrscheinlichkeiten verschiebt, indem er Verbindungen zwischen Elementen herstellt. Da uns die Aufgaben dieses Dämons ziemlich vertraut sind, möchte ich mich einen Augenblick von ihm ab- und einem anderen zuwenden und den zweiten Spezialfall erörtern, den ich bereits erwähnt habe, jenen nämlich, in dem H als konstant angenommen wird.

(b) H = konstant

Wird die Entropie des Systems als konstant angenommen, dann verschwindet ihre zeitabhängige Ableitung, und es ergibt sich aus Gleichung (5):

$$\frac{\delta H}{\delta t} = 0 \ldots \frac{\delta H_m}{\delta t} > 0. \tag{7}$$

Es ergibt sich damit das eigentümliche Resultat, daß wir nach unserer früher gegebenen Definition von Ordnung ein selbstorganisierendes System vor uns haben können, wenn die maximale Unordnung des Systems zunimmt. Nun scheint dies auf den ersten Blick eine ziemlich triviale Angelegenheit zu sein, da man sich leicht einfache Prozesse vorstellen kann, in denen diese Bedingung erfüllt ist. Betrachten wir als einfaches Beispiel ein System, das aus N Elementen zusammengesetzt ist, die bestimmte beobachtbare Zustände einnehmen können. In den meisten Fällen läßt sich eine Wahrscheinlichkeitsverteilung für die Gesamtzahl der Elemente in diesen Zuständen so berechnen, daß H maximiert und ein Ausdruck für H_m abgeleitet wird. Aufgrund der Tatsache, daß die Entropie (oder der Informationsbetrag) mit dem Logarithmus der Wahrscheinlichkeiten verknüpft ist, läßt sich ohne Schwierigkeiten zeigen, daß die Ausdrücke für H_m im allgemeinen die folgende Form haben[2]:

---

2 Vgl. auch den Anhang.

$$H_m = C_1 + C_2 \log_2 N.$$

Daraus ergibt sich unmittelbar ein Verfahren, H_m zu vergrößern, nämlich so, daß die Anzahl der Elemente, die das System bilden, vermehrt wird; mit anderen Worten, ein System, das durch die Einfügung neuer Elemente wächst, vergrößert seine maximale Entropie, und wir müssen mit aller nötigen Fairneß dieses System als ein Mitglied der geschätzten Familie selbst-organisierender Systeme anerkennen, da es dem Kriterium hierfür (Gleichung 7) entspricht.

Wenn es nun aber schon genügt, einem System neue Elemente hinzuzufügen, um es zu einem selbst-organisierenden System zu machen, dann ließe sich behaupten, daß auch ein Eimer zu einem selbst-organisierenden System wird, wenn man Sand in ihn schüttet. Irgendwie scheint dies aber – ganz gelinde gesagt – nicht unserer intuitiven Hochachtung der Mitglieder unserer geschätzten Familie gerecht zu werden. Und dies ist auch richtig so, denn eine derartige Behauptung mißachtet die Voraussetzung, unter der diese Aussage abgeleitet wurde, nämlich die, daß im Prozeß der Hinzufügung neuer Elemente die Entropie H des Systems konstant gehalten werden muß. Im Falle des mit Sand gefüllten Eimers dürfte dies eine äußerst kitzlige Aufgabe darstellen, deren Erfüllung man sich vielleicht so vorstellen könnte, daß die neuen Teilchen hinsichtlich bestimmter unterscheidbarer Zustände, etwa Lage, Richtung usw. in genau die Ordnung gebracht werden, in der sich die Teilchen befinden, die im Augenblick der Hinzufügung der Neuankömmlinge vorhanden sind. Ganz augenscheinlich erfordert diese Aufgabe, H_m zu vergrößern und gleichzeitig H konstant zu halten, übermenschliche Geschicklichkeit, und wir können daher dafür einen weiteren Dämon anstellen, den ich den »äußeren Dämon« nennen will, und dessen Aufgabe darin besteht, in das System nur jene Elemente hineinzulassen, deren Zustand mit den Bedingungen zumindest der konstanten inneren Entropie übereinstimmt. Wie Sie nun sicherlich bereits bemerkt haben, ist dieser Dämon ein enger Verwandter des Maxwellschen Dämons, nur sind diese Burschen heutzutage leider nicht mehr so gut wie in alten Zeiten. Vor dem Jahre 1927 (Heisenberg) waren sie nämlich noch imstande, irgendein beliebiges kleines Loch zu überwachen, durch welches der Neuankömmling hindurchmußte, und mit beliebig großer Genauigkeit sein Bewegungsmoment zu prüfen. Heute sind die Dämonen, die bestimmte Löcher bewachen, leider unfähig, eine verläßliche Prüfung des Bewegungsmoments vorzunehmen und umgekehrt. Ihre Möglichkeiten sind leider Gottes durch Heisenbergs Unschärferelation eingeschränkt worden.

Nachdem ich die beiden Spezialfälle erörtert habe, bei denen jeweils nur ein Dämon am Werke ist, während der andere angekettet bleibt, werde ich nun kurz die generelle Situation beschreiben, in der beide Dämonen sich frei bewegen können. Ich komme daher zu unserer allgemeinen Gleichung (5), die mit Hilfe der beiden Entropien (H und H_m) das Kriterium dafür formuliert, daß ein System sich selbst organisiert. Der Bequemlichkeit halber will ich diese Gleichung hier wiederholen und dabei gleichzeitig die Aufgaben der beiden Dämonen D_i und D_e angeben:

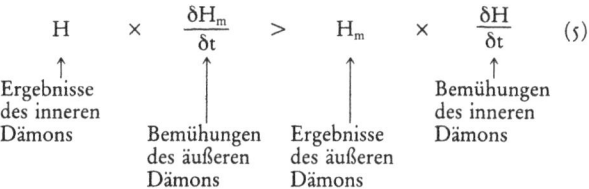

$$H \quad \times \quad \frac{\delta H_m}{\delta t} \quad > \quad H_m \quad \times \quad \frac{\delta H}{\delta t} \qquad (5)$$

↑ Ergebnisse des inneren Dämons

↑ Bemühungen des äußeren Dämons

↑ Ergebnisse des äußeren Dämons

↑ Bemühungen des inneren Dämons

Aus dieser Gleichung ist nun leicht zu ersehen, daß man den beiden Dämonen das Leben um vieles erleichtert, wenn man sie nicht zwingt, allein zu arbeiten, sondern wenn man ihnen erlaubt, zusammenzuarbeiten. Es ist erstens nicht notwendig, daß D_i die augenblickliche Entropie H stets vermindert, oder daß D_e die maximal mögliche Entropie stets vergrößert; es ist lediglich notwendig, daß das Produkt der Ergebnisse von D_i mit den Bemühungen von D_e größer ist als das Produkt der Ergebnisse von D_e mit den Bemühungen von D_i. Zweitens, wenn H oder H_m groß ist, dann kann D_e oder D_i es sich leicht machen, da seine Anstrengungen mit den entsprechenden Faktoren multipliziert werden. Dies zeigt in einer wichtigen Weise die Interdependenz dieser Dämonen. Ist nämlich D_i sehr eifrig, um ein großes H aufzubauen, dann kann D_e es sich leisten, faul zu sein, da seine Bemühungen ja mit den Ergebnissen von D_i multipliziert werden, und umgekehrt. Wenn andererseits D_e zu lange faul bleibt, hat D_i nichts, worauf er bauen kann, seine Produktion wird abnehmen und schließlich D_e zwingen, seine Tätigkeit zu verstärken, wenn das System nicht aufhören soll, ein selbst-organisierendes System zu sein.

Zusätzlich zu dieser entropischen Koppelung der beiden Dämonen findet auch eine energetische Interaktion zwischen ihnen statt, die durch die Energieanforderungen des inneren Dämons verursacht wird, der die Verschiebungen der Wahrscheinlichkeitsverteilung der Elemente des Systems bewirken soll. Dies erfordert gewisse Energie, wie wir uns vielleicht anhand des früheren Beispiels erinnern, in dem jemand die kleinen Ballons aufzublasen hatte. Da diese Energie der Umwelt entnommen worden ist, wird sie die Aktivitäten des äußeren Dämons beeinflussen, denn dieser kann in Schwierigkeiten geraten, wenn er das System mit besonders ausgesuchter Entropie zu versorgen sucht, die er aus einer energetisch erschöpften Umwelt gewinnen muß.

Für alle jene, die diese Thematik vom Standpunkt des Physikers bearbeiten und an das Denken in den Begriffen der Thermodynamik und der statistischen Mechanik gewöhnt sind, kann unmöglich darauf verzichtet werden, auf die schöne kleine Schrift *Was ist Leben* von Erwin Schrödinger zu verweisen (1947). Alle jene unter ihnen, die dieses Buch kennen, werden sich daran erinnern, daß Schrödinger besonders zwei auszeichnende Merkmale lebender Organismen bewundert. Das eine besteht in der unglaublich hohen Ordnung der Gene, in den »erblichen Kodezeichen«, wie er sie nennt, das andere in der wunderbaren Stabilität dieser organisierten Einheiten, deren empfindliche Gefüge auch dann fast gänzlich unbeeinflußt bleiben, wenn man sie thermischer Bewegung aussetzt, indem man sie – wie z. B. im Falle der Säugetiere – in einen Thermostaten eintaucht, der auf etwa 310 K gesetzt ist.

In seiner fesselnden Darlegung lenkt Schrödinger unsere Aufmerksamkeit auf zwei verschiedene Grund-»Mechanismen«, durch welche geordnete Ereignisse herbeigeführt werden können: »den statistischen Mechanismus, der Ordnung aus Unordnung erzeugt, und den ... [anderen], der ›Ordnung aus Ordnung‹ erzeugt«.

Während der erstgenannte Mechanismus, das Prinzip »Ordnung aus Unordnung«, lediglich auf »statistische Gesetze« Bezug nimmt, oder, wie Schrödinger formuliert, auf »die großartige Ordnung exakter physikalischer Gesetzlichkeit, die sich aus atomarer und molekularer Unordnung ergibt«, stellt der letztere Mechanismus, das Prinzip »Ordnung aus Ordnung«, wiederum in seinen Worten, »den eigentlichen Schlüssel zum Verstehen des Lebens« dar. Schrödinger entwickelt dieses Prinzip bereits früh in seinem Buch sehr klar und stellt fest: »Das, wovon ein Organismus sich ernährt, ist negative Entropie«. Ich glaube, daß meine Dämonen damit einverstanden wären, und ich bin es auch.

Als ich erst vor kurzem Schrödingers Bändchen wieder durchlas, fragte ich mich, wie seinen scharfen Augen entgangen sein konnte, was ich als einen »zweiten Schlüssel« zum Verstehen des Lebens oder – wenn man dies in angemessener Weise so sagen kann – selbst-organisierender Systeme betrachten würde. Auch wenn das Prinzip, das ich mir vorstelle, auf den ersten Blick als Schrödingers Prinzip »Ordnung aus Unordnung« mißverstanden werden kann, hat es tatsächlich damit überhaupt nichts gemein. Um daher den Unterschied zwischen beiden herauszuheben, möchte ich das Prinzip, das ich einführen will, als Prinzip der »Ordnung durch Störung« bezeichnen. In meinem Gasthaus ernähren sich daher selbst-organisierende Systeme nicht nur von Ordnung, für sie stehen auch Störungen auf der Speisekarte.

Ich möchte nun kurz erklären, was ich meine, wenn ich davon rede, daß ein selbst-organisierendes System sich von Störungen ernährt; ich möchte dafür ein fast triviales, aber nichtsdestoweniger amüsantes Beispiel heranziehen.

Nehmen wir an, ich besorge mir eine große Platte aus permanent-magnetischem Material, das vertikal zur Oberfläche stark magnetisiert ist, und ich schneide aus dieser Platte eine große Anzahl kleiner Quadrate aus (Abbildung 3a). Diese kleinen Quadrate klebe ich auf die gleich großen sechs Flächen kleiner Würfel, die aus leichtem, nichtmagnetischem Material gefertigt sind (Abbildung 3b). Je nachdem nun, welche Seiten der Würfel den magnetischen Nordpol nach außen gerichtet aufweisen (Familie 1), kann man genau zehn verschiedene Familien von Würfeln herstellen, wie Abbildung 4 zeigt.

Nehmen wir nun an, daß ich eine große Menge von Würfeln nehme, z. B. der Familie 1, bei denen auf allen Flächen der Nordpol nach außen gerichtet ist (oder der Familie 1', bei der dies auf allen Flächen für den Südpol gilt), und sie in eine große Kiste voller kleiner Glaskiesel lege, so daß die Würfel sich unter Reibung darauf bewegen, und dann diese Kiste schüttle. Sicherlich wird nichts besonders Aufregendes geschehen: da die Würfel sich alle gegenseitig abstoßen, werden sie sich im verfügbaren Raum

225

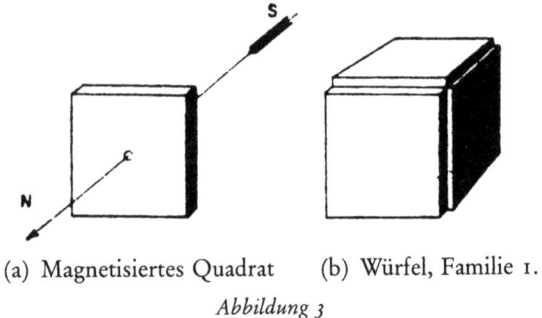

(a) Magnetisiertes Quadrat (b) Würfel, Familie 1.

Abbildung 3

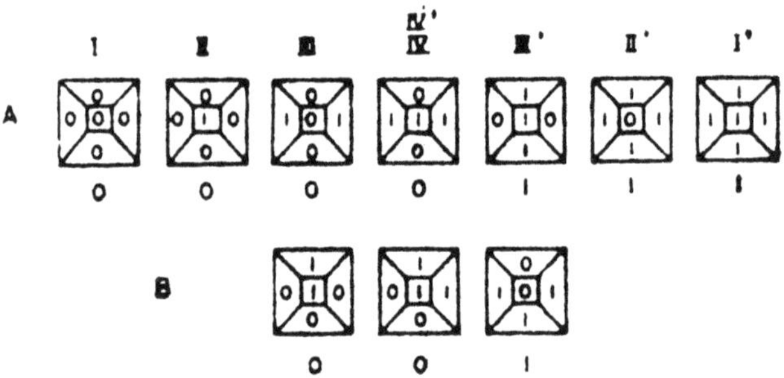

Abbildung 4 Zehn verschiedene Familien von Würfeln (vgl. Text)

so verteilen, daß kein Würfel einem anderen zu nahe kommt. Wenn beim Hineinlegen der Würfel in die Kiste kein besonderes Ordnungsprinzip beachtet wird, bleibt die Entropie des Systems konstant oder wird im schlimmsten Fall geringfügig zunehmen. Um dieses Spielchen noch etwas amüsanter zu machen, wollen wir annehmen, daß ich eine Menge von Würfeln zusammenstelle, die nur noch zur Hälfte zur Familie I (oder I') gehören, zur Hälfte jedoch zur Familie II (oder II'), die dadurch charakterisiert ist, daß nur eine Fläche eine von allen anderen Flächen verschiedene, nach außen gerichtete Magnetisierung aufweist. Wird diese Menge in meine Kiste gelegt und von mir geschüttelt, werden sich alle die Würfel mit dem einen abweichenden, nach außen gerichteten Pol mit überwältigender Wahrscheinlichkeit mit Mitgliedern der anderen Familie verbinden, bis fast alle Würfel gepaart

sind. Da die bedingten Wahrscheinlichkeiten für ein Mitglied der
Familie I, ein Mitglied der Familie II zu finden, stark zugenommen haben, hat sich die Entropie des Systems vermindert, und
wir haben daher nach dem Schütteln mehr Ordnung als zuvor. Es
läßt sich leicht zeigen[3], daß der Ordnungsbetrag in unserem System sich von Null auf

$$R_\infty = \frac{1}{\log_2(en)}$$

erhöht, wenn man mit einer Populationsdichte von n Würfeln pro
Inhaltseinheit beginnt.

Ich gebe Ihnen gerne zu, daß diese Zunahme an Ordnung durchaus nicht eindrucksvoll ist, besonders dann nicht, wenn die Populationsdichte hoch ist. Nun gut, wir wollen eine Population nehmen, die ausschließlich aus Mitgliedern der Familie IV B besteht,
die durch entgegengesetzte Polarisierung der zwei Paare jener
drei Flächen gekennzeichnet ist, die an zwei gegenüberliegenden
Ecken zusammentreffen. Ich gebe diese Würfel in meine Kiste,
und Sie schütteln sie. Nach einiger Zeit öffnen wir die Kiste, und
statt eines Haufens von Würfeln, die irgendwie in der Schachtel
übereinander liegen (Abbildung 5), findet sich, auch wenn Sie
Ihren Augen kaum trauen, ein unglaublich geordnetes Gefüge,
das sich meiner Meinung nach als durchaus geeignet erweisen
könnte, in einer Ausstellung surrealistischer Kunstwerke präsentiert zu werden (Abbildung 6)

Hätte ich Ihnen nichts von meinem Kunstgriff mit den magnetischen Oberflächen erzählt und würden Sie mich nun fragen, wodurch diese Würfel in diese bemerkenswerte Ordnung gebracht
worden sind, dann würde ich, ohne mit der Wimper zu zucken,
antworten: durch das Schütteln natürlich – und dank einiger kleiner Dämonen in der Kiste...

Ich hoffe, mit diesem Beispiel mein Prinzip »Ordnung durch
Störung« hinreichend veranschaulicht zu haben, denn diesem System wurde keine Ordnung zugegeben, lediglich billige ungerichtete Energie; dank der kleinen Dämonen in der Kiste wurden
schließlich aber nur jene Störelemente ausgewählt, die zur Vergrößerung der Ordnung des Systems beitrugen. Würden wir von

---

3 Vgl. Anhang.

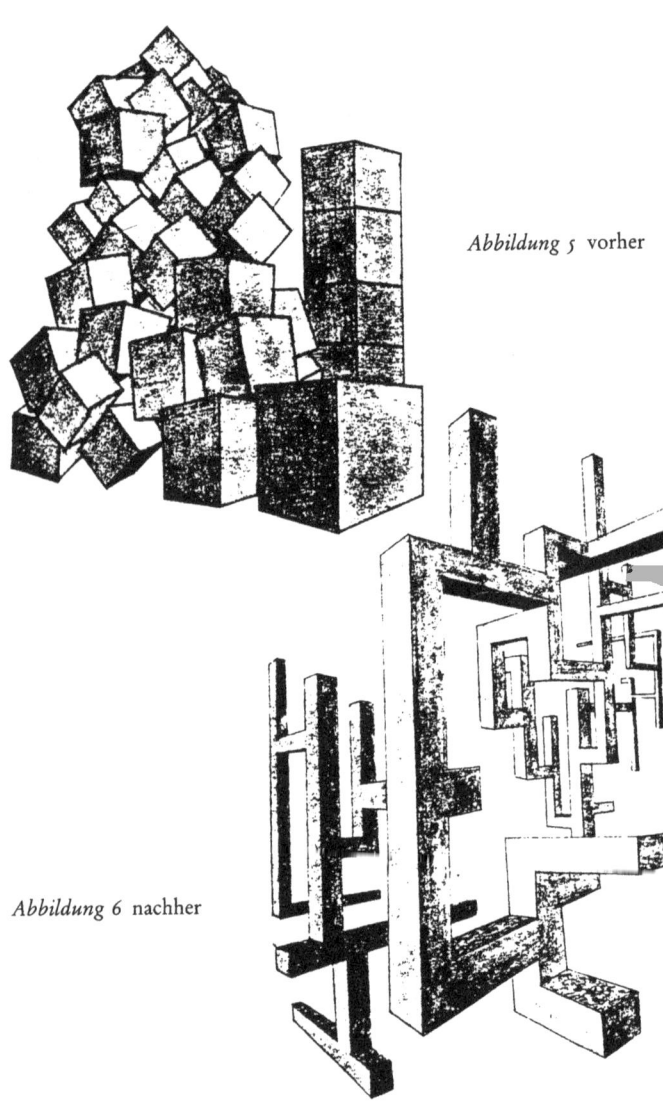

Abbildung 5 vorher

Abbildung 6 nachher

den Systemen der Gameten sprechen, dann wäre z. B. das Auftreten einer Mutation ein geeigneter Analogiefall.
Ich möchte daher zwei Mechanismen als wichtige Schlüssel zum Verstehen selbst-organisierender Systeme nennen: den einen können wir nach Schrödingers Vorschlag das Prinzip »Ordnung aus Ordnung« nennen, den anderen das Prinzip »Ordnung durch Störung«. Beide erfordern die Zusammenarbeit unserer Dämonen, die selbst zusammen mit den Elementen unserer Systeme erzeugt werden, d. h. in immanenten Struktureigenschaften dieser Elemente gegeben sind.
Nun mag man mir vorwerfen, daß ich einen fast trivialen Fall dargestellt habe, als ich versuchte, mein Prinzip »Ordnung durch Störung« abzuleiten. Ich akzeptiere dies. Ich bin jedoch überzeugt, daß meine Position viel stärker geblieben wäre, wenn ich meinen Kunstgriff mit den magnetisierten Oberflächen nicht verraten hätte. Ich bin daher den Förderern dieser Tagung sehr dankbar, daß sie Dr. Auerbach (1960) eingeladen haben, damit er über seine schönen Laborexperimente berichten kann, in denen er *in vitro* die Reorganisation von Zellen, die zuvor voneinander getrennt und gemischt worden sind, zu bestimmten festgelegten Organen demonstriert. Sollte Dr. Auerbach das Geheimnis kennen, durch das dies bewerkstelligt wird, so hoffe ich, daß er es nicht verraten wird. Würde er nämlich schweigen, könnte ich meine These wieder aufnehmen, daß mein Beispiel ohne ein bestimmtes Wissen um die dabei wirksamen Mechanismen letztlich doch nicht allzu trivial war, und daß selbst-organisierende Systeme nach wie vor wundersame Dinge bleiben.

Anhang

Die Entropie eines Systems von gegebener Größe, das aus N ununterscheidbaren Elementen besteht, wird nur unter Berücksichtigung der räumlichen Verteilung seiner Elemente berechnet. Wir beginnen damit, daß wir den Raum in Z Zellen von gleicher Größe aufteilen und die Anzahl der Zellen Z_i zählen, die i Elemente enthalten (Abbildung 7a).

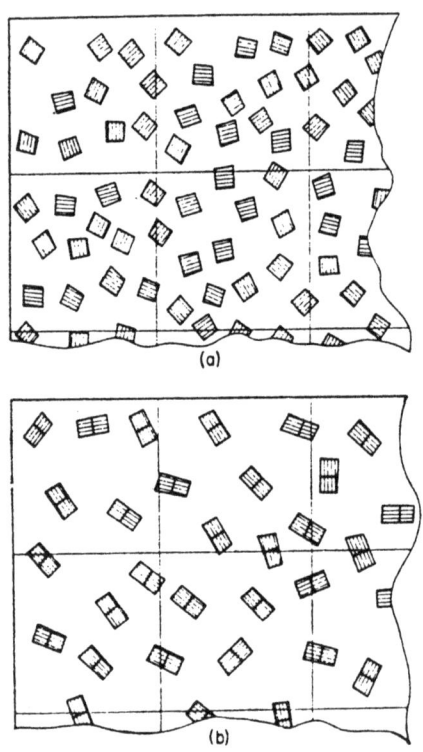

Abbildung 7

Klarerweise gilt

$$\Sigma Z_i = Z \qquad \text{(i)}$$
$$\Sigma i Z_i = N \qquad \text{(ii)}$$

Die Anzahl unterschiedlicher Variationen hinsichtlich der verschiedenen Anzahl von Elementen in den Zellen ist

$$P = \frac{Z!}{\pi Z_i!} \qquad \text{(iii)}$$

Daraus erhalten wir die Entropie des Systems für eine große Anzahl von Zellen und Elementen:

$$H = \ln P = Z \ln Z - \Sigma Z_i \ln Z_i. \qquad \text{(iv)}$$

Im Falle der maximalen Entropie $\overline{H}$ muß gelten

$$\delta H = 0, \qquad (v)$$

auch in Übereinstimmung mit den Bedingungen, die durch die Gleichung (i) und (ii) ausgedrückt werden. Wenn wir die Methode der Lagrange-Multiplikatoren anwenden, ergibt sich aus (iv) und (v) zusammen mit (i) und (ii):

$$\begin{array}{ll} \Sigma(\ln Z_i + 1)\delta Z_i = 0 & \\ \Sigma i \delta Z_i = 0 & \bigg| \; \beta \\ \Sigma \delta Z_i = 0 & \bigg| \; -(1 + \ln\alpha). \end{array}$$

Wenn wir hier mit den angegebenen Faktoren multiplizieren und die drei Gleichungen summieren, stellen wir fest, daß diese Summe verschwindet, wenn jeder Term in identischer Weise verschwindet. Daraus ergibt sich:

$$\ln Z_i + 1 + i\beta - 1 - \ln\alpha = 0. \qquad (vi)$$

Daraus ergibt sich jene Verteilung, die H maximiert:

$$Z_i = \alpha e^{-i\beta}. \qquad (vii)$$

Die zwei unbestimmten Multiplikatoren α und β können mit Hilfe der Gleichungen (i) und (ii) ausgewertet werden:

$$\alpha \Sigma e^{-i\beta} = Z \qquad (viii)$$
$$\alpha \Sigma i e^{-i\beta} = N. \qquad (ix)$$

Wenn wir uns daran erinnern, daß

$$-\frac{\delta}{\delta\beta}\Sigma e^{-i\beta} = \Sigma i e^{-i\beta},$$

erhalten wir aus (viii) und (ix) nach einigen Umformungen:

$$\alpha = Z(1 - e^{-1/n}) \approx \frac{Z}{n} \qquad (x)$$

$$\beta = \ln\left(1 + \frac{1}{n}\right) \approx \frac{1}{n}. \qquad (xi)$$

Dabei ist n, die mittlere Zellpopulation oder Dichte N/Z, als groß angenommen, um diese einfachen Approximationen zu erhalten. Mit anderen Worten, es wird angenommen, daß die Zellen groß genug sind, um viele Elemente aufnehmen zu können.

Nachdem wir die Multiplikatoren α und β bestimmt haben, haben wir die wahrscheinlichste Verteilung erreicht, die entsprechend der Gleichung (vii) nunmehr folgendermaßen lautet:

$$Z_i = \frac{Z}{n} e^{-i/n}. \qquad \text{(xii)}$$

Aus der Gleichung (iv) erhalten wir sodann unmittelbar die maximale Entropie:

$$\overline{H} = Z \ln(en). \qquad \text{(xiii)}$$

Wenn angenommen wird, daß die Elemente fähig sind, sich zu paaren (Bild 7b), ergibt sich klarerweise

$$\overline{H}' = Z \ln(en/2). \qquad \text{(xiv)}$$

Wenn wir $\overline{H}$ mit H_m und $\overline{H}'$ mit H gleichsetzen, ergibt sich für den Ordnungsbetrag nach der Vereinigung

$$R = 1 - \frac{Z \ln(en)}{Z \ln(en/2)} = \frac{1}{\log_2(en)}. \qquad \text{(xv)}$$

Prinzipien der Selbstorganisation im sozialen und betriebswirtschaftlichen Bereich

Eröffnung

Als ich die erste freundliche Einladung von Dr. Probst erhielt, an einer Tagung mit dem Titel »Management und Selbstorganisation in sozialen Systemen« teilzunehmen, war mir nicht so recht klar, welche Rolle ich dabei spielen sollte. Mir ist zwar der Begriff der Selbstorganisation keineswegs fremd, als ich aber zu verstehen suchte, was er im Bereich des Managements oder gar in der Umgebung einer Hochschule für Wirtschafts- und Sozialwissenschaften bedeuten könnte, tappte ich völlig im dunkeln. Ich habe von Wirtschaftsführung keine Ahnung. Schon in der Volksschule klagten meine Lehrer, der Bub sei nicht zu führen. In meinem Wörterbuch fand ich unter »Management«, daß es vom lateinischen Wort für »Hand«, *manus*, abgeleitet ist und mit der Einschränkung der Bewegungsfreiheit der Hände zu tun hatte, ja, daß es auch mit dem englischen Wort für »Handschelle«, *manacle*, verwandt ist: Ich war praktisch entschlossen, die Einladung abzulehnen.
Kurze Zeit später aber sandten mir die Organisatoren dieser Tagung glücklicherweise einen Aufsatz von Malik und Probst mit dem Titel »Evolutionäres Management« (1982), wohl um mir eine gewisse Vorstellung von dem zu vermitteln, was die Tagung behandeln sollte. Diesem Aufsatz sind zwei Zitate vorangestellt. Als ich sie gelesen hatte, wußte ich, daß ich die Einladung annehmen würde, und so will ich diese Zitate auch Ihnen vorlesen. Das erste Zitat stammt von Peter Drucker, der wie ich in Wien aufgewachsen ist und dessen Eltern zufällig gute Freunde meiner Eltern waren:

»Die einzigen Dinge, die sich in einer Organisation von selbst entwickeln, sind Unordnung, Konflikte und Fehlleistungen ...«

Kein schlechter Anfang für einen Aufsatz, der sich mit Selbstorganisation im Management beschäftigt! Auch das zweite Zitat stammte von einem Wiener, von dem Nobelpreisträger Friedrich von Hayek nämlich, der schon vor fast einem Vierteljahrhundert bei einer Tagung über Prinzipien der Selbstorganisation dabei war, die ich selbst veranstaltet hatte. Es lautet:

»... es gibt nur einen Weg, die Grenzen der geistigen Leistungsfähigkeit des einzelnen zu überwinden, nämlich den, jene überindividuellen Kräfte der ›Selbstorganisation‹ zu mobilisieren, die spontane Ordnungen schaffen.«

Mit diesen beiden sich gegenseitig aufhebenden Zitaten hatten mich die Organisatoren dieser Tagung schon fast im Sack, endgültig gefangen war ich aber, nachdem ich den ganzen Artikel gelesen hatte. Vier Dinge haben mir darin besonders gut gefallen:
1. Hierarchien sind als Träger von Managementstrukturen ungeeignet;
2. die Wichtigkeit von Flexibilität und Anpassungsfähigkeit;
3. die Begrenztheit sowohl der Steuerung des Systems als auch seines Wissens;
4. und schließlich der letzte Satz des Aufsatzes: »Als Manager müssen wir ... lernen, das zu sein, was wir wirklich sind: keine Macher und Befehlsgeber, sondern Katalysatoren und Pfleger eines sich selbst organisierenden Systems in einer sich fortentwickelnden Umwelt.«

Mir war diese Auffassung sehr sympathisch, sie entsprach einer Aussage, die ich früher einmal an das Ende eines eigenen Aufsatzes (1973/72) gesetzt und als einen »ethischen Imperativ« bezeichnet hatte: »Handle stets so, daß die Anzahl der Wahlmöglichkeiten größer wird!«

Ich hatte den Eindruck, daß die beiden Autoren auf der Suche nach einer Erkenntnistheorie waren, die der Tatsache gerecht wird, daß ein Manager selbst Element des Systems ist, das er leitet.

Vor etwa zehn oder vielleicht zwanzig Jahren hätte kein Mensch bei vollem Verstand es gewagt, sich mit diesem Problem zu befassen oder es auch nur auf diese Weise zu formulieren. Hätte es aber jemand doch getan, so hätten sich alle Experten einen Riesenspaß daraus gemacht zu zeigen, daß ein solcher Selbsteinschluß bzw. Selbstbezug die Wurzel aller Paradoxie schlechthin ist. Die Netten unter ihnen hätten auf den Dorfbarbier verwiesen, der alle die rasiert, die sich nicht selbst rasieren (denn klarerweise

brauchen die nicht rasiert zu werden, die sich selbst rasieren). So weit, so gut. Soll der Barbier aber nun sich selbst rasieren? Natürlich nicht, denn er rasiert ja nur die, die sich *nicht* selbst rasieren. Augenscheinlich soll er sich nicht selbst rasieren. Aber dann ... und so weiter. Gelehrte Experten hätten von Bertrand Russells Sieg über die paradoxe »Menge aller Mengen, die sich nicht selbst als Element enthalten« gesprochen (und von der unbeantwortbaren Frage: Enthält diese Menge sich selbst als Element oder nicht?). Dieser Sieg wurde als die sogenannte »Typentheorie« gefeiert, in der der liberale Gentleman Russell schlicht jeden Selbsteinschluß aus logischen Gründen verbot. (Eine Aussage muß entweder wahr oder falsch sein; hier sind die Aussagen jedoch wahr, wenn sie als falsch, und falsch, wenn sie als wahr gelten.)
Heute ist die Lage glücklicherweise ganz anders, und das haben wir den Pionierarbeiten dreier Männer zu verdanken. Einer davon ist der Philosoph Gotthard Günther, bis zu seinem Tode Professor an der Universität Hamburg, der eine faszinierende mehrwertige Logik entwickelt hat (1976), die völlig verschieden ist von den Logiksystemen von Tarski, Quine, Turquette und anderen. Der zweite ist Lars Löfgren, ein schwedischer Logiker, der in Lund arbeitet und die Idee der »Autologie« eingeführt hat (persönliche Mitteilung), d. h. Begriffe, die auf sich selbst angewandt werden können und die in gewissen Fällen ihrer selbst bedürfen, um überhaupt existieren zu können. Ich werde gleich auf all das zurückkommen. Schließlich müssen wir die Arbeit von Francisco Varela anführen, der hier unter uns sitzt und der, wie Sie alle wissen, den Indikationskalkül von George Spencer Brown zu einem Kalkül der Selbst- oder Eigenindikation erweitert hat (Varela 1975).
Diese Ideen sollen die Grundlage meines Vortrags bilden. Damit nun aber meine Teilnahme an dieser Tagung möglichst nützlich ist, möchte ich das, was ich zu sagen habe, parallel zu den von Malik und Probst in ihrer Arbeit gemachten vier Aussagen ausführen:
1. Ich werde zunächst auf den Begriff der Autologie eingehen.
2. Sodann werde ich kurz eine ziemlich allgemeine Bestimmung des Begriffs »Rechnen« sowie seiner (begrifflichen) Verwirklichung in Form von »Maschinen« vorlegen, denn ich benötige diesen Begriff für das nächste Thema, das ich behandeln will, nämlich

3. rekursive Rechenprozesse.
4. Zum Schluß möchte ich mit Hilfe all dessen Selbstorganisation im Bereich der Betriebs- und Menschenführung erörtern.

1. Autologie

Betrachten wir den Manager, der sich selbst als Element der Organisation auffaßt, die er leitet. Wenn er diese Haltung ernst nimmt, muß er alle seine Wahrnehmungen und Handlungen als Manager auch auf sich selbst anwenden, auf seine eigenen Wahrnehmungen und Handlungen. Management ist daher klarerweise ein autologischer Begriff. In anderen Zusammenhängen nennt man derartige Begriffe »Begriffe zweiter Ordnung«. Um Ihnen nun ein gewisses Gefühl für die besonderen logischen Eigenschaften zu geben, die Autologien von anderen Begriffen unterscheiden, möchte ich Sie bitten, das in Abbildung 1 dargestellte Experiment mitzumachen. Folgen Sie also bitte den Anweisungen, wie sie im Text zu der Abbildung gegeben werden, und geben Sie nicht auf, bis der schwarze Punkt tatsächlich völlig verschwunden ist. Dieses Phänomen wird gewöhnlich als der »blinde Fleck« unseres visuellen Feldes bezeichnet, und die Physiologen haben eine schlüssige Erklärung dafür (Abbildung 2). Es gibt eine Stelle auf unserer Netzhaut, an der sich keine Rezeptorzellen befinden, weder Zapfen noch Stäbchen. An dieser Stelle werden sämtliche Nervenfasern zum Sehnerv gebündelt und verlassen den Augapfel. Natürlich kann der schwarze Punkt nicht gesehen werden, wenn man gezwungen wird, ihn auf genau diese Stelle zu projizieren und wenn man gleichzeitig den Stern auf die Fovea, den Ort des schärfsten Sehens auf der Netzhaut, fokussiert.

Mit dieser Erklärung scheint die Angelegenheit erledigt zu sein, und wir könnten uns anderen Dingen zuwenden. Ich möchte jedoch hierzu zwei Anmerkungen machen, eine zum Phänomen des blinden Flecks selbst und eine zweite zu dieser Erklärung.

Was an diesem Experiment anscheinend so überrascht, ist die Demonstration der Unvollständigkeit unseres Sehfeldes, einer Unvollständigkeit, die uns unter normalen Bedingungen völlig unbewußt bleibt. Um nun die autologische Natur der Sehwahrnehmung oder in der Tat der Wahrnehmung überhaupt zu unterstreichen, können wir sagen, daß wir nicht *sehen*, daß wir *nicht* sehen!

Abbildung 1: Halten Sie das Buch mit der rechten Hand, schließen Sie das linke Auge und fixieren Sie den Stern. Bewegen Sie sodann das Buch langsam entlang der Sehachse vor und zurück und beobachten Sie, wie der schwarze Punkt verschwindet, wenn der Abstand zwischen Auge und Buch um die 30 bis 35 cm beträgt. Fixieren Sie weiterhin den Stern und bewegen Sie das Buch langsam parallel zu sich selbst nach oben, nach unten, nach links oder rechts, oder auch in Kreisen: der schwarze Punkt bleibt unsichtbar.

Daraus ergibt sich, daß das Problem hier nicht darin besteht, daß wir nicht sehen, sondern darin, daß wir *nicht sehen*, daß wir nicht sehen. Dies ist ein Problem zweiter Ordnung und wird in den orthodoxen Erklärungen, wie sie oben zitiert wurden, großzügig übersehen. Die Unfähigkeit, das Problem zu sehen, ist also ein erneuter Fall des Blinden-Fleck-Phänomens, nunmehr aber auf der Ebene des Erkennens.
Meine Strategie, Begriffe zweiter Ordnung einzuführen, die Negationen enthalten, sollte auf einen Blick ihre ungewöhnliche logische Struktur offenlegen, denn in diesem Fall ergibt die doppelte Negation keine Bejahung: die Verneinung des Nichtsehens ergibt nicht Sehen.
Ich möchte mich nun Beispielen für diese Begriffe zuwenden, die eine affirmative logische Struktur haben, und erneut Ihre Aufmerksamkeit auf die verschiedenen »logischen Typen« von Begriffen lenken, die in ihren eigenen Bereich eingebettet sind – wie Gregory Bateson gesagt hätte.
Ich möchte mit dem Begriff »Zweck« beginnen. Versteht man »Zweck« als einen Begriff erster Ordnung, dann kann man davon sprechen, daß etwas »einen Zweck hat«. Versteht man ihn jedoch als einen Begriff zweiter Ordnung, dann können wir fragen: »Was ist der Zweck des ›Zwecks‹?« Das heißt, wir können fragen, warum man den Begriff des Zwecks überhaupt eingeführt hat. Natürlich gibt es hierauf eine klare und eindeutige Antwort, nämlich die, wechselhafte und unvorhersehbare Abläufe außer acht zu lassen und sich mehr oder weniger invarianten Sachverhalten zu widmen: dem »Ziel«, dem »Ende«, dem *telos*. Wenn wir uns aber

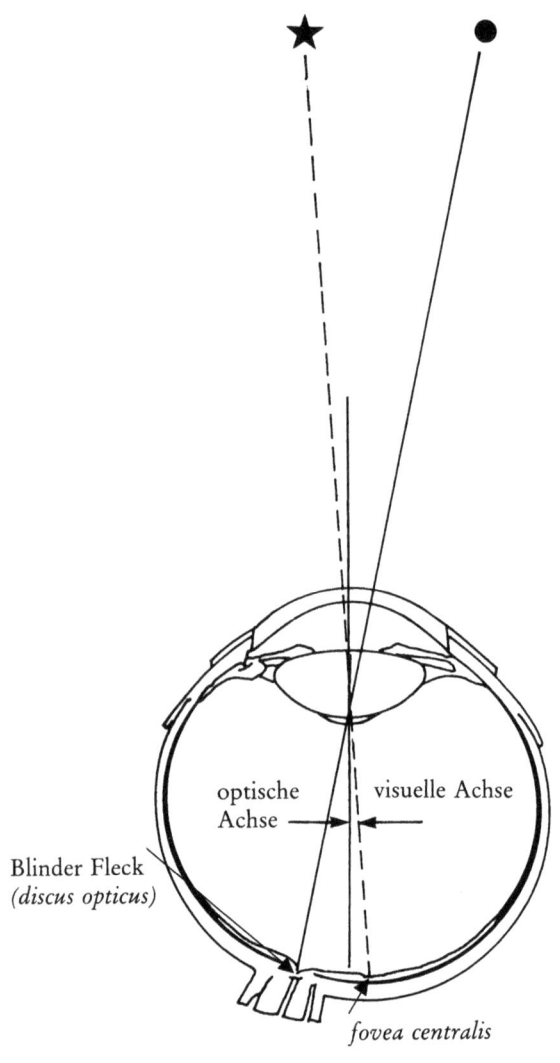

Abbildung 2: Horizontalschnitt des rechten Auges des Menschen, in den die Projektionen von Abbildung 1 eingezeichnet sind.

der autologischen Natur des Begriffes »Zweck« bewußt bleiben, dann verlagert sich unsere Perspektive von einem »Etwas«, von dem Beobachteten nämlich, auf »jemanden«, d. h. auf denjenigen, der diesen Begriff gebraucht, also auf den Beobachter (Pask 1969).
Ich möchte mich nun der Sprache zuwenden. »Was ist Sprache?« oder besser: »Was ist ›Sprache‹«? Was immer damit gefragt sein soll, wir brauchen Sprache, um darauf eine Antwort zu geben, und wir brauchen natürlich Sprache, um diese Frage über Sprache überhaupt zu stellen. Wenn wir also die Antwort nicht wüßten, wie hätten wir dann überhaupt diese Frage stellen können? Und wenn wir die Antwort tatsächlich nicht wüßten, wie könnte eine Antwort aussehen, die sich selbst beantwortet (von Foerster 1981/90)? Die semantische Schleife, die ich hier deutlich machen möchte, verweist auf eine logische Bedingung in einer möglichen Definition von »Sprache«, nämlich auf ihre autologische Natur. Wenn also irgendeine referentielle kommunikative Verhaltensweise »Sprache« sein soll, dann muß sie auf ihr kommunikatives Verhalten selbst Bezug nehmen können (d. h. eine Sprache muß in der Lage sein, den Begriff der »Sprache« auszudrücken, oder, wie Humberto Maturana gerne sagt, eine Sprache muß in der Lage sein, sich auf ihr eigenes Referieren zu beziehen, sie muß »auf das Zeigen zeigen« können). Der aufsässigste Quälgeist in diesem Zusammenhang ist natürlich Ludwig Wittgensteins (1953) Frage »Was ist eine Frage?«, und ich überlasse es Ihnen, damit fertig zu werden.
Mein letztes Beispiel soll sich mit der autologischen Natur des zentralen Themas unserer Veranstaltung, nämlich des Begriffs »Organisation«, beschäftigen. Ich möchte noch einmal zeigen, wie man von einer Interpretation erster Ordnung dieses Begriffs zu einer Interpretation zweiter Ordnung gelangt. Nehmen wir das transitive Verbum »organisieren« und setzen wir eine Welt, in der der Organisator und seine Organisation so fundamental voneinander getrennt sind wie die Formen des Aktivs und des Passivs; es handelt sich um die Welt der Organisation des anderen, die Welt des Gebots: »Du sollst ...!«
Wenn wir andererseits die Organisation einer Organisation betrachten, so daß die eine in die andere hineinschlüpft, d. h. also »Selbstorganisation« entsteht, dann setzen wir eine Welt, in der ein Akteur letztendlich immer mit Bezug auf sich selbst handelt,

denn er ist in seine Organisation eingeschlossen; es handelt sich um die Welt, in der man sich selbst organisiert, die Welt des Gebots: »Ich soll ...!«
Damit wird klar, daß der Übergang von der Interpretation erster Ordnung zu der Interpretation zweiter Ordnung unter anderem zur Folge hat, daß sich die epistemologische Grundlage der Ethik verändert. Dieser neue Aspekt wird besonders deutlich im zweiten Fall, wo man erstmals zu sehen vermag, daß der ethische Epistemologe für seine eigene Epistemologie verantwortlich wird.
Mit all diesen Beispielen für Autologie, und am explizitesten mit dem Fall der Selbstorganisation, hoffe ich deutlich gemacht zu haben, daß ich nicht gewillt bin, den Russellschen Fluchtweg in Metabereiche (z. B. »Meta-Sprachen« usw.) einzuschlagen. Vielleicht ist damit auch das wesentliche Merkmal dieser Begriffe, die auf sich selbst angewandt werden können, nämlich ihre »Geschlossenheit«, klar geworden. Die folgende symbolische Darstellung etwa einer Organisation, die ihre Fähigkeiten auf sich selbst anwendet, mag diese Art von »Geschlossenheit« noch überzeugender zum Ausdruck bringen.

Diejenigen unter Ihnen, die mit der formalen Entwicklung dieses Gedankenganges vertraut sind, dürften in diesem »Rekursionssymbol« Francisco Varelas Zeichen für den autonomen Zustand wiedererkennen, das er vor fast zehn Jahren in seinem grundlegenden Aufsatz über einen Kalkül der Selbstreferenz eingeführt hat (Varela 1975):

Nun möchte man zunächst glauben, daß die Einführung der Geschlossenheit den Beweisgängen größere Reichhaltigkeit verleiht, tatsächlich aber geschieht gerade das Gegenteil. Die Geschlossenheit beseitigt einen Freiheitsgrad. Das muß so sein, denn das

»Ende« jeglichen Bereichs, was immer dieses auch in unserer Auffassung sein mag, muß mit dem »Anfang« zusammenfallen, sonst ist das System nicht geschlossen. Da dies eine ganz entscheidende Bedingung ist, wie Sie gleich sehen werden, möchte ich sie mit zwei Beispielen veranschaulichen.

Das erste Beispiel stammt aus der Physik, und zwar aus den frühen Tagen der Wellenmechanik. Wie Sie sich vielleicht erinnern, hat man aus gewissen Experimenten mit Elementarteilchen, besonders mit Elektronen, gefolgert, daß sie als Partikel aufgefaßt werden könnten, die sich wie Wellen verhalten und die einander verstärken, wenn Wellenberge bzw. Wellentäler aufeinandertreffen, die einander aber vernichten, wenn Wellenberge auf Wellentäler treffen. Wenn dies so ist, argumentierte de Broglie, dann müßten Elektronen, die den Kern eines Atoms umkreisen, einander in einem fort vernichten, es sei denn, sie würden sich in Kreisbahnen bewegen, die ganzzahlige Vielfache ihrer Wellenlängen sind (vgl. Abbildung 3), denn nur dann würden Wellenberge auf Wellenberge treffen und Wellentäler auf Wellentäler, das heißt, nur dann wäre das Ende einer Wellenfolge auch ihr Anfang. Ist diese Bedingung erfüllt, dann können klarerweise nur gewisse Kreisbahnen existieren, die durch »Quantensprünge« voneinander getrennt sind. Diese Hypothese wurde durch die Quantenphysik bestätigt und brachte de Broglie den Nobelpreis.

Beachten Sie bitte wiederum an dem Gesagten bzw. an der Abbildung 3, daß die Bedingung der Geschlossenheit, d. h. die Übereinstimmung des Endes mit dem Anfang, aus den unendlich vielen möglichen Elektronenbahnen nur diese Lösungen herausschält, die die Bedingung der Geschlossenheit erfüllen.

Diese Werte heißen »Eigenwerte«. Der Mathematiker David Hilbert hat sie um die Jahrhundertwende eingeführt, und zwar im Zusammenhang mit der Lösung von Problemen ähnlicher logischer Struktur.

Mein zweites Beispiel hat mit selbstreferentiellen Aussagen zu tun. Sie werden sich vielleicht erinnern, daß solche Aussagen stets für wirkliche Störenfriede gehalten wurden, so z. B. die Paradoxien vom Typ des Epimenides, wovon ich eine vorhin erwähnt habe (die Schwierigkeit des Dorfbarbiers, sich selbst zu rasieren). Wie wir jedoch sofort sehen werden, sind derartige Situationen nicht nur nicht unauflösbar, wie bisher angenommen wurde, ihre Lösung liefert uns vielmehr Einsichten in andere Bereiche.

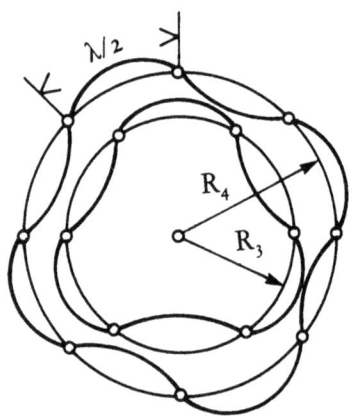

Abbildung 3: Stabile Elektronenkreisbahnen gemäß »Eigen-Radien«, die als Kreisumfänge Vielfache der Wellenlänge λ sind: $R_3 = 3\lambda/2\pi$; $R_4 = 4\lambda/2\pi$.

Nehmen wir den folgenden unvollständigen Satz
»THIS SENTENCE HAS ... LETTERS«
und versuchen wir, eine Zahl zu finden, die als Wort in die Leerstelle hineingeschrieben wird und den Satz sowohl vervollständigt als auch logisch stimmig macht. Es liegt auf der Hand, daß nur wenige Zahlen oder gar keine aus dem unendlich großen Reservoir aller Zahlen diese Bedingung erfüllen können. Das Wort »THIRTY« z. B. ist ungeeignet, denn der Satz »This sentence has thirty letters« hat nur 28 Buchstaben.
Es gibt zwei Lösungen, zwei »Eigenwerte« dieses Problems, die die obige Bedingung erfüllen. Eine dieser Lösungen lautet THIRTYONE. Der Satz »This sentence has thirtyone letters« hat genau 31 Buchstaben. Darüber hinaus: Dieser Satz sagt, was er tut!
Ich schlage vor, daß Sie die zweite Lösung selbst herausfinden, denn eine solche Übung macht in zwingender Weise klar, was es bedeutet, »to make ends meet« (Hofstadter 1981, 1982).
Da man nun in solchen Fällen der Geschlossenheit das Ergebnis einer Operation erneut derselben Operation unterwirft, spricht man hier von »rekursiven Operationen« (vom lateinischen *re* = wieder und *currere* = laufen). Die Theorie, die den Formalismus für derartige Prozesse liefert, heißt »Theorie rekursiver

Funktionen«. Dieses Gebiet der Mathematik bildet heute einen gut begründeten und ausgedehnten Wissensbestand (Davis 1958), und ich werde später noch kurz darauf eingehen.
Welche Schlüsse sind nun aus alledem für das Management zu ziehen? *Einen* solchen Schluß, aus dem sich in meinen Augen viele andere ergeben, möchte ich Ihnen vorlegen:
In einem sich selbst organisierenden Managementsystem ist jeder Beteiligte auch ein Manager des Systems.
Diese Art der Organisationsstruktur heißt »Heterarchie« (vom griechischen *heteros* = der andere und *archein* = regeln, steuern, herrschen), denn einmal ist es einer Ihrer Nachbarn, der die Entscheidungen trifft, dann sind es wieder Sie selbst, als der Nachbar der anderen. Diese Organisationsform ist natürlich das Gegenteil der »Hierarchie«, in der das »Heilige« (gr. *hieros*) herrscht, in der der Chef alle Macht hat und die Befehle von der Spitze nach unten laufen.
Der Begriff der Heterarchie wurde meines Wissens zuerst von Warren McCulloch in einem Aufsatz aus den vierziger Jahren (1965) eingeführt, dessen Lektüre einen intellektuellen Hochgenuß bereitet. Wie McCulloch selbst feststellte, leitete er den Begriff der Heterarchie aus einem Prinzip ab, das ihm lieb und teuer war. Es war:
Das Prinzip der Redundanz des potentiellen Befehls, wonach Information Autorität konstituiert.
Als Beispiel für dieses Prinzip pflegte er die Schlacht bei den Midway-Inseln anzuführen, in der die japanische Flotte die amerikanische Flotte zu vernichten drohte. Als nämlich das amerikanische Flaggschiff schon in den ersten Minuten sank, war die Flotte auf sich allein gestellt und mußte sich selbst organisieren, d. h. von einer Hierarchie auf eine Heterarchie umschalten. So ergab sich, daß der Kapitän jedes Einzelschiffes, ob groß oder klein, das Kommando über die gesamte Flotte übernahm, sobald er aufgrund seiner Position am besten entscheiden konnte, was zu tun war. Das Ergebnis war, wie wir alle wissen, die Zerstörung der japanischen Flotte und die Wende im Kriegsgeschehen im Pazifik.[1]

1 Historiker des Zweiten Weltkriegs haben mir gegenüber ihr Unbehagen an McCullochs Version der Seeschlacht bei den Midways geäußert. Man sollte sich dabei an die Antwort Peter Druckers erinnern, dem bei einer anderen Gelegenheit ähnliche Vorwürfe gemacht wurden: »Ich

2. Maschinen

Sicherlich haben Sie inzwischen bemerkt, daß ich immer wieder auf zwei grundlegende Themen zurückgekommen bin, auf Selbstreferenz und Geschlossenheit, und daß ich versuche, diese beiden Begriffe ineinander aufgehen zu lassen. Ich habe diesen Versuch mit dem Mittel der Rekursion vorgenommen, und ich hoffe, daß Sie daran Geschmack gefunden haben, denn ich möchte Ihnen nun die Leistungsfähigkeit dieses Instruments demonstrieren. Da ich hierfür bestimmte elementare Bausteine des Formalismus rekursiver Rechenprozesse benötige, möchte ich zunächst einige vorbereitende Bemerkungen über das Rechnen im allgemeinen machen.

Als erstes darf ich Sie daran erinnern, daß die etymologische Wurzel des englischen Wortes für »Rechnen«, *computation*, oder für »Rechner«, *computer*, die Operationen des Rechnens in keiner Weise auf numerische Ausdrücke beschränkt. Das Wort *computer* bzw. *computation* besteht aus dem lateinischen *com* = zusammen und *putare* = betrachten, bedeutet also »Dinge zusammen betrachten«. (Das deutsche Wort *rechnen* kommt von einem im Hochdeutschen nicht mehr vorhandenen Adjektiv, das »ordentlich«, »genau« bedeutet. *Rechnen* heißt also im Deutschen ursprünglich »in Ordnung bringen«, »ordnen«. Dazu gehört u. a. auch *Rechenschaft* und *Recht*.) Und es gibt natürlich keine Grenzen bezüglich der »Dinge«, die man »betrachten« kann, und daher werde ich den Ausdruck »rechnen« in diesem allgemeinen Verständnis benutzen.

Als Vehikel meiner Ausführungen über das Rechnen möchte ich die Vorstellung der »Maschine« benutzen, und zwar weitgehend in dem Sinn, in dem Alan Turing sie vor fast einem halben Jahrhundert eingeführt hat, nämlich als ein begriffliches Hilfsmittel, das wohldefinierten Operationsregeln gehorcht. Ich werde hier jedoch nicht die Turing-Maschine (Turing 1936) beschreiben, denn dies würde uns zu weit von unserer zentralen Fragestellung entfernen, ich werde Ihnen vielmehr einige noch allgemeinere begriffliche Rechenmittel oder Rechenmaschinen vorstellen, die sogenannten »Maschinen mit endlich vielen Zuständen« (Gill

bin nicht hier als Historiker, ich bin hier, um wichtige Punkte klar zu machen.«

1962). Von diesen Maschinen gibt es zwei Arten, die triviale und die nicht-triviale Maschine mit endlich vielen Zuständen, die ich kurz als TM bzw. NTM bezeichnen will. Ich möchte nun zuerst den Charme der trivialen Maschine (TM) preisen, dann den ihrer nicht-trivialen Schwester (NTM).

Die triviale Maschine

Abbildung 4 bietet die schematische Darstellung einer TM, wobei die Hinweise x, y, f sich auf »Input«, »Output«, und »Funktion« dieser Maschine beziehen und die Pfeile die Richtung angeben, in der Operationen ausgeführt werden. Damit soll vor allem klargestellt werden, was ein Prozeß ist. Nehmen wir zum Beispiel x und y als Vertreter der natürlichen Zahlen 1, 2, 3, 4 usw. und bestimmen wir die Funktion dieser Maschine als die Produktion eines Outputs y, der das Quadrat des Inputs x sein soll, d. h. die Maschine als eine »quadrierende TM«. Sie wissen natürlich, was hier geschieht, und Sie wissen auch, daß man alles dieses auf verschiedene Arten und Weisen beschreiben kann, wovon einige anthropomorph oder gar biomorph sind. So z. B. kann man der quadrierenden Maschine eine 4 (x = 4) »einfüttern«, und sie wird eine 16 (y = 16) »ausspucken«. Oder nehmen wir eine andere TM, wie man sie z. B. an den Kassenschranken der Supermärkte antrifft.

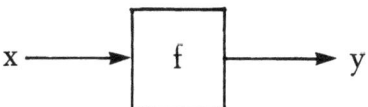

Abbildung 4: Triviale Maschine

Ein gekaufter Artikel wird mit seinen Codierungslinien über den Sensor einer Maschine geschoben, und der Drucker trägt »Nudeln ... $ 3,50« auf der Rechnung ein (eine »Inkasso-TM«). Oder werfen Sie einen Ball in die Luft (x = werfen) und beobachten Sie, wie er hochfliegt und dann wieder runterfällt (beobachten = y). Hier handelt es sich um die Operation einer »Gravitations-TM«. Oder betrachten wir die Struktur eines deduktiven

Syllogismus. Das klassische Beispiel ist natürlich »Alle Menschen sind sterblich« (der Obersatz), »Sokrates ist ein Mensch« (der Untersatz), und schließlich die Schlußfolgerung »Sokrates ist sterblich«, eine triviale Maschine, die ich als die »Alle-Menschen-sind-sterblich-TM« bezeichne, denn was immer man als Input nimmt, es wird stets, solange es sich um einen Menschen handelt, eine (mögliche) Leiche auf der anderen Seite herauskommen. Und so weiter und so fort.

Ich habe Ihnen diese bunte Mischung an Beispielen präsentiert, weil ich die folgenden drei Punkte besonders klarmachen wollte.

Erstens: Trotz der ungeheuren Vielfalt der Kontexte in diesen Beispielen ist das ihnen zugrundeliegende Beweisführungsschema, die ihnen zugrunde liegende Logik, die Operationsweise usw. stets die gleiche: Aufgrund der unveränderbaren Beziehung (f) zwischen Input (x) und Output (y) wird ein einmal für ein gegebenes x beobachtetes y jederzeit für das gleiche x dasselbe sein. Daraus folgt, daß alle TM's (1) vorhersagbar und (2) geschichtsunabhängig sind.

Zweitens: Aufgrund der Popularität des Schlußschemas »triviale Maschine« treten die drei diese Maschine determinierenden Größen x, y und f in den verschiedenen Kontexten mit den unterschiedlichsten Bezeichnungen auf. Ich gebe Ihnen eine keineswegs vollständige Liste:

x	f	y
Input	Operation	Output
unabhängige Variable	Funktion	abhängige Variable
Ursache	Naturgesetz	Wirkung
Untersatz	Obersatz	Schluß
Stimulus	Zentralnervensystem	Reaktion
Motivation	Charakter	Taten
Ziel	System	Handlung
...	...	...

Drittens: Wenn eine TM gebaut wird, d.h. wenn die Beziehung x-y, d.h. die Funktion f, festgelegt wird, ist diese Maschine ein-

deutig definiert. Man spricht von einem synthetisch determinierten System. Ein besonders netter Zug dieser Maschinen ist, daß sie auch analytisch determinierbar sind, denn man braucht ja nur für jedes gegebene x das entsprechende y aufzuschreiben. Diese Aufzeichnung ist sodann die Maschine. Alle TM's sind folglich
3. synthetisch deterministisch,
4. analytisch determinierbar.
Ich möchte dies nun zusammenfassen, indem ich Sie einlade, eine triviale Maschine mit folgenden Eigenschaften zu betrachten: Sie kann vier Inputzustände, also Zustände von x, unterscheiden, A, U, S und T, und zwei Outputzustände, also Zustände von y, nämlich 0 und 1. Die Beziehung zwischen x und y wird durch die folgende Tafel angegeben:

x	f	y
A		0
U		1
S		1
T		0

Die Maschine errechnet so also aus der Inputsequenz von A, U, S und T die Outputsequenz 0, 1, 1 und 0, oder aus der Sequenz U, S, A die Outputsequenz 1, 1, 0, und wie oft diese Sequenz auch wiederholt wird, unabhängig von alldem, was zwischendurch geschieht, wir werden immer wieder nur 1, 1 und 0 erhalten bis zum Jüngsten Tag.

Nicht-triviale Maschinen

Das auszeichnende Merkmal der trivialen Maschine ist Gehorsam, das der nicht-trivialen Maschine augenscheinlich Ungehorsam. Wie wir jedoch später sehen werden, ist auch die NTM gehorsam, aber anderen Stimmen gegenüber. Man könnte vielleicht sagen, sie gehorche ihrer eigenen Stimme.
Wie unterscheiden sich nun NTM's von TM's? Eigentlich auf eine sehr einfache, aber ungeheuer folgenreiche Weise: Eine einmal beobachtete Reaktion auf einen gegebenen Stimulus muß in einem späteren Zeitpunkt nicht wieder auftreten, wenn der gleiche Stimulus auftritt.

Es scheint am sinnvollsten, derartige Veränderungen des Verhaltens mit Bezug auf die internen Zustände z der Maschine zu erklären, deren Werte ihre Input-Output-Beziehungen x-y mitbestimmen. Die Beziehung zwischen den gegenwärtigen und den darauffolgenden internen Zuständen z bzw. z' wird außerdem durch die Inputs x mitbestimmt. Vielleicht läßt sich dies am besten dadurch veranschaulichen, daß man sich diese Anordnung als Maschine in einer Maschine vorstellt (vgl. Abbildung 5). Von außen sieht eine solche Maschine einer trivialen Maschine sehr ähnlich, denn sie hat ebenso einen Input x und einen Output y. Nimmt man jedoch den Deckel ab (wie in Abbildung 5), kann man die Eingeweide einer NTM betrachten. Das neue Element wird hier durch den Kreis im Zentrum dargestellt, der den internen Zustand z umfaßt. Dieser Zustand liefert einerseits zusammen mit dem Input x einen Input für F, nämlich eine triviale Maschine, die den Output der NTM errechnet, und andererseits einen Input für Z, eine zweite triviale Maschine, die den nachfolgenden internen Zustand z' errechnet. Damit sollte klar sein, daß auch die nicht-triviale Maschine synthetisch deterministisch ist.

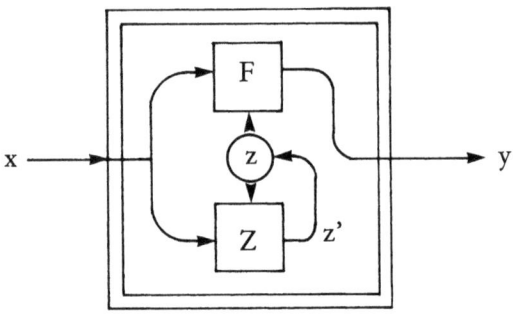

Abbildung 5: Nicht-triviale Maschine

Bevor ich Ihnen nun eine solche Maschine vorführe, möchte ich noch einige terminologische Fragen erledigen. F und Z werden gewöhnlich als »Antriebsfunktion« bzw. »Zustandsfunktion« bezeichnet. Algebraisch wird dies auf folgende Weise geschrieben:

y = F (x, z), Antriebsfunktion
z'= Z (x, z), Zustandsfunktion.

Vielleicht haben Sie bemerkt, daß die Zustandsfunktion Z eine Quantität z' durch sich selbst in einem früheren Stadium z ausdrückt. Darin liegt nun der Kern rekursiven Rechnens. Ich werde dazu unter Punkt 3 noch etwas sagen.

Ich baue nun eine minimale NTM, die möglichst eng mit der vorhin dargestellten TM verwandt ist. Die minimale Ergänzung bestünde darin, der Maschine noch einen internen Zustand zu geben, so daß sie nun zwei Zustände und nicht nur mehr einen besitzt. Ich nenne sie I und II, so daß sich die Antriebs- bzw. Zustandsfunktionen folgendermaßen darstellen:

	I			II	
x	y	z'	x	y	z'
A	0	I	A	1	I
U	1	I	U	0	II
S	1	II	S	0	I
T	0	II	T	1	II

Lassen Sie uns nun das Verhalten dieser Maschine erkunden. Ich schlage vor, daß wir mit dem ersten Inputsymbol A anfangen. Wir bieten der Maschine mehrere solche A's an, also A, A, A ..., und wir erhalten zu unserer großen Zufriedenheit beständig Nullen, also 0, 0, 0 ... Wenden wir uns sodann einer Abfolge von U's zu, also U, U, U ..., dann reagiert die Maschine mit einer Abfolge von Einsen, also 1, 1, 1 ... Nun probieren wir vertrauensvoll den Input S und erhalten 1, wenn wir aber S noch einmal versuchen, dann ereignet sich etwas sehr Unangenehmes, zumindest für jemanden, der die innere Arbeitsweise der Maschine nicht kennt: Statt mit einer 1 reagiert die Maschine mit 0. Wir hätten das vorhersagen können, denn die Zustandsfunktion schaltet die Maschine, die sich im Zustand I befindet, angesichts des Inputs S in den internen Zustand II, so daß nun die Reaktion auf den Stimulus S 0 ist. Da die Maschine sich aber nun im Zustand II befindet und der Input S lautet, kehrt die Maschine zum internen Zustand I zurück, und ein neuer Versuch mit S wird 1 ergeben, und so weiter und so fort.

Versuchen wir es nun mit der patriotischen Sequenz U S A, dann wird die Maschine in Abhängigkeit davon, ob sie im internen Zustand I oder II sich befindet, entweder mit 1 1 1 oder mit 0 0 0 reagieren und damit natürlich unterschiedliche politische Überzeugungen anzeigen. Vielleicht genügen aber diese Beispiele, um die Bennennung »nicht-trivial« für diese Maschinen zu rechtfertigen.

Viel wichtiger ist es jedoch, den Unterschied zwischen denjenigen festzuhalten, die die Antriebs- und die Zustandsfunktionen der Maschine kennen (und die diese vielleicht zusammengebaut haben), und denjenigen, die keinen Zugang zu diesem Wissen haben und sich darauf beschränken müssen, Sequenzen von Input-Output-Paaren zu beobachten, um sodann auf dieser allein zugänglichen Grundlage Hypothesen über die innere Arbeitsweise dieser Maschine zu entwickeln.

Auf den ersten Blick mag diese Unterscheidung zwischen dem Eingeweihten und dem Probierer nicht allzu erheblich erscheinen. Natürlich findet sich der Probierer vor der langweiligen Aufgabe, alle diese Sequenzen durchmustern zu müssen, um die Regeln festzustellen, nach denen sie erzeugt werden. Nichtsdestoweniger wird es ihm aber schließlich gelingen, den Code dieser Maschinen zu knacken, und ihre Arbeitsweise wird für ihn dann ebenso durchsichtig sein wie für den Eingeweihten: ein umständliches, aber immerhin mögliches und zielführendes Verfahren.

Betrüblicherweise ist das nicht so.

Lassen Sie mich zuerst etwas über »Umständlichkeit« sagen. Das Problem liegt hier darin, unter all den möglichen Maschinen mit den gegebenen Anzahlen von Input- und Outputzuständen diejenige, die untersucht wird, zu identifizieren. Mit »Identifikation« ist natürlich gemeint, aus den beobachteten Sequenzen von Input-Output-Paaren die Antriebs- und die Zustandsfunktion der Maschine zu erschließen.

In der Tabelle T habe ich die Zahlen für alle möglichen nicht-trivialen Maschinen aufgelistet, zunächst für die mit genau zwei Outputzuständen, etwa 0 und 1, wie im Falle der von mir eben geschilderten, sodann die mit 2, 4, 8 und 16 Inputzuständen ($n = 1, 2, 3, 4$). Unsere Maschine hat vier Inputzustände A, U, S, T ($n = 2$), daher muß unser Experimentator in einer Menge von $6 \cdot 10^{76}$ verschiedenen Maschinen suchen, um die richtige zu finden. Umständlich? Nein! Unberechenbar!

n	Z	$\mathfrak{N}_D$	$\mathfrak{N}_S$
1	4	256	65336
2	16	$2 \cdot 10^{19}$	$6 \cdot 10^{76}$
3	256	10^{100}	$300 \cdot 10^{4 \cdot 10^3}$
4	65536	$300 \cdot 10^{4 \cdot 10^3}$	$1600 \cdot 10^{7 \cdot 10^4}$

Tabelle T: Zahlen für die wirksamen internen Zustände Z, die möglichen Antriebsfunktionen $\mathfrak{N}_D$ und die wirksamen Zustandsfunktionen $\mathfrak{N}_S$ bei Maschinen mit einem zweiwertigen Output und mit bis zu vier zweiwertigen Inputs.

Nun zum Wort »Möglichkeit«. Es gibt eine große Klasse von Maschinen, deren Antriebs- und Zustandsfunktionen solcherart sind, daß es prinzipiell unmöglich ist, diese Funktionen aus den Ergebnissen einer endlichen Anzahl von Versuchen zu erschließen: d.h., das allgemeine Problem der Identifikation der Maschine ist unlösbar! Das bedeutet auch, daß es nicht-triviale Maschinen gibt, die prinzipiell analytisch nicht bestimmbar sind.
Ich möchte nun die wesentlichsten Merkmale nicht-trivialer Maschinen zusammenfassen und dann mit einigen Bemerkungen schließen. Parallel zu dem, was ich vorhin über triviale Maschinen gesagt habe, kann man festhalten, daß alle NTM's
1. synthetisch deterministisch,
2. geschichtsabhängig,
3. analytisch indeterminierbar,
4. unvorhersagbar sind.
Gemäß dem unter 3. formulierten Prinzip vereinigen sich die nicht-trivialen Maschinen mit ihren berühmten Geschwistern, die von anderen Begrenzungen künden:
Gödel: Unvollständigkeitstheorem,
Heisenberg: Unbestimmtheitsprinzip,
Gill: Indeterminiertheitsprinzip.
Nimmt man nun auch noch alle die anderen unangenehmen Ärgerlichkeiten dieser Maschinen hinzu, nämlich ihre Abhängigkeit von ihrer Geschichte und ihre Unvorhersagbarkeit, dann werden unsere Anstrengungen, alle Ungewißheiten in unserer Umwelt zu

beseitigen oder zu unterdrücken, sehr verständlich. Wenn wir eine Maschine kaufen, dann wollen wir, daß sie genauso arbeitet, wie wir dies wünschen. Wenn wir den Zündschlüssel des Autos drehen, dann muß das Auto starten, wenn wir eine Telefonnummer wählen, dann erwarten wir die richtige Verbindung, usw.: Wir wollen triviale Maschinen. Wir wollen daher auch alle die Garantien, die im wesentlichen nur sagen: Zumindest ein Jahr lang wird diese Maschine eine triviale Maschine bleiben. Wenn sie trotzdem nicht-triviale Tendenzen zeigt, ein Auto also zum Beispiel nicht starten will usw., dann rufen wir einen Trivialisierungsspezialisten, um die Situation zu bereinigen.

Nun ist das alles gut und schön. Wenn wir aber anfangen, einander zu trivialisieren, dann werden wir nicht nur alle bald blind sein, wir werden vielmehr blind gegenüber unserer Blindheit sein. Wechselseitige Trivialisierung reduziert die Anzahl der Lebensmöglichkeiten, ist also dem ethischen Imperativ, den ich eingangs formuliert habe, direkt entgegengesetzt. Die uns gestellte Aufgabe ist vielmehr: Enttrivialisierung.

3. Rekursives Rechnen

Ist die Welt eine triviale oder eine nicht-triviale Maschine? Vielleicht hatte Einstein die richtige Antwort auf diese Frage, als er sagte: »Raffiniert ist der Herrgott, aber boshaft ist er nicht« (Pais 1982). Und wie hätte Heisenbergs Antwort gelautet, nachdem er festgestellt hatte, daß der Eingriff einer Beobachtung das Beobachtete in einem Zustand der Unbestimmtheit beläßt? Oder sollten wir vielleicht sein Unbestimmtheitsprinzip umdrehen und mit größerer Genauigkeit feststellen, daß der Eingriff einer Beobachtung *den Beobachter* in einem Zustand der Unbestimmtheit beläßt?

Vielleicht enthält aber die ursprüngliche Frage einen Denkfehler, indem sie voraussetzt, daß eine strenge Dichotomie zwischen einer beobachteten Welt und dem Menschen besteht, der diese Beobachtungen vornimmt. Vielleicht muß jeder von uns zuerst die Frage für sich beantworten »Bin ich ein Teil des Universums, oder sind wir beide voneinander getrennt?«.

Mit anderen Worten, sollen wir eine Epistemologie in Betracht ziehen, in der ich, der Beobachter, im Bereich meiner Beobachtungen eingeschlossen bin, oder sollen wir diesen Einschluß verbieten, denn letztendlich wären wir ja gezwungen, uns selbst zu sehen!

Da nun die orthodoxe Position hier darin besteht, diese Trennung von Beobachter und beobachteter Welt zu behaupten bzw. festzulegen, wird diese Welt im allgemeinen als eine triviale Maschine aufgefaßt, deren Funktionen wir entdecken sollen. Da diese Betrachtungsweise fast allgegenwärtig ist, brauche ich wohl nicht weiter darauf einzugehen.

Ich werde statt dessen weiter über die Begriffe der Autologie und der Geschlossenheit sprechen, die ich vorhin eingeführt habe, und dafür eingehenden Gebrauch von den Maschinentypen machen, wie ich sie eben vorgestellt habe. Das Verhalten dieser Maschinen unter den Bedingungen der Geschlossenheit möchte ich zunächst erkunden.

Betrachten wir ein beliebiges großes Netzwerk interagierender NTM's, die alle untereinander verbunden sind. Damit ist gemeint, daß der Output jeder Maschine zum Input für andere Maschinen oder auch für sie selbst werden kann, und daß der Input jeder Maschine der Output einer anderen Maschine oder auch ihrer selbst ist (vgl. Abbildung 6a). Da es von diesem Netzwerk keine Verbindung zur Außenwelt gibt, ist das System geschlossen, es bildet seine eigene Welt. Ross Ashby hat als erster das Verhalten solcher Netze erforscht, er nannte sie »Systeme ohne Input«.

Wenn wir eine der Verbindungen zwischen zwei beliebigen Maschinen herausgreifen, um den Signalfluß zwischen ihnen zu beobachten, dann ist es irrelevant, mit wievielen anderen Maschinen diese verbunden sind (Abbildung 6b): das gesamte Netz operiert als eine einzige NTM, deren Output ihr Input ist (Abbildung 6c).

Ich möchte nun die Operation des gesamten Netzes zwischen den ausgewählten Punkten für Inputs und Outputs zu einem Operator *Op* komprimieren und das Ergebnis dieser Operation zum Ausgangspunkt der nächsten Operation des Netzes machen. Mit anderen Worten, ich möchte diese Operation zu einer rekursiven Operation werden lassen.

Hier nun habe ich mit mir gekämpft, ob ich Sie durch einen Elementarkurs über die Formalismen der Theorie rekursiver Funktionen schleusen oder ob ich eine Abkürzung gehen sollte, indem ich einige ihrer Ergebnisse zusammenfasse. Da ich mich

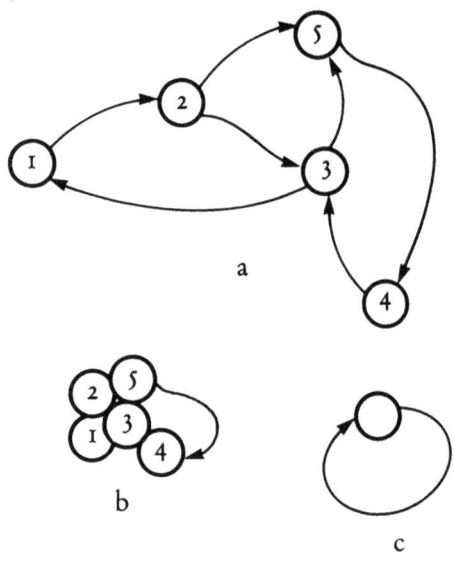

Abbildung 6 Netzwerk interagierender Maschinen

nicht entscheiden konnte, habe ich beschlossen, beides zu tun. Sie können ja immer einzelne Schritte in der formalen Beweisführung überspringen und gleich zu den Endergebnissen übergehen. Nichtsdestoweniger möchte ich empfehlen, daß Sie mich durch die vier Stadien dieses Leitfadens der Theorie rekursiver Funktionen begleiten, denn Sie werden die Konsequenzen dieser Gedankengänge mit viel größerem Genuß zur Kenntnis nehmen, wenn Sie ihre Entwicklung verfolgt haben.

Leitfaden der Rekursionen

Elemente eines Formalismus

1. Betrachten wir die unabhängige Variable x_0 (sie heiße das »primäre Argument«, deren Subskript 0 anzeigen soll, daß sie die ursprünglichste Variable »ab ovo« sein soll).

1.1 Je nach gegebenen Umständen kann die Variable numerische Werte annehmen oder Verschiedenes repräsentieren: Anordnungen (z. B. Anordnungen von Zahlen, Vektoren, geometrische Konfigurationen usw.), Funktionen (z. B. Polynome, algebraische Funktionen usw.), Verhaltensbeschreibungen mit Hilfe mathematischer Funktionen (z. B. Bewegungsgleichungen usw.), Verhaltensbeschreibungen mit Hilfe von Propositionen (z. B. die temporalen propositionalen Ausdrücke von McCulloch/Pitts).
2. Betrachten wir nun eine Operation (eine Transformation, einen Algorithmus, ein Funktional usw.)

»Op«,

die auf die Variable x_0 angewandt wird. Diese Anwendung auf den Operanden x_0 sei mit $Op(x_0)$ symbolisiert.
Bezeichnen wir die durch diese erste Anwendung von Op auf x_0 erzeugten Werte mit x_1, dann gilt:

$$x_1 = Op(x_0). \tag{1}$$

Graphisch läßt sich das wie in Abbildung 7 darstellen.

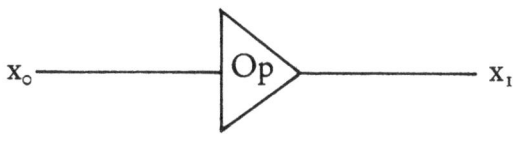

Abbildung 7

2.1 Wenden wir nun Op auf x_1 an und benennen die so erzeugten Werte mit x_2, dann gilt:

$$x_2 = Op(x_1). \tag{2}$$

x_2 stellt somit die Werte dar, die durch die zweimalige Anwendung von Op auf x_0 hergestellt werden (gemäß Gleichungen 1 und 2), so daß gilt:

$$x_2 = Op(x_1) = Op(Op(x_0)). \tag{3}$$

2.2 Nennen wir Op^n die n-te Anwendung von Op auf eine Variable, dann gilt:

$$x^n = Op^n(x_0). \tag{4}$$

Graphisch läßt sich dies wie in Abbildung 8 darstellen.

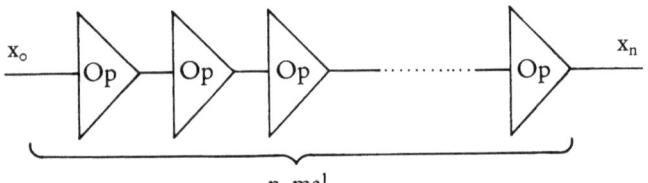

Abbildung 8

3. Betrachten wir nun den Fall, daß Op unendlich oft ($n \to \infty$) auf eine Variable, etwa x_0, angewandt wird. Dann ergibt sich:

$$x_\infty = Op^\infty(x_0) \qquad (5)$$
$$\text{oder } x_\infty = Op(Op(Op(Op(Op(Op(Op(Op \ldots \qquad (6)$$

3.1 Wir betrachten nun den Ausdruck (6) und stellen fest:
3.1.1 Die unabhängige Variable x_0, das »primäre Argument«, ist verschwunden.
3.1.2 Da nun x_∞ eine unendliche Rekursion der Operatoren Op über die Operatoren Op ausdrückt, kann jede beliebige unendliche Rekursion innerhalb dieses Ausdrucks durch x_∞ ersetzt werden.

$$x_\infty = Op\,(\;Op\,(\;Op\,(\;\ldots\ldots\ldots$$
$$\underline{}\; x_\infty \;\underline{}\!\!\rightarrow$$
$$\underline{}\; x_\infty \;\underline{}\!\!\rightarrow$$

3.2 Daraus folgt:

$$x_\infty = Op(x_\infty) \qquad (7.1)$$
$$x_\infty = Op(Op(x_\infty)) \qquad (7.2)$$
$$x_\infty = Op(Op(Op(x_\infty))) \qquad (7.3)$$
$$\text{etc.}$$

3.3 Wenn sich Werte $x_\infty i$ ($i = 1, 2, 3, 4 \ldots m$) ergeben, die die Gleichungen (7) erfüllen, dann nennen wir diese Werte »Eigenwerte«:

$$E_i = x_{\infty i}$$

(Sie können auch Eigenfunktionen, Eigenoperatoren, Eigenalgorithmen, Eigenverhalten usw. genannt werden, in Abhängigkeit vom Typ des primären Arguments.).

4. Betrachten wir nun die Ausdrücke (7) und stellen wir fest:

4.1 Eigenwerte sind diskret (auch wenn das primäre Argument kontinuierlich ist). Dies gilt, weil jede infinitesimale Abweichung $\pm\varepsilon$ von einem stabilen Eigenwert E_i (also $E_i\pm\varepsilon$) sowie alle die Werte von x_o verschwinden, jene ausgenommen, für die $x_o = E_i$ zutrifft.

4.2 Geschlossenheit.

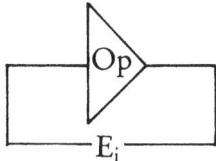

Nur unter dieser Bedingung sind Operand und Operatum äquivalent. Das heißt:

4.21 $\quad \lim_{n \to \infty} Op^{(n)} = Op$ ⬚ \hfill (8)

4.3 Da ein Operator seine Eigenwerte E_i impliziert und umgekehrt, sind Operatoren und Eigenwerte komplementär (d. h. sie können füreinander stehen: $Op \leftrightarrow E_i$).
4.3.1 Da Eigenwerte sich selbst erzeugen (durch ihre komplementären Operatoren), sind Eigenwerte reflexiv bzw. selbstreferentiell.

Beispiele

1. Betrachten wir die Zahlenanordnung
1, 2, 3, 4, 5, 6, 7, 8, 9, 0.
Wenden wir nun darauf Ashbys »Evolutionären Operator« EV an. EV = »Wählen Sie zwei beliebige Zahlen aus; bilden Sie das (zweizahlige) Produkt (z. B. $2 \cdot 3 = 06$); ersetzen Sie die zwei ausgewählten Zahlen durch die Ziffern des Produkts.«

x_o = 1, 2, 3, 4, 5, 6, 7, 8, 9, 0
x_1 = 1, 0, 6, 4, 5, 6, 7, 8, 9, 0
x_2 = 1, 0, 3, 4, 5, 6, 7, 8, 9, 0
x_3 = 1, 0, 2, 4, 5, 6, 1, 8, 9, 0
x_4 = 1, 0, 2, 4, 4, 6, 1, 0, 9, 0
x_5 = 1, 0, 2, 0, 4, 6, 4, 0, 9, 0

(Beachten Sie das Verschwinden ungerader Zahlen)
$x_6 = $ 1, 0, 2, 0, 4, <u>6</u>, 4, 0, 0, <u>0</u>
$x_7 = $ 1, 0, 2, <u>0</u>, 4, 0, 4, 0, <u>0</u>, 0
(Beachten Sie das Auftreten von Nullen)
$x_8 = $ 1, 0, 2, <u>0</u>, 4, 0, 4, 0, <u>0</u>, 0
.
.
$x_{15} = $ 0, 0, 2, 0, 4, 0, 0, 0, 0, 0
.
.
$x_\infty = $ 0, 0, 0, 0, 0, 0, 0, 0, 0, 0 $= E_1$

2. Betrachten wir die Zahlenfolge
1, 2, 3, 4, 5, 6, 7, 8, 9, 0.
Wenden wir darauf Ashbys »Koevolutionären Operator« KE an.
KE = »Wählen Sie zwei beliebige Zahlen α, β; ersetzen Sie β durch die letzte Ziffer der Summe $\alpha^4 + \beta^4$; lassen Sie α unverändert«.
Anhand der folgenden Tabelle, die diese letzten Ziffern für jedes der Paare α, β enthält, kann man sich überzeugen, daß diese Eigenordnungen entweder 2er und 7er in gleicher Anzahl enthalten, oder nur 2er. (Beachten Sie, daß die 2er, sollten sie vollständig verschwinden, durch die 7er neu erzeugt werden. Das Umgekehrte gilt allerdings nicht.)

	1	2	3	4	5	6	7	8	9	0
1	2	7	2	7	6	2	7	2	1	
2		2	7	2	1	2	7	2	7	6
3			2	7	6	7	2	7	2	1
4				7	1	2	7	2	7	6
5					6	1	6	1	6	5
6						2	7	2	7	6
7							2	7	2	1
8								2	7	6
9									2	1

3. Betrachten wir den Operator »Quadratwurzel« QW und wenden wir ihn rekursiv auf einen beliebig gewählten Anfangswert x_0 an.

Die beigefügte Tabelle bietet den Ausdruck der Sequenz x_1, x_2, x_3 ... usw. für den Ausgangswert

$x_0 = 137$.

Beachten Sie die Konvergenz zu dem Eigenwert

$x_\infty = 1$.

Beachten Sie auch die Komplementarität.

$1 = $

' = QW(X)
Ausgangswert X = 137

1.70469991	1.00965564	1.00003753	1.00000014
1.42121322	1.00481622	1.00001876	1.00000007
1.84965218	1.00240521	1.00000938	1.00000003
1.36001918	1.00120188	1.00000469	1.00000001
1.1661986	1.00060076	1.00000234	1
1.07990675	1.00030033	1.00000117	1
1.03918561	1.00015015	1.00000058	1
1.01940453	1.00007507	1.00000029	1

4. Betrachten wir die beiden Operatoren »Cosinus« und »Sinus«, die rekursiv aufeinander angewandt werden: x' = cos y und y" = sin x'. Die beigegebene Tabelle bietet die Resultate für die Sequenz x_1, y_1, x_2, y_2, x_3, y_3 ... (in rad) für den Ausgangswert $y_0 = 3$ rad.

Ausgangswert Y = 3

−0.989992493	0.6916683255	0.7681274735	0.6948203121
−0.836021825	0.7701829943	0.6947897149	0.7681687568
0.6704198624	0.6962666018	0.7681883513	0.6948194033
0.6213150305	0.7672219786	0.6948334981	0.7681693438
0.3131136789	0.6941525818	0.7681603226	0.6948198267
0.7264305416	0.7685961014	0.6948133393	0.7681690722
0.7475500224	0.6951266802	0.7681732221	0.6948196347
0.6798440992	0.7679725702	0.6948226158	0.7681692011
0.777670743	0.6946783	0.7681672922	0.6948197269
0.701621614	0.7682596786	0.6948183524	0.7681691408
0.7637965103	0.6948847942	0.7681700157	0.6948196821

Beobachten wir sodann die oszillatorische Annäherung der beiden Operatoren an ihre Eigenwerte, indem sie »sich durch die Augen des jeweils anderen betrachten«:

$\cos(\sin(0{,}768169\ldots)) = 0{,}768169\ldots$
$\sin(\cos(0{,}694819\ldots)) = 0{,}694819\ldots$

Beachten Sie die unterschiedlichen Eigenwerte dieser Operatoren, wenn sie voneinander getrennt bleiben:

$\cos(0{,}739085\ldots) = 0{,}739085\ldots$
$\sin(0{,}000000\ldots) = 0{,}000000\ldots$

Beachten Sie auch die rasche Konvergenz zu beiderseitigen Eigenwerten. Nach lediglich 36 Schritten werden stabile Eigenwerte bis auf $1/1\,000\,000$ erreicht.
Ich hoffe, daß Ihnen diese kurze Beschreibung einiger wesentlicher Teile der Theorie rekursiver Funktionen sowie die wenigen Beispiele ihrer Anwendung zumindest einen gewissen Eindruck dieser Methode vermitteln konnten, und daß Sie in der rekursiven Operation ein Prinzip der Selbstorganisation erkannt haben, das aus beliebigen Zuständen bestimmte Strukturen emergieren, kristallisieren läßt. Viele andere interessante Ergebnisse habe ich jedoch nicht erwähnt, Ergebnisse, die mit multiplen Eigenwerten zu tun haben, mit der Zusammensetzung solcher Zustände und anderes mehr. Auch Beispiele, in denen die Eigenzustände keine numerischen Größen, sondern selbst Operatoren (Eigenoperatoren) sind oder anderen Bereichen zugehören, wären sehr aufschlußreich gewesen. Dafür hätte ich jedoch einen viel komplexeren formalen Apparat gebraucht, und ich muß Sie daher auf die Literatur verweisen, wenn Sie sich für solche Fälle interessieren (Davis 1958; von Foerster 1976/84; Hofstadter 1981).
Gleichwohl möchte ich diese Darstellung nicht abschließen, ohne noch kurz auf die Ergebnisse der Untersuchungen Ashbys zur Dynamik großer Systeme ohne Input hinzuweisen. In einer Computersimulation einer Anordnung wie der in Abbildung 6a dargestellten verknüpfte Ashby in einer Serie von Versuchen 100, in einer anderen 1000 nicht-triviale Maschinen (das heißt, er wandte auf ihre Inputs eine Reihe logischer Funktionen an), legte einen Ausgangswert fest und setzte sie in Gang. Nach einigen Übergangszuständen in der Anfangsphase (vgl. auch unsere Beispiele) entwickelte das System verschiedene Eigenverhalten, d. h.

»Grenzzyklen« unterschiedlicher Länge, die in vielen Fällen große Bereiche der Ausgangswerte darstellten. Ashbys Begriff für dieses Phänomen war Polystabilität (Walker/Ashby 1966). Seine Untersuchungen sind vor kurzem von einer französischen Gruppe mit schnelleren und größeren Computern erneut durchgeführt worden und haben viele neue und faszinierende Ergebnisse erbracht (Fogelman-Soulie u. a. 1982).
Ich möchte meine Ausführungen über rekursive Rechenprozesse mit einigen wenigen terminologischen Bemerkungen beenden. Wie ich vorhin schon erwähnt habe, hat David Hilbert um die Jahrhundertwende die Begriffe Eigenwert und Eigenfunktion eingeführt, Begriffe, die mir die Logik, die hier im Spiel ist, besonders gut darzustellen scheinen. Ein anderes attraktives Merkmal dieser Werte, nämlich ihre Invarianz unter den ihnen entsprechenden Operationen, hat ihnen einige Zeit später den Namen »Fixpunkte« eingetragen. In jüngster Zeit haben nun einige Computerenthusiasten diese faszinierenden Werte erneut für sich selbst entdeckt, und da sie ihren Augen nicht trauten, als sie sahen, was sie sahen, nannten sie diese Werte »strange attractors«, also »fremdartige Attraktoren« – eine Bezeichnung, die ich, es tut mir leid, abstoßend finde.

4. Betriebs- und Menschenführung

Malik und Probst haben in ihrem Aufsatz über evolutionäres Management Verhandlungen aus der Perspektive eines Betriebs als eines sich fortentwickelnden selbstorganisierenden Systems betrachtet. Ich möchte ihre Beobachtungen nur durch einige Punkte ergänzen, die sich aus den eben dargestellten Strategien ergeben.
Ich schlage vor, Verhandlungen zumindest für den Augenblick als Versuche anzusehen, durch die Mitglieder einer Gruppe »ein gemeinsames Problem lösen« wollen. Die Gänsefüßchen sollen hierbei als Warnsignale dienen, die uns auffordern, bestimmte allzu häufig oder allzu selten benutzte Begriffe erneut einer gründlichen Prüfung zu unterziehen. Was ist denn mit »Lösen« gemeint, mit »gemeinsam«, mit »Problem«? Höchstwahrscheinlich gibt es überhaupt kein gemeinsames Problem; jedes der Mitglieder dürfte seine eigenen Probleme haben; ja, noch schlimmer,

vielleicht *hat* das eine oder andere Mitglied überhaupt kein Problem, vielleicht *ist* er oder sie das Problem usw.
Mit dieser Mahnung zur Vorsicht im Hinterkopf möchte ich mich nun erneut daranmachen, Verhandlungen als eine Problemlösungsaufgabe zu betrachten, wobei eine der Lösungen in der Tat darin bestehen kann, das »gemeinsame Problem« überhaupt zu identifizieren.

Die Dynamik kleiner Gruppen

Ich möchte nun eines der ältesten Experimente zur Dynamik kleiner Gruppen beschreiben, ein Experiment, das meines Erachtens viel zu wenig bekannt ist, und aus dem man zahlreiche interessante Schlußfolgerungen ziehen kann. Dieses Experiment wurde in den frühen fünfziger Jahren von Alex Bavelas (1952) entwickelt, der damals für das M.I.T. arbeitete und sich für die Evolution von Strategien und Gefühlen bei Menschen mit unterschiedlicher Fachausbildung interessierte, die an verschiedenen Aufgaben mitarbeiteten, deren Ziele und Methoden in einer Sprache beschrieben wurden, die vom Extrem durchsichtiger Klarheit bis zum Extrem völliger Undurchsichtigkeit reichte. Es scheint mir eine Ähnlichkeit zu bestehen mit jenen Situationen, in denen das Prinzip der Redundanz des potentiellen Kommandos zur Anwendung kommen kann. Dies ist jedoch nicht der Fall, denn beabsichtigte Handlungen werden hier in bestimmter Weise gesteuert, wie wir gleich sehen werden (und sie werden außerdem durch Protokolle dokumentiert).
Die Aufgabe, die jedem Mitglied einer Fünfergruppe gestellt wird, besteht darin, das einzige gemeinsame Symbol eines Kartenspiels herauszufinden. Jedes Mitglied kann nur eine Karte betrachten, darf sich aber mit den anderen Mitgliedern verständigen, und zwar ausschließlich über vorgeschriebene Kanäle, um die benötigte Information über die anderen Symbole zu ermitteln. Ich möchte zuerst das Kartenspiel beschreiben und sodann die räumliche Anordung dieses Experiments.
Die Karten: Nehmen wir sechs verschiedene Symbole, sagen wir ein Quadrat, ein Kreuz, ein Dreieck usw., die ich bequemerweise einfach mit 1, 2, 3, 4, 5, 6 benennen will. Wir stellen sodann sechs verschiedene Karten her, von denen jede ein Symbol nicht enthält, aber die anderen fünf zeigt.

2	1	1	1	1	1
3	3	2	2	2	2
4	4	4	3	3	3
5	5	5	5	4	4
6	6	6	6	6	5
1	2	3	4	5	6

Die unterste Zeile des Schemas gibt das jeweils fehlende Symbol an.

Entfernt man nun aus dieser Kartenmenge eine Karte, auf der das Symbol »3« fehlt, dann werden die verbleibenden Karten nur ein einziges Symbol gemeinsam haben, nämlich »3«.
Auf diese Weise können sechs Kartenspiele generiert werden, und jedes Kartenspiel unterscheidet sich von den anderen durch das Symbol, das seinen Karten gemeinsam ist.
In einer vorbereitenden »Aufwärmsitzung« erhält jede Versuchsperson ein solches Kartenspiel und muß die Frage beantworten, was das gemeinsame Symbol ist. Das dauert zwischen 20 und 40 Sekunden. Gleichzeitig wird der Versuchsperson mitgeteilt, daß sie im tatsächlichen Experiment nur eine Karte zu sehen bekommt und das gemeinsame Symbol durch Kommunikation mit den anderen Gruppenmitgliedern erschließen muß.
Raum: Stellen Sie sich zwei konzentrisch angeordnete fünfeckige Zylinder vor. Der Raum zwischen den beiden Zylindern ist in fünf gleich große Zellen aufgeteilt, in denen jeweils eine der fünf Versuchspersonen bequem Platz hat. Vor der Wand zum Mittelpunkt hin steht ein breiter niedriger Tisch. In der Wand über dem Tisch befinden sich Öffnungen, einige davon offen, einige davon geschlossen, durch die Botschaften an die anderen Versuchspersonen geschickt bzw. von diesen empfangen werden können, und zwar durch Röhren, die versteckt hinter der Wand angebracht sind. Die Kommunikation mit Hilfe dieser Röhren ist die einzige Möglichkeit, die den Versuchspersonen für Kommunikation offensteht, denn schalldichte Wände usw. schließen jede andere Möglichkeit aus.
Zwei wichtige Merkmale dieser Versuchsanlage sind: Erstens die Möglichkeit, vorweg die Verbindungen zwischen den einzelnen Zellen festzulegen (die den Versuchspersonen unbekannt bleiben), etwa so wie in Abbildung 9, und zweitens die Möglichkeit, den Verlauf des Kommunikationsprozesses mit Hilfe numerierter

und farblich gekennzeichneter Schreibblocks und Bleistifte festzuhalten.

Das Experiment: Die jeweilige Sitzung beginnt damit, daß die fünf Versuchspersonen in ihren Zellen sitzen und eine Karte aus dem Kartenspiel mit fünf Karten vor sich liegen haben. Sie können nun ihr Notizpapier für eine beliebige Botschaft benutzen, sei diese eine Frage, eine Antwort, oder was immer auch, die an die anderen Versuchsteilnehmer geschickt werden soll. Sobald jede Versuchsperson zu wissen glaubt, was das gemeinsame Symbol ist, drückt sie auf diejenige der sechs Tasten auf dem Tisch, die diesem Symbol entspricht. Die Sitzung endet, sobald alle Versuchsteilnehmer die gleiche Taste gedrückt haben.

Ergebnisse: Auch wenn diese Experimente eine große Menge von Ergebnissen erbracht haben, möchte ich nur auf zwei Varianten der Versuchsanordnung eingehen. Die eine hat mit der Konnektivität zu tun, die andere mit verschiedenen Symbolen. Die Variation der Verbindungen zwischen den Zellen, etwa von der kreisförmigen Verbindung (Abbildung 9a) zu einer sternförmigen (Abbildung 9c), ergibt bereits sehr eindrucksvolle Veränderungen des Verhaltens. Eine Variation der Symbole führte zu dramatischen Veränderungen. In einer Gruppe von Experimenten wurden identifizierbare Symbole eingesetzt, wobei die Gruppen in unterschiedlicher Weise miteinander verbunden wurden. In einer anderen Gruppe wurden die Kommunikationskanäle – oder sollte ich sie vielleicht besser als Kognitionskanäle bezeichnen – gestört, indem Symbole benutzt wurden, die nicht nur schwer zu unterscheiden waren, die vielmehr nicht einmal Namen hatten: Es handelte sich um unterschiedlich gemusterte Glaskugeln anstelle von graphischen Symbolen.

Ich möchte zuerst über den »störungsfreien« Fall berichten, d. h. über den Fall, in dem die Symbole identifiziert und benannt werden konnten. Wurden die im Kreis miteinander verbundenen Mitspieler gefragt, wie sie sich während der Sitzung fühlten, wie sie ihre Leistung wahrnahmen usw., so antworteten sie beständig, daß es ihnen gut ginge, daß sie schnell und erfolgreich arbeiteten, daß sie bessere Leistungen gezeigt haben könnten usw. Fragte man sie, ob sie in der Gruppe einen »Führer« identifizieren konnten, dann verteilte der Durchschnitt der Antworten diese »Führung« gleichmäßig auf alle fünf Positionen.

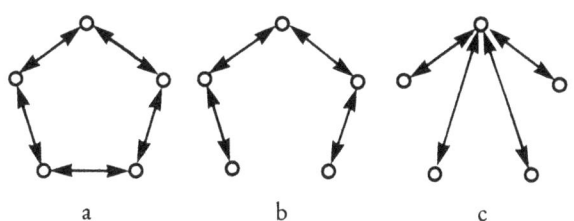

Abbildung 9 Unterschiedlich verknüpfte Gruppen

Die sternförmige Anordnung ergibt ein Bild, das dem der kreisförmigen fast entgegengesetzt ist. Obwohl die Versuchsteilnehmer ihre Aufgabe fast doppelt so schnell lösten wie die der kreisförmig verknüpften Gruppe, empfanden sie sich als Versager. Sie glaubten sich langsam und erfolglos und machten dafür irgendeinen »Idioten« im Team verantwortlich. 94% der Versuchsteilnehmer identifizieren die Spitze der Verknüpfungsstruktur als den Führer.
Aufgrund dieses Unterschiedes in der Wahrnehmung des Vorhandenseins oder der Abwesenheit einer Führung nannten Bavelas und seine Mitarbeiter diese beiden Verknüpfungsarten »demokratisch« bzw. »autoritär«.
Was geschieht nun, wenn der Kommunikationskanal gestört wird? Erstaunlicherweise (oder vielleicht gar nicht erstaunlicherweise) arbeitet die demokratische Gruppe nicht weniger gut, wenngleich etwas langsamer als vorher. Die Teilnehmer fühlen sich immer noch gut und meinen, gut zu arbeiten. Bei den Autoritären aber zeigt sich ein dramatischer Wandel: In Abhängigkeit vom Grad der Fremdartigkeit der Symbole zerfallen die Gruppen früher oder später. Versuchsteilnehmer verlassen erbost ihre Zellen, die »Idioten« vermehren sich, und die Verantwortung wird vom einen auf den anderen geschoben. Sieht man sich danach die Aufzeichnungen der Kommunikationsvorgänge an, dann stellt man fest, daß die sternförmig miteinander verknüpften Versuchspersonen rasch aufhören, über Symbole zu sprechen, und anfangen, einander mit Schimpfwörtern zu belegen. Damit ist ein faszinierendes Umschalten der Aufmerksamkeit von den mitzuteilenden Tatsachen auf die Kommunikatoren zu beobachten.
Der Unterschied zwischen den »Autoritären« und den »Demo-

kraten« ist gravierend. Was die »demokratische« Konfiguration aktiviert, ist eine Erweiterung des Sprachgebrauchs. Wie die Aufzeichnungen zeigen, werden rasch Namen für die seltsam aussehenden Dinge gefunden, einige davon mit Wirklichkeitsbezug, etwa »Löwe«, »Kuh« usw., oder es werden neue Ausdrücke gebildet wie »bimbim« oder »splop« und ähnliches, Namen, mit denen entweder herumgespielt wird oder die modifiziert oder beibehalten werden und die, wenn sie von der Gruppe übernommen werden, zur eigentlichen Aufgabe, das *gemeinsame Symbol* zu finden, zurückführen und vieldeutige Objekte ausschließen.
Ich habe mich mit diesen Übungen etwas ausführlicher beschäftigt, denn ich bin der Meinung, daß diese Experimente hervorragend geeignet sind, um die vier Größen »Management«, »Selbstorganisation«, »Evolution« und »Sprache« miteinander zu verknüpfen, und zwar durchaus in der Art und Weise, wie es Malik und Probst in ihrer Arbeit gefordert haben.
Es kann keinen Zweifel daran geben, daß eine der Aufgaben des Managements darin besteht, ein Klima zu schaffen, das Kommunikation fördert. Eines der Ergebnisse des Experiments von Bavelas liegt darin, daß Interaktionsstrukturen Kommunikation erleichtern oder behindern können. Es scheint, daß zirkuläre, rekursive Interaktionsmuster Störungen gegenüber hochstabil bleiben. Wichtig hierbei ist jedoch, daß diese Stabilität sich nicht aus Aktionen gegen die störenden Kräfte ergibt, sondern dadurch, daß man eben diese als Quellen der Kreativität nutzt. Und diese Experimente zeigen schließlich erneut die Bedeutung der Sprache im Prozeß der Betriebs- und Menschenführung.
Mein Freund, der Komponist Herbert Brün, hat mich einmal gelehrt: »Eine Sprache gewinnen heißt eine Sprache verlieren« (Brün 1983). Bavelas' Experimente aber bieten Beispiele für die Entwicklung von Sprache.

Lexikalisch gesehen ist die Sprache ein geschlossenes System. Fragen Sie etwa nach der Bedeutung eines Wortes, dann erhalten Sie erneut Wörter. Wenn ich die Bedeutung des englischen Wortes »subsequent« wissen will, finde ich im Wörterbuch dafür unter anderem »following« (vgl. Abbildung 10). Nun möchte ich wissen, was »following« bedeutet – und so geht es immer weiter fort. Abbildung 10 macht deutlich, wohin dies alles führt, man kann sagen, nirgendwohin. Kann man aus der Falle der Sprache entflie-

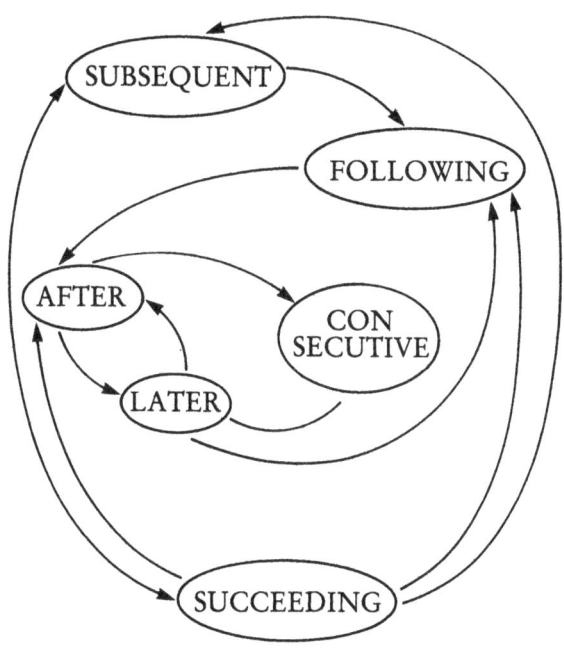

Abbildung 10 Relationales Netz synonymer Ausdrücke

hen? Auf einen Weg möchte ich hinweisen, der von dem britischen Philosophen John Langshaw Austin gesehen wurde. Er machte die Beobachtung, daß es in unseren Sprachen eine eigentümliche Familie von Äußerungen gibt, Äußerungen, die sagen, was sie tun, oder vielleicht sollte ich sagen, daß sie tun, was sie sagen. Wie ist das nun möglich?

Stellen Sie sich vor, Sie sind in einem überfüllten Bus und treten unabsichtlich jemandem auf den Fuß. Sie sagen höflich »Entschuldigen Sie bitte!« Der Zauber einer solchen Äußerung liegt darin, daß sie die Entschuldigung *ist*. Aus augenscheinlichen Gründen hat Austin diese Äußerungen »performativ« genannt (Austin 1961). Hat man nun einmal bemerkt, daß es derartige Äußerungen in einer Sprache gibt, dann findet man immer mehr davon: »ich verspreche«, »ich erkläre« usw. Überlegen Sie sich nur einen Augenblick lang, was für außergewöhnliche Dinge ge-

schehen, wenn der Priester bei einer Trauung sagt: »Ich erkläre Sie zu Mann und Frau.« Sobald diese Formel geäußert worden ist, *sind* die beiden Mann und Frau.
Ich habe nun diesen Begriff der performativen Äußerung am Ende meiner Darstellung eingeführt, denn er führt mich in angemessener rekursiver Weise wieder zurück zum Anfang. Vielleicht erinnern Sie sich an den Satz, der von sich selbst aussagt, aus wievielen Buchstaben er besteht. Sagt er dies in der Tat auf korrekte Weise, so sprachen wir von einem Eigenwert. Vielleicht sollte man diesen Satz sogar als eine Eigenäußerung bezeichnen, um die Verbindung mit performativen Äußerungen klarzumachen. Und eben darin, so möchte ich meinen, besteht das Fenster, durch das wir aus der Sprache hinaustreten können. Lassen Sie mich daher nochmals auf Ihre freundliche Einladung zurückkommen und mich außerdem für die Geduld bedanken, mit der Sie mir zugehört haben, indem ich die performative Äußerung mache: »Ich danke Ihnen sehr.«

Epistemologie der Kommunikation

Je weiter die Diskussionen über Kommunikation auf der Tagung des Zentrums über »Technologie und Öffentlichkeit« voranschritten, desto mehr verstärkte sich bei mir das Gefühl, in eine mir persönlich sehr willkommene Verschwörung mit dem Ziel geraten zu sein, einige der in unserer Kultur heißgeliebten Vorstellungen zu entzaubern, die sich bei näherem Hinsehen als Verschmutzer des Sprachlebens erweisen. Wenn wir tatsächlich in einer Gesellschaft leben, in der unsere Ideen und Erfahrungen *durch Sprache* ausgedrückt werden, dann wären diese Verschmutzer nichts weiter als unbedeutende Verirrungen, leicht zu beseitigende Flecken, und das Problem, das sie stellen, wäre unbedeutend und ohne Interesse. In unserer Gesellschaft jedoch werden Erfahrungen und Ideen nicht *durch Sprache* ausgedrückt, wir haben Sprache vielmehr zum *Steuerungs-* und *Kontrollorgan* unserer Ideen und Erfahrungen gemacht. Unter solchen Umständen aber kann eine bloß sprachliche Irritation schon zu einem Krankheitserreger innerhalb des sozialen Gefüges werden. Ich möchte einige dieser pathogenen sprachlichen Verschmutzer unter die Lupe nehmen. Ich habe »Kommunikation« als Thema gewählt, denn gerade der Begriff der Kommunikation sowie die Annahmen über die Prinzipien, die der Kommunikation zugrunde liegen und sie ermöglichen, sind ganz entscheidende und verräterische Merkmale unserer Vorstellung einer postindustriellen Gesellschaft, ja in der Tat jeder Art von Gesellschaft, in der allein durch den kommunikativen Akt jeder Mensch jedes anderen Nachbar wird. Eben diese Vorstellung von Kommunikation bietet die begriffliche Basis für die Art struktureller Kopplung, die es uns ermöglicht, zumindest theoretisch, aktive und kooperativ gestimmte Nachbarn zu sein (vgl. Maturana 1970 b).
Ich möchte zuerst einige der irrtümlichen Auffassungen erörtern, die sich in fast allen Bereichen der Kommunikationstheorie finden, ob diese nun in der Linguistik, der Semantik, der Soziologie, der Physiologie oder der Mathematik liegen. In den meisten dieser Bereiche werden Metaphern gebraucht, die, wenn schon nicht falsch, zumindest irreführend sind und die sich in manchen Fällen als politisch gefährlich erweisen. Danach möchte ich über einige

Arbeiten von Kollegen und mir selbst berichten, die für dieses Thema von Bedeutung sind.

Lassen Sie mich damit beginnen, daß ich einige der Kommunikationsbegriffe vorstelle, die wohlbekannt sind und *gerade deshalb* sorgfältiger Prüfung bedürfen. Wenn Sie »Kommunikation« in irgendeinem Wörterbuch nachschlagen, dann stellen Sie fest, daß es einen »*Austausch* von Information« bedeutet. Diese Vorstellung von Kommunikation als »Austausch« ruht auf dem Bild einer Röhre: Sie stopfen auf der einen Seite etwas in die Röhre hinein, es wandert hindurch, und man zieht es auf der anderen Seite wieder heraus. Wenn man den Prozeß umkehrt, d. h. etwas von der anderen Richtung durch die Röhre schiebt, dann ist das Bild der Kommunikation fertig. Der gesamte Prozeß heißt dann »Austausch von Informationen«. In diesen Röhren kann nun alles mögliche zirkulieren, Wasser, Benzin und in manchen Fällen eben auch Information. Im Rahmen dieser Vorstellung wird Information als ein Gut aufgefaßt, als eine Substanz, die durch Röhren übermittelt werden kann. Außerdem kann eine solche Substanz, so nehmen wir an, über Drähte laufen, denn wir »wissen« ja, daß Information, die über Drähte läuft, von einem Ende eines Kontinents zum anderen vermittelt werden kann. In jedem Lehrbuch der Kommunikationstheorie finden Sie wunderschöne Darstellungen, die auf diesem Bild beruhen: zwei kleine Kästchen (der Sender und der Empfänger), durch eine Linie verknüpft (den Kommunikationskanal). Es scheint alles so einleuchtend.

Was jedoch über den Draht läuft, sind nicht Informationen, sondern *Signale*. Da wir jedoch zu wissen glauben, was Information ist, glauben wir auch, daß wir Information komprimieren, verarbeiten, auseinandernehmen können. Wir glauben sogar, daß Information gespeichert und später wieder hervorgeholt werden kann: denken Sie an die Bücherei, die gewöhnlich als eine Art von Informationsspeicherungs- und -wiedergabesystem aufgefaßt wird. Das ist aber ganz falsch. Eine Bücherei speichert Bücher, Mikrofiches, Dokumente, Filme, Diapositive und Kataloge, sie kann aber keine Information speichern. Sie können eine Bücherei von unten nach oben kehren – es wird keine Information herausfallen. Es gibt nur eine Art, auf die wir von einer Bücherei Informationen bekommen können, nämlich diese Bücher zu lesen, die Mikrofiches, Dokumente, Diapositive usw. anzuschauen. Ebenso könnte man eine Garage ein System der Speicherung und Wiedergabe von Verkehr nennen. In beiden Fällen wird ein brauchbares Vehikel (des Verkehrs oder der Information) mit dem verwechselt, mit dem er es betreibt und benutzt. *Jemand* muß es tun. *Es* selbst tut nichts.

Lexikalische Definitionen des Dialogs sowie der Konversation beruhen gleichermaßen auf der Metapher des Austausches, sei es des Austausches von Ideen und Meinungen oder von Gedanken und Gefühlen. Wenn wir uns also als Dialogpartner gegenüberstehen und erfolgreich unsere Meinungen ausgetauscht haben, dann habe ich deine Meinungen, und du hast meine! *Presto!* Wie aber um Himmels willen dieser mysteriöse Umtausch mit Hilfe bloßer Sprechgeräusche der Dialogpartner stattgefunden hat, das bleibt immer noch ein Wunder.

Solche lexikalischen Definitionen stoßen also nicht bis zur Wurzel des Problems der Kommunikation vor. Wir müssen uns anderswo umsehen, vielleicht in der Soziologie. Dieses Gebiet scheint eine vielversprechende Quelle für eine Lösung unseres Problems zu sein, denn die meisten Soziologen, so wage ich zu vermuten, würden darin übereinstimmen, daß Kommunikation der Klebstoff ist, der eine bloße Ansammlung von Individuen – ein »Ensemble von unabhängigen Elementen«, wie man in der Thermodynamik sagen würde – zu einer »Gesellschaft«, also zu einem kohärenten Ganzen verbindet.

Die Schwierigkeit liegt aber darin, daß nicht ganz klar ist, wie dieser Klebstoff funktioniert. Um dies herauszufinden, mag man versucht sein, das System theoretisch in Teile aufzubrechen (ich meine »die Gesellschaft«), um zu sehen, ob man diese Teile verstehen kann. Wenn dies nicht der Fall ist, kann man diesen Prozeß der Zerteilung in immer kleinere Teile so lange fortsetzen, bis man auf eine Einheit trifft, die man zu verstehen meint. Dieser Prozeß heißt »die reduktionistische Methode«, und sein Zauber liegt darin, daß er prinzipiell immer erfolgreich ist! Leider aber gerät man in Schwierigkeiten, wenn man sich bemüht, das Ganze wieder aus den Teilen zusammenzusetzen: der Klebstoff ist beseitigt, und die Stücke fallen auseinander. Statt sich also um die Stücke zu kümmern, hätte man sich um den Klebstoff kümmern sollen.

Wenn uns nun schon die Soziologen nicht wirklich helfen können, dann können vielleicht doch die Techniker und die Mathematiker unsere Fragen beantworten. Sieht man sich die Überfülle an Büchern an, die Titel tragen wie *Die mathematische Theorie der Kommunikation* (Shannon/Weaver 1949), *Science and Information Theory* (Brillouin 1956) oder *Informationstheorie und ästhetische Wahrnehmung* (Moles 1966), dann wird uns doch glauben gemacht, daß deren Verfasser Information und Kommunikation verstehen. Lernt man aber diese Theorien etwas genauer kennen, dann wird vollkommen klar, daß sie sich nicht eigentlich mit Information und Kommunikation beschäftigen, sondern vielmehr mit Signalen und mit der verläßlichen Übertragung von Signalen über unzuverlässige Kanäle. (Das ist schon in sich eine furchtbar schwierige Aufgabe, und wir wissen sehr wohl, daß in diesem Arbeitsbereich ganz phantastische Dinge geleistet worden sind!) Wie aber nun so brillante Denker, die diese neue Theorie geschaffen haben, die so verräterisch simpel »Informationstheorie« heißt, zwei Begriffe verwechseln und vermischen konnten, die sich semantisch so tiefgreifend unterscheiden wie die Begriffe »Signal« und »Information«, ist schwer zu fassen, wenn wir uns nicht an die historischen Umstände der Entwicklung dieser Theorie erinnern: Diese Begriffe sind zugleich mit der Entwicklung der Universalrechner während des Zweiten Weltkriegs entstanden. In Kriegszeiten dominiert im allgemeinen eine bestimmte Art des Sprachgebrauchs – der Imperativ bzw. der Befehl – alle anderen (die Aussage, die Frage, den Ausruf). Im Befehlen geschieht das Folgende: ein Befehl wird geäußert, der Befehl erreicht einen Rezipienten, und der Rezipient führt den Befehl aus. Wenn ich z. B. »Stillgestanden!« schreie, dann nimmt jeder stramme Haltung an. Wie Jean-Pierre Dupuy (1980) beobachtet hat, kann es Befehle nur in einem trivialen System geben, d. h. in einem System, für das gilt, daß jeder Output in eindeutiger Weise durch den Input determiniert ist, in diesem Falle also durch den Befehl. Die Analogie des absoluten und bedingungslosen Gehorsams gegenüber Befehlen (Signalen) ließ unsere Denker also meinen, daß »Signal« und »Information« identisch seien, denn alle interpretativen Prozesse (Verstehen, Bedeutung usw.) blieben unsichtbar. Die Unterscheidung von Signal und Information wird jedoch sehr deutlich, wenn ein Befehl nicht befolgt wird, wenn es also Ungehorsam gibt. Nehmen wir erneut den Befehl »Stillgestanden!«. In diesem Falle aber macht ein junger Mann eine obszöne Geste und geht, statt stramme Haltung anzunehmen. Für ihn war der Befehl das Signal, die Verantwortung dafür zu über-

nehmen, zum Führer einer Revolution zu werden oder als Renegat erschossen zu werden (oder, in einer anderen Situation, als Häretiker verbrannt zu werden – beachten Sie, daß das lateinische Wort *renegare* »ablehnen« bedeutet, das griechische Wort *hairesis* »Wahl«). Wir müssen also erkennen, daß Information *erzeugt* wird, wenn eine Wahl getroffen wird; um aber wählen zu können, muß man die Freiheit haben, ein Revolutionär zu werden. Eine Epistemologie ist daher auch ein politisches Problem.
Ich rekapituliere: Ein System, in dem Befehle glatt funktionieren, ist ein System, in dem Information und Signal ununterscheidbar sind. Das ist das Ideal des Behaviorismus. Das System wird in dem Moment bedroht, wenn sich jemand nicht so verhält, wie er (eigentlich) »sollte«, sondern wie er (selbst) will, und dadurch ein Klima schafft, in dem »Neues« entstehen kann.
Zwar haben diese kurzen Abschweifungen in die Soziologie und in die technischen Wissenschaften vor allem dazu gedient, zu zeigen, daß ihre Informations- und Kommunikationsbegriffe von betrüblicher Beschränktheit sind; sie haben aber doch auch gewisse Hinweise geliefert, wo wir uns weiter umsehen sollten. Wenn wir nämlich in der Tat den Begriff einer Ware mit Namen »Information«, die in einem Prozeß mit Namen »Kommunikation« ihren Besitzer wechselt, aufgeben müssen, dann müssen wir auch die Strategie verwerfen, die uns nach Dingen *außerhalb* unser selbst suchen läßt, und eine Strategie entwickeln, die uns erlaubt, nach Prozessen *innerhalb* unser selbst zu forschen.
Ich wende mich daher nun der Neurophysiologie zu, und erneut besteht meine erste Aufgabe darin, eine der heißgeliebten abwegigen Vorstellungen über das Funktionieren des Nervensystems auseinanderzunehmen, die Vorstellung nämlich, daß unsere Sinnesorgane (Augen, Ohren, Geschmacks- und Geruchssysteme usw.) dafür verantwortlich sind, daß wir die Welt in all ihrer glorreichen Vielfalt und Fülle so sehen, hören und schmecken oder riechen, wie sie wirklich ist. Wie irreführend diese Auffassung ist, zeigt sich in einem fundamentalen Prinzip – in dem »Prinzip der undifferenzierten Enkodierung« –, das nicht nur für die Aktivität der peripheren Rezeptorzellen gilt (die Zapfen und Stäbchen in der Netzhaut des Auges, die Haarzellen entlang der Basilarmembran im inneren Ohr usw.), sondern für die Aktivität aller Nervenzellen in unseren Körpern. (Bemerkenswerter allerdings als die Einfachheit dieses Prinzips ist die Tatsache, daß es

zwar seit über einem Jahrhundert bekannt ist, daß seine außerordentliche Bedeutung für die Theorie der Kognition aber erst vor einigen wenigen Jahren entdeckt worden ist.) Die prägnanteste Formulierung dieses Prinzips lautet:

»Die Reaktion einer Nervenzelle enkodiert lediglich die Größe ihrer Erregung, aber nicht die physikalische Natur des erregenden Agens.«

Da die Reaktion aller Nervenzellen in einer Abfolge elektrischer Impulse von verschiedener Frequenz besteht, stellt dieses Prinzip, mit anderen Worten, fest, daß es nur die *Intensität* des Reizes ist, die die Pulsfrequenz einer so erregten Zelle bestimmt. Und es sind wiederum nur diese Folgen elektrischer Impulse, die dann mit Zellen tiefer im Gehirn interagieren. (Funkenthusiasten werden die Tatsache würdigen, daß die Übertragung von Signalen innerhalb von lebenden Organismen die Frequenzmodulation mit all ihren Möglichkeiten nutzt.) Diese Abfolge von Nervenimpulsen hat jedoch überhaupt keinen Bezug zu der physikalischen Ursache, die die Nervenzelle ursprünglich aktiviert hat: ein Schlag auf Ihren Kopf oder die Absorption elektromagnetischer Strahlung in der Netzhaut erzeugt die gleiche Wahrnehmung – Licht!

Natürlich unterscheiden sich die verschiedenen Typen der Rezeptorzellen beträchtlich in ihrer Empfindlichkeit für verschiedene physikalische Agentien. Ein Druckrezeptor etwa ignoriert Veränderungen der mittleren kinetischen Molekularenergie (die wir gewöhnlich als »Temperatur« bezeichnen) des ihn umgebenden Gewebes fast völlig, wird aber genau mitteilen, wenn eine Zecke über die Haut wandert, dagegen wird ein Wärmerezeptor die Zecke völlig mißachten, aber auf die Veränderungen der mittleren kinetischen Molekularenergie des ihn umgebenden Gewebes reagieren. Wir müssen jedoch festhalten, daß diese Unterscheidungen von Zelltypen nur von einem externen Beobachter getroffen werden können, z. B. von einem experimentierenden Neurophysiologen, der gleichzeitig auf zwei Dinge schauen kann: einmal z. B. auf ein Thermometer, zum anderen auf die elektrische Aktivität einer Rezeptorzelle, die er mit Hilfe einer winzigen Elektrode mißt, die in die Zelle eingeführt worden ist. Wenn er Veränderungen der Zellaktivität feststellt, die auf eine geänderte Temperatur zurückzuführen sind, dann sagt er: »Das ist ein Wärmerezeptor«; wenn er praktisch keine Aktivitätsveränderung feststellen kann, dann wird er sich eine andere Zelle hernehmen oder einen anderen Reiz.

Das Subjekt jedoch, an dem ein solches Experiment ausgeführt wird, erfährt die Veränderung der Temperatur, ohne die Chance zu haben, ein Thermometer ablesen zu können, es erfährt Veränderungen der Helligkeit, ohne ein Photometer betrachten zu können. Sein Nervensystem »berechnet« unterschiedliche Wahrnehmungen auf der Basis des Aktivitätsflusses von mehr als 50 Millionen afferenter Nervenfasern, die alle lediglich sagen: »soundso viel an diesem Ort deines Körpers«, aber nicht sagen können, *was* da ist. Das Problem, wie das Nervensystem in der Tat die ganze Reichhaltigkeit der Wahrnehmungen erzeugt, die unsere Erfahrung bilden, ist nun überhaupt nicht trivial! Das wird besonders deutlich, wenn ich darauf hinweise, daß Henri Poincaré, der französische Mathematiker, Physiker, Astronom und Philosoph, schon um die Jahrhundertwende folgendes bewiesen hat: Wir (bzw. unser oder irgendein anderes Nervensystem) können im Prinzip unsere Begriffe des Raums, der Gegenstände und Gebilde, d. h. also unsere Wahrnehmung, prinzipiell nicht mit Hilfe der Signale konstruieren (berechnen), die unser Sinnesapparat liefert. Die Sinneserregung ist zwar notwendig, aber nicht hinreichend für Wahrnehmung. Vielleicht ist Poincarés Aufsatz mit dem Titel »L'Espace et la géométrie« (1895) aufgrund dieser unserer Intuition widersprechenden und schockierenden Aussage vergessen worden – wozu sind denn unsere Sinnesorgane überhaupt gut, wenn nicht dafür, uns ein Bild der Welt zu liefern? –, und die Bedeutung dieses Aufsatzes wurde ebenso wie die des Prinzips der undifferenzierten Enkodierung erst vor kurzer Zeit wiederentdeckt.

Nun ist zwar der negative Teil der These von Poincaré (der Beweis der Unzulänglichkeit) in sich schon eine bedeutende Leistung; was den Aufsatz für uns heute aber so wichtig macht, ist der positive Teil, nämlich die Darlegung der notwendigen *und* der hinreichenden Bedingungen für die Erfahrung bzw. Wahrnehmung von Raum, Gegenständen usw. Wo liegt das fehlende Bindeglied? Dieses fehlende Bindeglied ist *Bewegung*. Poincaré zeigt, daß die Konstruktion von Wahrnehmungen vom Prozeß der Veränderung der eigenen Sinneswahrnehmungen durch die Bewegung des Körpers und von der Korrelierung dieser Veränderungen der Sinneswahrnehmung mit diesen willkürlichen Bewegungen abhängig ist. Bezeichnen wir die Gesamtheit unserer Fähigkeiten der Wahrnehmung, Orientierung, des Lernens usw. (im Unterschied zu jenen des Denkens, Wollens, der Gefühle usw.) mit dem Ausdruck »Sensorium« und die Gesamtheit unserer Fähigkeiten willkürlicher Bewegungen des Gehens, Sprechens und Schreibens usw. (im Unterschied etwa zur Peristaltik, Pupillenerweiterung usw.) mit dem Ausdruck »Motorium«, dann läßt sich Poincarés These heute folgendermaßen neu formulieren:

»*Das Motorium liefert die Interpretation des Sensoriums, und das Sensorium liefert die Interpretation des Motoriums.*«

Das klingt nun sehr wie ein zirkuläres Argument, wie ein *circulus vitiosus*, der gemäß der orthodoxen Logik die Quelle aller möglichen logischen Spitzbübereien ist und daher aus allen wissenschaftlichen Diskursen verbannt sein sollte. Eine solche operative rekursive Schleife ist jedoch kein *circulus vitiosus*, kein Teufelskreis, sie ist vielmehr eine kreative Schleife, ein *circulus creativus*.

Vielleicht kann Ihnen die folgende mathematische Demonstration deutlich machen, daß diese zirkuläre Kausalität in der Tat einen »Aufstieg« ermöglicht oder, im Sinne des aristotelischen *anabasis eis allos genos*, den Übergang in einen anderen Bereich. Betrachten wir zuerst die primäre motorische Aktion (das Verhalten) m_0, in der der gesamte Bereich der Bewegungen eines Organismus in bestimmter Weise eingeschränkt oder begrenzt ist (ich will hier zunächst von »Wider-Ständen« gegen die vom Organismus beabsichtigten Bewegungen sprechen). Bezeichnen wir nun mit s_0 die Aktivität des Sensoriums, die durch eine Funktion M der motorischen Aktivität m_0 erzeugt wird:

$s_0 = M(m_0)$.

Sei in ähnlicher Weise die motorische Aktion m_1, die durch das Sensorium erzeugt wird, eine Funktion S einer Aktivität s_0:

$m_1 = S(s_0)$.

Wenn wir sodann den obigen Ausdruck für s_0 einsetzen, ergibt sich:

$m_1 = S(M(m_0)) = SM(m_0)$.

Nennen wir nun SM den kombinierten sensomotorischen Operator, oder Op, dann läßt sich das Obige neu schreiben als:

$m_1 = Op(m_0).$

Wenn diese Aktivität die sensomotorische Schleife durchläuft, dann wird sie neue Aktivität erzeugen, die wir schreiben als

$m_2 = Op(m_1),$

oder, wenn wir den Ausdruck für m_1 von oben einsetzen, als

$m_2 = Op(Op(m_0)).$

Somit gilt:

$m_3 = Op(Op(Op(m_0)))$
etc.
etc.
etc.

Da eine geschlossene Schleife kein Ende hat, kann eine unbestimmte Anzahl von Durchläufen dieses geschlossenen sensomotorischen Kreises folgendermaßen geschrieben werden:

$m_\infty = Op(Op(Op(Op(Op(Op(Op(Op \ldots$

Hier steht m_∞
1. für die unendlich vielen Verkettungen von Operatoren, und
2. für die sich daraus ergebende motorische Aktivität des Organismus (Verhalten) nach einer unbegrenzten Anwendung der Operatoren auf ... was?

Diese Frage ist sowohl von entscheidender Bedeutung als auch legitim, denn der primäre Operand m_0 (die primäre motorische Aktivität, die durch »Wider-Stände« begrenzt wird), ist aus diesem Ausdruck verschwunden.

Daraus ergeben sich bedeutsame Schlußfolgerungen für eine Theorie der Kognition und der Kommunikation.

Bis vor kurzem wurden infinite Rekursionen als Sackgassen abgelehnt, denn sie galten als Anzeichen fehlerhaften Denkens – und zu Recht, denn solange es keine Lösungen für solche Ausdrücke gab, mußte ihre Zulässigkeit in Zweifel gezogen werden. Sobald aber einmal die Strategie, solche Ausdrücke zu lösen, verstanden ist, verschwinden alle Schwierigkeiten. Diese Strategie deutet sich bereits im Punkt 1 oben an: Wenn m_∞ die unendliche Verkettung von Operatoren über Operatoren bezeichnet, dann kann im obigen Ausdruck die unendliche Verkettung von Operatoren über

Operatoren an jedem Punkt dieser Verkettung durch m_∞ ersetzt werden:

$m_\infty = Op(m_\infty)$
$m_\infty = Op(Op(m_\infty))$
$m_\infty = Op(Op(Op(m_\infty)))$

usw.; das heißt, die Lösungen für den obigen Ausdruck sind alle jene Werte von m_∞, die unter Anwendung des Operators sich selbst erzeugen! Solche Werte heißen »Eigenwerte«, und dies ist konsistent mit der Vorstellung zirkulärer Kausalität, denn um eine Schleife zu schließen, müssen ihr Ende und ihr Anfang miteinander verbunden werden oder übereinstimmen. Ein Eigenwert kann auch als eine Art von *Gleichgewicht* mit Bezug auf die Operation Op angesehen werden, denn wenn dieses System gestört wird (also von seinem Gleichgewicht entfernt wird), dann kehrt es dahin zurück.

Ich möchte hierfür ein einfaches Beispiel geben, und zwar anhand der beiden Tabellen A und B. Wenn Op für die Operation des Berechnens der Quadratwurzel steht, und wenn z. B. in Tabelle A $m_0 = 95$ und in B $m_0 = 0{,}03$, dann ist die aufgrund dieser beiden Anfangsbedingungen erzeugte Kette von Berechnungen die folgende.

A	B
$m_1 = \sqrt{95} = 9.57$	$\sqrt{0.03} = 0.17$
$m_2 = \sqrt{9.57} = 3.12$	$\sqrt{0.17} = 0.42$
$m_3 = \sqrt{3.12} = 1.77$	$\sqrt{0.42} = 0.65$
$m_4 = \sqrt{1.77} = 1.33$	$\sqrt{0.65} = 0.80$
$m_5 = \sqrt{1.33} = 1.15$	$\sqrt{0.80} = 0.90$
$m_6 = \sqrt{1.15} = 1.07$	$\sqrt{0.90} = 0.95$
$m_7 = \sqrt{1.07} = 1.04$	$\sqrt{0.95} = 0.97$
$m_8 = \sqrt{1.04} = 1.02$	$\sqrt{0.97} = 0.99$
$m_9 = \sqrt{1.02} = 1.01$	$\sqrt{0.99} = 0.993$
$m_{10} = \sqrt{1.01} = 1.00$	$\sqrt{0.993} = 1.00$
$m_{11} = \sqrt{1.00} = 1.00$	$\sqrt{1.00} = 1.00$
...	...
$m_\infty = \sqrt{1.00} = 1.00$	$\sqrt{1.00} = 1.00$

Unabhängig also von den primären Werten ergeben die Werte für

A und B, die durch die rekursive Anwendung der Operation der Quadratwurzel erzeugt werden, konvergent den einzigen Gleichgewichtswert 1, nämlich den Eigenwert der »Quadratwurzel«. Dieser Eigenwert-»Test« stellt fest, daß eine Operation, die auf ihren Eigenwert angewandt wird, diesen Eigenwert ergeben muß. In der Tat gilt:

$$\sqrt{1} = 1.$$

Diese Erkenntnis (oder Lösung) hilft uns, den Organismus zu verstehen, der in rekursiver Weise sein Verhalten immer wieder neu einrichtet (also auf seine motorische Aktivität einwirkt), und zwar in Übereinstimmung mit einschränkenden Bedingungen und so lange, bis ein stabiles Verhalten erreicht ist. Ein Beobachter, der diesen gesamten Prozeß betrachtet und der keinen Zugang zu den Sinnesempfindungen des Organismus mit Bezug auf die Einschränkungen seiner Bewegungen hat, stellt fest, daß der Organismus gelernt hat, einen bestimmten »Widerstand« ein bestimmtes *Objekt* erfolgreich zu handhaben. Der Organismus selbst mag glauben, daß er nun dieses Objekt *versteht* (oder dessen Handhabung gelernt hat). Da jedoch der Organismus aufgrund seiner Nerventätigkeit nur Wissen von seinem eigenen *Verhalten* haben kann, sind diese »Objekte« strenggenommen Zeichen für die verschiedenen »Eigenverhaltensweisen« des Organismus. Daraus folgt, daß Objekte oder »Wider-Stände« oder Gegenstände, wie wir sie kurz nennen wollen, keine primären Entitäten sind, sondern subjektabhängige Fertigkeiten, die gelernt werden müssen und die daher auch durch den kulturellen Kontext beeinflußt werden. Eine ähnliche Sicht der Dinge ist von Jean Piaget und seinen Kollegen in der Schweiz entwickelt worden (Piaget 1975; Inhelder/Garcia/Vonèche 1976), die in akribischer Weise die Entwicklung von Gleichgewichtsverhalten (»Äquilibration«) bei Kleinkindern studiert haben, aus denen sich die *Erfassung* der »Objektkonstanz« durch diese Kleinkinder ableiten läßt – beachten Sie den Bezug auf die motorische Aktivität!

Was folgt aus alldem für eine Theorie der Kommunikation? Wenn wir das eben Gesagte voraussetzen, können wir folgern, daß zwei Subjekte, die miteinander rekursiv interagieren, *nolens volens* stabile Eigenverhaltensweisen ausbilden, die in der Sicht eines Beobachters als Kommunikabilien (Zeichen, Symbole,

Wörter usw.) erscheinen müssen. Ich möchte diesen Sachverhalt mit einem weiteren mathematischen Beispiel illustrieren. Wählen wir die kombinierte Funktion Cosinus und Tangens, *costg*, als den rekursiven Operator und beginnen wir die Rechenkette mit einem beliebigen Wert, etwa $m_0 = 0,5$:

m_1 = costg (0.500) = 1.204
m_2 = costg (1.204) = 0.375
m_3 = costg (0.375) = 1.342
m_4 = costg (1.342) = 0.231
m_5 = costg (0.231) = 1.470
m_6 = costg (1.470) = 0.101
m_7 = costg (0.101) = 1.540
m_8 = costg (1.540) = 0.031
m_9 = costg (0.031) = 1.556
m_{10} = costg (1.556) = 0.015
m_{11} = costg (0.015) = 1.557
m_{12} = costg (1.557) = 0.014
m_{13} = costg (0.014) = 1.557
m_{14} = costg (1.557) = 0.014
.
.
.
m_1 = costg (0.104) = 1.557
m_2 = costg (1.557) = 0.014

Ein faszinierendes Phänomen, nämlich Bistabilität, entsteht; jeder stabile Wert erzeugt den anderen stabilen Wert:

$Op(m_{\infty 1}) = m_{\infty 2}$
$Op(m_{\infty 2}) = m_{\infty 1}.$

Nur dann also, wenn diese Operatoren miteinander operieren, ergibt sich ein System mit echten Eigenwerten:

$m_{\infty 1} = Op(Op(m_{\infty 1})) = Op^2(m_{\infty 1})$
$m_{\infty 2} = Op(Op(m_{\infty 2})) = Op^2(m_{\infty 2}).$

Wenn wir dies alles nun als Metapher für die Interaktion zweier Subjekte ansehen, dann wird deren Interaktion dann und nur dann kommunikativ, wenn jeder der beiden sich durch die Augen des anderen sieht. Beachten Sie, daß in dieser Sehweise der kommunikativen Fähigkeiten Begriffe wie »Übereinstimmung« und

»Konsens« nicht auftreten und vor allem auch nicht erscheinen müssen. (Und so soll es auch sein, denn damit »Konsens« und »Übereinstimmung« überhaupt erreicht werden können, muß es Kommunikation bereits geben.) Diese Begriffe können jedoch sehr wohl im Vokabular eines Beobachters auftreten, der ja außerhalb der rekursiven Schleife steht und die kommunikativen Interaktionen zwischen den beiden Subjekten beobachtet und der keine andere Erklärungsmöglichkeit für deren aufeinander abgestimmtes Verhalten hat. Wir sollten jedoch auch festhalten, daß aus dieser Perspektive, in der Bewußtsein nur durch gemeinsames Wissen (d. h. durch Identifikation mit dem anderen) erreicht werden kann, Kommunikation, Ethik und Liebe sich in ein und demselben Bereich vereinigen.

Verstehen verstehen

Auftakt

Meine Damen und Herren! Zuallererst möchte ich Dr. Pasquale Alferj und dem Montedison Cultural Project dazu gratulieren, daß sie die erst seit kurzem Gestalt gewinnende Idee der »Transdisziplinarität« zum zentralen Thema unserer Veranstaltung gemacht haben. Zwar ist diese Idee schon früher ab und zu aufgetaucht, aber ihre Wahl für den Titel dieser Konferenz und die wegweisenden Beiträge meiner verehrten Kollegen haben »Transdisziplinarität« einen nicht nur legitimen, sondern wohlbegründeten Status verliehen.
Als ich die Einladung erhielt, zu dieser Tagung beizutragen, dachte ich zunächst daran, meine Präsentation mit einem Loblied auf die Transdisziplinarität zu beginnen, besonders mit Bezug auf die Naturwissenschaften, wie dies für diesen Anlaß vorgeschlagen war. Glücklicherweise sah ich kurze Zeit danach das vorläufige Programm, in dem sich Professor Giulio Giorellos großartiger Beitrag »Transdisziplinarität: Historische Gründe und neue Probleme« findet, der mein Loblied auf einige wenige Fußnoten zu reduzieren erlaubt.
Zuerst möchte ich festhalten, daß seine Darstellung unsere Aufmerksamkeit darauf lenkt, daß die Eigenart der Entwicklung der Wissenschaften (wie sie von Wissenschaftlern wahrgenommen wird) darin besteht, daß sie von der Disziplinarität zur Interdisziplinarität und nunmehr zur Transdisziplinarität springt. Natürlich gab es in dieser Entwicklung bestimmte herausragende Ereignisse. Vielleicht erinnern Sie sich an ein interdisziplinäres Symposium, das vor etwa 2400 Jahren stattfand, und an dem Philosophen, Staatsmänner, Dramatiker, Dichter, Sozialwissenschaftler, Linguisten, Ärzte und Studenten verschiedenster Disziplinen teilnahmen. Wenn wir Platon trauen können, war das interdisziplinäre Thema damals »Liebe«.
In meiner zweiten Fußnote möchte ich gerne erwähnen, daß es vor weniger als einem halben Jahrhundert eine Reihe von Tagungen gab, die dramatisch den Sprung von der Disziplinarität zur Interdisziplinarität demonstrierten und damit auch die Schwierig-

keiten, die sich aus solcher Diskontinuität ergeben (vgl. von Foerster/Mead/Teuber (Hg.) 1950/5; 1951/6; 1953/8; 1955/12). Das Thema (das in gewisser Weise auch mit Liebe zu tun hatte) war »zirkuläre Kausalität«, und die Teilnehmer waren Mathematiker, Ärzte, Elektrotechniker, Physiologen, Neurologen, Experimentalpsychologen, Psychiater, Kulturanthropologen, Philosophen und Zoologen.

Der genaue Titel dieser zehn Tagungen (1946-1953) lautete: »Cybernetics: Circular-Causal and Feedback Mechanisms in Biological and Social Systems« (»Kybernetik: Kreiskausal geschlossene und rückgekoppelte Mechanismen in biologischen und sozialen Systemen«), und die ihnen zugrunde liegende Epistemologie war zweck- bzw. zielbezogen. Es fing alles an (wenn man so etwas überhaupt sagen kann) mit der Freundschaft zweier großer Männer, von denen jeder ein Schrittmacher in seinem Fachgebiet war: das waren der Mathematiker Norbert Wiener und der Physiologe Arturo Rosenblueth. Beide waren fasziniert von Handlungen oder Verhaltensweisen, die »als auf das Erreichen eines Ziels gerichtet interpretiert werden können« (Rosenblueth/Wiener/Bigelow 1943). Da eine solche Interpretation auch für andere Felder fruchtbar erschien, bot das Tagungsprogramm der Josiah Macy Jr. Foundation in New York den Rahmen für ausgedehnte Diskussionen zwischen Wissenschaftlern mit ähnlichen Interessen. Der Neurophysiologe bzw. »experimentelle Epistemologe« (wie er sich selbst nannte) Warren S. McCulloch wurde gebeten, den Vorsitz dieser jeweils zweitägigen Treffen von etwa 25 permanenten Teilnehmern (und gelegentlich einigen Gästen) zu übernehmen, die zu dem breiten Spektrum von Disziplinen gehörten, das ich vorhin erwähnt habe.

Ich nehme auf diese Tagungen so ausführlich Bezug, weil die Schwierigkeiten, die sich während der Diskussionen zeigten, die wohl zum ersten Mal die Interdisziplinarität ernst nahmen, in anderer Gestalt auch heute auftreten können, wenn wir den Sprung von der Interdisziplinarität zur Transdisziplinarität ernst nehmen wollen. Um dies zu veranschaulichen, möchte ich einige Bemerkungen des Vorsitzenden zitieren, die er in seinen abschließenden Ausführungen zum Ende der zehnten und letzten dieser Tagungen machte, die sich insgesamt über sieben Jahre erstreckt hatten (McCulloch 1955):

»Einstein hat Wahrheit einmal als eine Übereinstimmung definiert, die durch Berücksichtigung der Beobachtungen und ihrer Beziehungen untereinander sowie der Beziehungen der Beobachtungen zu den Beobachtern erreicht werden kann. In seinem Fall bestanden die Beobachtungen im Zusammentreffen von Signalen an bestimmten Punkten innerhalb gewisser Bezugssysteme; ihre Beziehungen untereinander waren eine Angelegenheit von Raum und Zeit innerhalb jener Bezugssysteme; seine Beobachter waren auf das reduziert, was Helmholtz einen *locus observandi* nannte, frei von Vorurteilen und Phantasien; und die einzigen Beziehungen, die er zwischen ihnen zu berücksichtigen hatte, waren ihre relativen Positionen, Bewegungen und Beschleunigungen. Die Wahrheit, an die er dachte, war ein Bild der Welt, mit dem alle Beobachter übereinstimmen können, weil es in einer Weise ausgedrückt bzw. dargestellt wird, die unter den Transformationen, die benötigt werden, um die Beziehungen der Beobachter zu repräsentieren, invariant bleibt. Es handelt sich um ein Paradigma für das, was wissenschaftliche Übereinstimmung überhaupt bedeuten kann.
Unglücklicherweise können unsere Daten nicht mehr so einfach definiert werden. Diese Daten sind mit sehr verschiedenen Methoden gewonnen worden, und zwar von Beobachtern, die durch ihre unterschiedliche Ausstattung und Ausbildung voreingenommen sind und die nur durch ein babylonisches Sprachgewirr von Laborslangs und technischen Jargons miteinander in Zusammenhang stehen. Die einzige bemerkenswerte Übereinstimmung zwischen uns ist, daß wir es gelernt haben, einander ein bißchen besser zu verstehen, und daß wir uns miteinander zwar in Hemdsärmeln, aber in fairer Weise auseinandersetzen. Das klingt demokratisch oder, besser, anarchistisch, worauf Sie zweimal hingewiesen haben. Abgesehen von den Tautologien der Theorie und dem Privileg einzigartigen Zugangs zu einer in Frage stehenden Tatsache durch persönliche Beobachtung, ist unser Konsens niemals einstimmig gewesen.«

Und er fuhr weiter fort:

»Sie mögen den Konsens in meinen Aussagen häufiger finden als in unseren veröffentlichten Kongreßberichten. Ich fühle mich gezwungen, bevor ich Ihnen das Podium überlasse, Ihre Gesichter zu beobachten und zu erraten, ob Sie zum Thema sprechen werden oder nicht und von welcher Seite des Zaunes. Hinterlistig und mit Vorbedacht habe ich das Podium den Unzufriedenen überlassen, weil sie nicht zustimmten oder zweifelten, wie unvernünftig auch immer. Bevor ich Sie so gut kannte wie heute, geschah es eher zufällig; im Laufe der Zeit aber haben wir jeweils die Sprache des anderen gelernt, und ich habe gelernt, daß dies das beste Verfahren war, unseren Verstand beieinanderzuhalten.«

1. Stasis

Erlauben Sie mir, meine Lobrede auf Ihre Einführung des Begriffs der Transdisziplinarität fortzusetzen, Sie aber auch zu warnen, daß zuviel Enthusiasmus für den *Begriff* der Transdisziplinarität statt für seine Logik diese wieder zur »*Disziplin* der Transdisziplinarität« verkommen lassen könnte.

Ich kann die grundlegenden epistemologischen Veränderungen nicht genug betonen, die wir betreiben müssen, wenn wir uns die drei verschiedenen Kategorien »Disziplin«, »Interdisziplinarität« und »Transdisziplinarität« zu eigen machen wollen. In aristotelischer Sicht handelt es sich um den »Aufstieg zu einer anderen Gattung«: anabasis eis allos genos. Disziplinen erfordern das Verstehen eines Gegenstandsbereichs, Interdisziplinarität ein Verstehen des anderen, Transdisziplinarität jedoch verlangt das Verstehen des Verstehens als solchen.

Die erste Erweiterung unserer Verstehensansprüche, also vom Gegenstandsbereich zu den Partnern in Dialogen, verlangt bereits erhebliche Anstrengungen, die Prozesse zu erfassen, die dieses Verstehen möglich machen. Es ist klar, daß dies ein Verstehen der Funktionen der Sprache verlangt. Eine Schwierigkeit hierbei ist die, daß die Funktionen der Sprache durch ihr Erscheinungsbild verdunkelt, ja sogar in Widersprüche gestürzt werden. In ihrer Erscheinungsweise ist die Sprache denotativ, sie zeigt auf Dinge in der Welt, sie ist monologisch. In ihrer dialogischen Funktion ist sie jedoch konnotativ und nimmt Bezug auf Vorstellungen im Bewußtsein des anderen. In der Einsamkeit der monologischen Welt eines Descartes war sein letztmöglicher Aufschrei das *Cogito ergo sum*! Wer aber konnte das hören? Wenn er gehört werden wollte, hätte er besser sagen sollen: *Cogito ergo sumus*!

Es gibt noch eine andere Schwierigkeit mit der Sprache, die sich z.B. in der Frage zeigt »Was ist Sprache?«, denn hier muß die Frage ihre eigene Antwort bereits enthalten, sonst hätte sie überhaupt nicht gestellt werden können. Diese Schwierigkeit ist von der gleichen logischen Struktur wie die der Einschätzung der »Transdisziplinarität«. Wir fragen ja nach dem Verstehen des Verstehens, stellen ein Problem, das in verschiedener Form seit der Antike immer wieder gestellt worden ist. Seine logische Form ist sofort zu erkennen, wenn man bedenkt, daß viele Begriffe, die auf sich selbst angewandt werden können, sogenannte »Begriffe zweiter Ordnung«, wie z. B. Bewußtsein des Bewußtseins, Organisation der Organisation, so paraphrasiert werden können, daß man vor das Substantiv das Präfix »Selbst« setzt: Selbstbewußtsein, Selbstorganisation usw. Und in der Tat ist man, wenn man sich seines eigenen Bewußtseins bewußt wird, seiner selbst bewußt, oder umgekehrt, wenn wir nach Selbstorganisation suchen, suchen wir nach der besonderen Organisation einer Organisation, die sich selbst (re-)organisiert.

Dabei ist es nicht nur diese Schwierigkeit allein, mit Begriffen fertig zu werden, die sich mit sich selbst verknüpfen; es scheint noch viel tiefer reichende Hindernisse zu geben. Seit dem Altertum ist bekannt, daß Selbstreferenz zu Paradoxien führt. Würde ich das Paradox des Epimenides aus dem 7. Jahrhundert vor Christus so umschreiben, daß ich Ihnen sage: »Ich bin ein Lügner«, wie würden Sie dann mit dieser Aussage umgehen? Wenn Sie mir glauben, dann muß ich die Wahrheit gesagt haben, wenn ich aber die Wahrheit gesagt habe, habe ich gelogen usw. Ein paar Jahrhunderte nach Epimenides muß dies Aristoteles so sehr geärgert haben, daß er alle Aussagen für unsinnig erklärte, die nicht die Bedingung erfüllen, entweder wahr oder falsch zu sein. Aufgrund seiner Autorität war ein Paradox zweitausend Jahre lang nicht mehr als eine Absonderlichkeit und »überlebte im Königreich der Orthodoxen nur aufgrund einer Art von Asyl, die ihm als Mittel der Unterhaltung der Gelehrten gewährt wurde, ebenso wie in glücklicheren Zeiten die Verrückten zur Unterhaltung der Neugierigen ausgestellt wurden« (Howe/von Foerster 1975/81).

Diese *Laissez-faire-laissez-passer*-Haltung von Philosophen änderte sich radikal und dramatisch, als Bertrand Russell bemerkte, daß selbstreferentielle Paradoxien oder »gewisse Widersprüche« in einem strengen Formalismus logischer Relationen nicht bloß peripherer Art waren, sondern daß sie in einem konsistenten logischen Kalkül eine zentrale Rolle spielten. Er erkannte, daß er dieses Problem lösen mußte, bevor er zusammen mit Whitehead die *Principia Mathematica*, jenes monumentale Werk, das die letztgültige Grundlage für alle Logik und Mathematik liefern sollte, fortführen konnte. In seiner Autobiographie beschreibt er die Qualen, die er in den Jahren 1903 und 1904 litt, als er versuchte, dieses Problem zu knacken: »Was die ganze Geschichte noch ärgerlicher machte, war, daß diese Widersprüche trivial waren und daß ich meine Zeit für die Bearbeitung von Dingen verbrauchte, die eigentlich keine ernsthafte Beachtung verdienten.« Russells bündige Formulierung der paradoxen Aussagen mit Hilfe mengentheoretischer Begriffe (damals »Klassenkalkül« genannt) half ihm jedoch, eine »Lösung« zu finden, die angeblich jede Selbstreferenz als logisch zulässigen Ausdruck ein für allemal beseitigte.

Ich möchte Ihnen diesen Gedankengang mit groben Pinselstrichen darstellen, denn er wurde zur orthodoxen Position gegenüber Paradoxien – bis in die jüngste Zeit.

Russell unterscheidet zwei Arten von Klassen, die eine, »y«, die sich selbst als Element enthält, und die andere, »n«, die dies nicht tut. Er nimmt sodann die Klasse w aller Klassen n (d. h. jener Klassen, die sich nicht selbst als Element enthalten) und fragt: »Ist w ein Element seiner selbst?« Und nun ist offenkundig: Ist die Antwort »Ja«, dann sollte sie »Nein« sein; ist sie »Nein«, dann sollte sie »Ja« sein.

Zwei Jahre danach wurde er von seinen Qualen erlöst. Er schreibt: »Im Jahre 1906 entdeckte ich die Typentheorie. Danach brauchte ich nur noch das Buch darüber zu schreiben.« Er meinte natürlich die *Principia*. Schon im Einleitungskapitel finden wir eine lange Liste der bekanntesten Widersprüche mit paradoxer Form, und er bemerkt hierzu:

»In all den oben angeführten Widersprüchen (die lediglich eine Auswahl aus einer unendlich großen Zahl sind) gibt es ein gemeinsames Merkmal, das wir als *Selbstreferenz* oder Reflexivität bezeichnen können. Die Bemerkung des Epimenides muß sich selbst in ihren Bedeutungsbereich einschließen. Wenn alle Klassen, vorausgesetzt, sie sind nicht Elemente ihrer selbst, Elemente von w sind, dann muß das auch auf w zutreffen, und in entsprechender Weise auf alle analogen relationalen Widersprüche.«

Zwei Bemerkungen nun, eine über Russells Typentheorie, eine Theorie, die Paradoxien vermeidet, die andere über diese analogen relationalen Widersprüche.

In wenigen Worten ausgedrückt, verbietet die Typentheorie, daß eine Klasse c_1 sich selbst als Element enthalten darf. Ich möchte diesen Sachverhalt daher auch als »Russells Prinzip des Verbots« bezeichnen. Wenn die Klasse c_1 ein Element einer Klasse sein sollte, dann muß diese neue Klasse, c_2, einem höheren logischen Typ angehören. Das gleiche gilt nun für c_2, und dies die unendlich lange Hierarchieleiter c_3, c_4 usw. hinauf bis c_∞.

287

Mit »analogen relationalen Widersprüchen« meint Russell die große Klasse von Relationen, die nicht nur selbstreferentiell, sondern auch selbsteinschließend sind, das heißt, daß Operatoren Elemente ihres eigenen Bereichs sind oder, etwas handfester, daß Beobachter untrennbar an ihre Beobachtungen geknüpft sind.
Es ist klar, daß nach diesem »Prinzip des Verbots« solche Einschlüsse nicht zulässig sind. Die Eigenschaften des Beobachters dürfen in die Beschreibung seiner Beobachtungen nicht eingehen. Da diese Behauptung genau das ausdrückt, was mit »Objektivität« gemeint ist, ist der Russellsche Fluchtweg in eine Typenhierarchie die logische Basis der Objektivität.
Etwa 45 Jahre nach der Veröffentlichung der *Principia* wurde Russells Position eine ungeheure moralische Unterstützung zuteil, und zwar durch den Wiener Logiker und Mathematiker Kurt Gödel, der mit einem weitreichenden Theorem hervortrat, das seitdem seinen Namen trägt. Ich will auch hier wieder mit groben Pinselstrichen darstellen, daß Gödels Theorem zwei Dinge sagt: 1. Innerhalb der Regeln eines Systems, etwa der Arithmetik, kann die Konsistenz dieses Systems nicht bewiesen werden (»Inkonsistenz«). 2. Mit den Regeln eines Systems, z. B. der *Principia*, können bestimmte Aussagen innerhalb dieses Systems nicht bewiesen werden (»Unvollständigkeit«). Mit anderen Worten, Gödel zeigte, daß innerhalb der Regeln eines Systems die Konsistenz dieser Regeln und ihre Vollständigkeit *prinzipiell* nicht bewiesen werden können. Wenn man Konsistenz und Vollständigkeit beweisen will, muß man das System verlassen.
Das Prinzip Russells und der Beweis Gödels sind die wesentlichen Säulen, die die logische Infrastruktur der Ontologie, der Philosophie des »Seins«, tragen. Dieses zeitlose Netzwerk von Beziehungen zwischen Maschen und Knoten ist so genial zusammengefügt, daß es sich nicht bewegen kann. Es ist ja die *Gleichzeitigkeit* von Ja und Nein, die zum paradoxen Zusammenprall führt, usw.
Darüberhinaus liefern die Argumente von Russell und Gödel die Syntax objektiver Aussagen, die an niemanden gerichtet sind, d. h. die Syntax für Monologe (andernfalls müßte ja zuerst das Verstehen von Sprache erklärt werden). Aussagen aber auch worüber? Offensichtlich über die objektive und von ihm unabhängige Realität eines Beobachters, mit der der Beobachter nicht in Berührung steht (andernfalls müßten die Sinnesempfindungen der

Berührung, die ganz klar zu der Ausstattung eines Beobachters gehören, erst erklärt werden).

Dies sind nun die akademischen Aspekte der Objektivität, ihre Popularität ist jedoch eine politische Tatsache: sie enthebt uns unserer Verantwortung. Da wir gemäß dieser Position schlichte Vermittler sind, lediglich Sprachrohre der »Realität da draußen«, können wir nicht verantwortlich gemacht werden für das, was da draußen ist. *Difficile est satiram non scribere.* Lassen Sie mich aber dieses Fragment über »Stasis« mit einer ganz anderen Stimme abschließen:

»Und der Monolog mag sich wohl eine Weile kunstreich als Dialog verkleiden, wohl mag eine unbekannte Schicht des menschlichen Selbst nach der andern auf die Innenanrede antworten, so daß der Mensch immer neue Entdeckungen macht und dabei vermeinen kann, wirklich ein ›Rufen‹ und ein ›Hören‹ zu erfahren; aber die Stunde der nackten, letzten Einsamkeit kommt, wo die Stummheit des Seins unüberwindlich wird und die ontologischen Kategorien sich auf die Wirklichkeit nicht mehr anwenden lassen wollen« (Buber 1971, S. 102).

2. Fluxus

Da wir nicht wissen (oder für den Augenblick vorgeben, nicht zu wissen), wie wir geboren wurden, ist unser Nabel, eine ontogenetische Notwendigkeit, für uns ein ontologisches Rätsel, ein Geheimnis oder ein Witz, ein bloßer Schnörkel auf unserem Bauch. Kinder unter vier Jahren kennen bereits den Namen dieser anatomischen Kuriosität, wenn man sie aber fragt, wozu diese gut sei, erfinden sie viele verschiedene Gründe. Die Antwort eines Mädchens von vier Jahren, als es auf seinen Bauch zeigte: »Das hier meint ›Ich‹«. Das ist ganz klar ein Fall aristotelischen Denkens, das eine *causa finalis* anruft. Ähnlich bezaubernde und erfindungsreiche (aber manchmal auch ausweichende oder idiotische) ontologische Erklärungen werden für Muster, Prozesse und andere wahrgenommene raum-zeitliche Regularitäten gegeben, die evolutionäre Stadien in einer Kette rekursiver Operationen darstellen, die nur ontogenetisch erfaßt werden können.

Ich habe die Ontologie der Ontogenetik gegenübergestellt, denn diese beiden philosophischen Positionen werden durch den gleichen Abgrund voneinander getrennt, wie Sein und Werden, Zustand und Prozeß oder Stasis und Fluxus. In ganz subtiler Weise erzeugen diese verschiedenen Positionen unterschiedliche Epistemologien, die in jeweils anderer Weise über das griechische *epistamai* (»darüberstehen«) hinausführen (von Foerster 1985/103). Man versteht Epistemologie gewöhnlich als »Theorie« des Wissens, und dabei wird Wissen rasch zu einer Entität, zu einem Gut, das man austauschen, speichern, von Generation zu Generation übermitteln kann usw. Dies ist die ontologische Position. Fragt man aber: »Woher kommt Wissen?«, dann kann man Antworten erwarten, die derjenigen ähnlich sind, die das Mädchen über seinen Nabel gegeben hat. Ein weiterer möglicher Weg besteht darin, daß Epistemologie »Theorie des Wissenserwerbs« bedeuten kann, daß man also eine ontogenetische Position einnimmt. Und in der Tat hat auch das Griechische in seinem Wortschatz mehrere Wörter, die Wissen bedeuten, und zwar mit unterschiedlichen Bedeutungsnuancen. *Gnosis* z. B. bezieht sich auf die Suche nach Wissen, d. h. auf den Wissenserwerb mit Hilfe kognitiver Prozesse; *praxis* wiederum bedeutet Wissenserwerb durch Tun und Handeln; und *epistamai* bedeutet, in einem Handwerk oder in einer Kunstfertigkeit Geschicklichkeit zu erwerben.

Der große Schweizer »genetische Epistemologe« Jean Piaget verbindet *gnosis* und *praxis* zu notwendigen Bedingungen des Wissenserwerbs. Er macht dies in den ersten Sätzen einer Vorlesung sehr deutlich, die er in Royaumont anläßlich der berühmten Diskussion mit Noam Chomsky gehalten hat (Piaget 1980). Der Titel seines Vortrags war »Die Psychogenese des Wissens und ihre epistemologische Bedeutung« Er begann so:

»Fünfzig Jahre Erfahrung haben uns gelehrt, daß Wissen sich nicht aus bloßen Aufzeichnungen von Beobachtungen ohne strukturierende Aktivität auf seiten des Subjekts ergibt.«

Und er fuhr fort:

»Kein Wissen beruht ausschließlich auf Wahrnehmungen, denn diese werden stets von Handlungsschemata geleitet und von solchen begleitet. Wissen ergibt sich aus Handlungen.«

Und später:

»Eine ›Observable‹ oder eine ›Tat-Sache‹ wird immer von dem Zeitpunkt ihrer Beobachtung her verstanden ... Kurz, die ganze Begriffsbildung auf seiten des Subjekts schließt die Existenz reiner Tat-Sachen aus, die völlig jenseits der Aktivitäten dieses Subjekts liegen, um so mehr, als das Subjekt die Phänomene variieren muß, um sie zu assimilieren.«

Zweierlei gefällt mir an diesen Eröffnungssätzen von Piaget besonders gut. Zum einen führt er den Begriff des Faktischen wieder nahe an seinen lateinischen Ursprung zurück, zum anderen bezieht er den Begriffsbildungsprozeß klar auf die rekursiv operierenden sensomotorischen Prozesse.

Tatsachen bzw. Fakten kommen natürlich vom lateinischen Wort *facere*, das »tun, machen« bedeutet oder, wie ich sagen würde, »etwas erfinden, vormachen«. Gregory Bateson hat in einem seiner bezaubernden »Metaloge« mit seiner Tochter (1972) Newtons Aussage *hypotheses non fingo* diskutiert. Nachdem die beiden das Wort »Hypothese« erörtert haben, fragt die Tochter:

»Ich weiß, was *non* bedeutet, aber was heißt *fingo*?«
Der Vater: »Nun, *fingo* ist ein spätlateinisches Wort für ›machen‹. Von ihm kann man ein Verbalsubstantiv *fictio* ableiten, von dem unser Wort ›Fiktion‹ stammt.«
Die Tochter: »Papi, glaubst du, daß Sir Isaac Newton gemeint hat, daß alle Hypothesen erfunden sind, so wie Geschichten?«
Der Vater: »Ja, genau das.«
Die Tochter: »Aber hat er denn nicht die Schwerkraft entdeckt? Mit dem Apfel?«
Der Vater: »Nein, Schatz, er hat sie erfunden.«

Tatsachen und Fiktionen werden beide von uns gemacht. Es gibt aber einen Unterschied: Wenn wir Tatsachen machen, dann *unterwerfen* wir sie dem Zweifel; Fiktionen jedoch *nehmen* wir von jedem Zweifel *aus*. In dem Roman *Der Name der Rose* (1983) etwa sagt uns Umberto Eco, was im Kapitel »Vesper des dritten Tages« geschehen wird:

»Der Abt spricht erneut mit den Besuchern, und William entwickelt einige verblüffende Ideen, das Rätsel des Labyrinths zu entwirren, was ihm auch auf die vernünftigste Weise gelingt. Danach essen William und Adson ein Käseomelett.«

Wer würde daran auch nur einen Augenblick zweifeln? Wie könnte es denn anders sein?

Der andere Punkt Piagets, den ich erwähnt habe, daß Kognition sich nämlich aus dem Erwerb sensomotorischer Fertigkeiten ergibt, den hatte er bereits im Jahre 1937 entwickelt: *Der Aufbau der Wirklichkeit beim Kinde*. Die rekursive Natur dieser Prozesse hat er dadurch klargemacht, daß er unsere Aufmerksamkeit darauf lenkte, daß die zirkulären Aktionen des Sensoriums vom Motorium interpretiert werden und daß gleichermaßen die des Motoriums vom Sensorium interpretiert werden.

Das Erstaunliche an Rekursionen ist nun aber, daß man nach einer gewissen Zeit stabile Verhaltensmuster entstehen sieht. Piaget hat sie als »Schemata« bezeichnet. Heute gehören diese Phänomene zu den »heißesten Sachen« der Physik, der Chemie, der reinen und angewandten Mathematik und vieler anderer Forschungsgebiete. Ich werde auf diese Entwicklung gleich eingehen. Hier noch einige Bemerkungen zur Epistemologie Piagets. Zuerst wird aus dem oben Gesagten klar, daß Piaget kein Ontologe, sondern ein Ontogenetiker ist. Zum zweiten hat er mit der Wahl des Titels seines Buches über die Entwicklung des Kindes, *Der Aufbau der Wirklichkeit beim Kinde*, eine Denkschule begründet, den Konstruktivismus, dessen Grundsätze, Perspektiven und Ideen zu den begrifflichen Werkzeugen interdisziplinärer Forschung geworden sind, und zwar für Fachleute in der klinischen Psychiatrie, in der Kybernetik, in der Erziehungswissenschaft, in der Linguistik, im Management, in der Philosophie, Soziologie, in der Systemtechnik usw., um nur einige wenige zu nennen (vgl. Gumin/Mohler 1985; von Glasersfeld 1987).

Ich meine, daß eine der attraktiven Eigenschaften des Konstruktivismus darin besteht, daß in vielen Fällen der Begriff der Entdeckung durch den der Erfindung ersetzt wird, wie das Gregory Bateson so überzeugend in seinem »Metalog« getan hat, als er Newton die Gravitation *erfinden* und nicht entdecken ließ, oder wie das auch Professor Giulio Giorello vorgeschlagen hat, der Watson und Crick die molekulare Struktur der DNS *erfinden* und nicht entdecken ließ. Er hat außerdem betont, daß die Transdisziplinarität eine »neue Art des Denkens bewirkt«, also einen weiteren attraktiven Zug des Konstruktivismus. Ich bin in der Tat sehr glücklich, daß Mauro Ceruti dieses Thema in seinem Vortrag »Von einer Epistemologie der Repräsentation zu einer Epistemologie der Konstruktion« noch eingehender behandeln wird. Wenn ich Dr. Cerutis Titel richtig verstehe, so scheint klar zu sein, daß hier die Epistemologie erneut in ihrer ontogenetischen Bedeutung verstanden wird, nämlich als eine Theorie des Wissenserwerbs. Der Begriff der Epistemologie, »das Verstehen des

Verstehens«, ist in sich bereits ein Begriff zweiter Ordnung mit ontogenetischer Fundierung.

Zu Anfang meiner Ausführungen habe ich bereits darauf hingewiesen, daß das Thema unserer Konferenz, »Transdisziplinarität«, ein Thema zweiter Ordnung ist. Und im Geiste der dadurch implizierten Selbstreferenz meine ich behaupten zu können, daß dies auch für alle seine Teilthemen gilt. Denn da sollen wir über die Organisation der Forschung und über Ausbildungslehrpläne diskutieren. Solange wir aber nicht wissen, wie wir Forschung organisieren sollen, müssen wir Forschung über Forschung machen, und solange wir nicht wissen, was wir lernen sollen, können wir auch keine Ausbildungslehrpläne entwickeln, d. h. müssen wir erstmals über das Lernen etwas lernen. All dies verlangt Veränderung, andere Weisen des Denkens, also Ontogenetik, d. h. Erfinden, Schaffen. Was aber soll geschaffen werden? Und durch welche Prozesse?

Ich bin fasziniert (wenn dies überhaupt der richtige Ausdruck ist) von der Blindheit der »Fachgelehrten«: so arbeiten etwa zwei oder mehr einander komplementäre oder sich gegenseitig unterstützende Fachgebiete jahrzehnte-, ja sogar jahrhundertelang parallel nebeneinander, ohne daß die jeweils führenden Wissenschaftler überhaupt Notiz voneinander nahmen.

Formalismen für generative Prozesse, besonders für Verkettungen solcher Prozesse sowie die besonderen Probleme und überraschenden Lösungen solcher Verkettungen, sind im Laufe unseres Jahrhunderts entwickelt worden (Courant/Hilbert 1937; Duffing 1918). Der katalytische Einfluß dieser Formalismen auf unser Verständnis von Prozessen ist jedoch erst in den letzten Jahrzehnten greifbar geworden (Hofstadter 1981; Grebogi/Ott/Vorke 1987). Während Philosophen auch damals noch überzeugt waren, daß der »infinite Regreß« als erklärendes Hilfsmittel zu nichts führt, wußten die Mathematiker bereits sehr wohl, daß aus »unendlichen Rekursionen« faszinierende Einsichten und Ergebnisse gewonnen werden konnten. Als die beiden einander endlich begegneten, wurde eine Lawine der Zusammenarbeit in Bewegung gesetzt.

Glücklicherweise wird Professor Gregoire Nicolis, der Teil dieser Lawine ist, Ihnen später ein Bild der Komplexität und der Faszination dieser Entwicklung vermitteln, die in der Tat transdisziplinär zu sein scheint.

Lassen Sie mich jedoch nunmehr, wiederum in groben Pinselstrichen, einige der wesentlichen Züge dieses Kalküls vorstellen.
Nehmen wir einen Operator, Op, der auf irgend etwas angewandt wird. Da wir offenhalten wollen, was dieses Etwas sein soll, wollen wir es x nennen, und die Operation über x soll mit Op(x) symbolisiert werden. Da nach dieser Operation irgend etwas erzeugt worden ist, muß man das, was vorher da war, von dem, was nachher da ist, unterscheiden. Dies wird gewöhnlich mit Hilfe von Subskripten x_0, x_1, x_2, x_3 usw. getan. Wenn wir also unser Spiel *ab ovo* mit x_0 beginnen, dann erhalten wir nach der ersten Operation $x_1 = Op(x_0)$. Überlegen wir nun, was geschehen wird, wenn wir den Operator Op auf x_1 anwenden, also auf das Resultat seiner ersten Operation. Natürlich bekommen wir dann $x_2 = Op(x_1)$. Da wir nun aber x_1 als Resultat der ersten Operation über x_0 ausdrücken können, also als $x_1 = Op(x_0)$, können wir x_2 als eine Verkettung der beiden Operationen über x_0 und x_2 ausdrücken, nämlich $= Op(Op(x_0))$. Lassen Sie uns nun die Regel formulieren, daß unser Operator rekursiv über dem Resultat der ihm vorausgehenden Operation operieren wird, das heißt, wir stellen »operationale Geschlossenheit« her. Ich glaube, es ist leicht zu sehen, daß wir etwa nach sieben solcher Zyklen folgendes Ergebnis haben werden:

$x_7 = Op(Op(Op(Op(Op(Op(Op(x_0))))))).$

Nun muß ich Sie bitten, mit mir zusammen zwei große geistige Sprünge zu machen. Der erste besteht darin, den Fall zu betrachten, daß dieses operational geschlossene System unendlich lange läuft. Das x, wenn wir es überhaupt beobachten könnten, würde zu x_∞, und das Ergebnis einer unendlich langen Verkettung von Operationen würde so aussehen:

$x_\infty = Op(Op(Op(Op(Op(Op(Op(Op(Op(\ldots\ldots)\,\infty.$

Dies ist nun der Sachverhalt, den Philosophen als »zu nichts führend« bezeichnet haben. Nun aber zum zweiten Sprung. Da x_∞ eine unendlich lange Verkettung von Operationen bedeutet, kann man eine ganze Verkettung durch x_∞ ersetzen:

$x_\infty = Op(x_\infty).$

Aber gibt es solche Dinge? In der Tat, es gibt sie, und zwar für eine unbegrenzte Vielfalt von Operationen und eine große Menge

von Bereichen, z. B. für Zahlen, Funktionen, Operatoren, Verhaltensweisen, Anordnungen und so fort. Man kann sich leicht von dieser Konvergenz anhand eines einfachen Beispiels überzeugen, indem man als Operator die Aufforderung »Ziehe die Quadratwurzel!« nimmt. Beginnen Sie mit einer beliebigen Zahl, und früher oder später werden Sie feststellen, daß im Prozeß der Iteration die Zahl 1 auftaucht, die sodann nach jeder Operation wieder reproduziert wird. Das ist offenkundig, denn $\sqrt{1} = 1$.
Ich könnte noch viele andere Beispiele aus der Mathematik, der Physik, der Chemie, Biologie, Soziologie usw. dafür geben, daß Systeme, die von externer Energie (in der Mathematik von der Neugier des Mathematikers oder von der Stromzufuhr seines Computers) angetrieben werden, diese Emergenz »systemischen Gleichgewichts« zeigen. Diese Zustände sind in den meisten Fällen völlig verschieden von jenen, die ein System ohne Energiezufuhr einnimmt. Wenn ein Pendel nicht regelmäßig angetrieben wird, dann wird es seinen natürlichen Gleichgewichtszustand einnehmen und bewegungslos herumhängen. Wird dieses Pendel aber rekursiv von einer Energiequelle außerhalb seiner selbst angetrieben, dann entstehen reguläre Bewegungsmuster, das System »Pendel plus externe Energiequelle« nähert sich einem neuen »Systemgleichgewicht«. Da die meisten dieser dynamischen Zustände völlig verschieden sind von dem Gleichgewichtszustand in Ruhe, werden diese dynamischen Zustände in der Sprache, die sich zusammen mit dem Interesse an diesen Phänomenen entwickelte, gewöhnlich als Zustände »weitab vom Gleichgewicht« bezeichnet und je nach der Ursprungsdisziplin ganz unterschiedlich benannt. Physiker, die mit der Terminologie David Hilberts vertraut waren, die er um die Jahrhundertwende für die Bearbeitung von Problemen ähnlicher Struktur entwickelte, folgten ihm darin, daß sie diese systemischen Gleichgewichte als »Eigenzustände«, »Eigenfunktionen«, »Eigenverhalten« usw. benannten, je nach dem Bereich der Operationen (vgl. von Foerster 1976/84; Varela 1979). Der erste Teil dieser Wörter, »eigen«, verweist auf die selbstreferentielle Natur dieser Zustände, denn wenn sie einer Operation unterworfen werden, werden sie in sich selbst verwandelt. »Fixpunkte« ist ein weiterer Begriff, den die Algebraiker verwenden, und jüngst ist der Ausdruck »Attraktor« Teil des Wortschatzes geworden, denn wenn man die Emergenz dieser Regularitäten betrachtet, dann scheinen sie von einem unsichtba-

ren, geheimnisvollen und manchmal unerwarteten Zustand angezogen worden zu sein, nämlich einem »fremdartigen Attraktor«.
Der Begriff der Selbstorganisation ist vielleicht der allgemeinste Begriff für die Beschreibung dieser faszinierenden Prozesse, die in organisatorisch geschlossenen, energetisch (thermodynamisch) aber offenen Systemen auftreten. Und in der Tat, wenn man beobachtet, wie Ordnung und Regularitäten immer stärker zum Vorschein kommen, und wenn man sich nicht bewußt ist oder für den Augenblick vergißt, daß diese Prozesse von externen Energiequellen angetrieben werden, scheinen sie sich tatsächlich vollkommen »selbst zu organisieren« (von Foerster 1960/20).
Ich möchte diese etwas abstrakte Diskussion nun mit zwei Beispielen illustrieren, die aus der Schule von Santiago stammen und von weitreichender epistemologischer Bedeutung sind.
Das erste Beispiel hat mit der Organisation lebender Dinge zu tun. Die drei chilenischen Autoren Maturana, Varela und Uribe (1974) haben diese Organisation mit »Autopoiesis« bezeichnet, also die griechischen Wörter *autos* (selbst) und *poiesis* (Machen, Dichtung) verknüpft, und sie bezeichnen damit eine Organisation, die sich selbst in jeder ihrer Operationen rekonstituiert.
Dies geschieht, weil die spezifische Form der Interaktionsprozesse der Komponenten eines autopoietischen Systems solcherart ist, daß das Ergebnis dieser Interaktionen eben die Komponenten sind, die die regenerierenden Prozesse überhaupt erst haben entstehen lassen. Autopoietische Systeme sind organisatorisch geschlossen und energetisch offen, ich würde sie »Eigenorganisationen« nennen. Natürlich hätten extraterrestrische Beobachter, die die frühen Stadien der Lebensentstehung auf dieser Erde beobachteten, sie in Ermangelung eines besseren Ausdrucks als »fremdartige Attraktoren« bezeichnet. In der Tat ist das ja alles sehr seltsam, wie wir heute wissen.
In der Terminologie der Santiago-Gruppe werden die Realisierungen der autopoietischen Organisation als »Strukturen« bezeichnet, und sie zeigen sich in Myriaden verschiedener Formen, von den Plattwürmern bis zu den Dinosauriern und Rhinozerossen und anderen verwandten Säugetieren. Ein wichtiger Punkt in dieser Formulierung des Lebens ist, daß sie leblose Listen von Eigenschaften eliminiert, wie z. B. Anpassung, biomolekulare Konfigurationen, Wachstum, Homöostase, Stoffwechsel, Zielge-

richtetheit, Reaktivität, Reproduktivität, Stimulierbarkeit usw., die alle nur Epiphänomene benennen, ohne das zentrale Phänomen zu berühren. Ein weiterer wichtiger Punkt ist, daß diese Vorstellung Autonomie lebender Dinge von Anfang an fordert. Diese Idee wird von Francisco Varela in seinem Buch *Principles of Biological Autonomy* in hervorragender Weise entwickelt (1979).

Verstehen, so wie wir es verstehen, entsteht durch Sprache. Sprache ist hier aber nicht in dem monologischen Sinne zu verstehen, daß sie lediglich linguistische Atome zu »wohlgeformten Sätzen« verkettet (denn wie wissen wir überhaupt, daß diese Sätze verstanden werden können?), sondern in dem Sinne, daß der eigene Bereich durch die Absorption des Bereichs des anderen erweitert wird, dadurch also, daß die Ethik implizit wird (von Foerster 1984a).

»Die Sprache übermittelt keine Information, sondern ruft Verstehen bzw. Begreifen beim Zuhörer hervor, welches eine Interaktion zwischen dem ist, was gesagt wird, und dem Vorverständnis, das im Zuhörer bereits gegeben war« (Winograd/Flores 1986). Ontologisch ist ein solches Vorverständnis völlig sinnlos. Ob wir nun das Verstehen oder das Vorverständnis der Sprache betrachten, wir müssen erst feststellen, wie Sprache überhaupt entstanden ist.

Damit stellt sich nun die Frage, wo man überhaupt ansetzen kann. Ich schlage vor, mit der Autonomie des Individuums zu beginnen, so daß Sprache zu einem Medium der Konsensherstellung wird, aber nicht notwendig zu einem Medium der Übereinstimmung. In seiner Arbeit *Die Biologie der Sprache* (1978) entwickelt Maturana diesen Punkt mit vollkommener Klarheit und setzt dafür Autopoiese als Fundamentalprinzip:

»Wenn zwei oder mehr Organismen in rekursiver Weise als strukturell plastische Systeme interagieren und jeder Organismus so zum Medium der Verwirklichung der Autopoiese des anderen wird, ergibt sich wechselseitige ontogenetische Strukturenkoppelung. Vom Gesichtspunkt eines Beobachters scheint es, daß die operationale Effektivität der verschiedenen Verhaltensweisen strukturell gekoppelter Organismen für die Verwirklichung ihrer Autopoiese unter reziproken Interaktionen im Verlauf der Geschichte ihrer Interaktionen bzw. durch ihre Interaktionen erreicht worden ist. Außerdem erscheint einem Beobachter der durch derartige ontogenetische Strukturenkoppelung gebildete Interaktionsbereich als ein

Netzwerk von Sequenzen wechselweise ausgelöster ineinandergreifender Verhaltensweisen, das ununterscheidbar ist von dem, was er als konsensuellen Bereich bezeichnen würde. In der Tat sind die verschiedenen Verhaltensweisen, die auftreten, sowohl beliebig als auch kontextbedingt. Die Verhaltensweisen sind beliebig, da sie jede Form annehmen können, solange sie als Auslöser in den Interaktionen operieren; sie sind kontextbedingt, da ihre Mitwirkung an den ineinandergreifenden Interaktionen innerhalb des Bereichs nur hinsichtlich der den Bereich bildenden Interaktionen definiert ist. Ich werde daher den Bereich ineinandergreifender Verhaltensweisen, der sich aus der ontogenetischen reziproken Kopplung der Strukturen strukturell plastischer Organismen ergibt, einen *konsensuellen Bereich* nennen.«

Die Sprache kann also hier als ein emergentes Verhaltensmuster, als ein Eigenverhalten, als ein fremdartiger Attraktor oder besser als ein konstruktiver Transaktor verstanden werden, der zwei Autonomien zu einer verschmilzt.

Was ich nun mit mehreren tausend Wörtern zu sagen versucht habe, sagt Martin Buber (1934) mit einigen wenigen:

»Betrachte den Menschen mit dem Menschen, und du siehst jeweils die dynamische Zweiheit, die das Menschenwesen ist, zusammen: hier das Gebende und hier das Empfangende, hier die angreifende und hier die abwehrende Kraft, hier die Beschaffenheit des Nachforschens und hier die des Erwiderns, und immer beides in einem, einander ergänzend im wechselseitigen Einsatz, miteinander den Menschen darzeigend. Jetzt kannst du dich zum Einzelnen wenden und du erkennst ihn als den Menschen nach seiner Beziehungsmöglichkeit; du kannst dich zur Gesamtheit wenden und du erkennst sie als den Menschen nach seiner Beziehungsfülle. Wir mögen der Antwort auf die Frage, was der Mensch sei, näher kommen, wenn wir ihn als das Wesen verstehen lernen, in dessen Dialogik, in dessen gegenseitig präsentem Zu-zweien-Sein sich die Begegnung des Einen mit dem Anderen jeweils verwirklicht und erkennt« (Buber 1971, S. 169).

Was ist Gedächtnis, daß es Rückschau *und* Vorschau ermöglicht?*

»Was aber ist die Zeit?« Der Überlieferung nach lautete Augustins Antwort auf diese Frage: »Wenn mich niemand fragt, dann weiß ich es, wenn ich es aber jemandem erklären möchte, der mich fragt, dann weiß ich es nicht.« Das Gedächtnis ist von ähnlicher Art, denn wenn man nicht danach fragt, dann wissen wir alle, was es ist, fragt man aber, dann müssen wir einen internationalen Kongreß über die Zukunft der Hirnforschung einberufen. Mit einer leichten Änderung der Frage hätten wir es Augustin jedoch viel einfacher machen können. Auf die Frage »Welche (Uhr-) Zeit haben wir?« hätte er wahrscheinlich die Position der Sonne ermittelt und geantwortet: »Da die Sonne den Horizont im Westen streift, ist es um die sechste Stunde des Nachmittags.«
Eine Theorie des Gedächtnisses, die diesen Namen verdient, muß nicht nur Augustinus oder irgend jemandes intelligentes Verhalten mit Bezug auf diese Fragen erklären, sie muß vor allem auch in der Lage sein, das Verstehen der ebenso subtilen wie grundlegenden Bedeutungsunterschiede zu erklären, wie sie die beiden obigen Fragen nach Zeit oder Gedächtnis aufweisen. Diese Bedeutungsunterschiede werden im Englischen besonders prägnant vermittelt, nämlich durch den bloßen Einschub eines syntaktischen Operators, des bestimmten Artikels »the«, an einem strategischen Punkt der ansonsten unveränderten Symbolkette »What is (the) Time?«. Auf den ersten Blick mag es scheinen, daß eine Theorie des Gedächtnisses, die derart feine Unterscheidungen erklären kann, als ein allzu ehrgeiziges, ja lächerliches Ziel anzusehen ist. Nach längerem Überlegen werden wir jedoch einsehen, daß Modelle des Denkens, die auf diesen Anspruch verzichten und lediglich eine hypothetische Abbildung von Sinnesreizen in unauslöschlichen Repräsentationen auf höheren Ebenen der neuronalen Gewebe des Gehirns behaupten oder die – nur wenig

---

* Überarbeitete Fassung eines Vortrags vom 2. Mai 1968 im Rahmen der internationalen Konferenz »The Future of the Brain«, veranstaltet von der New York Academy of Medicine.

naiver – Gewöhnung, Anpassung und Konditionierung dadurch erklären, daß sie Unauslöschlichkeit durch Plastizität ersetzen, nicht nur in beklagenswerter Weise versagen, wenn es um die Erklärung von Vorgängen auf der semantischen Ebene geht (oder, um es anders zu formulieren, um eine Erklärung all dessen, was mit »Information« in seiner Wörterbuchbedeutung zu tun hat, d. h. mit irgendwie erworbenem *Wissen*), sondern auch die Entwicklung theoretischer Vorstellungen verhindern, die diese sogenannten »höheren Funktionen« der Gehirntätigkeit erklären können.

Da ein Ansatz, der die so rätselhafte Fähigkeit des Gedächtnisses in die noch rätselhafteren Prozesse der Kognition integrieren möchte, in beträchtlicher Distanz zu den wohletablierten Denkweisen hinsichtlich dieses Problems operiert, wird es von Nutzen sein, meine Überlegungen sorgfältig Schritt für Schritt zu entwickeln. Ich werde daher zunächst einige der semantischen Fallstricke aufdecken und umgehen, die im Laufe meiner Untersuchungen sichtbar geworden sind, und hernach zeigen, daß sich trotz des Risikos, einige operationale Einzelheiten aus dem Blick zu verlieren, ein theoretischer Rahmen entwickeln läßt, der es eines Tages ermöglichen könnte, die verschiedenen Einzelstücke zu einem geordneten Ganzen zusammenzufügen.

Ich glaube, meiner Aufgabe im gegenwärtigen Zeitpunkt am besten dadurch gerecht zu werden, daß ich meine Überlegungen in vier kurzen »Kapiteln« präsentiere. Ich möchte die Diskussion mit dem Versuch beginnen, einige der in der Behandlung des Gedächtnisses und damit verwandter mentaler Funktionen am häufigsten gebrauchten Begriffe zu klären. Im zweiten Kapitel werde ich eine These formulieren, die für den gesamten Gedankengang von zentraler Bedeutung ist, und in Kapitel 3 diese These soweit entwickeln, wie das im Rahmen dieser Arbeit möglich ist. Zum Schluß möchte ich eine Vermutung vorlegen, die die Möglichkeit des Errechnens rekursiver Funktionen auf der molekularen Ebene betrifft.

In der ganzen Arbeit werde ich Beispiele und Metaphern als Hilfsmittel der Erklärung benutzen, also nicht die abschreckende Maschinerie mathematischer und logischer Kalküle. Ich bin mir der Gefahren der irreführenden Darstellung und Mißverständnisse bewußt, die diesen Erklärungsmitteln innewohnen, und werde mich daher bemühen, so eindeutig und klar zu sprechen, wie mir dies meine Ausdrucksfähigkeiten erlauben. Alle jene, die eine strengere Behandlung dieses Gegenstandes kennenlernen möchten, muß ich auf das an verstreuter Fachliteratur verweisen, was heute vorhanden – oder kaum vorhanden – ist (von Foerster 1967a; 1967b; Newell/Simon 1956; Minsky 1961; Lindsay 1963; Raphael 1964; von Foerster/Chien 1967; Weston 1968).

1. Terminologische Vorklärung

Es gibt zwei Begriffspaare, die mit großer Häufigkeit in Erörterungen des Gedächtnisses und verwandter Themen auftreten. Diese sind (1) »Speichern und Abrufen« und (2) »Erkennen und Erinnern«. Mir scheint, daß diese Begriffe unglückseligerweise so freizügig und austauschbar verwendet werden, als ob sie sich alle auf die gleichen Prozesse bezögen. Erlauben Sie mir daher, ihre unterscheidenden Merkmale klarzustellen.

1. Speichern und Abrufen

Mit diesen Begriffen möchte ich eine gewisse *Invarianz der Qualität* dessen verknüpfen, was zu einem Zeitpunkt gespeichert und zu einem anderen wieder abgerufen wird.
Beispiel: Frau X möchte ihren Nerzmantel über die heißen Sommermonate fachgerecht lagern, bringt den Mantel daher im Frühjahr zu ihrem Kürschner, damit dieser ihn in seinem Lagerraum verstauen kann, und erscheint im Herbst wieder, um den Mantel rechtzeitig zur ersten Opernpremiere abzuholen.
Beachten Sie bitte, daß Frau X fest damit rechnet, genau ihren eigenen Nerzmantel wiederzubekommen und nicht irgendeinen anderen Mantel, und schon gar nicht etwa ein Symbol für ihren Mantel! Jedermann kann sich ausmalen, was geschehen würde, wenn der Kürschner im Herbst sagte: »Hier ist Ihr Nerzmantel« und ihr einen Papierzettel überreichte, auf dem gedruckt wäre »Hier ist Ihr Nerzmantel«!
An dieser Stelle wird mir sicherlich niemand widersprechen, wenn ich auf der Invarianz der Qualität von Entitäten bestehe, die gespeichert und wieder bereitgestellt werden, und auch nichts gegen das von mir gewählte Beispiel einzuwenden haben, das

diese Invarianz illustriert. Man wird daher auch versucht sein, diesen Begriff auf etwas esoterische Entitäten anzuwenden, also nicht nur auf Nerzmäntel, sondern zum Beispiel auf »Information«. Man kann ja in der Tat behaupten, daß es gut funktionierende, Information speichernde Systeme gibt, etwa hochentwickelte Informationsabfrage- und -abrufsysteme in Bibliotheken, zum Beispiel das nationale »Educational Resources Information Center« (ERIC), und so weiter und so fort, die als angemessene Modelle oder Analogien für die funktionale Organisation des Physiologischen Gedächtnisses angesehen werden können.
Unglücklicherweise gibt es einen ganz entscheidenden Denkfehler in dieser Analogie: Diese Systeme speichern Bücher, Tonbänder, Mikrofiches oder andere Formen von Dokumenten und daher natürlich keine »Information«. Und diese Bücher, Tonbänder, Mikrofiches oder anderen Dokumente sind es, die abgerufen werden, und die nur dann die gewünschte »Information« liefern, wenn sie von jemandem gelesen oder gesehen werden. Wenn man *Träger* potentieller Information mit *Information* verwechselt, dann orientiert man das eigene intellektuelle Sehfeld genau so, daß das Problem der Kognition auf den blinden Fleck projiziert wird und – bequemerweise – verschwindet. Würde man nämlich das Gehirn ernsthaft mit einem dieser Systeme der Speicherung von Dokumenten vergleichen und den Unterschied nur im Ausmaß seiner Speicherleistung und nicht in der Qualität seiner Arbeitsprozesse sehen, dann erforderte eine solche Theorie einen mit kognitiven Kräften ausgestatteten Dämon, der das gewaltige Speichersystem durcheilt, um die Information für den Träger des jeweiligen Gehirns herauszuziehen, die dieser für sein Überleben braucht.
Das Ziel meiner Arbeit besteht darin, das Gehirn dieses Dämons mit meinem geringen neurophysiologischen Wissen zu erkunden, damit wir letztlich den Dämon verabschieden und sein Gehirn genau dorthin setzen können, wo sich unseres befindet.
Sollte jedoch nur der geringste Zweifel geblieben sein, was die Unterscheidung zwischen Trägern potentieller Information und eigentlicher Information angeht, dann schlage ich vor, daß Sie einmal mit den vorhandenen sogenannten »Informationsspeicher- und -abrufsystemen« experimentieren und ein paar konkrete Abfragen durchführen. Wer noch keine Gelegenheit hatte, mit solchen Systemen zu arbeiten, der mag es als lustig oder

schockierend erleben – je nachdem, wie er solche Systeme betrachtet –, wenn er sich den Massen von Dokumenten gegenübersieht, die auf eine harmlose Anfrage hin bereitgestellt werden und unter denen sich – wenn er Glück hat – in der Tat die Information befindet, die er ursprünglich suchte.
Ich wende mich nun dem zweiten Begriffspaar zu, das ich zu erörtern versprach, nämlich »Erkennen und Erinnern«.

2. Erkennen und Erinnern

Mit diesen Begriffen möchte ich die wahrnehmbaren *Ergebnisse* gewisser Operationen verknüpfen, und ich möchte ausdrücklich darauf bestehen, die Ergebnisse dieser Operationen scharf von den *Operationen selbst* und auch von den *Mechanismen* zu trennen, die diese Operationen ausführen.
Beispiel: Nach der Ankunft mit dem Flugzeug werde ich über die Verpflegung befragt, die die Fluglinie angeboten hat. Meine Antwort: »Filetspitzen mit Pommes frites und etwas Salat sowie ein undefinierbares Dessert.«
Ich denke, meine Antwort auf die gestellte Frage erscheint vernünftig und angemessen. Beachten Sie bitte, daß niemand erwartet, daß ich als Reaktion auf die Frage ein wirkliches Essen, also Filetspitzen, pommes frites, Salat und Dessert hervorhole. Ich hoffe, daß die frühere Beschreibung des Funktionierens von Speicher- und Abrufsystemen klar gemacht hat, daß meine verbale Reaktion durch ein System dieser Art nicht erklärt werden kann. Denn damit überhaupt der Verdacht entstehen kann, daß ich nichts weiter bin als ein Speicher- und Abrufsystem, muß zuerst einmal der Satz »Filetspitzen, Pommes frites und Salat sowie ein undefinierbares Dessert« in mein System »eingegeben« werden, wo er gespeichert wird, bis ein Fragesteller den richtigen Abrufknopf drückt (die richtige Frage stellt), woraufhin ich mit wundersamer Invarianz der Qualität (High Fidelity) den Satz »Filetspitzen mit pommes frites und etwas Salat sowie ein undefinierbares Dessert« produziere. Ich muß jedoch den geneigten Leser bitten, zunächst nur mein Wort dafür zu nehmen, daß mir niemand *gesagt* hat, worin die Gänge des Menüs bestanden, sondern daß ich diese einfach nur *gegessen* habe.
Ohne Zweifel muß hier irgend etwas fundamental von Speiche-

rung und Wiederbereitstellung Verschiedenes stattfinden, denn in diesem Beispiel ist mein verbales Verhalten das Resultat einer Menge komplexer Prozesse oder Operationen, die meine *Erfahrungen* in *Äußerungen* transformieren, d. h. in *symbolische Repräsentationen* dieser Erfahrung.

Die neuronalen Mechanismen, die die Operationen ausführen, welche mir gestatten, Erfahrungen zu identifizieren, zu klassifizieren, zu verallgemeinern, mit anderen zu vergleichen, bestimmen meine Fähigkeit zu erkennen. Die Mechanismen und Operationen, die es mir erlauben, meine Erkenntnisse etwa in sprachlichen Äußerungen wiederzugeben, bestimmen meine Fähigkeit, mich zu erinnern.

Die Hierarchie von Mechanismen, Transformationsoperationen und Prozessen, die von der Sinnesreizung über die Wahrnehmung von Einzelheiten zur Manipulation generalisierter interner Repräsentationen des Wahrgenommenen führen, ebenso wie die umgekehrten Transformationen, die von allgemeinen Anweisungen zu spezifischen Handlungen führen oder von allgemeinen Begriffen zu spezifischen Äußerungen, möchte ich als »kognitive Prozesse« bezeichnen. Bei der Analyse dieser Prozesse sollten wir darauf gefaßt sein, daß Begriffe wie »Erkennen« und »Erinnern« – wie nützlich sie auch immer sein mögen, um sich rasch auf gewisse Aspekte der Kognition zu beziehen – als Deskriptoren tatsächlicher Prozesse und Mechanismen, wie sie in der funktionalen Organisation des Nervengewebes festgestellt werden können, ohne Wert sind.

Es könnte sein, daß schon an dieser Stelle meiner Darlegungen die entscheidende Bedeutung kognitiver Prozesse sichtbar geworden ist, nämlich die, einen Organismus mit jenen Operationen zu versehen, die gleichsam die Information von ihren Trägern »abheben« – von den Signalen nämlich, seien diese Wahrnehmungen externer oder interner Ereignisse, Zeichen oder Symbole (Langer 1951) –, und den Organismus mit Mechanismen auszustatten, die ihm die Berechnung von Schlußfolgerungen auf der Basis der so gewonnenen Informationen erlauben.

Wollten wir umgangssprachliche Ausdrücke verwenden, ließe sich Kognition gut mit allen jenen Prozessen identifizieren, die aus der Erfahrung »Bedeutung« ableiten. Ich darf feststellen, daß eine etwas allgemeinere Interpretation des Begriffs »Bedeutung« im Sinne von »alles, was aus einem Signal abgeleitet werden

kann«, zu einer Semantik von beträchtlicher analytischer Kraft führt, unabhängig davon, ob das Signal ein Zeichen oder ein Symbol ist. Ich möchte nebenbei bemerken, daß diese Interpretation nicht nur qualitative Unterscheidungen von »Bedeutung« zuläßt, je nachdem, welche Schlußweise angewandt wird – d. h. die deduktive, induktive oder abduktive Schlußweise (McCulloch 1965) – , sondern auch quantitative Abschätzungen des »Bedeutungsbetrags« – zumindest für die deduktive Schlußweise (Bar-Hillel 1955) – , der von einem bestimmten Signal für einen bestimmten Rezipienten transportiert wird.
Ich hoffe, alle diese Dinge später noch deutlicher machen zu können, wenn ich meine These entwickle, die nach den einleitenden Bemerkungen nun fällig ist.

II. Die These

Im Strom kognitiver Prozesse kann man begrifflich bestimmte Bestandteile isolieren, zum Beispiel
(1) die Fähigkeit, wahrzunehmen,
(2) die Fähigkeit, sich zu erinnern,
(3) die Fähigkeit, Schlüsse zu ziehen.
Möchte man jedoch diese Fähigkeiten hinsichtlich ihrer Funktion oder örtlich im Gehirn isolieren, dann ist jeder solche Versuch zum Scheitern verurteilt. Wenn also die Mechanismen, die für irgendeine dieser Fähigkeiten verantwortlich sind, bestimmt werden sollen, dann muß die Gesamtheit der kognitiven Prozesse in die Untersuchung einbezogen werden.
Bevor ich nun mit einer detaillierten Verteidigung meiner These fortfahre, indem ich das Modell eines »integrierten Funktionskreises« der Kognition entwickle, möchte ich kurz die Untrennbarkeit dieser Fähigkeiten anhand zweier einfacher Beispiele verdeutlichen. Erstes Beispiel: Wenn nur eine der drei Fähigkeiten, die oben erwähnt wurden, weggelassen wird, dann ist das System ohne Kognition. Streichen wir Wahrnehmung, dann fehlt jede Erfahrung. Streichen wir Gedächtnis, dann kennt das System nur Durchsatz. Streichen wir die Fähigkeit, Schlüsse zu ziehen, dann degeneriert Wahrnehmung zu Sinnesreizung und Gedächtnis zu einem Speicher.
Zweites Bespiel: Wenn die begrifflichen Verknüpfungen des Gedächtnisses mit den anderen beiden Fähigkeiten nacheinander be-

seitigt werden, dann degeneriert Gedächtnis *nolens volens* zuerst zu einem Speicher- und Abrufsystem und schließlich zu einer inhaltslosen Rumpelkammer.

Nach diesen *reductiones ad absurdum* möchte ich mich nun einem konstruktiveren Unternehmen zuwenden, nämlich der Entwicklung einer groben und leider auch immer noch unvollständigen Skizze einer Theorie kognitiver Prozesse.

III. Kognitive Elemente und Komplexe

Ich werde nun meine These in mehreren Schritten von qualitativ steigender Komplexität entwickeln. Ich beginne mit dem einfachen Fall eines »Gedächtnisses«, das sowohl in seiner Funktion als auch in seiner Örtlichkeit wohl definiert erscheint, jedoch keiner Schlußfolgerung fähig ist, und schließe mit einem einfachsten Fall einer Organisation von Operatoren, die in Funktion und Örtlichkeit unbestimmbar bleiben, jedoch mit ihrem Schwerpunkt der Errechnung induktiver Schlüsse Rückschau und Vorschau, Einsicht und Voraussicht ermöglichen. Im Laufe dieser Diskussion werde ich Beispiele minimaler struktureller Komplexität benutzen, um meinen Gedankengang möglichst klar präsentieren zu können. Es ist mir durchaus bewußt, daß es viele faszinierende Ergebnisse gibt, die aus einer Erweiterung dieser Minimalfälle abgeleitet werden können; ich meine jedoch, daß uns diese Ergebnisse hier von dem zentralen Problem meiner These ablenken würden.

Mein erster Fall beschäftigt sich mit der Errechnung von Assoziationen in der Erfahrungswelt. Assoziationen sind von außerordentlicher wirtschaftlicher Bedeutung für einen Organismus, der in diese Welt eingebunden ist, denn je größer eine Äquivalenzklasse von Ereignissen wird, desto weniger spezifische Reaktionsmuster müssen von dem Organismus entwickelt werden. Die Leistungsfähigkeit des induktiven Schließens beruht auf der Fähigkeit, die Gemeinsamkeit von Eigenschaften festzustellen, und die Wirksamkeit des bedingten Reflexes beruht – wie noch bis vor kurzem geglaubt wurde – auf der Fähigkeit, die Zusammengehörigkeit von Ereignissen zu etablieren.

Das Prinzip des induktiven Schließens ist im wesentlichen ein Prinzip der Generalisierung. Es besagt: Wenn alle die Dinge, an denen wir die Eigenschaft P_1 festgestellt haben, auch die Eigenschaft P_2 besitzen, dann werden auch alle von uns noch nicht geprüften Dinge, die die Eigenschaft P_1 aufweisen, die Eigenschaft P_2 besitzen. Mit anderen Worten, das induktive Schließen generalisiert das gemeinsame Auftreten der Eigenschaften P_1 und P_2. In seiner naiven Formulierung kann der »bedingte Reflex« in ein ähnliches logisches Schema eingepaßt werden, das ich als »elementaren bedingten Reflex« (EBR) bezeichnen will, um klar zu unterscheiden zwischen diesem Modell und den komplexen Prozessen, die das bedingten Reflexen unterworfene Verhalten bei Säugetieren und anderen höheren Wirbeltieren steuern. Ich werde jedoch gleich auf diese zurückkommen.

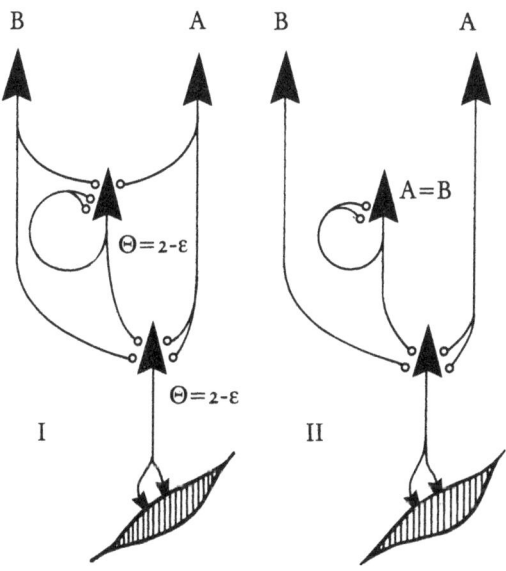

Abbildung 1: Minimalnetz für die Berechnung eines elementaren bedingten Reflexes (ECR). I: vor der Konditionierung; II: nach der Konditionierung.

Teil 1 der Abbildung 1 zeigt das Minimalnetz, das einen EBR errechnen kann. Die Neuronen A und B übertragen den bedingenden bzw. den bedingten Stimulus zu dem Motoneuron mit dem Schwellenwert $\Theta = 2 - \epsilon$, wobei $0 < \epsilon << 1$, und dieses feuert immer dann, wenn A feuert, da die doppelte Erregung seiner beiden Synapsen seine Schwelle um weniger als zwei Einheiten überschreitet (eine einzelne Synapse repräsentiert eine Einheit der Erregung). Das Motoneuron kann von B allein nicht erregt werden, denn die eine Synapse reicht nicht aus, den notwendigen Schwellenwert zu überschreiten.

Wenn jedoch A und B einmal gemeinsam feuern, dann wird das Zwischenneuron aktiviert und liefert genügend Energie für B, um den Reflex auszulösen. Die zurücklaufenden kollateralen Nervenfasern dieses Zwischenneurons sorgen für seinen permanenten Erregungszustand, und von da an genügt B allein, um eine Reaktion auszulösen.

Trotz der strukturellen Einfachheit dieses Netzwerks aus vier Elementen zeigt es doch einige Merkmale, die in unserem Zusammenhang aufschlußreich sind. Als erstes ist zu beachten, daß es seine Funktion infolge des Auftretens bestimmter Stimuluskonfigurationen ändert: vor dem Zusammenwirken von A und B ist das Netz für B unzugänglich, danach aber reagiert es ebenso auf B wie bisher schon auf A. Unglücklicherweise scheinen einige Forscher mit dieser simplen Veränderung höhere mentale Funktionen zu verbinden, indem sie hier von »Lernen durch Erfahrung« sprechen. Ob diese irreführende Darstellung von einer Unterschätzung der Komplexität der Prozesse herrührt, die Algorithmen für das Lösen bestimmter Problemklassen erzeugen – d. h. also »Lernen« im wahrsten Sinne des Wortes –, oder von einer Überschätzung der Komplexität dieses simplen Kreisgefüges, muß ich Ihrer eigenen Beurteilung überlassen. Man sollte jedoch nicht übersehen, daß in der Tat ein bestimmtes externes Ereignis dieses Netz dazu brachte, seinen *modus operandi* zu verändern, und daß das Auftreten dieses Ereignisses in dem Schaltkreis des sich selbst erregenden Zwischenneurons festgehalten wird. Das zeigt sich besonders klar in Teil II der Abbildung 1, der trotz der degenerierten Afferenten des Zwischenneurons ein funktionales Äquivalent des Netzes von Teil I zeigt, *nachdem* dieses durch das besondere Ereignis modifiziert worden war. Das Zwischenneuron »enthält« nun die Äquivalenzbeziehung A = B, und man könnte versucht sein, mit diesem Speicher irgendeine Form elementaren »Gedächtnisses« zu verbinden, welches dann in der Tat lokalisiert und funktional isoliert wäre. Leider ist dies nicht der Fall, wie ich sogleich zeigen werde, denn aus diesem Speicher

kann nichts an Schlußfolgerungen abgeleitet werden, es sei denn seine eigene Wahrheit »A = B ist der Fall«.
Es ist jedoch zu beachten, daß die Repräsentation des gleichzeitigen Wirkens von A und B die Form einer *Relation zwischen A und B* hat, und zwar in dem Sinne, daß Äquivalenz von A und B hergestellt wird. Dies läßt sich als eine elementare Repräsentation von »Bedeutung« verstehen, denn die Aktivität in der Schleife repräsentiert nicht mehr und nicht weniger als »B bedeutet A«, so daß dieses Netzwerk ein elementarer Rechner induktiver Schlüsse zu sein scheint. Leider ist dies nicht der Fall. Damit nämlich Induktion funktionieren kann, müssen Schlüsse über »bis jetzt noch nicht geprüfte Fälle« gezogen werden. Unser Netzwerk wiederholt jedoch lediglich den bereits geprüften Fall, und es müssen komplexere Strukturen einbezogen werden, um induktive Schlüsse zu gestatten. Lassen sich nun vom Beispiel dieses Netzes Hinweise auf diese Strukturen gewinnen? Vielleicht doch.
Die Antwort kann aus der Tatsache abgeleitet werden, daß der allgemeine Begriff der »Äquivalenz« irgendwo in diesem Netz »gespeichert« sein muß, wenn die Äquivalenz von Stimuli von diesem Netz errechnet werden kann. In der Tat ist er das, aber nicht in einem einzelnen Element, wie man glauben möchte, sondern in der gesamten funktionalen und strukturellen Organisation des Netzwerkes *vor* dem Eintreten desjenigen Ereignisses, welches das Netzwerk zu einer Aufzeichnung der Spezifität des Ereignisses machte. Wir können daraus schließen, daß ein induktives Netz seine »Äquivalenzstruktur« intakt halten muß, um in der Lage zu sein, jeden neuen Fall der »Klasse B« auch als einen Fall der »Klasse A« zu klassifizieren und dann, wenn sich dies als falsch erweisen sollte, diese Hypothese entweder aufzugeben oder auf eine andere umzuschalten.
Ich möchte nun die Erörterung dieses einfachen Netzes damit abschließen, daß ich eine scharfsichtige Beobachtung von Susanne K. Langer (1951, S. 30) zitiere, die feststellt, daß die Ontogenese des Bewußtseins durch einen EBR ausgelöst wurde. In einem Textabschnitt, der der Klärung der Unterscheidung zwischen Symbol und Zeichen gewidmet ist, schreibt sie:

»Es gibt einen tiefgreifenden Unterschied zwischen dem Gebrauch von Symbolen und Zeichen. Der Gebrauch von Zeichen ist das allererste Zeugnis des Bewußtseins. Er ergibt sich ebenso früh in der biologischen Geschichte wie der berühmte ›bedingte Reflex‹, bei dem ein begleitendes

Merkmal eines Stimulus die Stimulusfunktion übernimmt. Das begleitende Merkmal wird zu einem Zeichen für die Situation, der die Reaktion genau angemessen ist. Dies ist der eigentliche Anfang des Denkens, denn hier liegt der Ursprung des *Irrtums* und somit der *Wahrheit*.«

Auch wenn noch viel über die Merkmale dieses elementaren Netzwerks aus vier Elementen gesagt werden könnte, möchte ich nur noch einmal betonen, daß dieses Netz völlig unfähig ist, auch nur die simpelsten Fälle des Verhaltens nach bedingten Reflexen bei höheren Lebewesen zu erklären. Der Glaube, den die frühen Reflexologen vielleicht gehegt haben, daß irgendwann einmal derartiges Verhalten auf ein logisches und neuronales Schema von der Art reduziert werden könnte, wie es Abbildung 1 zeigt, ist meines Wissens durch die brillanten Forschungsarbeiten von Jerzy Konorski zerstört worden (1962), in denen er zum Beispiel zeigte, daß die erste Anwendung des positiven konditionierenden Stimulus bei Hunden eine ganz bestimmte »Orientierungsreaktion« auslöst, d. h. Aufrichten der Ohren, Wenden des Kopfes usw., während die Speichelausschüttung als Reaktion vernachlässigbar bleibt. Konorski zeigte weiterhin, daß in fast allen Versuchsanordnungen die konditionierten Stimuli »gewöhnlich nicht von einer einzigen Modalität sind, sondern gleichzeitig eine ganze Reihe von Hinweisen liefern«, welche das Tier hinsichtlich ihrer Bedeutung für sein künftiges Handeln benutzt und auswertet. Konorski kommt zu dem Schluß, daß es im wesentlichen zwei Prinzipien sind, die den Erwerb verschiedener Typen von bedingten Reflexen steuern, zum einen ein Prinzip der Selektion, zum anderen ein Prinzip der Untrennbarkeit von Information und Informations*verwendung*. Ich meine, daß diese Prinzipien von außerordentlicher Bedeutung für meine Darlegung sind, und möchte sie daher etwas ausführlicher mit Konorskis eigenen Worten darlegen:

1. Selektion. »Beim Lösen eines bestimmten Konditionierungsproblems benutzt das Lebewesen nicht *alle* Informationen, die vom konditionierten Stimulus angeboten werden, sondern *wählt eindeutig* ganz bestimmte Merkmale aus und vernachlässigt die anderen.«

2. Untrennbarkeit. »...Es ist nicht so, wie wir aufgrund unserer Introspektion geneigt sind anzunehmen, daß der Empfang von Information und deren Nutzung zwei getrennte Prozesse sind, die auf beliebige Art miteinander kombiniert werden können; im Gegenteil, Information und ihre Nutzung sind untrennbar und bilden in Wirklichkeit einen einzigen Prozeß.«

Wenn ich diese Beobachtungen in meine früher entwickelte Terminologie übersetzen soll, dann wird das Prinzip der Selektion zur »Suche nach Bedeutung« in dem Sinne, daß das Lebewesen jene Merkmale auswählt, d. h. jene Information, aus der es am besten Schlußfolgerungen ziehen kann; das Prinzip der Untrennbarkeit dagegen wird zur »Priorität der Selbstreferenz«, und zwar in dem Sinne, daß das Lebewesen die aus der Information gezogenen Schlüsse stets mit Bezug auf deren bestmöglichen Gebrauch für seine eigenen Zwecke bewertet.

Auf der Suche nach einem minimalen Netz, welches diese beiden Prinzipien der Selektion und der Untrennbarkeit von Information und Informationsnutzung – oder der »Suche nach Bedeutung« und der »Selbstreferenz« – verwirklicht, stieß ich auf J. Z. Youngs Skizze eines Netzwerks, das eine einzelne Gedächtniseinheit bzw. ein von ihm so genanntes »Mnemon« zeigt (Young 1965). Obwohl auch das Buch von Eccles/Ito/Szentagothai, *The Cerebellum as a Neural Machine* (1967), eine Fülle von Beispielen für solche Netzwerke enthält, haben diese viel mehr an Funktionen, als ich hier und jetzt gebrauchen kann, so daß sie für meine Zwecke nicht als »minimal« gelten können.

Abbildung 2 gibt Youngs Skizze der Organisation einer einzelnen Gedächtniseinheit wieder. Er beschreibt die allgemeinen Merkmale dieser Einheit wie folgt:

»Jede Einheit besteht aus einem klassifizierenden Neuron, das auf das Auftreten irgendeines besonderen Typs externer Ereignisse reagiert, welcher wahrscheinlich für das Leben dieser Art von Bedeutung ist. Der sich ergebende Impuls kann anfänglich entweder zwei oder mehrere Kanäle über Verzweigungen des Axons aktivieren. Mehr als ein Verhaltensverlauf ist daher möglich. Das Mnemon enthält auch andere Zellen, deren Stoffwechsel derart aktiviert wird, daß er die wahrscheinlichen künftigen Nutzungen der Kanäle ändert, sobald die Signale verarbeitet worden sind, die die Konsequenzen der Handlungen anzeigen, die ausgeführt wurden, nachdem die klassifizierende Zelle zum ersten Mal stimuliert worden war.«

Aus dieser Beschreibung ist leicht zu ersehen, daß das Youngsche Mnemon in der Tat die zwei vorhin erwähnten Prinzipien verkörpert. Das Prinzip der »Selektion« bzw. der »Suche nach der Bedeutung« eines bestimmten Stimulus wird in der Wahl der Bahnen verkörpert, die zu verschiedenen Handlungen führen.

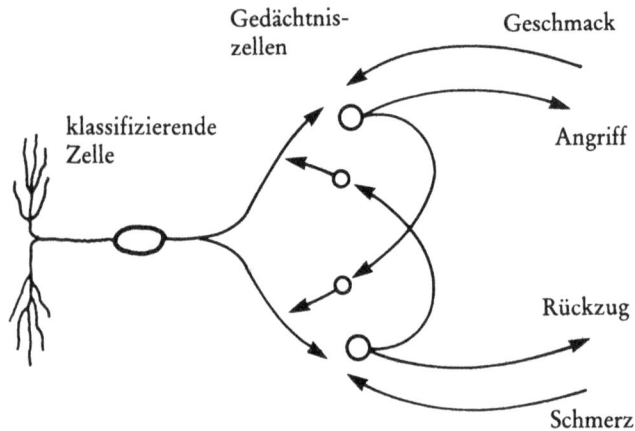

Abbildung 2: Aufbau eines Mnemons. »Die klassifizierende Zelle registriert das Auftreten eines bestimmten Ereignisses. Sie verfügt über zwei Ausgänge, die zu alternativen motorischen Aktionen führen. Das System ist auf eine dieser Aktionen hin ausgerichtet (z. B. ›Angriff‹). Nach dem Vollzug der Handlung werden Signale von deren Ergebnis zurückgemeldet und bekräftigen die ausgeführte Handlung oder erzeugen deren Gegenteil. Die Kollateralen der höheren motorischen Zellen aktivieren dann die kleinen Zellen, die inhibitorische Transmittersubstanzen ausschütten und die unbenutzte Bahn schließen. Diese Zellen können als ›Gedächtniszellen‹ bezeichnet werden, denn ihre Synapsen sind veränderbar« (Young 1965).

Was der Stimulus »bedeutet«, wird dem Lebewesen natürlich erst *nach* einer Überprüfung klar. Ein »Angriff« kann unter bestimmten Stimulusbedingungen »Schmerz« bedeuten, unter anderen »Lust«. Es ist wichtig, hier darauf hinzuweisen, daß weder Schmerz noch Lust objektive Zustände der Außenwelt sind. Sie sind Zustände, die ausschließlich innerhalb des Lebewesens erzeugt werden, sie sind – um einen Begriff der Physik zu gebrauchen – »Eigenzustände« des Organismus, die es diesem gestatten, jedes ankommende Signal auf sich selbst zu beziehen, d. h. sich mit Bezug auf die Außenwelt selbstreferentiell zu verhalten.

Zu dieser Beobachtung paßt das zweite Prinzip der Untrennbarkeit von Information und Informationsnutzung ganz ausgezeichnet, denn dieses System prüft die ankommende Information auf ihre Nützlichkeit, indem es sie mit seinen Eigenzuständen vergleicht und daraufhin die angemessenen Handlungen ausführt.

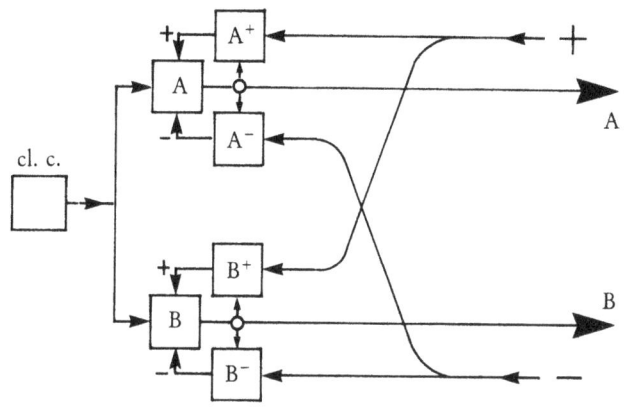

Abbildung 3: Informationsflußdiagramm eines Mnemons. cl.c. = klassifizierende Zelle; A, B = motorische Neuronen und Gedächniszellenkomplex; +, − = Information der Eigenzustände »gut«, »schlecht« oder positive und negative interne Bekräftigungssignale; A+, A-, B+, B− = Komparatoren der Handlungszustände mit den Eigenzuständen.

Was die funktionale Organisation dieses Gedächniselements angeht, möchte ich zwei Feststellungen treffen, die später bei der Synthese eines kognitiven Elements von Bedeutung sein werden. Ich habe hierfür Youngs anatomisches Schema neu gezeichnet, um die Relationen zwischen den verschiedenen Funktionen deutlicher hervortreten zu lassen als die anatomischen Sachverhalte. Abbildung 3 zeigt ein Informationsflußdiagramm, das funktional dem Mnemon der Abbildung 2 entspricht. So wie vorhin erlaubt eine klassifizierende Zelle zwei unterschiedliche Handlungen, die in den Zellkomplexen des Gedächtnisses und des Motoriums ausgelöst werden. Youngs Kollaterale nehmen die Signale des Handlungszustands aus dem dicken Axon der Motoneuronen A und B auf und leiten sie zu den Komparatoren A+ und A− sowie B+ und B−, die die Handlungszustände dadurch bewerten, daß sie sie mit den Signalen der sich ergebenden Eigenzustände vergleichen, die entweder erwünscht (+) oder unerwünscht (−) sind.

Die zwei Feststellungen, die ich vorhin bereits machen wollte, lauten nun wie folgt:

1. Selbstreferenz. Selbstreferenz geht in das System über zwei Kanäle ein: einmal über *a priori* festgelegte »gute« oder

»schlechte« Signale (+ oder −), die die *Konsequenzen* einer Handlung zurückmelden; zum anderen über die Schleife (A) → (A+) → A oder *mutatis mutandis* über entsprechende andere Schleifen, die die Zustände seiner eigenen Aktionen zurückmelden.

2. *Erfahrung.* Erfahrung geht in die Systeme über zwei Operationen ein: zum einen über die, welche die Synapsen an den Gedächtniszellen in den Zellkomplexen A und B so modifiziert, daß unerwünschte Handlungen unterdrückt und erwünschte Handlungen unterstützt werden; zum anderen über die, die in den Komparatoren A+, A−, B+ und B− vergangene Aktionen mit den gegenwärtigen Konsequenzen vergleicht und die Ergebnisse, + oder −, an die Komplexe A und B zum Zwecke angemessener Modifikationen weitergibt.

Ich werde nun mit Bezug auf Punkt 1 zeigen, daß Selbstreferenz ein allgegenwärtiges Merkmal ist und in neuronalen Organisationen immer wieder errechnet wird, hauptsächlich durch die Auflösung von Paradoxien und nicht notwendigerweise durch Bezugnahme auf *a priori* gegebene Signale; mit Bezug auf Punkt 2 werde ich zeigen, daß Erfahrung leistungsfähiger und ökonomischer dadurch eingeholt wird, daß die Funktion der rekursiven Schleife $A(t−\Delta) \rightarrow A^+(t) \rightarrow A(t+\Delta)$ modifiziert wird, als dadurch, daß das Ergebnis jeder einzelnen Aktion in einer synaptischen Modifikation einer Gedächtniszelle gespeichert wird. In dem obigen Ausdruck bedeutet t die laufende Zeit und Δ die mehr oder weniger konstanten kumulativen synaptischen Verzögerungen.

Erlauben Sie mir nun, diese Feststellungen in größerer Ausführlichkeit zu entwickeln und dabei wiederum Minimalbeispiele zu benutzen. Zunächst zur Selbstreferenz:

Abbildung 4 zeigt zwei Objekte, a weiß und b schwarz, deren Abbilder auf den Retinae der beiden Augen eines binokulären Lebewesens fokussiert werden. Abgesehen von vielen anderen Operationen (Lettvin u. a. 1959), die über diesen Abbildern in den postretinalen Netzwerken oder in höheren Zentren ausgeführt werden können, nehme ich eine Operation an, die eine Relation ausrechnet, welche angibt, daß ein Ding sich links von einem anderen Ding befindet. Ich symbolisiere diese Relation mit $L(x, y)$, was zu lesen ist als »x befindet sich links von y«. Die Existenz derartiger anisotroper Netze ist z. B. an Tauben gezeigt worden

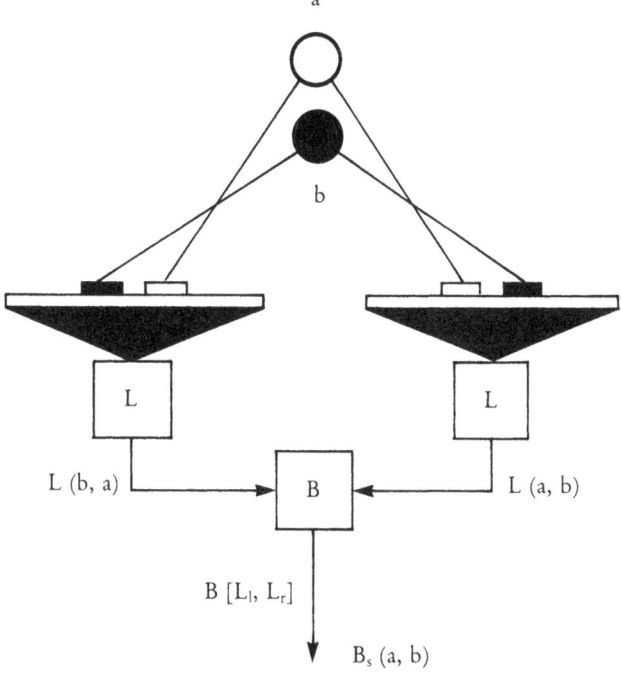

Abbildung 4: Errechnung von »Tiefe« durch die Auflösung einer sensorischen Paradoxie des binokulären Sehens. L = Netze, die die Relation »x befindet sich links von y« berechnen; B = Netze, die die Relation »x befindet sich hinter y« berechnen.

(Maturana 1962), und ihre funktionale und strukturelle Organisation ist gut gesichert (von Foerster 1962).

Da sich das Objekt a mit Bezug auf das Lebewesen hinter b befindet, meldet der Links-Rechner des linken Auges L (b, a), der Links-Rechner des rechten Auges dagegen den entgegengesetzten Sachverhalt, nämlich L (a, b). Dieses scheinbare Paradox kann durch einen Computer B (L_l, L_r) aufgelöst werden, der unterscheidet, daß die Information L (b, a) vom linken Auge geliefert wird, nämlich L_l (das Subskript l bedeutet »links«), während L (a, b) vom rechten Auge L_r (das Subskript r bedeutet »rechts«) geliefert wird. Aufgrund dieser Beobachtung verschwindet das Paradox, denn die zwei scheinbar widersprüchlichen Ergebnisse werden tatsächlich von zwei unterschiedlichen und lokal getrennten sensorischen Systemen geliefert, die keineswegs notwendig die gleiche Abbildung der Außenwelt bieten sollten. Es ist jedoch bedeutsam, daß ein konsistentes Bild der Außenwelt dadurch errechnet werden kann, daß ein neuer Raum erzeugt wird, »Tiefe« nämlich, indem die Relation B (a, b) – zu lesen als »a ist hinter b« – hergestellt wird. Es ist allerdings zu beachten, daß diese Lösung ohne Bezug auf das linke und das rechte Auge des Lebewesens selbst nie hätte erreicht werden können. Folglich muß auch die Relation B (a, b) ein Subskript s für »selbst«, also B_s tragen, um diesen Bezug auf das »Lebewesen selbst« anzuzeigen, oder um anzuzeigen, wie die geometrische Beziehung des Systems zu den Gegenständen seiner Außenwelt beschaffen ist. Dies wird besonders deutlich, wenn man das binokuläre System die beiden festen Objekte umkreisen läßt. In diesem Falle beginnen die Argumente der Relation B (a, b) zu rotieren

$$B_s(b,a)$$

$$B_s{(a) \atop (b)} \qquad {a \atop b} \qquad B_s{(b) \atop (a)}$$

$$B_s(a,b)$$

und spiegeln so die Relativität der Relation »hinter«. (Die Abwesenheit irgendeines feststellbaren Unterschieds in den beiden Links-Rechnern habe ich dadurch symbolisiert, daß ich die Argumente von B in einer vertikalen Spalte als ${(a) \atop (b)}$ bzw. ${(b) \atop (a)}$ übereinander gesetzt habe).

Natürlich hätte ich auch andere Beispiele anführen können, so z. B. die Erzeugung eines »Farbenraumes« durch die Auflösung eines dreifachen Paradoxes, welches durch die drei ungleichen Meldungen der drei Typen von Zapfen mit unterschiedlicher Pigmentierung hervorgerufen wird, obwohl diese Meldungen die Erscheinungen eines und desselben Punktes in der Außenwelt betreffen. Dieser Fall und so manche andere Fälle sind jedoch keine Minimalfälle.

Ich möchte nun einen meiner früheren kurzen Hinweise weiter ausführen: Er betraf den Gebrauch rekursiver Funktionen, die für die Erklärung vergangener Erfahrungen ein leistungsfähigeres Werkzeug sind als die einfache Speicherung der Ergebnisse individueller Handlungen. Meine Bemerkung war hervorgerufen worden durch Youngs Beobachtung rekursiver Schleifen, die einer Zentralstation über bestimmte synaptische Verzögerungen Rückmeldungen zuführen. Wenn wir uns nochmals Abbildung 3 ansehen und die Pfeile verfolgen, die von A zu A$^+$ und dann wieder zurück zu A führen, dann sehen wir, daß eine Handlung A in der Vergangenheit, sagen wir vor einer kumulativen synaptischen Verzögerung Δ, d. h. A (t − Δ), durch A$^+$ zur Zeit t ausgewertet wird, d. h. A$^+$ (t), und daß diese Auswertung ihrerseits das zelluläre Aggregat in A modifiziert, das im besten Fall mit einer neuen Aktion nach einer kumulativen synaptischen Verzögerung Δ reagiert, d. h. mit A (t + Δ).

Ich schlage nun vor, weder die Struktur noch die Funktion dieses Subsystems irgendwie zu verändern, sondern lediglich die *Interpretation* der Modifikationen, die angeblich stattfinden. Statt die synaptischen Modifikationen im zellulären Komplex A als Speicher der Ergebnisse verschiedener Einzelaktionen zu interpretieren, schlage ich vor, diese Modifikationen als eine Modifikation der Transferfunktion des gesamten Subsystems (A, A$^+$) zu verstehen. Ich möchte diese Vorstellung wiederum mit einem Minimalbeispiel verdeutlichen, diesmal aus dem Bereich der rekursiven Funktionen.

Rekursive Funktionen gleichen anderen Funktionen, sie werden bloß nicht, wie gewöhnlich, explizit, sondern rekursiv definiert. Das bedeutet, daß eine Funktion, die eine abhängige Variable y mit einer unabhängigen Variable, etwa der Zeit t, verknüpft, nicht explizit durch diese unabhänige Variable dargestellt wird, etwa als y = t², y = sinωt, oder auch allgemein als y = f(t), sondern durch ihre eigenen Werte in früheren Zeitpunkten y(t) = F (y (t − Δ)), wobei Δ das Intervall zwischen dem früheren Fall und dem Bezugsfall t ausdrückt. Ein typisches Beispiel für die rekursive Definition einer Funktion ist etwa die Beschreibung des Wachstums einer Bakterienkolonie: »Die Anzahl der Bakterien in einer Bakterienkolonie ist in jedem Zeitpunkt doppelt so hoch wie die der Generation zuvor.«

Wenn es nun im Durchschnitt die Zeit Δ braucht, damit ein Bakterium sich teilt – d. h. eine Bakteriengeneration erstreckt sich über ein Zeitintervall Δ –, dann lautet die rekursive Beschreibung der Größe y dieser Kolonie:

$$y(t) = 2 \cdot y(t - \Delta).$$

Ich werde hier die mathematische Maschinerie nicht weiter erörtern, die diese Ausdrücke »löst«, das heißt, sie in explizite Aussagen mit Bezug auf die unabhängige Variable t alleine transformiert. Im obigen Falle zum Beispiel ist die »Lösung« natürlich die folgende:

$$y(t) = y(0) \cdot 2^{t/\Delta}$$

wobei y(0) die Anfangsgröße der Kolonie bezeichnet, also ihre Größe zur Zeit t = 0. Die Lösungsmethoden brauchen uns hier nicht weiter zu beschäftigen, mir kommt es vor allem darauf an, Ihnen zu versichern, daß die rekursive Definition einer Funktion ebenso gut ist wie jede andere und daß sie in bestimmten Fällen sogar wesentlich ergiebiger ist als ein expliziter Ausdruck (vergleichen Sie nur etwa die trockene rekursive Definition von oben mit der umständlichen expliziten Darstellung).

Wenn wir nun zu unserem ursprünglichen Problem der Entwicklung einer angemessenen Beschreibung eines Systems zurückkehren, das sich gemäß den Ergebnissen vorausgegangener Handlungen verhält, dann scheint mir das begriffliche Werkzeug der Theorie rekursiver Funktionen für solche Zwecke geradezu maßgeschneidert zu sein.

Ich möchte nun den Minimalfall erörtern, der dem »mnemonischen« Teil von Youngs Mnemon entspricht. Abbildung 5 zeigt ein System mit drei Elementen, (F, T, D), dessen funktionale Übereinstimmung mit den mnemonischen Merkmalen des Subsystems (A, A$^+$) der Abbildung 3 sofort klar werden wird.

Der Block F steht für den Mechanismus, der die Funktion Y = F (X, Y') über ihre zwei Argumente X und Y' berechnet.* Das Argument X ist eine explizite Funktion der Zeit X (t) und heißt der »primäre Input«. Das Argument Y' ist eine Repräsentation des Outputs Y des Mechanismus F zu einer früheren Zeit, etwa t − Δ, und heißt der »rekursive Input«. Um nun F über seinen früheren Output – oder seine Aktivität – zu informieren, muß die

---

* Da hier die Aktivität ganzer, aus zahlreichen (m, n, ...) Fasern bestehender Nervenbündel berücksichtigt werden soll, stehen die Großbuchstaben X, Y etc. für die Aktivitäten aller ihrer Komponenten (X_1, X_2, X_3, ... X_n), ($Y_1, Y_2, X_3, ... Y_n$) etc., deren numerische Werte die Aktivitätsintensität längs einzelner Fasern zum Ausdruck bringen.

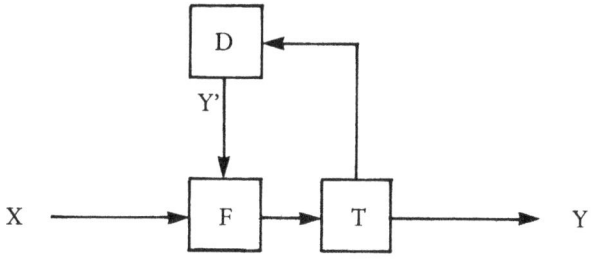

$Y = F(X, Y')$
$Y' = F(X', Y'')$
$Y'' = F(X'', Y''')$
$Y = F(X, X', X'', X''', X'''', \ldots\ldots Y_o)$

Abbildung 5: Schaltplan und Grundbestandteile eines Rechners rekursiver Funktionen. F = Rechenelement; X = primärer Input; Y' = rekursiver Input eines früheren Outputs Y; D = Verzögerung; T = übersetzt Aktion Y in eine für F akzeptable Repräsentation von Y.

Intensität dieser Aktivität durch ein Element T gemessen werden, welches diese Intensität in ein Signal transformiert, das von F akzeptiert (»verstanden«) wird, und diese Information mit einer Verzögerung D an F zurückmeldet.
Die funktionalen Übereinstimmungen dieser Elemente mit bestimmten physiologischen Eigenschaften von Youngs Mnemon scheinen mir klar. D entspricht einer kumulativen synaptischen Verzögerung, welche das Gesamtbild der Outputaktivität dieses Systems eine Zeitlang »festhält«, bevor es das Zellaggregat in A über diese Aktivität informiert. T repräsentiert die Kollateralen bzw. Endfasern der sensorischen Afferenten des Motoneurons, welche die Information über die Aktivität von A erzeugen. F ist natürlich das Aggregat (A, A^+), bis dahin noch ohne den Input eines Eigenzustands + oder −, aber mit einem primären Input X, der das Signal von der klassifizierenden Zelle repräsentiert.
Wir wollen nun dieses System aus drei Elementen bei der Arbeit beobachten. Zuallererst wollen wir wissen, wie sein Output Y (t) zur Zeit t für einen gegebenen Input X (t) zu eben dieser Zeit aussieht. Da F gegeben ist, ergibt sich der Ausdruck

$Y(t) = F\{X(t), Y(t - \Delta)\},$

oder ein eleganterer, wenn wir den Bezug auf t weglassen und einfach Y und X bzw. für den vorausgegangenen Zustand Y' und X' schreiben:

$Y = F(X, Y')$.

Dadurch erfahren wir jedoch noch nichts über den tatsächlichen Output des Systems, denn wir kennen den Wert eines seiner Inputs, nämlich Y', d. h. seines vorausgegangenen Outputs, noch nicht. Dieser läßt sich jedoch feststellen, indem wir die rekursive Definition von Y verwenden:

$Y' = F(X', Y'')$.

In Worten heißt das: Der frühere Output ist eine Funktion des früheren Inputs und des vor dem früheren Output erzeugten Outputs. Indem wir nun den Ausdruck für Y' in die frühere Gleichung für Y einsetzen, erreichen wir als Ausdruck für den gegenwärtigen Output:

$Y = F(X, X', Y'')$.

Wiederum können wir nach dem Wert des vorvergangenen Outputs fragen, und indem wir erneut die Rekursion anwenden, erlangen wir einen Ausdruck, der uns drei Schritte in der Zeit zurückführt bzw. immer so weiter, bis wir schließlich den Geburtszeitpunkt Y_o des Systems erreichen:

$Y = F(X, X', X'', X''', \ldots, Y_o)$.

Das Bemerkenswerte an diesem Ausdruck liegt darin, daß er ganz deutlich die Abhängigkeit des gegenwärtigen Outputs dieses Systems von der *Geschichte* der früheren Inputs zeigt und nicht nur von seinem gegenwärtigen Input oder, um es etwas poetischer zu formulieren: die gegenwärtigen Verhaltensweisen des Systems hängen ab von seinen Erfahrungen in der Vergangenheit.

Es ist hier auf zweierlei ausdrücklich hinzuweisen. Erstens finden hier keinerlei Speicherungen von Repräsentationen vergangener Ereignisse statt – abgesehen von jenen, die durch die Verzögerungsschleife laufen. Der Bezug auf die Vergangenheit wird vollständig durch die spezifische Funktion F erfüllt, die hier am Werke ist. F ist sozusagen die »Hypothese«, die aus vorausgegangenen Fällen zukünftige Handlungen vorhersagt. F ist physiologisch durch die funktionale Organisation des zellulären Aggregats (A, A^+) festgelegt. Zweitens kann ein externer Beobachter, der das Verhalten dieses Systems durch sein Input-Output- oder sein Stimulus-Reaktions-Muster

$Y = f(X)$

vorhersagen will und der keinerlei Zugang zu den internen Strukturen des Systems hat, zu seiner Verärgerung rasch feststellen, daß er nicht in der Lage ist, die so irrlichternde Funktion »f« zu bestimmen, denn nach jedem Versuchsdurchgang wird sich das System anders verhalten, es sei denn, er findet – durch glückliche Umstände – eine wiederholte Sequenz von Inputs, die ihm – aufgrund der Eigenart des jeweiligen F – immer wieder auch eine entsprechende Sequenz von Outputs liefert. Im ersteren Fall wird sich der Experimentator angewidert mit dem Ausruf »unvorhersagbar« abwenden, im letzeren Fall wird er ganz entzückt sagen: »Ich habe ihm etwas beigebracht!« und sich daranmachen, eine Theorie des Gedächtnisses zu schreiben.

Obwohl nun solche rekursiven Funktionselemente interessante Eigenschaften aufweisen, sind sie in der beschränkten und isolierten Verwendung, wie ich sie hier vorgeführt habe, noch nicht in der Lage, auf OK-Signale (+), auf Hände-weg-Signale (−) oder auf irgendwelche anderen Signale über Eigenzustände von Sachverhalten bzw. allgemein: auf selbstreferentielle Informationen zu reagieren. Nehmen wir an, solche Information wäre verfügbar. Dann stellt sich die Frage, zu welchem der drei Elemente des Rechners, der die rekursiven Funktionen ermittelt, diese Information geführt werden muß, um dessen *modus operandi* in Übereinstimmung mit einer erwünschten Konfiguration von Eigenzuständen zu modifizieren? Es scheint mir, daß diese Frage bereits ihre eigene Antwort in sich enthält: Wenn eine solche Veränderung überhaupt notwendig ist, dann besteht der einzig effektive Weg, die allgemeinen Eigenschaften dieses Computers zu modifizieren, darin, die »Hypothese« zu verändern, nach der er zukünftige Zustände aus vergangenen Erfahrungen berechnet, d. h. also die rekursive Funktion F_1, die bis dahin wirksam war, muß zur rekursiven Funktion F_2 verändert werden, später vielleicht zu F_3, F_4 usw., um jene Eigenschaften zu erreichen, die mit den Konfigurationen der Eigenzustände des Systems übereinstimmen. Mit anderen Worten, F selbst muß als eine Variable behandelt werden, als ein Element in einem Bereich von Funktionen $\Phi(F)$, dessen besonderer Wert F_i durch die Eigenzustände des Systems festgelegt wird. Dies bedeutet physiologisch, daß die rekurrenten Fasern, die selbstreferentielle Information transportieren, mit den Zellen in dem Aggregat (A, A$^+$) Synapsen bilden, um dieses von einem Rechner, der F$_i$ errechnet, zu einem Rechner zu machen, der F$_j$ berechnet. Mechanismen, die solche Modifikationen bewirken, sind wohlbekannt, z. B. solche für langfristige Hemmungen oder Verstärkungen. Ich habe jedoch meine Zweifel, daß es jemals möglich sein wird, eine detaillierte Erklärung der Relationen zwischen einzelnen synaptischen Veränderungen und den Rechenfähigkeiten des Gesamtaggregates zu geben. Den Hauptgrund dafür sehe ich darin, daß dieses ein Problem ist, das keine eindeutige Lösung hat, im Gegenteil: es läßt sich zeigen, daß schon für den Fall, daß dieser Rechner nur aus einigen wenigen Zellen besteht, die Anzahl der verschiedenen Lösungen außerordentlich groß ist. Ich glaube andererseits aber auch nicht, daß derart detailliertes Wissen von Bedeutung ist, solange die Prinzipien verstanden werden, die solche Modifikationen überhaupt möglich machen.

Ich möchte nun kurz einige der wichtigsten Ergebnisse dieser Überlegungen zusammenfassen. Der Großteil der neuronalen Maschinerie ist funktional organisiert, um aus der sensorischen Information – ob über Zustände der Außenwelt oder über interne Zustände – Relationen zwischen beobachteten Entitäten mit Bezug auf den beobachtenden Organismus herzustellen. Diese relationale Information modifiziert den *modus operandi* eines Rechnersystems, welches neue Verhaltensweisen rekursiv auf der Basis der Ergebnisse vorausgegangener Verhaltensweisen errechnet, also auf der Basis der Geschichte des Stroms externer und interner Information. Abbildung 6 ist eine graphische Darstellung dieser zusammenfassenden Aussage in Form eines Blockdiagramms. Ich möchte dieses gesamte System ein »kognitives Element« nennen, denn es repräsentiert den Minimalfall eines kognitiven Prozesses oder auch ein »kognitives Mosaiksteinchen«, denn es kann in Verbindung mit anderen solchen Steinchen dazu genutzt werden, ganze Mosaiken – oder »Tesselierungen« – zu bilden, die als Gebilde die hohe Flexibilität entwickeln, um relationale Strukturen darzustellen, und zwar sowohl dessen, was bereits wahrgenommen worden ist, als auch der Symbole – der »sprachlichen Operatoren« –, die letzten Endes in natürlicher Sprache all das vermitteln sollen, was aus dem Wahrgenommenen geschlossen werden kann.

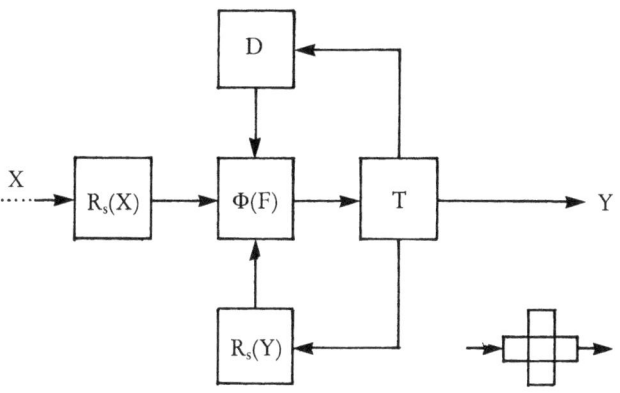

Abbildung 6: Schaltplan und Grundbestandteile eines kognitiven Mosaiksteinchens. $\Phi(F)$ = Universalrechner für einen Bereich Φ von berechenbaren Funktionen F; X = Input, Y = Output; $R_s(X)$, $R_s(Y)$ berechnen Relationen in den raumzeitlichen Konfigurationen des Inputs bzw. Outputs, und zwar mit Bezug auf die spezifischen Eigenschaften des jeweiligen Mosaiksteinchens; D = Verzögerungselement; T = übersetzt Y in eine Repräsentation, die für diese und andere Platten akzeptabel ist.

Die verschiedenen Bestandteile dieses kognitiven Mosaikelements sind schnell erklärt. X steht für den (externen) sensorischen Input, Y für den Output des Systems in der Sicht eines externen Beobachters. Dieser elementare Bestandteil ist folglich ein »Durchsatz«-System, wie es die kleine Abbildung rechts unten zeigt. Aufgrund seiner internen Organisation ist dieses Element jedoch ein ganz anderes Wesen als ein simpler Stimulus-Reaktions-Mechanismus mit festgelegten Transferfunktionen.

Als erstes wird sensorische Information, X, verarbeitet, um die Relationen $R_s(X)$ zwischen den beobachteten Aktivitäten mit Bezug auf das »Selbst« zu ermitteln (beachten Sie das Subskript $_s$); sie wird hernach als primärer Input für den Rechner der rekursiven Funktionen benutzt, der in diesem Zeitpunkt gerade mit irgendeiner der Funktionen F aus dem Bereich Φ arbeiten mag. Sein Output wird über zwei Kanäle zurückgemeldet; der eine ist die rekursive Schleife mit der Verzögerung D, um F zu gestatten, seine früheren Verhaltensweisen auszuwerten; der andere transportiert sämtliche relationale Information über die eigenen Verhaltensweisen $R_s(Y)$ des Systems, die sich auf sein »Selbst« beziehen, und operiert über $\Phi(F)$, um den Rechner der rekursiven Funktionen so einzustellen, wie es die internen Ziele und Wünsche dieses kognitiven Elements verlangen.

Dieses Element verkörpert alle jene Fähigkeiten, die ich schon früher als die notwendigen Bestandteile kognitiver Prozesse angesehen habe: Wahrnehmung, Erinnerung und Schlußfolgerungen. In diesem Element läßt sich jedoch keine dieser Fähigkeiten funktional isolieren: Es ist die Interaktion aller abgelaufenen Prozesse, die die Information aus dem Inputsignal »abzieht« und in eine für dieses Element bedeutsame Handlung übersetzt.

Müßte man dennoch einige der funktionalen Bestandteile dieses Elementarrechners im Sinne der erwähnten Begriffe interpretieren, dann würde ich sehr zurückhaltend folgende Analyse anbieten:

1. Wahrnehmen wird durch die Elemente bewerkstelligt, die selbstreferentielle Relationen in den raumzeitlichen Konfigurationen von Reiz und Reaktion festlegen;
2. Gedächtnis wird durch einen besonderen *modus operandi* des Zentralrechners abgebildet, dessen gesamte funktionale Organisation durch die Bewertung von Eigenzuständen oder Relationen bestimmt und neubestimmt wird;
3. Schlußfolgerungen erscheinen in dieser Platte auf drei Ebenen, abhängig vom Typ der Funktionen, die im Bereich Φ gegeben sind und von dem Typ der Prozesse, mit denen man sich beschäftigen möchte.

Abduktive Schlüsse finden in der kumulativen Absorption von Vergleichen vergangener externer und interner Erfahrungen statt, die die funktionale Organisation des zentralen Computers entstehen lassen. Induktive oder deduktive Schlüsse werden vom Zentralsystem gleichzeitig mit jedem neuen Signal errechnet, wobei die Schlußweisen allein von den Ketten früherer Erfolge oder Mißerfolge, *aber auch* von einigen der internen Dispositionen der kognitiven Elemente abhängig sind, falsche Induktionen zu »vernachlässigen«, oder insofern »ernstzunehmen«, daß sie in strengere logische Deduktionen umgewandelt werden.

Ich möchte nun meine These dadurch abschließen, daß ich kurz etwas über einige Eigenschaften solcher kognitiven Mosaike bzw. »Tesselierungen« berichte, wie sie gewöhnlich in der Literatur genannt werden. John von Neumann hat in seinen Untersuchungen über sich selbst reproduzierende Automaten als erster das große Rechenpotential dieser Strukturen erkannt (1962), und später hat Löfgren ähnliche Prinzipien auf das Problem der Selbstreparatur angewandt (1961). Ich gebrauche all dies jedoch in Verbindung mit dem Problem der Selbstreferenz und Selbstrepräsentation.

Es sind zwei Eigenschaften dieser kognitiven Mosaiksteinchen, die es ihnen gestatten, sich mit anderen Steinchen zu verbinden: die eine ist das wenig auffällige Element T, das in eine universale »interne Sprache« übersetzt, was an »Outputsprache« vorliegen mag, die andere besteht in ihrem charakteristischen Verhalten als »Durchsatz«-Element. Man kann also nun diese Mosaiksteinchen zu einem Mosaik zusammenfügen, wie dies in Abbildung 7 gezeigt wird, wo jedes Kreuz, weiß oder schwarz, einem einzelnen Elementarrechner entspricht, jedes Quadrat in einem Kreuz den entsprechenden funktionalen Elementen, wie dies schon in der Abbildung 6 gezeigt wurde. Der Informationsaustausch zwischen den Rechenelementen kann über alle Schnittstellen stattfinden, unterliegt jedoch den Übertragungsregeln, wie sie implizit im Flußdiagramm der Abbildung 6 dargestellt sind. So kann ein Elementarbaustein zum Beispiel vorverarbeitete Information einem benachbarten Baustein in seine eigene Verzögerungsschleife einbauen. Information über die Eigenzustände eines Elements können jedoch nicht rückwirkend die Operation eines Elements auf der »linken« Seite modifizieren, obwohl dies über den eigenen Output eines Elements auf der »rechten« Seite möglich ist, und so weiter.

Wenn dieses System arbeitet, dann bewegt es sich kaleidoskopartig von einer Konfiguration miteinander arbeitender benachbarter Mosaiksteine zu anderen Konfigurationen, also in einer sich ständig verändernden Weise, die den Eindruck von »Wolken« an Aktivität erweckt, die sich verlagern, verschwinden oder auch wieder bilden, wie immer es die gegebene Aufgabe verlangt.

Wir haben solche Systeme bislang nicht nur in ihrem »repräsentativen Modus« untersucht, d.h. in dem Modus, in dem diese Elementarrechner den »sprachlichen Operatoren« entsprechen, die mit ihren vielfältigen Verästelungen in unterschiedliche Tiefen von Bedeutungen vorstoßen. Diese Systeme werden jetzt durch komplexe Computerprogramme simuliert, wovon eines eine be-

Abbildung 7: Beispiel einer Tesselierung kognitiver Elementarrechner.

sonders interessante dreidimensionale Ausweitung des hier präsentierten zweidimensionalen Schemas darstellt und von seinem Erfinder Paul Weston mit dem Namen »Zylinder« belegt wurde (1967, 1968). Diese neuartigen Programmstrukturen bilden gegenwärtig Prototypen von Systemen, die Kommunikation zwischen Mensch und Maschine mit Hilfe der natürlichen Sprache erlauben. Wir erwarten keine grundlegenden Schwierigkeiten, wenn wir uns dem »Wahrnehmungsmodus« zuwenden, bei dem die Inputs für bestimmte »sensorische Elementarrechner« nicht mehr aus Symbolen, sondern aus Signalen einer zwar beschränkten, aber bedeutsamen Umwelt bestehen.

Wir hoffen, mit diesen Untersuchungen die Grundlagen für eine neuartige Architektur künftiger Rechner zu liefern, die sehr wohl auch als Modelle eines kognitiven Gedächtnisses dienen können, das Rückschau und Vorschau ermöglicht, d. h. sowohl der Einsicht als auch der Voraussicht fähig ist.

IV. Eine Vermutung

Das *magnum opus* von Eccles/Ito/Szentagothai, *The Cerebellum as a Neural Machine* (1967), ermutigt ganz besonders dazu, kleine, hochorganisierte Zellverbände zu suchen, die durch die operationale Einheit repräsentiert werden könnten, die ich oben entwickelt habe, nämlich durch eine kognitive Platte. Ich habe zumindest mich selbst davon überzeugt, daß es zahllose Beispiele von Netzwerken gibt, deren Aktionen durch unsere Elementarrechner oder durch kleinere oder größere Tesselierungen beschrieben werden können (ebd., Abb. 114, 115, und 317 ff.). Die Frage jedoch, die den Theoretiker plagt, betrifft die *minimale* physiologische Einheit, die durch die entsprechende minimale operationale Einheit, also durch ein einzelnes kognitives Mosaiksteinchen, beschrieben werden könnte. Macht man sich nur die gewaltige Komplexität einer einzelnen Purkinje-Zelle klar, ihren weitgespannten Bereich an Reaktionsaktivität, die Konvergenz von Inputs für bis 200 000 Synapsen, dann, so glaube ich, können die meisten der funktionalen Eigenschaften unserer kognitiven Elemente in einem einzigen Exemplar dieser Zellen gefunden werden, wäre da nicht die Forderung des Errechnens rekursiver Funktionen an unsere Elementarrechner, die die Mitwirkung zumindest einer zweiten Zelle verlangt, um ein Elementarrechnerelement zu vervollständigen. Einen Ausweg aus dieser Schwierigkeit sehe ich darin, Ideen zu verfolgen, die z. B. Holger Hyden (1965, 1969) vorgeschlagen hat, nämlich *in* die Zelle *hineinzuschauen* und die Modifikationen der molekularen Bausteine einer Zelle für ihre mnemonischen Eigenschaften verantwortlich zu machen.

Der banalste Weg, die Rechenfähigkeit eines komplexen Moleküls zu betrachten, ist, das Molekül als ein Gerät der Speicherung und des Abrufs zu sehen (von Foerster 1948; 1949). Da diese Makromoleküle aus Tausenden, ja Hunderttausenden Atomen zusammengesetzt sein können, ergeben sich unzählige Möglichkeiten verschiedener Energiezustände und damit das Auftreten zahlreicher metastabiler Zustände, die ihre Existenz quantenmechanisch »verbotenen« Übergängen verdanken (von Foerster 1949). Da solche Zustände das Resultat von vorangehenden Sequenzen der Energiezufuhr darstellen, erlaubt eine selektive »Auslesung«, die genau wie beim optischen Laser den Übergang zum Grundzustand auslöst, die im jeweiligen Energiezustand gespeicherte Information abzurufen.

Es gibt jedoch auch noch einen anderen Weg, Information in Makromolekülen zu speichern, nämlich den, daß das »Auslesen« durch strukturelle Übereinstimmung (Schablonen) definiert wird. Es ist augenscheinlich, daß die Anzahl m der Arten (Isomere), auf die n Atome mit V Valenzen ein Molekül Z_n bilden können, mit der Anzahl der Atome, die dieses Molekül bilden, zunimmt. Jede dieser Konfigurationen wird mit zwei charakteristischen Energieebenen (Quantenzuständen) verknüpft, einer, die die potentielle Energie dieser Konfiguration angibt, und einer anderen, die das nächsthöhere Niveau darstellt, auf der diese Konfiguration instabil wird. Abbildung 8 skizziert diese Situation für die zwei isomeren Zustände eines hypothetischen Moleküls Z_4, das aus vier dreiwertigen Atomen Z besteht. Einfache Überlegungen zeigen, daß die Tetraederkonfiguration stabiler ist als das Quadrat, daß folglich Energie aufgewendet werden muß, um das Tetraeder in das Quadrat zu transformieren. Es wird jedoch nicht unbegrenzt lange in dieser Konfiguration verharren, denn der quantenmechanische »Tunneleffekt« verleiht jedem Zustand eine begrenzte »Lebensdauer« von

$$\tau = \tau_0 e^{\frac{\Delta E}{kT}}$$

wobei ΔE die Höhe des Energie-»Troges« ist, der die Konfiguration stabil hält, k die Boltzmannkonstante, T die absolute Temperatur in der Umgebung dieses Moleküls und τ_0 eine spezifische oszillatorische Zeitkonstante, die mit den orbitalen oder Gittervibrationen zu tun hat.

Es sind diese spontanen Übergänge von einer Konfiguration zu einer anderen, die mich veranlassen, ein solches Molekül als Elementarrechner anzusehen, besonders dann, wenn man sich die große Anzahl von Konfigurationen vor Augen führt, die solche Makromoleküle einnehmen können. Schätzungen der unteren und oberen Grenzen der Anzahl der Isomere sind (von Foerster 1964/40):

$$\underline{m} \approx \frac{5}{8} \cdot n \text{ und}$$

$$\overline{m} \approx \left(\frac{nV}{2p(V)}\right)^{p(V)} .$$

Dabei ist p(N) die Anzahl unbeschränkter Partitionen der positiven ganzen Zahl N, und V und n sind wiederum die Anzahl der Valenzen bzw. die Anzahl der Atome.

Da jede verschiedene Konfiguration der gleichen chemischen Verbindung Z_n unterschiedliche potentielle Energie besitzt, kann die Feinstruktur dieses Moleküls nicht nur eine einzige Energieumwandlung abbilden, die in der Vergangenheit stattgefunden hat, sondern ein Segment der *Geschichte* der Ereignisse, während der diese besondere Konfiguration sich entwickelt hat. Diese Überlegung führt mich nun direkt zu meiner Vermutung, nämlich dahin, die Reaktion solcher Makromoleküle auf bestimmte Sequenzen der Energiezufuhr als die Operationen eines Elementarrechners für rekursive Funktionen zu interpretieren.

Die Idee, verschiedene strukturelle Transformationen, die viele der Makromoleküle ständig durchlaufen, als Ergebnisse von Rechenprozessen anzusehen, ist nicht neu. Pattee (1961) etwa hat in einem amüsanten Aufsatz den Isomorphismus zwischen dem Wachstum bestimmter gewendelter (helikaler) Makromoleküle und der Operation eines binären autonomen Schubregisters gezeigt. In seinem Beispiel besteht die rekursive Relation nur zwischen einem gegenwärtigen Zustand Y und einem früheren Zustand Y':

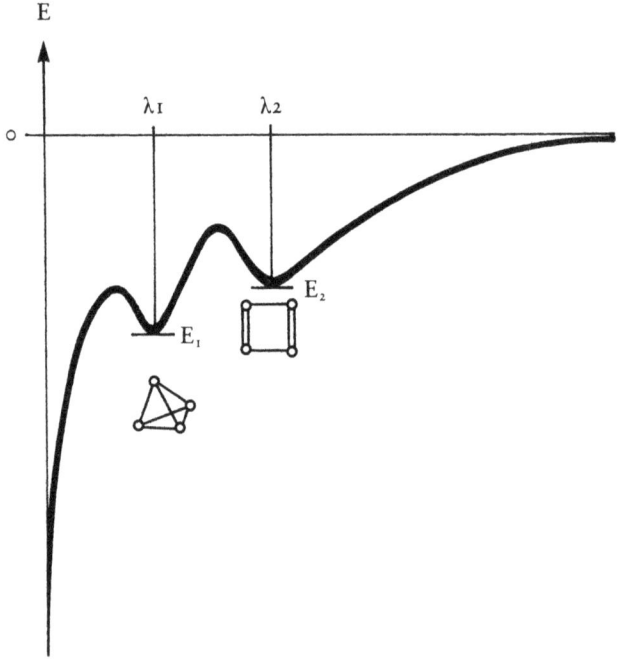

Abbildung 8: Die Verknüpfung von Energieniveaus mit den zwei verschiedenen Konfigurationen (Isomeren) eines aus vier dreiwertigen Atomen gebildeten Moleküls (n = 4; V = 3). λ_1 und λ_2 stehen für die Eigenwerte in der Lösung der Schrödingerschen Wellengleichung.

$$Y = F(Y').$$

Wir brauchen jedoch zusätzlich einen Input X, um überhaupt mit diesem System in Wechselwirkung zu treten. Das heißt, wir müssen eine »Einlese-« und eine »Auslese«-Operation zulassen:

$$Y = F(X, Y').$$

Abbildung 9 skizziert die mit 1, 2, 3, 4 numerierten vier niedrigsten Energiezustände eines Moleküls und außerdem die drei Energieschwellen ΔE_2, ΔE_3 und ΔE_4, die die entsprechenden Konfigurationen zumindest während der »Lebensspanne« dieser Zustände stabil halten. Der Einfachheit halber nehme ich an, daß diese Lebensspannen Vielfache der kürzesten Lebensdauer τ^* sind, d. h. unter normalen Temperaturbedingungen wird ΔE_4

dem Zustand #4 eine Lebensspanne τ^* geben, den anderen eine Lebensspanne gemäß Tabelle 1:

Tabelle 1

Zustand	Schwelle	Lebensspanne
#1	groß	∞
#2	ΔE_2	$3\tau^*$
#3	ΔE_3	$2\tau^*$
#4	ΔE_4	τ^*

Nehmen wir nun an, daß dieses Molekül zu einem bestimmten Zeitpunkt, t_o, im Zustand 2 ist (der schwarze Punkt zeigt diese Position an) und daß über drei Intervalle keine Energie geboten wird, es in einen höheren Zustand zu heben. Es wird folglich immer wieder in den Zustand 1 zurückfallen und die gespeicherte Energiedifferenz zwischen Zustand 2 und Zustand 1 abgeben.

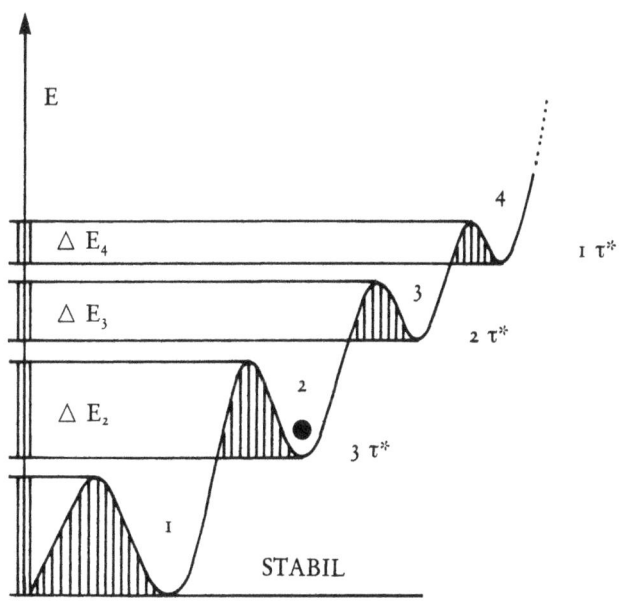

Abbildung 9: Vier der niedrigsten Energieniveaus, wie sie einigen molekularen Konfigurationen entsprechen, sowie die Energieschwellen, die diese Konfigurationen innerhalb bestimmter Zeitintervalle stabil halten.

Ich werde nun die allgemeine Situation betrachten, in der zwei Ereignisse aufeinanderfolgen, die durch annähernd τ* entsprechende Intervalle auseinandergehalten werden, und in der jedes Ereignis entweder die Energie anbietet, das Molekül in den nächsthöheren Zustand zu heben (1), oder auch nicht (0).

Tabelle II

t_2	t_1	\multicolumn{4}{c}{t_0}			
		1	2	3	4
0	0	1	2	2	3
0	1	2	3	4	4
1	0	2	3	3	4
1	1	3	4	4	4

Tabelle II stellt das Resultat dieser Operationen dar. Sie zeigt auf der linken Seite, ob die Ereignisse zu dem Zeitpunkt t_1 und t_2 die nötige Energie mit sich führten oder nicht, und sie zeigt in der nächsten Zeile unter t_0 den Ausgangszustand des Moleküls.
Es ist klar, daß das Molekül für jeden der unterschiedlichen Ausgangszustände entsprechend den vier möglichen Inputkonfigurationen 00, 01, 10 und 11 unterschiedliche Ergebnisse »errechnet«, mit anderen Worten, dieser Rechner verändert seine Operationen in Abhängigkeit von seinem Anfangszustand, der natürlich wiederum das Ergebnis vorausgegangener Operationen ist.
Es ist leicht zu sehen, wie diese Idee erweitert werden kann, um eine beliebige Anzahl sequentieller Ereignisse $t_1, t_2, t_3 \ldots t_s$ einzubeziehen ebenso wie eine beliebige Anzahl von Molekülzuständen 1, 2, 3, 4, 5, ... m, und wie sich damit die Möglichkeit ergibt, die verschiedenen sowohl erzwungenen als auch spontanen Zustände eines Makromoleküls als Zustände eines Rechners rekursiver Funktionen von beachtlicher Flexibilität und großem Operationsbereich zu interpretieren.
Es bleibt noch die Frage offen, ob diese theoretischen Überlegungen quantitativ einen Halt finden können. Mit anderen Worten, es muß noch untersucht werden, ob die numerische Auswertung der schon vorhin erwähnten Beziehung

---

* Es wird hier angenommen, daß die Anfangszustände aus dem unmittelbar vorangegangenen Intervall hervorgingen. Um auf »gealterte« Zustände Rücksicht zu nehmen, bedarf es einer ausführlicheren Tabelle.

$$\tau = \tau_0 e^{\Delta E/kT}$$

zwischen den durch Quantenmechanik bestimmten Größen der Molekularstrukturen, wie z. B. die Dauer τ des Verweilens in einem Energiezustand, der nötige Energieaufwand ΔE um eine Zustandsänderung zu bewirken etc., mit jenen Größen verträglich ist, die die zeitlichen und energetischen Merkmale neuronalen Geschehens, wie z. B. Refraktärperiode, Aktionspotential etc., kennzeichnen. Bestimmen wir zunächst die Größen, die sich auf das Molekularverhalten beziehen. Gute Schätzungen für die charakteristischen Oszillationen verschiedener Komponenten einer Molekularstruktur, die unsere Zeitkonstante ... bestimmen, liegen vor. Ich komme gleich auf sie zurück. Bestimmt ist auch die Temperatur T des Systems. Wenn wir eine konstante Körpertemperatur von 36,6 °C annehmen, dann ist T = 309,8 Kelvin. Da der Wert der Boltzmannschen Konstante k bekannt ist, müssen nur die drei Variablen τ_0, τ und ΔE noch miteinander verknüpft werden. Dies läßt sich am einleuchtendsten in Form eines Nomogramms vornehmen wie in Abbildung 10. Die Werte der drei Skalen an den Punkten, die durch eine gerade Linie verbunden sind, stellen immer eine Lösung unserer Gleichung dar, die diese Größen miteinander verbindet. Die drei Skalen repräsentieren die Werte von τ_0, also der Periode spezifischer Schwingungen in Sekunden, der Energieschwelle ΔE in Elektronenvolt sowie der Lebensdauer τ eines Zustandes in Sekunden. Da die Abgabe eines Energiequants der Größe ΔE immer mit elektromagnetischer Strahlung der Wellenlänge λ verbunden ist, wird diese Größe zusätzlich auf der mittleren Skala in Ångströmeinheiten angegeben. Das sichtbare Spektrum ist durch den fettgedruckten Balken dargestellt (4 000 Å - 8 000 Å).
Die numerische Auswertung ist nun besonders einfach, da für die spezifische Schwingungsperiode τ_0 im wesentlichen nur zwei Werte zu berücksichtigen sind. Der eine ist von der Größenordnung $3 \cdot 10^{-15}$ Sekunden (Schrödinger 1945) und ist mit den Elektronenbahnen innerhalb des Kristalls verknüpft. Lebensspannen, die durch diese Zeitkonstante geregelt werden, entsprechen Veränderungen der Konfigurationen. Der für die Veränderung einer Konfiguration notwendige Energiebetrag läßt sich aus dem Betrag der kinetischen Energie je Mol errechnen, den Moleküle erreichen müssen, bevor sie reagieren können. Dieser Betrag ist für

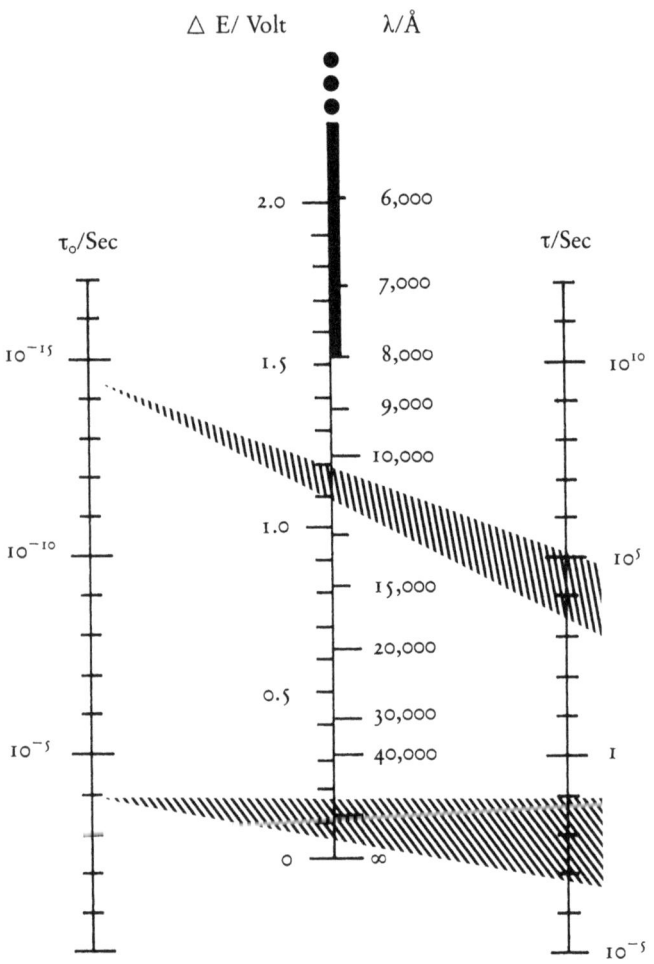

Abbildung 10: Nomogramm zur Auswertung der Beziehung
$$\tau = \tau_0 e^{\Delta E/kT}$$
für die Größen τ, τ_0, ΔE, bei festgelegter Temperatur $T = 310\,°K\,(37\,°C)$.

Proteine und Enzyme gut gesichert – es ist der µ-Wert der Arhenius-Gleichung für Reaktionen – und liegt etwa bei 28 000 Kalorien (Hoagland 1951). Wandelt man diese thermalen Einheiten in elektrische Einheiten um, dann ergibt sich ein Wert ΔE von etwa 1,1 und 1,2 Elektronenvolt. Verbindet man die zusammengehörigen Werte der τ_0-Skala und der ΔE-Skala, dann ergeben sich Lebensspannen von Konfigurationsänderungen auf der τ-Skala zwischen 10^4 und 10^5 Sekunden, also von etwa drei Stunden bis zu einem Tag.

Augenscheinlich sind diese Lebensspannen auf der einen Seite zu lang, um ein wirksames rekursives Element zu bilden, andererseits wiederum zu kurz, um langfristige Gedächtnisspuren zu erklären. Läßt man jedoch chemische Prozesse an diesen Operationen mitwirken, dann könnten es gerade die richtigen Intervalle sein, um über einen beliebig langen Zeitraum jene Konfigurationen rekursiv zu errechnen, die einem Neuron bestimmte operationale Eigenschaften verleihen. Wie dem auch sei, die Bedeutsamkeit dieser langsamen Konfigurationsveränderungen wird deutlich, wenn wir uns nun dem anderen Wert von τ_0 zuwenden, der mit den spezifischen Schwingungen der Gitterstruktur dieser Makromoleküle zusammenhängt und in der Größenordnung von 10^{-4} Sekunden liegt (Landau/Lifshitz 1958). Die Energiebeträge ΔE, die diesen Quantenzuständen zugeführt werden müssen, um sie von einem Zustand in einen anderen springen zu lassen, und zwar in Intervallen, die ungefähr den Intervallen entsprechen, denen die elektrischen Impulse in den Nervenfasern folgen, etwa zwischen 1 und 100 Millisekunden, finden sich wie zuvor an den Schnittstellen der geraden Linien, die diese Punkte auf der ΔE-Skala verknüpfen. Die entprechenden ΔE-Werte liegen zwischen 50 und 180 Millivolt, also gerade im richtigen Bereich, um ein Aktionspotential von etwa 80 Millivolt zu ergeben, das die Gitterschwingungszustände erregen kann. Mit anderen Worten, ein Makromolekül kann in diesem Modus durchaus als ein rekursives Element operieren und direkt auf die Frequenz neuronaler Aktivität reagieren. Wenn darüber hinaus eine Abfolge von mehr als etwa 15 Impulsen von jeweils 80 Millivolt auf das Molekül einwirkt und wenn jeder Impuls auf den anderen nach einem Intervall folgt, das nicht länger ist als etwa 3 Millisekunden, dann läßt sich aus dem Nomogramm ablesen, daß das Molekül nicht die Zeit hat, in einen Zustand niedrigerer Energie zurückzufallen, sondern auf ein Energieniveau von etwa 1,2 Volt »gepumpt« wird, was den Ebenen entspricht, auf denen Veränderungen der Konfiguration stattfinden.

Dieses Spiel der Rekursion kann nun auch so gespielt werden, daß es Veränderungen von Konfigurationen umfaßt, deren relativ lange Lebensspannen uns erlauben, eine praktisch unbegrenzte Anzahl von Arbeitshypothesen zu bilden, für die allein unsere Phantasie die Grenzen zieht.

Ich habe meine Vermutungen über molekulare Rechenprozesse nur vorgelegt, um anzudeuten, daß es Perspektiven gibt, die auf eine Mitwirkung der Moleküle an dem großen Drama des bewußten Denkens hindeuten, eine Mitwirkung, die dynamischer und nicht statischer Natur ist.

Die Verantwortung des Experten

Auf unserem letzten Jahrestreffen habe ich Ihnen ein Theorem vorgelegt, das Stafford Beer bei anderer Gelegenheit als »Heinz von Foersters Theorem Nr. 1« bezeichnet hat. Einige von Ihnen werden sich vielleicht noch daran erinnern, es lautet wie folgt:

»Je tiefer das Problem, das ignoriert wird, desto größer sind die Chancen, Ruhm und Erfolg einzuheimsen.«

Kraft dieser auf einen einzigen Fall gegründeten Tradition möchte ich Ihnen heute erneut ein Theorem vorlegen, das ich in aller Bescheidenheit als »Heinz von Foersters Theorem Nr. 2« bezeichnen will. Um es richtig formulieren zu können, muß ich eine historische Bemerkung voranschicken. Im Englischen ist es nicht wie im Deutschen seit Dilthey möglich, zwischen Natur- und Geisteswissenschaften zu unterscheiden. In England, wie in Amerika, spricht man von den »hard sciences« und den »soft sciences«, eine Unterscheidung, die sicherlich von einem »hard scientist« erfunden wurde. Mit diesem Kommentar lautet mein Theorem Nr. 2 folgendermaßen:

»Die ›hard sciences‹ sind erfolgreich, weil sie sich mit den ›soft problems‹ beschäftigen; die ›soft sciences‹ haben zu kämpfen, denn sie haben es mit den ›hard problems‹ zu tun.«

Sollten Sie bereit sein, sich die Sache genauer anzusehen, dann werden Sie sicherlich entdecken, daß Theorem Nr. 2 als Folgesatz zu Theorem Nr. 1 dienen könnte. Dies wird unmittelbar einsichtig, wenn wir für einen Augenblick die Untersuchungsmethode der »hard sciences« näher betrachten. Ist ein System zu komplex, um verstanden zu werden, dann wird es in kleinere Stücke zerlegt. Sind diese immer noch zu komplex, werden auch sie zerkleinert, und so geht es weiter, bis die Stücke schließlich so klein sind, daß zumindest eines davon verständlich ist. Das Wunderbare an diesem Prozeß, an der Methode der Reduktion, am »Reduktionismus« ist, daß sie unweigerlich zum Erfolg führt.
Leider befinden sich die »soft sciences« nicht in einer ähnlich glücklichen Lage. Denken wir etwa nur an die Soziologen, die Psychologen, Anthropologen, Linguisten usw. Würden sie die

komplexen Systeme, mit denen sie sich befassen, also die Gesellschaft, die Psyche, die Kultur, die Sprache usw., in derselben Weise so reduzieren, daß sie sie zur weiteren Untersuchung in immer kleinere Teile zerlegen, dann könnten sie schon nach wenigen Schritten nicht mehr behaupten, daß sie es noch mit dem System zu tun haben, mit dem sie sich ursprünglich beschäftigen wollten. Dies liegt daran, daß diese Wissenschaftler es mit im wesentlichen nicht-linearen Systemen zu tun haben, deren kennzeichnende Eigenschaften in den *Interaktionen* zwischen dem bestehen, was man jeweils als die »Teile« dieser Systeme auffaßt, während die Eigenschaften dieser »Teile« zum Verständnis des Funktionierens dieser Systeme als *Ganzes* wenig oder gar nichts beitragen. Wenn also ein Wissenschaftler, der in einer »soft science« arbeitet, im Gebiet seiner Wahl zu verbleiben wünscht, muß er mit einem riesigen Problem fertig werden: Er kann es sich nicht leisten, die tatsächliche Komplexität seines Systems aus den Augen zu verlieren, es wird aber von Tag zu Tag dringender, die sich ihm stellenden Probleme zu lösen. Und dies nicht bloß, weil er seinen Spaß daran hätte. Es ist inzwischen völlig klar geworden, daß seine Probleme uns alle angehen. »Entartung unserer Gesellschaft«, »psychische Störungen«, »kulturelle Erosion«, »Versagen der Kommunikation« und all die vielen anderen »Krisen« unserer Zeit sind ebenso sehr unsere Probleme wie seine. Wie können wir zu ihrer Lösung beitragen?
Mein Vorschlag lautet, das *Fachwissen* – und nicht die Methode der Reduktion – , das wir in den Naturwissenschaften erworben haben, zur Lösung der harten Probleme in den Geisteswissenschaften einzusetzen. Ich füge sofort hinzu, daß dieser Vorschlag überhaupt nicht neu ist. Ich lege aber hiermit die These vor, daß es die *Kybernetik* ist, die das harte Fachwissen mit den harten Problemen der Geisteswissenschaften verknüpft. Diejenigen unter uns, die die frühe Entwicklung der Kybernetik miterlebt haben, werden sich sicherlich daran erinnern, daß unsere Wissenschaft als die Erforschung »kreis-kausal geschlossener und rückgekoppelter Mechanismen in biologischen und sozialen Systemen« verstanden wurde, bevor Norbert Wiener den Namen »Kybernetik« schuf, und daß sie noch Jahre nach der Abfassung seines berühmten Buches so beschrieben worden ist. Natürlich hat Norbert Wiener durch seine Definition der Kybernetik als der Wissenschaft von »Regelung und Signalübertragung im Lebe-

wesen und in der Maschine« die Generalisierung dieser Begriffe weiter vorangetrieben, so daß »Kybernetik« heute die Wissenschaft der *Regelung* im allgemeinsten Sinne benennt.

Wenn sich nun unsere Wissenschaft mit diesem allgemeinen und allumfassenden Phänomen der Regelung befaßt, warum verfügt sie dann noch nicht wie die meisten unserer Schwesterdisziplinen über einen Schutzpatron oder eine Göttin, die uns auf der Suche nach neuen Erkenntnissen ihre Gunst schenken und unsere Gesellschaft gegen Übel von außen wie von innen schützen? Astronomen und Physiker werden von Urania betreut, Demeter schützt die Landwirtschaft, und die Musen helfen den verschiedenen Künsten und Wissenschaften. Wer aber hilft der Kybernetik?

Als ich eines Nachts über diese kosmische Frage grübelte, hatte ich ganz plötzlich eine Erscheinung. Leider war es keine der reizenden Göttinnen, die die anderen Künste und Wissenschaften beglücken. Das lustige kleine Geschöpf, das auf meinem Schreibtisch saß, mußte ein Dämon sein. Kurz darauf begann er auch zu reden. Ich hatte recht. »Ich bin Maxwells Dämon«, sagte er. Und verschwand.

Als ich die Fassung wiedergefunden hatte, war mir klar, daß nur dieser ehrenwerte Dämon unser Schutzpatron sein konnte, denn Maxwells Dämon ist *das Paradigma der Regelung*.

Wie Sie wissen, regelt Maxwells Dämon den Fluß der Moleküle zwischen zwei Behältern auf eine höchst *unnatürliche* Weise, nämlich so, daß Wärme vom kalten Behälter zum heißeren fließt. Im Gegensatz dazu fließt im natürlichen Ablauf der Ereignisse – also ohne den Eingriff des Dämons – Wärme immer vom heißen Behälter zum kälteren.

Sicherlich erinnern Sie sich auch, wie unser Dämon vorgeht. Er wacht über eine kleine Öffnung zwischen den beiden Behältern, die er freigibt, um ein schnelles Molekül aus dem kalten Bereich oder ein langsames aus dem heißen Bereich durchzulassen, die er aber ansonsten geschlossen hält. Durch dieses Manöver erreicht er, daß der kalte Behälter kälter und der heiße Behälter heißer wird – was scheinbar den Zweiten Hauptsatz der Thermodynamik über den Haufen wirft. Natürlich haben wir inzwischen herausgefunden, daß der Zweite Hauptsatz unberührt bleibt, auch wenn der Dämon diesen perversen Wärmefluß tatsächlich bewerkstelligt. Er benötigt nämlich zur Feststellung der Geschwindigkeit der ankommenden Moleküle eine Taschenlampe. Wäre er im thermalen Gleichgewicht mit einem der Behälter, dann könnte er nämlich überhaupt nichts sehen: Er wäre Teil eines schwarzen Körpers. Da er seine Manöver nur so lange betreiben kann, wie die Batterie seiner Taschenlampe vorhält, müssen wir in das System mit dem aktiven Dämon nicht nur die Energie der zwei Behälter, sondern auch die Energie der Batterie einbeziehen. Die durch das Nachlassen der Batterie gewonnene Energie wird nicht vollständig durch die Negentropie kompensiert, die durch die zunehmende Ungleichheit der beiden Behälter gewonnen wird.

Die Moral dieser Geschichte ist schlicht die, daß unser Dämon den Zweiten Hauptsatz der Thermodynamik nicht außer Kraft setzen, daß er aber durch seine Regelungsaktivität die Degradation der verfügbaren Energie, d.h. die Zunahme der Entropie, beliebig verlangsamen kann.

Dies ist nun in der Tat eine sehr wichtige Beobachtung, denn sie verdeutlicht die überragende Bedeutung von Regelungsmechanismen in lebenden Organismen. Lebewesen lassen sich daher als Manifestationen des Maxwellschen Dämons ansehen, die ständig die Degradation des Energieflusses, d.h. die Zunahme der Entropie verzögern. Mit anderen Worten, Organismen sind als Regelsysteme »Entropieverzögerer«.

Außerdem ist Maxwells Dämon, wie ich gleich zeigen werde, nicht nur ein Entropieverzögerer und ein Paradigma der Regelung, sondern auch funktional isomorph einer universalen Turingmaschine. Die drei Begriffe der Regelung, der Entropieverzögerung und des Rechnens bilden somit ein in sich verknüpftes Begriffsnetz, das für mich das Wesen der Kybernetik ausmacht.

Ich werde nun kurz meine Behauptung begründen, daß Maxwells Dämon nicht nur das Paradigma der Regelung, sondern auch des Rechnens ist.

Wenn ich den Begriff des »Rechnens« verwende, dann beschränke ich ihn nicht auf spezifische Operationen wie z.B. Addition, Multiplikation usw. Ich möchte »Rechnen« im allgemeinsten Sinn als einen Mechanismus oder »Algorithmus« des *Ordnens* bzw. der Erzeugung von *Ordnung* verstehen. Die ideale – oder vielleicht sollte man sagen: die allgemeinste – Darstellung eines solchen Mechanismus ist natürlich die Turingmaschine, und anhand dieser Maschine möchte ich einige meiner Behauptungen verdeutlichen.

Es gibt zwei Ebenen, auf denen wir von »Ordnen« sprechen können (Löfgren 1967). Einmal wollen wir eine gegebene Anordnung von Gegenständen beschreiben, zum anderen gewisse Dinge entsprechend bestimmten Beschreibungen neu anordnen. Diese beiden Operationen sind in der Tat die Grundlage für all das, was wir »Rechnen« nennen.

Sei A eine bestimmte Anordnung. Diese Anordnung kann dann durch eine universale Turingmaschine aus einem geeigneten Anfangsausdruck auf ihrem Band berechnet werden, den wir als eine »Beschreibung« von A, B (A), bezeichnen wollen. Die Länge L (A) dieser Beschreibung hängt vom benutzten Alphabet (von der benutzten Sprache) ab. Wir können folglich feststellen, daß eine Sprache α_1 dann und nur dann in der Anordnung A mehr an Ordnung aufzeigt als eine andere Sprache α_2, wenn die Länge L_1 (A) der passenden Ausgangsbeschreibung auf dem Band zur Berechnung von A kleiner ist als L_2 (A) oder *mutatis mutandis*.

Dies gilt für die erste oben genannte Ebene und führt uns unmittelbar zur zweiten.

Unter all den geeigneten Anfangsbeschreibungen einer Anordnung A_1 auf dem Band gibt es eine kürzeste: L^* (A_1). Wenn A_1 neu geordnet wird und somit A_2 ergibt, dann sei A_2 von höherer Ordnung als A_1 dann und nur dann, wenn die kürzeste Anfangsbeschreibung auf dem Band $L^*(A_2)$ kürzer ist als L^* (A_1) oder *mutatis mutandis*.

Dies gilt für die zweite oben genannte Ebene und führt uns zu einer abschließenden Aussage über vollkommenes Ordnen (Rechnen).

Unter all den Anordnungen A_i gibt es eine Anordnung A^*, für die die geeignete Anfangsbeschreibung auf dem Band die kürzeste ist, nämlich $L^*(A^*)$.

Ich hoffe, daß diese Beispiele klargemacht haben, daß lebende Organismen – wir setzen sie nun an die Stelle der Turingmaschine – , die mit ihren Umwelten (Anordnungen) interagieren, über verschiedene Möglichkeiten verfügen:

1. Sie können »Sprachen« entwickeln (Sensoren, neuronale Kodes, motorische Organe usw.), die besser zu der jeweils gegenen Umwelt »passen« (d. h. mehr an Ordnung erschließen).
2. Sie können ihre Umwelten so lange verändern, bis diese zu ihrer Konstitution »passen«.
3. Sie können beides tun. Es sollte jedoch festgehalten werden,

daß jede der von ihnen gewählten Möglichkeiten durch Rechnen verwirklicht wird. Ich habe also nun zu zeigen, daß solches Rechnen in der Tat der Aktivität unseres Dämon funktional isomorph ist.

Die entscheidende Funktion einer Turingmaschine läßt sich durch fünf Operationen bestimmen:
1. *Lies* das Inputsymbol x.
2. *Vergleiche* x mit z, dem inneren Zustand der Maschine.
3. *Schreibe* das passende Outputsymbol y.
4. *Verändere* den inneren Zustand z zum neuen Zustand z'.
5. *Wiederhole* die obige Folge mit einem neuen Inputzustand x'.

In ähnlicher Weise läßt sich die wesentliche Funktion des Maxwellschen Dämons durch fünf Operationen angeben, die den eben genannten äquivalent sind:
1. *Lies* die Geschwindigkeit v des ankommenden Moleküls M.
2. *Vergleiche* $(mv^2/2)$ mit der mittleren Energie $\langle mv^2/2 \rangle$ (Temperatur T) etwa des kühleren Behälters (innerer Zustand T).
3. *Öffne* den Verschluß, wenn $(mv^2/2)$ größer ist als $\langle mv^2/2 \rangle$; halte sonst die Öffnung geschlossen.
4. *Verändere* den inneren Zustand T zum neuen (kühleren) Zustand T'.
5. *Wiederhole* die obige Abfolge mit einem neuen ankommenden Molekül M'.

Da die Übersetzung der Begriffe unter den entsprechend numerierten Punkten ganz augenscheinlich ist, habe ich mit der Präsentation dieser beiden Listen meinen Beweis geliefert.

Wie können wir uns nun unsere Einsicht zunutze machen, daß die Kybernetik die Wissenschaft des Regelns, Rechnens, Ordnens und der Entropieverzögerung ist? Wir können diese unsere Einsicht natürlich auf jenes System anwenden, das gewöhnlich als die *cause célèbre* allen Regelns, Rechnens, Ordnens und aller Entropieverzögerung angesehen wird, nämlich auf das menschliche Gehirn.

Ich möchte nun nicht den Physikern folgen, die ihre Probleme nach der Anzahl der jeweils untersuchten Objekte ordnen (»Das Ein-Körper-Problem«, »Das Zwei-Körper-Problem«, »Das Drei-Körper-Problem« usw.). Ich werde vielmehr unsere Probleme nach der Anzahl der jeweils betroffenen Gehirne ordnen und im folgenden über das »Ein-Hirn-Problem«, das »Zwei-Hirn-Problem«, das »Viel-Hirn-« und das »All-Hirn-Problem« sprechen.

1. Das »Ein-Hirn-Problem«: die Wissenschaften vom Gehirn

Es liegt auf der Hand, daß die Wissenschaften, die sich mit dem menschlichen Gehirn befassen, eine Theorie des Gehirns, T(G), entwickeln müssen, wenn sie nicht zu einer Physik oder Chemie lebendiger – oder lebendig *gewesener* – Gewebe degenerieren wollen. Eine solche Theorie muß natürlich von einem Gehirn geschrieben werden: G(T). Daraus folgt, daß eine derartige Theorie so angelegt werden muß, daß sie sich selbst schreibt: T(G(T)).

Eine derartige Theorie wird sich in grundlegender Hinsicht etwa von jener Art der Physik unterscheiden, die sich der (nicht ganz) erfolgreichen Beschreibung einer »subjektlosen Welt« widmet, in der auch der Beobachter selbst keinen Platz haben soll. Ich komme damit zur Verkündung meines Theorems Nr. 3:

»Die Naturgesetze werden von Menschen geschrieben. Die Gesetze der Biologie müssen sich selbst schreiben.«

Man ist versucht, sich zur Widerlegung dieses Theorems auf Gödels Nachweis der Grenzen des Entscheidungsproblems in Systemen zu berufen, die versuchen, über sich selbst zu sprechen. Lars Löfgren und Gotthard Günther haben aber gezeigt, daß Selbsterklärung und Selbstreferenz Begriffe sind, die von Gödels Überlegungen völlig unberührt bleiben. Mit anderen Worten, eine Wissenschaft vom Gehirn im oben skizzierten Sinne ist, so behaupte ich, in der Tat eine völlig legitime Wissenschaft mit einem völlig legitimen Problem.

2. Das »Zwei-Hirn-Problem«: Erziehung

Der Großteil unserer institutionalisierten Erziehungsbemühungen hat zum Ziel, unsere Kinder zu trivialisieren. Ich verwende diesen Begriff »Trivialisierung« genau so, wie er in der Automatentheorie gebräuchlich ist. Dort ist eine triviale Maschine durch eine festgelegte Input-Output-Beziehung gekennzeichnet, während in einer nicht-trivialen Maschine (Turingmaschine) der Output durch den Input *und* den internen Zustand der Maschine bestimmt wird. Da unser Erziehungssystem daraufhin angelegt ist, berechenbare Staatsbürger zu erzeugen, besteht sein Zweck

darin, alle jene ärgerlichen inneren Zustände auszuschalten, die Unberechenbarkeit und Kreativität ermöglichen. Dies zeigt sich am deutlichsten in unserer Methode des Prüfens, die nur Fragen zuläßt, auf die die Antworten bereits bekannt (oder definiert) sind und die folglich vom Schüler auswendig gelernt werden müssen. Ich möchte diese Fragen als »illegitime Fragen« bezeichnen.
Wäre es dagegen nicht faszinierend, sich ein Erziehungssystem vorzustellen, das die zu Erziehenden ent-trivialisiert, indem es sie lehrt, »legitime Fragen« zu stellen, d. h. Fragen, deren Antworten noch unbekannt sind?

3. Das »Viel-Hirn-Problem«: Gesellschaft

Es liegt auf der Hand, daß unsere Gesellschaft als ganze von gravierenden Funktionsstörungen befallen ist. Dies äußert sich auf der Ebene des Individuums schmerzhaft in Apathie, Mißtrauen, Gewalt, Isolierung, Ohnmacht, Entfremdung usw. Ich spreche hier von einer »Partizipationskrise«, denn das Individuum wird von der Mitwirkung am sozialen Prozeß zunehmend ausgeschlossen. Die Gesellschaft wird zum »System«, zum »Establishment« oder was auch immer, zu einem unpersönlichen kafkaesken Monster von eigensinniger Böswilligkeit.
Es fällt nicht schwer zu erkennen, daß der wesentliche Grund für diese Funktionsstörungen im Fehlen des adäquaten Inputs für das Individuum liegt, mit seiner Gesellschaft zu interagieren. Die sogenannten »Kommunikationskanäle«, die »Massenmedien«, bieten nur eine Einbahnstraße: Sie reden, niemand kann darauf antworten. Da der Rückkopplungskanal fehlt, wächst uns das System über den Kopf. Die Kybernetik könnte hierfür eine universal zugängliche Apparatur für sozialen Input entwickeln.

4. Das »All-Hirn-Problem«: Menschheit

Das bedrückendste Charakteristikum des globalen Systems »Menschheit« ist seine nachweisliche Instabilität und der daraus folgende, unerwartet schnell herannahende Kollaps. Solange die Menschheit sich selbst als ein offenes System behandelt und die

Signale der Sensoren ignoriert, die seinen eigenen Zustand vermitteln, bewegen wir uns unaufhaltsam diesem Ende zu. (In der letzen Zeit habe ich mich zu fragen begonnen, ob die Information über den eigenen Zustand die Elemente des Systems überhaupt so rechtzeitig erreichen kann, daß sie noch reagieren können, wenn sie sich entscheiden, zuzuhören statt aufeinander einzuschlagen.)
Das Ziel ist klar: Wir müssen das System schließen, um eine stabile Bevölkerung, eine stabile Wirtschaft und stabile Rohstoffe zu erreichen. Während nun das Problem der Konstruktion eines Kontrollmechanismus für die Bevölkerung und die Wirtschaft mit den geistigen Reserven dieses Planeten gelöst werden kann, müssen wir uns zur Stabilisierung unserer materiellen Ressourcen aufgrund des Zweiten Hauptsatzes der Thermodynamik um außerplanetarische Rohstoffquellen bemühen. Wir verfügen über etwa $2 \cdot 10^{14}$ Kilowatt Sonnenstrahlung. Würde diese in kluger Weise genutzt, könnten die hochstrukturierten und unschätzbaren organischen Ressourcen der Erde, die fossilen wie die lebendigen, für unzählige weitere Generationen gesichert werden.
Wenn wir Ruhm und Erfolg nachjagen, können wir die Tiefe dieser Probleme des Rechnens, des Ordnens, des Regelns und der Entropieverzögerung ignorieren. Da wir als Kybernetiker jedoch angeblich über das Wissen verfügen, sie zu lösen, sollten wir unser Ziel *über* Ruhm und Erfolg setzen und uns still an die Lösung dieser Probleme machen. Wenn wir nämlich unsere Glaubwürdigkeit als Wissenschaftler erhalten wollen, dann kann der erste Schritt nur darin bestehen, unser Wissen auf uns selbst anzuwenden und eine Weltgesellschaft zu bilden, die nicht so sehr *für* die Kybernetik da ist, sondern vielmehr kybernetisch *funktioniert*. So nämlich verstehe ich Dennis Gabors Aufruf in einer früheren Nummer dieser Zeitschrift: »Kybernetiker dieser Welt, vereinigt euch!« Ohne Kommunikation gibt es keine Regelung; ohne Regelung gibt es kein Ziel; und ohne ein Ziel werden Begriffe wie »Gesellschaft« oder »System« zu Leerformeln.
Wissen bedeutet Verantwortung. Ein Arzt muß direkt an der Unfallstelle tätig werden. Wir können es uns nicht länger leisten, einer globalen Katastrophe lediglich als wissende Zuschauer zuzusehen. Wir müssen all das Wissen, das wir haben, durch Kommunikation und Kooperation miteinander teilen und damit die

Probleme unserer Zeit bewältigen. Nur auf diese Weise können wir unsere soziale und individuelle Verantwortung als Kybernetiker erfüllen, nur indem wir das praktizieren, was wir predigen.

Implizite Ethik

> »Es ist klar, daß sich die Ethik
> nicht aussprechen läßt.«
> Ludwig Wittgenstein,
> *Tractatus logico-philosophicus,* 6.421

Peripheres

Es gibt viele Türen, durch welche man in die Bereiche der Sorge und Betroffenheit über die Störungen, Fehlfunktionen und den Verfall des sozialen Zusammenlebens gelangt, Sorgen über etwas, was häufig »Zusammenbruch der Kommunikation« genannt wird (als ob Kommunikation zusammenbrechen könnte, wenn es sie überhaupt nicht gab). Ich möchte hier in diese Bereiche eintreten, indem ich an die oben als Motto zitierte Aussage Wittgensteins anknüpfe und seine darauffolgende Proposition (6.422) in Teilen wiedergebe bzw. in eigenen Worten umschreibe:

»Wenn ein ethisches Gesetz der Form ›Du sollst‹ aufgestellt wird, dann ist der erste Gedanke: ›Und was dann, wenn ich es nicht tue?‹ Es ist aber klar, daß die Ethik nichts mit Strafe und Lohn im gewöhnlichen Sinne zu tun hat. Also muß diese Frage nach den Folgen einer Handlung belanglos sein. (Nichtsdestoweniger) muß es eine Art von ethischem Lohn und ethischer Strafe geben: *diese müssen in der Handlung selbst liegen.*«

Ich kann zumindest fünf Zweige der Wissenschaften und der Philosophie anführen, in denen sich (in dem halben Jahrhundert seit Wittgensteins Aussage) Vorstellungen entwickelt haben, die, wenn angemessen integriert, mit Wittgensteins Kriterium übereinstimmen. In der Biologie ist das die Idee der Autopoiese, in der Mathematik der Eigenwert und die Eigenfunktion, in der Logik der Kalkül der Selbstreferenz, in der Linguistik die Anerkennung performativer Äußerungen und in der Erkenntnistheorie die Vorstellung der Wirklichkeit als eines (sozialen) Konstrukts.

Wie ich anderswo gezeigt habe (von Foerster 1981/91), ist all diesen Vorstellungen ihre immanente Zirkularität gemeinsam, sei sie organisatorischer, funktionaler, referentieller, kausaler oder anderer Art, so wie dies auch für die Struktur des Kriteriums von Wittgenstein gilt.

Zentrales

Im Gegensatz zu der orthodoxen Position, die als primäre Begriffe (d. h. als »Gegebenheiten«) etwa Daten, Gegenstände, Naturgesetze, Wirklichkeit usw. oder im sozialen Bereich Sprache, Kommunikation, Werte, Ordnungen usw. annimmt und diese Begriffe dann so arrangiert, daß daraus eine präskriptive, proskriptive oder deskriptive Ethik ableitbar ist (was immer der Fall sein mag), schlage ich vor, als primäre Gegebenheiten Autopoiese, Eigenzustände, Selbstreferenz usw., das heißt die vorerwähnten Begriffe mit innewohnender Zirkularität, zu postulieren (also solche, die *eo ipso* Wittgensteins Kriterium erfüllen), und mit Hilfe dieser Begriffe Daten, Gegenstände, Naturgesetze usw. zu konstruieren, die dann zu sekundären Gegebenheiten werden.
Da die Ethik hierbei in den Wörtern liegt, kann sie offenbar nicht – und muß auch nicht – ausgesprochen werden: Ethik ist implizit.
In dieser von mir vorgeschlagenen Konstruktion sehe ich zumindest zwei wohldefinierte erkenntnistheoretische Lücken, die als Ansätze für eine mögliche Synthese genutzt werden könnten. Die eine hat mit einer Begründung des Phänomens der Sprache aus konstruktivistischer Sicht zu tun; die andere besteht in dem Problem, autopoietische Systeme aus autopoietischen Systemen zusammenzubauen, zu »komponieren«.

1. Sprache

Der konstruktivistische Gesichtspunkt nimmt die Frage »Was ist Sprache?« oder besser »Was ist ›Sprache‹?« ernst. Was immer hier gefragt wird, es bedarf der Sprache, diese Frage zu beantworten, und natürlich brauchen wir die Sprache, um diese Fragen über Sprache zu stellen. Wenn wir also die Antwort nicht wüßten, wie könnten wir diese Frage überhaupt stellen? Und wenn wir nicht wüßten, wie man fragt, wie würde eine Antwort aussehen können, die sich selbst beantwortet? Das ist das autologische Problem der Sprache.

2. Komposition

Der Gesichtspunkt der Autopoiese nimmt das Problem der Komposition zweier (oder mehrerer) autopoietischer Systeme ernst. Was immer nämlich dabei geschieht, die Autopoiese des zusammengesetzten Systems darf die Autopoiese seiner Bestandteile nicht auslöschen, das ist das Kompositionsproblem der Autopoiese.

Mit den Augen des anderen

»Lehre mich meine, nicht deine Sprache
Lehre sie ihre, nicht deine Sprache
Lehre uns unsere, nicht deine oder ihre Sprache.«
Herbert Brün (1986)

Metaphysik

»Fast alles in der Metaphysik ist kontrovers, und es überrascht daher nicht, daß es kaum Übereinstimmung gibt zwischen jenen, die sich Metaphysiker nennen, was es denn eigentlich sei, worum sie sich bemühen.« So lautet der Anfang des Artikels »Metaphysik, Wesen der« von W. H. Walsh in *McMillan's Encyclopedia of Philosophy*.

Ganz im Sinne dieser Feststellung werde ich keinen Versuch machen, Übereinstimmung mit anderen herzustellen, die sich Metaphysiker nennen, was denn nun das eigentlich wäre, worum sie sich bemühen, ich möchte vielmehr präzise formulieren, was ich will, daß wir sehen, wenn wir uns als Metaphysiker betätigen: Wir sind Metaphysiker – ob wir uns so nennen oder nicht –, immer dann, wenn wir über Fragen entscheiden, die im Prinzip unentscheidbar sind.

Zweifellos gibt es Fragen, Probleme, Vorschläge Aussagen usw., die entscheidbar sind, ebenso aber auch solche, die im Prinzip unentscheidbar sind. Die Frage etwa »Ist die Zahl 372 153 102 (ohne Rest) durch 2 teilbar?« ist eindeutig entscheidbar. Und ich unterstreiche, daß diese Entscheidung kein bißchen schwieriger zu treffen ist, wenn die Zahl nicht bloß neun Ziffern hat – wie hier –, sondern eine Million, eine Milliarde oder eine Billion Ziffern!

Man kann natürlich andere Fragen erfinden, die ebenso leicht entschieden werden können wie diese, oder auch viel schwierigere, oder solche von ganz außergewöhnlicher Schwierigkeit, deren Entscheidbarkeit jedoch immer durch die Gültigkeit der Regeln eines Formalismus gewährleistet ist, mit dessen Hilfe man von jedem Knotenpunkt eines komplexen kristallähnlichen Ge-

bildes von Beziehungen zu jedem anderen Knotenpunkt gelangen kann, indem man einfach geduldig die Verbindungswege entlangrobbt. Die grammatische Syntax, die Arithmetik, die aristotelische Syllogistik etc. sind derartige Formalismen.
Es könnte nun jemand einwenden, daß der Wiener Mathematiker Kurt Gödel schon vor mehr als einem halben Jahrhundert gezeigt hat (1931), daß sogar der Formalismus des ehrfurchteinflößenden logischen Gebäudes der *Principia Mathematica*, den Alfred North Whitehead und Bertrand Russell mit so großer Sorgfalt konstruiert haben, von Unentscheidbarkeiten infiziert ist.
Es ist jedoch gar nicht notwendig, Gödel oder Whitehead oder Russell anzurufen, wenn es um Fragen gehen soll, die prinzipiell unentscheidbar sind. Fragen nach dem Ursprung des Universums sind zum Beispiel prinzipiell unentscheidbar, wie sich allein an den vielen verschiedenen Antworten zeigt, die auf solche Fragen gegeben werden. So meinen die einen, das Universum sei aus einem einmaligen Schöpfungsakt hervorgegangen, während andere behaupten, es hätte nie einen Anfang gegeben, denn das Universum sei ein sich ständig selbst regenerierendes System in ewig-dynamischem Gleichgewicht, und wieder andere betonen, das uns heute erkennbare Universum umfasse lediglich die Überbleibsel des »Urknalls« vor 10 oder 20 Milliarden Jahren, dessen schwachen Widerhall wir angeblich über riesige Radioteleskope noch »vernehmen« können. Ich überlasse es den geneigten Lesern herauszufinden, wie sich die Eskimos, die Arapesh, die Inder, Chinesen, Maoris, Pygmäen u. a. dieses Ereignis vorstellen. Mit anderen Worten: Sage mir etwas über den Ursprung des Universums, und ich sage dir, wer du bist.
Der Unterschied zwischen entscheidbaren und prinzipiell unentscheidbaren Fragen dürfte damit weitgehend klar sein, und ich kann das folgende Theorem einführen (von Foerster 1989):

»*Wir* können nur *jene* Fragen entscheiden, die prinzipiell unentscheidbar sind.«

Warum? Schlicht deshalb, weil alle entscheidbaren Fragen bereits entschieden worden sind, indem ein theoretischer Rahmen bestimmt wurde, innerhalb dessen diese Fragen gestellt wurden, und indem die Regeln festgelegt wurden, nach denen jede Aussage innerhalb dieses Rahmens (so etwa »die Frage«) mit jeder anderen Aussage (so etwa »der Antwort«) verknüpft werden kann. Manchmal geht das schnell, manchmal wiederum braucht es quälend lange, bis aufgrund zwingender logischer Ableitung das unerschütterbare »Ja« oder »Nein« erreicht wird.

Wir unterliegen keinem Zwang, auch nicht dem der Logik, wenn wir über prinzipiell unentscheidbare Fragen Entscheidungen treffen. Wir sind darin zwar frei, müssen allerdings die Verantwortung für unsere Entscheidungen übernehmen! Der Komplementärbegriff zu »Notwendigkeit« ist daher nicht »Zufall« (Monod 1972), sondern »Wahlfreiheit«.

Die Entscheidungen bezüglich der folgenden Paare prinzipiell unentscheidbarer Fragen sind Gegenstand der verbleibenden zwei Abschnitte dieses Aufsatzes.

(a) Das erste Fragenpaar:
   Befinde ich mich außerhalb des Universums?
   (Das heißt: Immer wenn ich meine Augen darauf richte, sehe ich wie durch ein Guckloch ein sich vor mir ausbreitendes Universum.)
   Oder:
   Bin ich Teil des Universums?
   (Das heißt: Immer wenn ich etwas tue, verändere ich sowohl mich als auch das Universum.)

(b) Das zweite Fragenpaar:
   Ist die Welt die primäre Ursache?
   (Das heißt: Meine Erfahrung wird von der Welt bewirkt.)
   Oder:
   Ist meine Erfahrung die primäre Ursache?
   (Das heißt: Die Welt ist Ergebnis meiner Erfahrung.)

Warum sind diese Fragen prinzipiell unentscheidbar? Einfach deshalb, weil kein theoretischer Rahmen bestimmt worden ist, innerhalb dessen sie entschieden werden könnten! Da aber die Wahl eines solchen Rahmens selbst die Entscheidung über eine unentscheidbare Frage ist, können wir die Entscheidungen hinsichtlich dieser Fragen als Hilfsmittel benutzen, den geeigneten theoretischen Rahmen zu entwickeln.

1. Ich bin ein Teil des Universums

Diejenigen, die sich dafür entschieden haben, Beobachter eines von ihnen unabhängigen Universums zu sein, und die uns die

Ergebnisse ihrer Beobachtungen mitteilen, haben das gewaltige Gebäude orthodoxen Wissens errichtet. Diese Position bezieht ihre Stärke aus dem Vertrauen darauf, daß wir befähigt sind, das Universum in seiner Einzigartigkeit exakt abzubilden – »Wahrheit« –, und daß die Eigenschaften des Beobachters nicht in diese Abbildung eingehen – »Objektivität« –. Die Kategorien der Wahrheit und der Objektivität garantieren für die Popularität dieser Position: Wahrheit begründet Autorität – »Es ist, wie *ich* es sage!« –, Objektivität beseitigt Verantwortung – »Ich sage, wie es *ist*! –. Indem man sich aber vom Universum abkoppelt, setzt man sich auch von den Mitmenschen ab. Man ist nun in der Lage, ohne Folgen für sich selbst allen anderen zu sagen: »Du sollst. ...!« oder »Du darfst nicht. ...!« Die Methode besteht darin, Reflexivität auszuschließen.

Wenn ich mich frage »Bin ich Teil des Universums?« und antworte »Ja, das bin ich!«, dann entscheide ich hier und jetzt, daß immer dann, wenn ich etwas tue, nicht nur ich mich verändere, sondern auch das Universum sich verändert. Ich nehme diese Position nicht ein, weil ich ein Gegner der Orthodoxie bin oder weil diese viele grundlegende Mängel aufweist (es ist ja z. B. unmöglich, etwas exakt zu beschreiben, denn nicht ich, sondern der Zuhörer entscheidet, was meine Äußerung bedeutet; es ist unmöglich, letztgültige Wahrheit zu erreichen, denn es ist ausgeschlossen, das, was der Fall *ist*, mit dem zu vergleichen, was ich denke, daß der Fall sei, – ich kann nämlich nur das, was ich denke, daß der Fall sei, vergleichen mit dem, was ich einmal dachte, daß der Fall sei; oder es ist auch unmöglich, etwas objektiv zu beschreiben, denn ohne die Fähigkeiten des Beobachters, wahrzunehmen und zu beschreiben, gäbe es überhaupt keine Beschreibungen, usw.). Ich nehme diese Position, Teil des Universums zu sein, vielmehr deshalb ein, weil sie mich und meine Handlungen untrennbar an alle anderen Menschen bindet und damit zur Voraussetzung für die Begründung einer Ethik wird.

Wie geschieht das?

Ich meine, wir müssen in jedem Gesprächsbereich, ob in den Wissenschaften, in der Philosophie, in der Psychotherapie, ja sogar in der Politik, unsere Sprache so gebrauchen können, daß sie einer impliziten Ethik gehorcht, daß sie also nicht zu einer Sprache degeneriert, mit der man Moral lediglich predigt.

Die Proposition 6.421 in Wittgensteins *Tractatus* (1921) lautet:

»Es ist klar, daß sich die Ethik nicht aussprechen läßt.« – Was meint Wittgenstein damit? Unter Punkt 6.422 führt er den Gedanken weiter aus: » Der erste Gedanke bei der Aufstellung eines ethischen Gesetzes von der Form ›du sollst …‹ ist: Und was dann, wenn ich es nicht tue? Es ist aber klar, daß die Ethik nichts mit Strafe und Lohn im gewöhnlichen Sinne zu tun hat. Also muß diese Frage nach den *Folgen* einer Handlung belanglos sein. – Zum mindesten dürfen diese Folgen nicht Ereignisse sein. Denn etwas muß doch an jener Fragestellung richtig sein. Es muß zwar eine Art von ethischem Lohn und ethischer Strafe geben, aber diese müssen in der Handlung selbst liegen.« (Ebda.)
Hier bleibt die Ethik implizit, die Methode ist Reflexivität, und Gebote lauten nicht länger »Du sollst…!«, »Du darfst nicht…!«, sondern »*Ich* soll …!« oder »*Ich* darf nicht …!«
Kategorien der Reflexivität und Selbstreferenz, die auf sich selbst verweisen, die ihrer selbst bedürfen, um entstehen zu können, die das Band zwischen Beobachter und Beobachtetem, zwischen Sprecher und Sprache und zwischen den Partnern eines Dialogs nicht zerschneiden, bilden heute den Kern von zumindest fünf Forschungsbereichen in Wissenschaft und Philosophie. In der Biologie handelt es sich dabei um die Theorie der »Autopoiese« (Varela/Maturana/Uribe 1974), in der Mathematik um die Theorie der »Eigenwerte« und des »Eigenverhaltens« (von Foerster 1976) sowie der »Attraktoren« (Abraham/Shaw 1981), in der Logik um einen »Kalkül der Selbstreferenz« (Varela 1975), in der Linguistik um »performative Äußerungen« (Austin 1961), und in der Philosophie um »Realität als soziales Konstrukt« (Watzlawick 1984).
Das innerste Wesen des »Ich«, das in sich selbst kreist und nur dann sichtbar wird, wenn es in Bewegung ist, erfüllt auch die Sprache selbst. Die Sprache spricht über sich selbst: es gibt ein Wort für Sprache, nämlich »Sprache«, ein Wort für Wort, nämlich »Wort«, usw. Dann sind da die Fragen: Frage »Warum ›warum?‹« oder »Was ist eine Frage?« oder »Was ist Sprache?« und du wirst erkennen, wie die Antworten zu den Fragen zurückkommen oder wie die Fragen ihre Antworten auf dem eigenen Buckel tragen oder daß man eine Frage mit einer Frage beantworten kann: »Was soll's?« Und dann sind da die beiden gegenläufigen Bahnen, auf denen die Sprache sich immer bewegt: ihre äußere Erscheinung widerspricht ständig ihrer eigentlichen Funk-

tion. Ihrer Erscheinung nach scheint Sprache denotativ zu sein, über Dinge in der Welt »da draußen« zu monologisieren, im Dialog allerdings ist sie konnotativ, richtet sich an die Begriffe im Bewußtsein des anderen. Sie erweckt den Eindruck, als ob der Sprecher damit ein sich vor ihm ausbreitendes Universum beschreibe, das er durch ein Guckloch betrachtet, tatsächlich aber fungiert die Sprache als Agens der Koordination der Handlungen von Menschen, die miteinander sprechen. Martin Buber schreibt (1971, S. 169):

Betrachte den Menschen mit dem Menschen, und du siehst jeweils die dynamische Zweiheit, die das Menschenwesen ist, zusammen: hier das Gebende und hier das Empfangende, hier die angreifende und hier die abwehrende Kraft, hier die Beschaffenheit des Nachforschens und hier die des Erwiderns, und immer beides in einem, einander ergänzend im wechselseitigen Einsatz, miteinander den Menschen darzeigend. Jetzt kannst du dich zum Einzelnen wenden, und du erkennst ihn als den Menschen nach seiner Beziehungsmöglichkeit; du kannst dich zur Gesamtheit wenden, und du erkennst sie als den Menschen nach seiner Beziehungsfülle. Wir mögen der Antwort auf die Frage, was der Mensch sei, näher kommen, wenn wir ihn als das Wesen verstehen lernen, in dessen Dialogik, in dessen gegenseitig präsentem Zu-zweien-Sein sich die Begegnung des Einen mit dem Anderen jeweils verwirklicht und erkennt.«

Als René Descartes vor 350 Jahren von Zweifeln an seiner Existenz geplagt wurde – »Bin ich?« oder »Bin ich nicht?« –, da wollte er uns glauben machen, er habe sein Problem mit dem selbstreferentiellen Monolog »Cogito ergo sum«, »Ich denke, also bin ich«, erledigt. Das war die Sprache, wie sie uns erscheint, und das wußte Descartes sehr wohl, denn sonst hätte er seine Erkenntnis nicht bald darauf als *Discours de la méthode* zum Nutzen anderer veröffentlicht. Er hätte also redlicherweise ausrufen sollen: »Cogito ergo sumus«, »Ich denke, also sind *wir*«.

In ihrer Erscheinung erzeugt die Selbstreferentialität der Sprache das Bewußtsein unser selbst: Ich-Bewußtsein; ihrer Funktion nach aber schließt sie uns mit dem Mitmenschen als Dialogpartner zusammen und wird so zum Ursprung des Gewissens.

2. Meine Erfahrung als Ursache

Ist die Welt die primäre Ursache und meine Erfahrung durch sie bewirkt, oder ist meine Erfahrung die primäre Ursache, die die Welt hervorbringt?

Wer sich dafür entscheidet, daß die Welt die primäre Ursache ist, die alle Erfahrung bewirkt, und wer überzeugt ist, daß er über die Welt redet, wenn er über seine Erfahrungen berichtet, der hat sich von der persuasiven Erscheinungsform der Sprache verführen lassen: seine Sprache bleibt monologisch. Er gehört zu denen, die für sich entschieden haben, kein Teil der Welt zu sein, die sie beobachtend Stück für Stück für sich erschließen. Was ich also vorhin über sie bzw. über die Stärken und Schwächen dieser Position gesagt habe, gilt auch hier.

Frage ich aber: »Ist meine Erfahrung die primäre Ursache, und wird die Welt durch sie erzeugt?« und antworte ich »Ja!«, dann entscheide ich hier und jetzt nicht nur, wie meine Welt aussieht, sondern auch, wer ich selbst bin.

Ich habe diese Position gewählt, denn sie unterwirft meine Handlungen unwiderruflich meiner Verantwortung.

Wenn wir über Ursachen und ihre Folgen und Wirkungen reden, dann erhebt sich die Frage: »Welches Agens transformiert eine Ursache in ihre Wirkung? Welche Operation bewirkt diese Transformation?« Und so zeigt sich, daß das begriffliche Schema der Verursachung dreigliedrig ist: »Ursache – Operator – Wirkung.

Der Ursprung dieses theoretischen Erklärungsschemas läßt sich auf Aristoteles zurückführen, der darlegte, daß es formal äquivalent ist den logischen Syllogismen, besonders dem Schema deduktiven Schließens. Er hat das syllogistische Schema »Obersatz – Untersatz – Schlußfolgerung« auf den Bereich der Verursachung übertragen und entsprechend das Schema »Ursache – Operator – Wirkung« formuliert. Lautet der Obersatz »Alle Menschen sind sterblich« (Operator) und der Untersatz »Sokrates ist ein Mensch« (Ursache), dann läßt sich aus diesen Prämissen der unwiderlegbare Schluß (Wirkung) »Sokrates ist sterblich« ableiten.

Dieses Schema vermittelte ein so starkes Gefühl der Sicherheit, Verläßlichkeit und Untrüglichkeit, daß es zu einem tragenden

Pfeiler westlichen Denkens wurde und viele andere Erklärungsverfahren verdrängte, z. B. Metapher und Analogie, Hyperbel und Parabel. In den diversen Wissensbereichen haben sich für dieses Schema verschiedene Begriffe eingebürgert: in der Physik lauten sie natürlich ›Ursache – Naturgesetz – Wirkung‹, in der biologischen Verhaltensforschung ›Stimulus – Organismus – Reaktion‹, in einigen Zweigen der Psychologie ›Motivation – Persönlichkeit – Verhalten‹, in der Mathematik ›x (die unabhängige Variable) – f (eine Funktion) – y (die abhängige Variable)‹, also ›x-f-y‹, und in der Computerwissenschaft schließlich ›Input – Verarbeitung – Output‹.

Seit Alan Turing, der Erfinder der »Turingmaschine«, sein logisch-mathematisches Schema als »Maschine« bezeichnete (1936), heißen auch andere abstrakte Entitäten mit wohldefinierten funktionalen Eigenschaften »Maschinen«, also nicht nur Gebilde aus Zahnrädern, Druckknöpfen und Hebeln oder aus Chips, Disketten und Konnektoren, auch wenn solche Gebilde jene abstrakten funktionalen Entitäten verwirklichen mögen.

Man unterscheidet zwei Arten solcher Maschinen: die triviale und die nicht-triviale Maschine (von Foerster 1970, 1972). Eine triviale Maschine ist durch eine eindeutige Beziehung zwischen ihrem Input (Stimulus, Ursache etc.) und ihrem Output (Reaktion, Wirkung etc.) gekennzeichnet. Die »Maschine« besteht in dieser unveränderbaren Beziehung und bildet folglich ein deterministisches System, denn wir selbst haben ja diese Beziehung ein für allemal festgelegt. Und da außerdem ein einmal für einen bestimmten Input beobachteter Output bei gleichem Input auch später wieder gleich auftreten wird, ist dieses System auch ein vorhersagbares System.

	f	
x		y
A		α
B		β
C		γ
D		δ

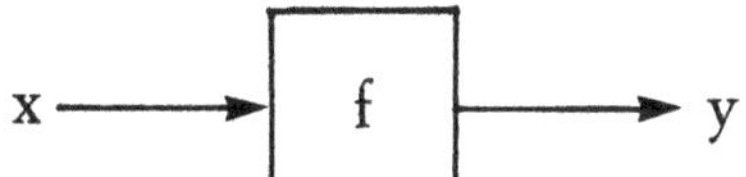

x ⟶ [f] ⟶ y

Abbildung 1

Triviale Maschine:
synthetisch determiniert
geschichtsunabhängig
analytisch determinierbar
vorhersagbar

Ein weiteres Merkmal trivialer Maschinen ist, daß sie analytisch determinierbar sind. Wer die Input-Output-Beziehung »f« einer trivialen Maschine wie etwa der in Abbildung 1 dargestellten nicht kennt, der kann sie nach wenigen Versuchen herausfinden: sie besteht in der Übersetzung der ersten vier Buchstaben des lateinischen Alphabets in die ersten vier Buchstaben des griechischen Alphabets. Es ist leicht zu erkennen, daß dieses Analyseproblem auch für viel größere oder sogar für außerordentlich große Anzahlen von Inputzuständen ein triviales Problem ist: die notwendigen Versuche entsprechen genau der Anzahl der unterscheidbaren Inputzustände.

Nicht-triviale Maschinen sind jedoch völlig andere Geschöpfe. Ihre Input-Output-Beziehung ist nicht invariant, sondern durch die vorausgegangenen Operationen der Maschine determiniert. Mit anderen Worten, die in der Vergangenheit durchlaufenen Schritte bestimmen das gegenwärtige Verhalten der Maschine. Obwohl auch diese Maschinen deterministische Systeme sind, sind einige davon prinzipiell und andere aus praktischen Gründen unanalysierbar, also folglich auch unvorhersagbar (Gill 1962): ein nach einem bestimmten Input beobachteter Output wird bei gleichem Input zu einer späteren Zeit höchstwahrscheinlich nicht mehr zu beobachten sein.

Die Vorstellung »interner Zustände«, »z«, solcher Maschinen ist geeignet, den tiefgreifenden Unterschied zwischen diesen beiden Arten von Maschinen verständlicher zu machen. Während bei der trivialen Maschine immer nur ein einziger interner Zustand an ihrem Operieren beteiligt ist, macht gerade das Wechseln von einem internen Zustand zu einem anderen die nicht-triviale Maschine so ungreifbar.

Abbildung 2 zeigt die einfachste Version einer nicht-trivialen Maschine, nämlich eine Maschine mit lediglich zwei internen Zuständen: »1« oder »2«. Die zwei Tabellen in der Abbildung 2 bilden das Verhalten der Maschine in jedem der beiden internen Zustände ab. In der dritten Spalte wird der künftige Zustand, z', angegeben, den die Maschine nach Durchführung der jeweiligen Operation einnehmen wird.

Ist diese Maschine z. B. im Zustand »1« und erhält den Input B, dann erzeugt sie den Output β und nimmt den Zustand »2« ein, erhält sie erneut B, erzeugt sie γ und kehrt zum Zustand »1« zurück, erhält sie nun C, erzeugt sie wieder γ usw. usf.

	1			2	
x	y	z'	x	y	z'
A	α	1	A	δ	1
B	β	2	B	γ	1
C	γ	1	C	β	2
D	δ	2	D	α	2

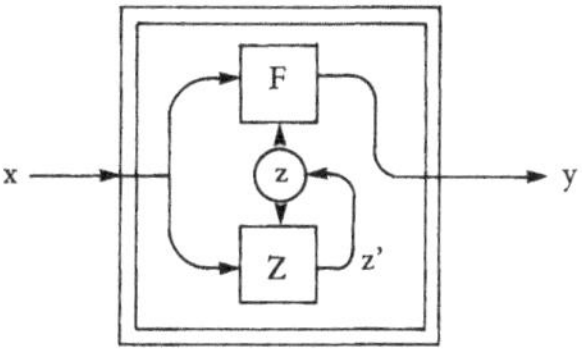

Abbildung 2

Nicht-Triviale-Maschine:
synthetisch determiniert
geschichtsabhängig
analytisch indeterminierbar
unvorhersagbar

Es ist vielleicht von Interesse, festzuhalten, daß die Anzahl N der möglichen nicht-trivialen Maschinen mit genau vier Inputs und vier Outputs – wie in Abbildung 4 – wahrlich alles andere als trivial ist:

$$N = 2^{4^4} \cdot 2^{4^4} = 2^{512} = \text{ca. } 10^{155}.$$

Hätte der Analytiker, der das Problem der »Maschinenidentifizierung« der Maschine in Abbildung 2 lösen möchte, einen Computer zur Verfügung, der für die Berechnung eines x-y-Paares nur eine Nanosekunde (10^{-16} sec) bräuchte, dann müßte er ihn etwa 10^{136} Jahre laufen lassen – d.h. etwa 10 Trillionen hoch 10 mal Alter unseres Universums –, um den Geheimnissen dieser Maschine auf die Spur zu kommen: sie sind unberechenbar!

Es liegt auf der Hand, daß die Unberechenbarkeit der Funktionsweisen von Maschinen, die über eine größere Anzahl interner Zustände verfügen, noch viel klarer erkennbar ist. Es ist außerdem nicht schwierig, nicht-triviale Maschinen zu bauen, für die die Maschinenidentifikation prinzipiell nicht lösbar ist. Mit anderen Worten, die Transformationsregeln, die Funktionen des Operators, die Naturgesetze, die Obersätze der Syllogismen usw., die Verbindungsglieder zwischen Ursache und Wirkung sind in nicht-trivialen Systemen analytisch unbestimmbar. Um es noch drastischer zu formulieren: die Kategorie der Kausalität hat in analytischen Untersuchungen jeden Sinn verloren und ist unbrauchbar geworden. In Wittgensteins Worten (1921; Proposition 5.1361): »Die Ereignisse der Zukunft *können* wir nicht aus

den gegenwärtigen erschließen. Der Glaube an den Kausalnexus ist der *Aberglaube*.«
Das Erklärungsprinzip der Verursachung ist in dem Niemandsland Gregory Batesons verschwunden, das er für ein anderes Prinzip der Erklärung beobachteter Systeme erfunden hatte (1972), für den Begriff »Instinkt« nämlich, der »alles« erklärt, »fast alles, jedenfalls alles, was man damit erklären möchte«. Für von Menschen gemachte triviale Systeme bleibt die Verursachung jedoch ein operatives theoretisches Hilfsmittel. Warum? Weil wir beim Bau trivialer oder nicht-trivialer Systeme einen theoretischen Rahmen bestimmt haben, innerhalb dessen alle Fragen nach der Beziehung »Warum dieses, wenn jenes?« entscheidbar sind. Und immer wenn wir ein System analysieren, dann erklären *wir* es für trivial, *wir* treffen diese Entscheidung. Aber sogar die trivialste Maschine, die man für Geld erwerben kann, sagen wir ein Rolls Royce, zeigt eines Tages ihr wahres geschichtsabhängiges nicht-triviales Wesen und weigert sich, weiter die Straße lang zu fahren ... Und der professionelle Trivialisator stellt fest, daß das gute Stück Benzin braucht, um das von ihm erwartete triviale Verhalten wieder zeigen zu können.
Frage ich meine Freunde, so halten sie sich selbst und sogar manche ihrer Mitmenschen für nicht-triviale Maschinen. Diese Freunde und alle die übrigen Menschen erzeugen ein bodenloses erkenntnistheoretisches Problem, denn die Welt, betrachten wir sie als eine riesige nicht-triviale Maschine, ist ja geschichtsabhängig, analytisch unbestimmbar und unvorhersagbar. Wie sollen wir uns also verhalten?
Ich sehe drei Strategien, die heute angewandt werden, um mit dieser Situation fertig zu werden:
Ignoriere das Problem!
Trivialisiere die Welt!
Entwickle eine Epistemologie der Nicht-Trivialität!
Die populärste Variante besteht natürlich darin, das Problem zu ignorieren, aber die Methode der universalen Trivialisierung ist kaum weniger beliebt. Man könnte sie als die »Laplace'sche Lösung« bezeichnen, denn es war Laplace, der aus seinen Überlegungen alle die Elemente ausschloß, die seine Theorie in Schwierigkeiten bringen könnten, nämlich sich selbst, seine Zeitgenossen und andere nicht-triviale Ärgerlichkeiten, und der dann das Universum zu einer trivialen Maschine erklärte (La-

place 1814): Wenn nämlich ein übermenschliches Geistwesen den gegenwärtigen Zustand aller Partikel des Universums erfassen könnte, »wäre nichts mehr ungewiß, und die Zukunft wie die Vergangenheit würde ihm vor Augen liegen. Der menschliche Geist, der die Astronomie zu so hoher Vollkommenheit entwickelt hat, kann als schwacher Abglanz jener übermenschlichen Intelligenz angesehen werden.«

Die außerordentlichen Vorteile von Dingen, die analysierbar, verläßlich und vorhersagbar sind, lassen uns gerne dafür zahlen, daß unsere Uhren, Rasenmäher und Flugzeuge ihre freiheitsgradlose Manipulationssicherheit bewahren. Gefährlich wird es aber dann, wenn wir diese Manipulierbarkeit auf die Mitmenschen ausdehnen, auf unsere Kinder, unsere Familien und auch auf größere gesellschaftliche Gebilde, und wenn wir uns dann bemühen, diese zu trivialisieren, indem wir ihren Wahlfreiheitsspielraum einschränken, anstatt ihn zu vergrößern (von Foerster 1973).

Vor etwa einem halben Jahrhundert wurden die ersten Erfahrungen mit den unausweichlichen Unsicherheiten der Beobachtungsverfahren im Bereich der Elementarteilchen durch Heisenbergs Unbestimmtheitsrelation festgeschrieben, und später wurde diese Erkenntnis ausgeweitet zur Unanalysierbarkeit komplexer Systeme mit einem großen Repertoire an internen Zuständen: es gab keine Strategien, mit diesen Schwierigkeiten umzugehen.

Erst vor etwa 25 Jahren führte die Erkenntnis, daß diese Systeme nicht isoliert arbeiten, sondern in größere Zusammenhänge eingebettet sind, daß auf sie eingewirkt wird, vielleicht durch andere nicht-triviale Systeme, auf die sie ihrerseits zurückwirken, und daß man sich also nicht nur um Aktionen, sondern um *Inter*-Aktionen kümmern müsse, zu einer ganzen Lawine theoretischer, experimenteller und klinischer Arbeiten. Die zahlreichen Forschungsansätze ruhen alle auf der Partizipationsidee und reichen von der formalen Logik (Löfgren 1983) bis zur Mathematik (Abraham/Shaw 1981; Peitgen/Richter 1986), zur Physik und Astronomie (Buchler/Eichhorn 1987), zu den Management- und Sozialwissenschaften (Probst/Ulrich 1984), zur theoretischen Biologie (Glass/Mackay 1988), zur biologischen Dynamik (Koslow/Mandell/Shlesinger 1987), zur Familien- und zur systemischen Therapie (Malagoli Togliatti/Telfener 1983; Hargens 1989; Segal 1986) oder auch zu Popularisierung (Gleick 1987) u. a. – um nur einige wenige zu nennen.

Die Basis für dieses so stark gewachsene Interesse und diese vielfältigen Aktivitäten ist der Nachweis, daß eine beliebig große Anzahl interagierender nicht-trivialer Maschinen operational äquivalent ist einer einzigen nicht-trivialen Maschine, die rekursiv mit sich selbst operiert (Abbildung 3):

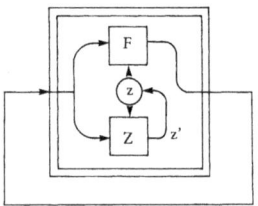

Abbildung 3

Dazu kommt der Nachweis, daß diese Systeme in solchen Umständen dynamische Gleichgewichtszustände einnehmen – diese heißen z. B. Fixpunkte, Eigenwerte, Eigenverhalten, Attraktoren, fremdartige Attraktoren usw. –, welche die Stabilität beobachteter oder hergestellter Dinge erklären können, ob diese nun Gegenstände sind oder Begriffe, Sprachen, Bräuche, Rituale, Kulturen usw. Alle diese entstehen dann, wenn Reflexivität, Rekursivität oder Zirkularität die Entität reproduzieren, über die sie operieren (Kauffman 1987):

$$\text{OP (Entität)} = \underset{\longleftarrow}{\rule{0pt}{1ex}}$$

So wird sich z. B. immer $\sqrt{1} = 1$ ergeben, gleichgültig mit welcher Zahl man beginnt, rekursiv die Quadratwurzel zu ziehen – versuchen Sie es mit Ihrem Taschenrechner. Oder: ein Satz erzeugt seinen eigenen Wahrheitswert:
    THIS SENTENCE HAS THIRTYONE LETTERS.
Hier ist THIRTYONE natürlich einer der Eigenwerte des Satzes – vielleicht suchen Sie noch einen weiteren? Oder: eine Äußerung sagt, was sie tut, z. B. »Ich bitte um Entschuldigung«, »Ich verspreche es« usw. Aber wen bittet man denn um Entschuldigung, wem verspricht man denn etwas? Es ist der andere, der Mitmensch, mit dessen Augen wir uns selbst sehen können.

Nach dem Zweiten Weltkrieg lernte ich den Wiener Psychiater Viktor Frankl kennen. Er hatte die Hölle der Vernichtungslager als einziger Überlebender seiner ganzen Familie überstanden. Im Wien der Nachkriegszeit, das von den Russen erobert worden war und nun von den vier alliierten Mächten kontrolliert wurde, war seine Arbeit als Therapeut, als Befreier von traumatischen Erlebnissen, von lebenswichtiger Bedeutung. Eines Tages brachte man einen schwer depressiven Mann zu ihm. Seine Frau und er selbst waren in verschiedenen Vernichtungslagern interniert gewesen, hatten sie wie durch ein Wunder überlebt und fanden sich in Wien wieder vereint. Nur wenige Monate danach aber starb die Frau an einer Krankheit, die sie sich im Lager zugezogen hatte. Der Mann verfiel völliger Verzweiflung, hörte auf zu essen und am Leben teilzunehmen. Freunde brachten ihn schließlich zu Frankl, und die beiden sprachen lange miteinander. Frankl fragte ihn schließlich: »Nehmen wir an, Gott gäbe mir die Macht, eine Frau wie die Ihre zu erschaffen, so daß Sie keinen Unterschied sehen oder spüren könnten. Ihre äußere Erscheinung, ihr Geschmack, ihre Sprache, ihre Erinnerungen, alles wäre wie bei Ihrer Frau. Würden Sie mich bitten, eine solche Frau zu erschaffen?« Nach langem Schweigen sagte der Mann »Nein«. Frankl sagte »Danke«, und der Mann ging nach Hause und begann wieder am Leben teilzunehmen.

Als ich davon erfahren hatte, fragte ich Frankl: »Was ist passiert? Was hast Du gemacht?« Und er sagte: »Sein ganzes Leben lang hat dieser Mann als Teil der Verbindung dieser beiden Menschen sich selbst mit den Augen seiner Frau gesehen. Als sie starb, war er blind. Als er aber erkannte, daß er blind war, da konnte er sehen! Und so verhält es sich eben auch mit uns allen: Wir sehen uns selbst mit den Augen des anderen.«

Betrifft: Erkenntnistheorien

>»Eine Sprache gewinnen heißt eine Sprache verlieren.«
>Herbert Brün (1983)

Das Wort »Epistemologie« ist in der letzten Zeit in Schriften und Diskussionen über Gegenstände und Probleme, mit denen sich diese Zeitschrift [d. h. *Family Process*] beschäftigt, gebraucht, verbraucht und mißbraucht worden. Die referentielle Kraft dieses Wortes scheint inzwischen völlig verflogen zu sein. Ich könnte damit heute auf einen wasserdichten Fußboden ebenso gut wie auf zirkuläre oder lineare Kausalität verweisen. Ein Parasit, nämlich »Episto-Schwafel«, hat den Wirt unter seine Kontrolle gebracht. Wenn das Wort in seiner ursprünglichen Bedeutung dieser Parasitose zum Opfer fallen sollte, dann würde die Familientherapie und in der Tat die gesamte therapeutische Praxis eine theoretische Strategie, eine analytische Methode und eine kognitive Politik verlieren, die neue Erkenntnisse, neues Verstehen und neue Perspektiven eröffnen, um denjenigen Hilfe zu bringen, die Hilfe suchen.

Held und Pols (1985) erkennen die Gefahr dieser semantischen Verschmutzung und bieten eine Methode an, die konfuse Situation, die durch die verschiedenen Verwendungsweisen des Wortes »Epistemologie« erzeugt wurde, zu entschärfen. Ihre Methode der Klärung ist die der Definition, d. h. der Grenzziehung. Eine Fülle von Zitaten durch Fachleute dieses Gebiets wird dargestellt und als Basis benutzt, auf der angemessene Unterscheidungen getroffen werden sollen.

Im folgenden möchte ich einen Kontext schaffen, eine Art semantisch-philosophischer Umwelt, in der »Epistemologie« ihre eigene besondere Nische einnehmen soll. Um die Beschreibung dieser Umwelt möglichst kurz zu halten und gleichzeitig zu vermeiden, daß sie zu einer Banalität verkommt, möchte ich nur vier philosophisch bedeutsame Problembereiche betrachten, nämlich die Metaphysik, die Ontologie, die Epistemologie und die Ontogenese.

Metaphysik

Die phantastische *Encyclopedia of Philosophy* (Edwards 1967) beginnt ihren 3000-Wörter-Artikel über »Metaphysik, Wesen der« mit folgendem Satz: »Fast alles im Bereich der Metaphysik ist kontrovers, und es überrascht daher nicht, daß es kaum Übereinstimmung gibt zwischen jenen, die sich Metaphysiker nennen, was es denn eigentlich sei, worum sie sich bemühen« (S. 300). Ich möchte mich diesem Dilemma dadurch entziehen, daß ich zunächst einen historischen Weg einschlage. Wie »jeder Schuljunge weiß« (Bateson 1979), war es Aristoteles, der diesen Neologismus kreiert hat. Nach seinen Schriften über Meteorologie, über den Himmel und die Tiere, über ihre Bewegungen, über ihr Kommen und Gehen usw., und natürlich über die Physik, setzte er sich schließlich hin und schrieb über das, wovon all dies handelte (*meta ta physika*). Er begann seine 30000 Wörter umfassende Abhandlung über die Metaphysik mit folgendem Satz: »Alle Menschen sind von Natur aus begierig zu wissen.«

Im Griechischen gibt es mehrere Ausdrücke für »Wissen«, z. B. *gnosis* oder *episteme*, die unterschiedliche Bedeutungsschattierungen haben. In dem Aristoteles-Zitat wird das Wort *gnosis* gebraucht, welches »Suche nach Wissen«, »Forschung«, ja sogar gerichtliche Untersuchung bedeutet, und der Übersetzer hat daher den Ausdruck »begierig zu wissen« verwendet. Der erste Satz von Aristoteles könnte also durchaus auch lauten: »Alle menschlichen Wesen sind von Natur aus neugierig.«

Die Metaphysik des Aristoteles empfiehlt Prinzipien, Grundsätze, Richtlinien für erfolgreiche Untersuchungen. Der Begriff der Verursachung scheint für ihn von zentraler und entscheidender Bedeutung zu sein, und er unterscheidet dabei vier Fälle: die formale, die materiale, die Wirk- und die Zweckursache.

Alle diese Fälle gehorchen dem gleichen Schlußschema, nach dem eine Wirkung mit einer Ursache verknüpft wird, und zwar mit Hilfe einer Transformationsregel. Im Falle der Wirkursache wird diese Transformationsregel jedoch gewöhnlich als ein »Naturgesetz« verstanden, nach dem die Ursache der Wirkung vorausgeht. Im Falle der Zweckursache wird diese zeitliche Abfolge von Ursache und Wirkung umgekehrt: Eine Handlung *jetzt* wird durch ein Ziel in der Zukunft – einen Zweck – verursacht, wobei das treibende Agens ein Wunsch oder auch Gehorsam sein kann.

Die Zweckursache (*causa finalis*) scheint in der Metaphysik des Aristoteles das grundlegendste Prinzip zu sein: »Alles *dient* einem Zweck«. Kant meinte allerdings, daß ein solches grundlegendes Prinzip in der Wirkursache liege: »Alles was geschieht, hat eine Ursache.«
Ich möchte den Positionen von Aristoteles und Kant noch die Ludwig Wittgensteins hinzufügen, der in seinem *Tractatus logico-philosophicus* in der Proposition 5.1361 feststellt: »Der Glaube an den Kausalnexus ist der Aberglaube.«
Es ist klar, daß dieser Exkurs in die Metaphysik nicht viel über Verursachung sagt, aber doch einiges über die Metaphysiker Aristoteles, Kant und Wittgenstein.

Ontologie

»Ich bin« heißt auf griechisch *eimi*, der Infinitiv dieses Verbs lautet *einai* (lat. *esse*), und das Partizip Präsens dieses Verbs lautet *on*, »seiend«. Ontologie ist also die Wissenschaft, die Theorie oder die Untersuchung des Seins bzw. die Erforschung dessen, was ist, »wie es ist«, usw. Als diese Problemstellung und dieses Wort im 17. Jahrhundert entstanden, verstand man unter dem »es« natürlich Gott. Da es eine der Aufgaben eines Theologen war (und immer noch ist), die Existenz Gottes zu beweisen, war die Ontologie in ihren Frühstadien die theologische Beschäftigung mit einem einzigen zentralen Thema: mit dem ontologischen Beweis für die Existenz Gottes. Eine Art dieses Beweises war der Schluß von einem Begriff auf die Existenz: Wenn man sich überhaupt ein vollkommenes Wesen vorstellen kann, dann muß es auch existieren.
Obwohl nun Kant, Schopenhauer u. a. dieses syntaktisch-semantische Durcheinander etwas in Ordnung gebracht haben, lebt es heute in unterschiedlichen Ausprägungen weiter. Eine Veränderung dieses Beweisganges, die in den letzten 150 oder 200 Jahren stattfand, ist die, daß das »es« sich nicht mehr auf Gott bezieht, sondern auf die Welt: Die Aufgabe der Ontologie ist somit die, das Wesen der Welt, so wie sie ist, zu erklären.
Natürlich gibt es auch Ontologen, die ihre Aufgabe ganz anders verstehen, z. B. Heidegger (1949), der die Dyade »Sein und Nichts« zum zentralen Thema der Ontologie gemacht hat, oder

Quine (1953), der über die Art der Existenz von Dingen nachdenkt, die durch den Glauben an eine bestimmte Theorie gesetzt werden. Im wesentlichen ist jedoch die Ontologie für viele Ontologen *Essentialismus* (im Gegensatz zu *Existentialismus*, auf den ich später noch kurz eingehen werde), d. h., sie besteht in der Aufgabe, das Wesen der Welt zu erklären. Der Versuch jedoch, die Welt zu erklären, hat zur Voraussetzung, daß eine »Welt« existiert, sonst gäbe es ja nichts zu erklären. Es besteht daher die Gefahr, daß eine Ontologie in naiven Realismus abgleitet: da draußen gibt es eine absolute Welt, unabhängig von uns, die wir sie beobachten oder auch nicht. Die Frage »Ist der Mond da oben, wenn niemand ihn sieht?« wird von naiven Realisten (und höchstwahrscheinlich auch von Ontologen) mit einem zuversichtlichen »Natürlich« beantwortet (Mermin 1985). Beachten Sie bitte wiederum, daß damit nicht sehr viel über den Mond gesagt wird, sondern gemäß Quine nur etwas über Ontologen.

Epistemologie

Der Begriff »Epistemologie« leitet sich direkt aus der griechischen Sprache her. Mit dem Präfix *epi*, das »auf« oder »oben« oder »hinauf« oder »darüber« bedeutet, und *histamai*, »stehen«, könnte der Begriff wörtlich als »oben stehen« oder »darüber stehen« verstanden werden. Sprecher der englischen Sprache ziehen es offensichtlich vor, die Dinge von unten zu sehen, denn statt vom »Darüberstehen« sprechen sie vom »Darunterstehen« (*understanding*). Die deutsche Version der Bezeichnung dieser kognitiven Fähigkeit, das Wort »verstehen« nämlich, ist mir rätselhaft. Vor allem das Präfix »ver«, das gewöhnlich den Sinn des Wegnehmens, des Verlierens, der ungeregelten Handlung, des Verbrauchens, Veränderns, Umkehrens usw. vermittelt, läßt mich annehmen, daß Verstehen am besten als »Un-Stehen«, als »Nicht-«, »Weg-«, »Auseinander-Stehen« aufzufassen sei.
Auch wenn im ursprünglichen Griechisch die semantischen Beziehungen zum Darüberstehen solche der Fertigkeiten und der Praxis sind, also mit motorischen Fähigkeiten zusammenhängen, haben sowohl die deutschen als auch die englischen Ausdrücke (Verstehen bzw. *understanding*) engeren Bezug zu *gnosis*, d. h. zu mentalen Fähigkeiten, also Erkenntnis und Wissen. Das wird

deutlich in der üblichen Übersetzung des Wortes Epistemologie als Erkenntnistheorie (»theory of knowledge« im Englischen) oder, wie ich lieber sagen würde, als Theorie des Erkennens bzw. Verstehens. Da eine Theorie von etwas jedoch ein Verstehen dieses Etwas herbeiführen soll, schlage ich vor, daß das Ziel bzw. die Aufgabe von Epistemologien das Verstehen des Verstehens sein soll.

Um die eigentümlichen, überraschenden und wichtigen logischen Eigenschaften der Begriffe zu würdigen, die auf sich selbst angewandt werden können (Begriffe zweiter Ordnung, autologische Begriffe), muß ich Sie auf die Literatur verweisen (Loefgren 1984; Varela 1972; von Foerster 1976).

Nichtsdestoweniger möchte ich Ihre Aufmerksamkeit auf den selbstreferentiellen Charakter dieser Begriffe lenken, und dies soll ein Warnsignal für jene sein, die sich vielleicht daran erinnern, daß Selbstreferenz für die Wurzel aller Paradoxien gehalten wird. Es gibt jedoch von Paradoxien freie stabile Lösungen für selbstreferentielle Ausdrücke, wenn die rekursive Natur des Problems erkannt wird. Der folgende Satz von Lee Sallows (Hofstadter 1982) ist ein Beispiel dafür.

»Only the fool would take trouble to verify that this sentence was composed of ten a's, three b's, four c's, four d's, forty-six e's, sixteen f's, four g's, thirteen h's, fifteen i's, two k's, nine l's, four m's, twenty-five n's, twenty-four o's, five p's, sixteen r's, forty-one s's, thirty-seven t's, ten u's, eight v's, eight w's, four x's, eleven y's, twenty-seven commas, twenty-three apostrophes, seven hyphens, and, last but not least, a single!«

Die Aufforderung am Anfang dieser *tour de force* sollte niemanden davon abschrecken, den selbstreterentiellen Anspruch dieses Ausdrucks zu verifizieren.

Mathematische Probleme von ähnlicher logischer Stuktur sind etwa seit einem Jahrhundert bekannt und auch gelöst. Nach David Hilbert (1971) heißen die Lösungen solcher Probleme Eigenwerte oder Eigenfunktionen. Wollen wir nun das Problem einer Theorie des Erkennens lösen, also eine Epistemologie erzeugen, dann muß sie von solcher Art sein, daß sie sich selbst erklärt, oder in Hilberts Sprache, daß sie eine Eigentheorie ist.

Jean Piaget (1980) verknüpft Verstehen mit der Erfahrung aus Handeln: »Kein Wissen ist ausschließlich auf Wahrnehmungen gegründet, denn diese sind stets von Handlungsschemata geleitet

und begleitet. Wissen ergibt sich daher aus Handeln.« (S. 23) Wenn also eine Theorie des Erkennens synonym mit Epistemologie ist, dann gilt dies auch für eine Theorie der Erfahrung. Die orthodoxe Nebeneinanderstellung von Ontologie und Epistemologie drückt ja in der Tat aus, daß die Ontologie das Wesen der Welt erklärt und die Epistemologie das Wesen unserer Erfahrung dieser Welt.
Auch wenn man nun den Ontologen nur davor warnen kann, in die Falle des naiven Realismus zu gehen, kann man für den Epistemologen die Falle völlig beseitigen, indem man die letzten beiden Wörter in dem obigen Satz eliminiert: Epistemologien erklären das Wesen unserer Erfahrungen.
Daraus folgt:
   Erfahrung ist die Ursache.
   Die Welt ist die Folge.
   Die Epistemologie ist die Transformationsregel.

Ontogenetik

»Ontogenese« bezieht sich auf einen Prozeß, und »Ontogenetik« auf die Wissenschaft, Theorie, Erforschung etc. dieses Prozesses. Gemeint ist natürlich der Prozeß des Werdens, der mit der Kombination des Bezugs auf »Sein« (*onto* – wie in Ontologie) und auf Ursprung, Geburt, Schöpfung (griechisch *genesis*) ausgedrückt wird. Das äquivalente lateinische Verb ist *ex-sistere*, »sich erheben«, »hervorkommen«, »erscheinen«, wobei *ex* »aus« bedeutet und *sistere* »stehen«, verwandt mit dem griechischen *histamai* (wie im Wort »Epistemologie«). Nahe dem lateinischen »herausstehen« ist das deutsche »entstehen«, wobei das Präfix »ent« den Aspekt des Sich-Entfaltens mitteilt.
Wenn die Römer allerdings von *genesis* sprachen, bezogen sie sich auf die Konstellation, die über die Geburt eines Menschen wachte, und wenn im Englischen das Wort »existence« gebraucht wird, so ist dessen Bedeutung von einem dynamischen Werden zu einem statischen Sein degeneriert. Natürlich ist es angenehmer, ein menschliches Wesen zu sein, als ein menschliches Werden. Im ersten Falle ist die eigene Menschlichkeit garantiert, was immer man tut, im zweiten Falle muß man die eigene Menschlichkeit in jedem Augenblick des Lebens mit Gehalt erfüllen.

Eben das hatten Frankl, Sartre, Jaspers und andere Vertreter des Werdens wahrscheinlich vor Augen, wenn sie über den Existentialismus sprachen.

Ontologisch Unerklärbares kann sich als ontogenetische Notwendigkeit erweisen. Der Nabel ist ein ontologischer Witz, ein Schnörkel, ein barockes Rätsel auf dem eigenen Bauch. Ontogenetisch würden wir jedoch ohne ihn nicht sein. Evolutionisten und Kreationisten suchen gleichermaßen eine ontogenetische Erklärung für ein andernfalls unerklärbares Phänomen: Wir sind da!

»Was ist Sprache?« ist eine Frage, die als beantwortet angesehen werden kann, weil sie gestellt worden ist. Ich vermute, daß alle autologischen Begriffe auf sich selbst losgehen werden, wenn man sie ontologisch versteht, daß sie aber ihr Wesen dann zeigen, wenn sie ontogenetisch verstanden werden (Maturana 1978): »Woher kommt Sprache?«

Unser Nervensystem berechnet Invarianten aus ständig wechselnden Stimuli, denn wir handeln so, als ob die Zukunft gleich der Vergangenheit sein würde, und wir sind in eine Kultur eingebettet, die Permanenz und Dauer über alles liebt. Vielleicht liegt es daran, daß es so wenige Stimmen gibt, die vom Werden, vom Beginnen, vom Wandel sprechen (von Foerster 1972). Lassen Sie mich mit wenigstens einer schließen (Arbus/Israel 1972, S. IV):

»Nichts ist jemals so, wie es angeblich einmal gewesen ist. Ich erkenne gerade das wieder, was ich nie zuvor gesehen habe.«

Literatur

Abraham, R./C. Shaw (1981), *Dynamics – the Geometry of Behavior*, Santa Cruz: Aerial Press.

Arbus, D./M. Israel (1972), *Diane Arbus*. An Aperture Monograph, New York: Millerton.

Aristoteles (1966), *Metaphysik*, Reinbek bei Hamburg: Rowohlt.

Arnold, P. (1971), »Experiencing the Fourth Spatial Dimension«, in: Accomplishment Summary 70/71, *BCL Report* 71.2, University of Illinois, Urbana/Ill.: The Biological Computer Laboratory, S. 201-216.

Arnold, P. (1972), »A Proposal for a Study of the Mechanisms of Perception of and Formation of Internal Representations of the Spatial Fourth Dimension«, in: Accomplishment Summary 71/72, *BCL Report* 72.2, University of Illinois, Urbana/Ill.: The Biological Computer Laboratory, S. 223-236.

Ashby, W. R. (1956), An *Introduction to Cybernetics*, London: Chapman & Hall; deutsch: *Einführung in die Kybernetik*, Frankfurt am Main: Suhrkamp 1974.

Ashby, W. R. (1962), *The Set Theory of Mechanisms and Homeostasis*, Technical Report 7, University of Illinois, Urbana/Ill.: Biological Computer Laboratory.

Ashby, W. R./C. Walker (1966), »On Temporal Characteristics of Behavior in Certain Complex Systems«, in: *Kybernetik* 3, S. 100-108.

Auerbach, R. (1960), »Organization and Reorganization of Embryonic Cells«, in: M. E. Yovits/S. Cameron (Hg.), *Self-Organizing Systems*, London, S. 101-127.

Austin, J. L. (1961), »Performative Utterances«, in: J. L. Austin, *Philosophical Papers*, Oxford: Clarendon Press; deutsch in: R. Bubner (Hg.), *Sprache und Analysis*, Göttingen: Vandenhoek & Ruprecht 1968.

Barr, A. H. jr. (Hg.) (1947), *Fantastic Art, Dada, Surrealism*, 3. Auflage, New York.

Bar-Hillel, Y. (1955), »Semantic Information and Its Measures«, in: H. von Foerster/Margaret Mead/H. L. Teuber (Hg.), *Cybernetics: Transactions of the Tenth Conference*, New York: Josiah Macy Jr. Foundation, S. 33-48.

Bateson, G. (1972), »Metalogue: What is an Instinct?«, in: G. Bateson, *Steps to an Ecology of Mind*, New York: Ballantine Books, S. 38-60; deutsch in: *Ökologie des Geistes*, Frankfurt am Main: Suhrkamp 1981.

Bateson, G. (1979), *Mind and Nature. A Necessary Unity*, New York:

Dutton; deutsch: Geist und Natur. Eine notwendige Einheit, Frankfurt am Main: Suhrkamp 1982.
Bavelas, A. (1952), »Communications Patterns in Problem-Solving Groups«, in: H. von Foerster (Hg.), *Cybernetics*, New York: Josiah Macy Jr. Foundation.
Beer, S. (1978), »An Open Letter to Dr. von Foerster«, in: *ASC Forum*.
Bower, T. G. R. (1971), »The Object in the World of the Infant«, in: *Scientific American* 225, Nr. 4, S. 30-38.
Bremmermann, H. J. (1974), »Algorithms, Complexity, Transcomputability, and the Analysis of Systems«, in: W. D. Keidel/W. Haendler/M. Spreng (Hg.), *Cybernetics and Bionics*, München: Oldenbourg, S. 250-263.
Brillouin, L. (1956), *Science and Information Theory*, New York: Academic Press.
Brown, G. S. (1972), *Laws of Form*, New York; deutsch: *Gesetze der Form*, Frankfurt am Main: Suhrkamp [im Erscheinen].
Brün, H. (1971), »Technology and the Composer«, in: H. von Foerster (Hg.), *Interpersonal Relational Networks*, Cuernavaca: Centro Intercultural de Documentacion, S. 1-10.
Brün, H. (1983), »Futility 1964«, in: *Compositions by Herbert Brün*, Champaign, Ill.: Non Sequitur Records, Box 872 (side 5, band 3).
Brün, H. (1986), »#35«, in: *My Words and where I want them*, London: Princelet Editions.
Buber, M. (1934), *Das Problem des Menschen*, Heidelberg: Lambert Schneider, 4. Auflage 1971.
Buchler, G. R./H. Eichhorn (Hg.) (1987), *Chaotic Phenomena in Astrophysics. Annals of the New York Academy of Science* 497.
Bullock, T. H. (1968), »Biological Sensors«, in: D. L. Arm (Hg.), *Vistas in Science*, Albuquerque, S. 176-206.
Castañeda, C. (1971), *A Separate Reality*, New York; deutsch: *Eine andere Wirklichkeit*, Frankfurt am Main: Fischer 1977.
Conant, R. (Hg.) (1981), *Mechanisms of Intelligence. Ross Ashby's Writings on Cybernetics*, Seaside: Intersystems.
Courant, R./D. Hilbert (1937), *Methoden der Mathematischen Physik*, Bd. 2, Berlin: Springer.
Craik, K. J. W. (1943), *The Nature of Explanation*, London: Cambridge University Press.
Davis, M. (1958), *Computability and Unsolvability*, New York: McGraw-Hill.
Descartes, R. (1664), *L'homme*, in: *Œuvres de Descartes*, Bd. XI, Paris 1957, S. 119-209; deutsch: *Über den Menschen*, Heidelberg: Lambert/Schneider 1969.
Descharnes, R. (1962), *Die Welt Salvador Dalís*, Lausanne.

Diffing, G. (1918), *Erzwungene Schwingungen bei veränderlicher Eigenfrequenz und ihre technische Bedeutung* [Sammlung Vieweg 41 und 42], Braunschweig: Vieweg.

Dupuy, J.-P. (1980), »Myths of the Information Society«, in: K. Woodward (Hg.), *The Myths of Information: Technology and Postindustrial Culture*, Madison: Coda Press.

Ebbinghaus, H. (Hg.) (1885), *Über das Gedächtnis. Untersuchungen zur experimentellen Psychologie*, Leipzig: Duncker und Humblodt.

Eccles, J. C./M. Ito/ J. Szentagothai (1967); *The Cerebellum as a Neuronal Machine*, New York.

Eco, U. (1980), *Il nome della rosa*, Milano: Bompiani; deutsch: *Der Name der Rose*, München: Hanser 1982.

Edwards, P. (1967), *The Encyclopedia of Philosophy*, New York: Macmillan.

Estes, W. K. (1959), »The Statistical Approach to Learning Theory«, in: S. Koch (Hg.), *Psychology. A Study of a Science*, Bd. I/2, New York, S. 380-491.

Fitzhugh, H. S. II, (1963), »Some Considerations of Polystable Systems«, in: *IEEE Transactions* 7, S. 1-9.

Fogelman-Soulie, F./F. Goles-Chacc/G. Weißbuch (1982), »Specific Roles of the Different Boolean Mappings in Random Networks«, in: *Bulletin of Mathematical Biophysics* 44, Heft 5, S. 715-730.

Gill, A. (1962), *Introduction to the Theory of Finite-State Machines*, New York: McGraw-Hill.

Glanville, R. (1988), *Objekte*, Berlin: Merve.

Glasersfeld, E. von (1987), *The Construction of Knowledge. Contributions to Conceptual Semantics*, Seaside: Intersystems.

Glass, L./M. C. Mackay (1988), *From Clocks to Chaos*, Princeton: Princeton University Press.

Gleick, J. (1987), *Chaos. Making a New Science*, New York: Viking.

Gödel, K. (1931), »Über formal unentscheidbare Sätze der Principia Mathematica und verwandter Systeme, I«, in: *Monatshefte für mathematische Physik* 38, S. 173-198.

Grebogi, C./E. Ott/J. A. Vorke (1987), »Chaos, Strange Attractors, and Fractal Basin Boundaries in Nonlinear Dynamics«, in: *Science* 238, S. 612-638.

Günther, G. (1967), »Time, Timeless Logic and Self-Referential Systems«, in: R. Fischer (Hg.), *Interdisciplinary Perspectives of Time*, New York, S. 306-406.

Günther, G. (1976), »Cybernetik Ontology and Transjunctional Operations«, in: Gotthard Günthers *Gesammelte Werke*, Bd. 1: *Beiträge zur Grundlegung einer operationsfähigen Dialektik*, Hamburg: Felix Meiner.

Gumin, H./A. Mohler (Hg.) (1985), *Einführung in den Konstruktivismus*

[Schriften der Carl Friedrich von Siemens Stiftung 10], München: Oldenbourg.
Gunderson, K. (1972), »Cybernetics«, in: *The Encyclopedia of Philosophy*, Bd. 2, New York: MacMillan.
Hargens, J. (Hg.) (1989), *Systemic Therapy. A European Perspective*, Dortmund: Borgmann.
Hebb, D. O. (1970), *The Organisation of Behavior*, New York: Wiley.
Heidegger, M. (1927), *Sein und Zeit*, Tübingen: Niemeyer, 15. Auflage 1979; englisch: *Existence und Being*, übersetzt von D. Scott, R. Hall und A. Crick, Chicago: University of Chicago Press 1949.
Heisenberg, W. (1927), »Über den anschaulichen Inhalt der quantentheoretischen Kinematik und Mechanik«, in: *Zeitschrift für Physik* 43, S. 306-406.
Held, B. S./E. Pols (1985), »The Confusion about Epistemology and *Epistemology* – and What to Do About It«, in: Family Process 24.
Hilbert, D. (1899), *Grundlagen der Geometrie*, Leipzig; englisch: *Foundations of Geometry*, La Salle, Ill. 2. Auflage 1971.
Hoagland, H. (1951), »Consciousness and the Chemistry of Time«, in: H. A. Abramson (Hg.), *Problems of Consciousness. Transactions of the First Conference*, New York, S. 164-198.
Hoagland, H. (1954), »A Remark«, in: H. A. Abramson (Hg.), *Problems of Consciousness. Transactions of the Fourth Conference*, New York: Josiah Macy Jr. Foundation, S. 106-109.
Hofstadter, D. R. (1981/82), »Metamagical Themas«, in: *Scientific American*, Januar 1981, S. 12-32; November 1981, S. 22-43; und Januar 1982, S. 16-28.
Howe, R. H./H. von Foerster (1975), »Introductory Comments to Francisco Varela's Calculus of Self-Reference«, in: *International Journal for General Systems* 2, S. 1-4.
Hydén, H. (1965), »Activation of Nuclear RNA of Neurons and Glia in Learning«, in: D. P. Kimble (ed.), *The Anatomy of Memory*, Palo Alto: Science and Behavior Books, S. 178-239.
Hydén, H. (1969), »Studies on Learning and Memory«, in: S. Bogoch (Hg.), *The Future of the Brain Sciences*, New York: Plenum Press, S. 265-280.
Inhelder, B./R. Garcia/J. Vonèche (1976), *Epistemologie génétique et équilibration*, Neuchâtel: Delachaux et Niestlé.
Jean, M. (1959), *Histoire de la peinture surrealiste*, Paris.
John, E. R./M. Shimkochi/F. Bartlett (1969), »Neural Readout from Memory During Generalization«, in: *Science* 164, S. 1534-1536.
Kauffman, L. H. (1987), »Self-Reference and Recursive Forms«, in: *J. Soc. Biol. Struct.* 10, S. 53-72.
Keeney, B. P. (1983), *Aesthetics of Change*, New York: Guilford; deutsch: *Ästhetik des Wandels*, Hamburg: ISKO 1987.

Konorski, J. (1962), »The Role of Central Factors in Differentiation«, in: R. W. Gerard/J. W. Duyff (Hg.), *Information Processing in the Nervous System*, Bd. 3, Amsterdam: Excerpta Medica Foundation, S. 318-329.

Koslow, S. H./A. J. Mandell/M. F. Shlesinger (Hg.) (1987), *Perspectives in Biological Dynamics and Theoretical Medicine. Annals of the New York Academy of Science* 504.

Lakatos, I. (1970), »Falsification and the Methodology of Scientific Research Programmes«, in: I. Lakatos/A. Musgrave (Hg.), *Criticism and the Growth of Knowledge*, London: Cambridge University Press, S. 91-196; deutsch in: I. Lakatos/A. Musgrave (Hg.), *Kritik und Erkenntnisfortschritt*, Braunschweig: Vieweg 1974.

Landau, L. D./E. M. Lifshitz (1958), *Statistical Physics*, London: Pergamon Press.

Langer, S. (1951), *Philosophy in a New Key*, New York; deutsch: *Philosophie auf neuem Wege*, Frankfurt am Main: S. Fischer 1965.

Laplace, P. S. de (1814), *Essai philosophique sur les probabilités*, Paris; deutsch: *Philosophischer Versuch über die Wahrscheinlichkeit*, Leipzig: Akad. Verlagsgesellschaft 1932.

Lettvin, J. Y./H. R. Maturana/W. S. McCulloch/W. Pitts (1959), »What the Frog's Eye tells the Frog's Brain«, in: *Proceedings I. R. E.* 47.

Lindsay, R. K. (1963), »Inferential Memory as the Basis of Machines which Unterstand Natural Language«, in: E. Feigenbaum/J. Feldman (Hg.), *Computers and Thought*, New York: McGraw-Hill, S. 217-233.

Livingston, P. (Hg.) (1984), *Disorder and Order*, Stanford: Anma Libri [Stanford Literature Studies 1].

Löfgren, L. (1962), »Kinematic and Tesselation Models of Self-Repair«, in: E. E. Bernard/M. R. Kare (Hg.), *Biological Prototypes and Synthetic Systems*, New York, S. 342-369.

Löfgren, L. (1967), »Recognition of Order and Evolutionary Systems«, in: J. Ton (Hg.), *Computer and Information Sciences*, Bd. 2, New York, S. 165-175.

Löfgren, L. (1968), »An Axiomatic Explanation of Complete Self-Reproduction«, in: *Bulletin of mathematical Biophysics* 30/3, S. 415-425.

Löfgren, L. (1983), »Autology for Second Order Cybernetics«, in: *Fundamentals of Cybernetics. Proceedings of the Tenth International Congress on Cybernetics*, Namur: Association Internationale de Cybernetique.

Löfgren, L. (1983), »Autology for Parts and Wholes«, in: L. Löfgren, *Parts and Wholes. An Inventory of Present Thinking about Parts and Wholes*, Bd. 2: *Commentary*, Stockholm: Forskningsradsnamnden, Swedish Council for Planning and Coordination of Research, Committee for Future Oriented Research, S. 4-23.

Löfgren, L. (1984), »Autology of Time«, in: *International Journal for General Systems* 10, S. 5-14.

Logan, F. A. (1959), »The Hull-Spence Approach«, in: S. Koch (Hg.), *Psychology. A Study of a Science*, Bd. I/2, New York, S. 293-358.

MacKay, D. M. (1952), »Mentality in Machines«, in: *Proceedings of the Aristotelian Society*, Supplement, S. 61-86.

Malagoli Togliatti, M./U. Telfener (Hg.) (1983), *La terapia sistemica*, Roma: Astrolabio.

Malik, F./G. J. B. Probst (1982), »Evolutionary Management«, in: *Cybernetics and Systems International Journal* 13, S. 153-174.

Mathiot, M. (1970), »The Semantic and Cognitive Domains of Language«, in: P. L. Garvin (Hg.), *Cognition: A Multiple View*, New York, S. 249-277.

Maturana, H. R. (1962), »Functional Organization of the Pigeon Retina«, in: R. W. Gerard/J. W. Duyff (Hg.), *Information Processing in the Nervous System*, Amsterdam: Excerpta Medica Foundation, S. 170-178.

Maturana, H. R. (1970a), »Neurophysiology of Cognition«, in: P. L. Garvin (Hg.), *Cognition: A Multiple View*, New York: Spartan Books, S. 3-23.

Maturana, H. R. (1970b), »Biology of Cognition«, *BCL Report* 9.0, Biological Computer Laboratory, University of Illinois, Urbana/Ill.; deutsch: »Biologie der Kognition«, in: Maturana (1982), S. 32-80.

Maturana, H. R. (1978), »Biology of Language: The Epistemology of Reality« in: ders., *Psychology and Biology of Language and Thought*, New York, S. 27-63; deutsch: »Biologie der Sprache: Die Epistemologie der Realität«, in: Maturana (1982).

Maturana, H. R. (1982), *Erkennen. Die Organisation und Verkörperung von Wirklichkeit. Ausgewählte Arbeiten zur biologischen Epistemologie*, Braunschweig/Wiesbaden: Vieweg.

Maturana, H. R./F. J. Varela (1972), *Autopoiesis*, Santiago de Chile; deutsch: »Autopoietische Systeme. Eine Bestimmung der lebendigen Organisation«, in: Maturana (1982), S. 170-235.

Maturana, H. R./G. Uribe/S. Frenk (1968), »A Biological Theory of Relativistic Colour Coding in the Primate Retina«, *Archivos de Biologia y Medicina Experimentales*, Suplemento No. 1, Santiago de Chile; deutsch: »Eine biologische Theorie der relativistischen Farbkodierung in der Primatenretina«, in: Maturana (1982), S. 88-137.

Maturana, H. R./F. J. Varela (1980), *Autopoiesis and Cognition*, Boston: Reidel.

Mayr, O. (1969), *The Origins of Feedback Control*, Cambridge/Mass.: M. I. T. Press; deutsch: *Zur Frühgeschichte der technischen Regelungen*, München, Wien: Oldenbourg.

McCulloch, W. S. (1945), »A Heterarchy of Values Determined by the Topology of Nervous Nets«, in: *Bulletin of Mathematical Biophysics* 7, S. 89-93.

McCulloch, W. S. (1955), »Summary of the Points of Agreement«, in: *Ref.* 1, S. 69-80.

McCulloch, W. S. (1965), *Embodiments of Mind*, Cambridge, Mass.: M. I. T. Press.

McCulloch, W. S./W. Pitts (1943), › A Logical Calculus of the Ideas Immanent in Nervous Activity«, in: *Bulletin of mathematical Biophysics* 5, S. 115-133.

Mermin, N. D. (1985), »Is the Moon There When Nobody Looks? Reality and the Quantum Theory«, in: *Physics Today* 38, S. 38-47.

Miller, G. A. (1967), »Psycholinguistic Approaches to the Study of Communication«, in: D. L. Arm (Hg.), *Journeys in Science*, Albuquerque: University of Mexico, S. 22-73.

Minsky, M. (1961), »Steps toward Artificial Intelligence«, in: *Proceedings I. R. E.* 49, S. 8-30.

Moles, A. (1966), *Information Theory and Esthetic Perception*, Urbana, Ill.: University of Illinois Press.

Monod, J. (1971), *Zufall und Notwendigkeit*, München: Piper; englisch: *Chance and Necessity*, London: Collins 1972.

Neaser, M. A./J. C. Lilly (1971), »The Repeating Word Effect: Phonetic Analysis of Reported Alternates«, in: *Journal of Speech and Hearing Research* 14, S. 32.

Nagel, E. (1958), *Gödel's Proof*, New York: University Press.

National Academy of Science Publication No. 1707 (1969), Washington, D. C.: National Academy of Science Printing and Publishing Office.

Neumann, J. von (1951), »The General and Logical Theory of Automata«, in: L. A. Jeffress (Hg.), *Cerebral Mechanisms in Behavior, The Hixon Symposium*, New York: Wiley.

Neumann J. von (1958), *The Computer and the Brain*, New Haven, Conn.: Yale University Press; deutsch: *Die Rechenmaschine und das Gehirn*. München: Oldenbourg 1960.

Neumann, J. von (1964), »The Theory of Automata. Construction, Reproduction and Homogeneity«, in: A. Burks (Hg.), *John von Neumann's Collected Works*, Urbana, Ill.: University of Illinois Press.

Neumann, J. von (1966), *The Theory of Self-Reproducing Automata*, Urbana/Ill.: University of Illinois Press.

Newell, A./H. A. Simon (1956), »The Logic Theory Machine«, in: *I. R. E. Transaction on Information Theory*, IT-2, S. 61-79.

Pais, A. (1982), *Subtle ist the Lord ... The Science and the Life of Albert Einstein*, New York: Oxford University Press.

Pask, G. A. (1960), »The Natural History of Networks«, in: M. C. Yovits/S. Cameron (Hg.), *Self-Organizing Systems*, London: Pergamon Press, S. 232-263.

Pask, G. A. (1962), »A Proposed Evolutionary Model«, in: H. von Foerster/G. W. Zopf jr. (Hg.), *Principles of Self-Organization*, New York: Pergamon Press, S. 229-254.

Pask, G. A. (1968), »A Cybernetic Model for Some Types of Learning and Mentation«, in: H. L. Oesterreicher/D. R. Moore (Hg.), *Cybernetic Problems in Bionics*, New York: Gordon and Breach, S. 531-586.

Pask, G. A. (1969), »The Meaning of Cybernetics in the Behavioral Sciences (The Cybernetics of Behavior and Cognition: Extending the Meaning of ›Goal‹)«, in: J. Rose (Hg.), *Progress in Cybernetics* Bd. 1, New York: Gordon and Breach, S. 15-44.

Pask, G. A. (1972), »A Fresh Look at Cognition and the Individual«, in: *International Journal of Man-Machine Studies* 4, S. 211-216.

Pask, G. A. (1976), *Conversation Theory: Application in Education and Epistemology*, Amsterdam/Oxford: Elsevier.

Pask, G. A. (1978), »The Importance of Being Magic«, in: *ASC Forum*.

Pask, G. A./B. C. E. Scott/D. Kallikourdis (1973), »A Theory of Conversations and Individuals«, in: *International Journal of Man-Machine Studies* 5, S. 443-566.

Pask, G. A./H. von Foerster (1960), »A predictive model for self-organizing systems«, Part 1, in: *Cybernetica* 3/4, S. 258-300.

Pask, G. A./H. von Foerster (1961), »A predictive model for self-organizing systems«, Part 2, in: *Cybernetica* 4/1, S. 20-55.

Pattee, H. H. (1961), »On the Origin of Macro-Molecular Sequences«, in: *Biophysical Journal* 1, S. 683-710.

Peitgen, H. O./P. H. Richter (1986), *The Beauty of Fractals*, Berlin: Springer.

Piaget, J. (1937), *La construction du réel chez l'enfant*, Neuchâtel: Delachaux et Niestlé; deutsch: *Der Aufbau der Wirklichkeit beim Kinde*, Stuttgart: Klett 1974.

Piaget, J. (1975), *L'Equilibration des structures cognitives*, Paris: P. U. F; deutsch: *Die Äquilibration der kognitiven Strukturen*, Stuttgart: Klett 1976.

Piaget, J. (1980), »The Psychogenesis of Knowledge and its Epistemological Significance«, in M. Piatelli-Palmarini (Hg.), *Language and Learning. The Debate Between Jean Piaget and Noam Chomsky*, Cambridge, Mass.: Harvard University Press, S. 23-24.

Piaget, J./B. Inhelder (1956), *The Child's Conception of Space*, New York; deutsch: *Die Entwicklung des räumlichen Denkens beim Kinde*, Stuttgart : Klett 1975.

Pitts, W. H./W. S. McCulloch (1947), »How We Know Universals: The Perception of Auditory and Visual Forms«, in: *Bull. Math. Biophys.* 9, S. 127-143.

Poincaré, H. (1895), »L'Espace et la géometrie«, in: *Revue de Métaphysique et de Morale* 3, S. 631-646.

Powers, W. T. (1973), *Behavior. The Control of Perception*, Chicago: Aldine.

Probst, G. J. B./H. Ulrich (Hg.) (1984), *Self-Organization and Management of Social Systems*, Berlin: Springer.

Quine, W. V. O. (1953), *From a Logical Point of View*, Cambridge: Harvard University Press; deutsch: *Von einem logischen Standpunkt*, Frankfurt/Berlin/Wien: Ullstein 1979.

Raphael, R. (1964), »A Computer Program which Understands«, in: *Proceedings AFIPS*, F. J. C. C., S. 577-589.

Rosenblueth, A./N. Wiener/J. Bigelow (1943), »Behavior, Purpose and Teleology«, in: *Philos. Sci.* 10, S. 18-24.

Ross, W. D. (1908), »Preface«, in: *The Works of Aristotle*, Bd. 8, 1. Auflage, Oxford: The Clarendon Press.

Russell, B. (1967), *The Autobiography of Bertrand Russell*, Boston: Little, Brown & Cie.; deutsch: *Autobiographie*, Bd. I-III, Frankfurt am Main: Suhrkamp 1972/1973/1974.

Schrödinger, E. (1945), *What ist Life?*, Cambridge: Cambridge University Press.

Segal, L. (1986), *The Dream of Reality. Heinz von Foerster's Constructivism*, New York: Norton.

Selfridge, O. G. (1962), »The Organization of Organization«, in: M. C. Yovits/G. F. Jacoby/G. D. Goldstein (Hg.), *Self-Organizing Systems*, Washington, D. C.: Spartan Books, S. 1-8.

Shannon, C. E. (1951), »Prediction and Entropy in Printed English«, in: *The Bell Syst. Tech. J.* 30, S. 50-64.

Shannon, C. E./W. Weaver (1949), *The Mathematical Theory of Communication*, Urbana, Ill.: University of Illinois Press.

Sherrington, C. S. (1906), *Integrative Action of the Nervous System*, New Haven.

Sholl, D. A. (1956), *The Organization of the Cerebral Cortex*, London.

Skinner, B. F. (1959), »A Case History in Scientific Method«, in: S. Koch (Hg.), *Psychology. A Study of a Science*, Bd. I/2, New York, S. 359-379.

Skinner, B. F. (1971), *Beyond Freedom and Dignity*, New York: McGraw-Hill; deutsch: *Jenseits von Freiheit und Würde*, Reinbek: Rowohlt 1973.

Teuber, H. L. (1961), »Neuere Betrachtungen über Sehstrahlung und Sehrinde«, in: R. Jung/H. Kornhuber (Hg.), *Das visuelle System*, Berlin, S. 256-274.

»The Middle Americans« (1970), in: *TIME Magazine*, 5. Januar.

Turing, A. (1936), »On Computable Numbers with an Application to the Entscheidungsproblem«, in: *Proceedings of the London Mathematical Society* 2, Nr. 42, S. 230-265; deutsch: »Über berechenbare Zahlen mit einer Anwendung auf das Entscheidungsproblem«, in: ders., *Intelligence Service. Schriften*, Berlin: Brinkmann & Bose 1987, S. 17-60.

Ulrich, H./G. J. B. Probst (1984), *Self-Organization and Management of Social Systems*, New York: Springer.

Ungar, G. (1969), »Chemical Transfer of Learning«, in: S. Bogoch (Hg.), *The Future of the Brain Sciences*, New York: Plenum Press, S. 373.

Varela, F. J.(1975), »A Calculus for Self-Reference«, in: *International Journal for General Systems* 2, S. 5-24.

Varela, F. J. (1979), *Principles of Biological Autonomy*, New York, Elsevier.

Varela, F. J./H. R. Maturana/R. Uribe (1974), »Autopoiesis: The Organization of Living Systems, Its Characterization and a Model«, in: *Bio Systems* 5, S. 187-196.

Walker, C. (1965), *A Study of a Family of Complex Systems. An Approach to the Investigation of an Organism's Behavior*, Technical Report 5, Biological Computer Laboratory, Urbana/Ill.

Walker, C./W. R. Ashby (1966), »On Temporal Characteristics of Behavior in Certain Complex Systems«, in: *Kybernetik* 3/2, S. 100-108.

Watzlawick, P. (Hg.) (1984), *The Invented Reality*, New York: Norton; deutsch: Die erfundene Realität, München: Piper 1981.

Werner, G. (1970), »The Topology of the Body Representation in the Somatic Afferent Pathways«, in: F. O. Schmitt (Hg.), *The Neurosciences*, Bd. II, New York: Rockefeller University Press, S. 87-102.

Weston, P. (1964), »Noun Chain Trees«, unveröffentliches Manuskript.

Weston, P. (1968), »Cylinders: A Data Structure Concept Based on a Novel Use of Rings«, in: Accomplishment Summary 1968, *BCL Report* 68.2, Biological Computer Laboratory, Department of Electrical Engineering, Urbana/Ill.: University of Illinois, S. 42-61.

Weston, P./H. Tuttle (1967), »Data Structures of Computations within Networks of Relations«, in: Accomplishment Summary 1967, *BCL Report* 67.2, Biological Computer Laboratory, Department of Electrical Engineering, Urbana, Ill.: University of Illinois, S. 35-37.

Whitehead, A. N./B. Russell (1910-1913), *Principia Mathematica*, Bd. 3, Cambridge; deutsch (Vorwort und Einleitungen): *Principia Mathematica*, Frankfurt am Main: Suhrkamp 1986.

Wiener, N. (1948), *Cybernetics: Or Control and Communication in the Animal and the Machine*, New York: Wiley; deutsch: Kybernetik. Regelung und Nachrichtenübertragung im Lebewesen und in der Maschine, Reinbek: Rowohlt 1968.

Wilson, K. L. (Hg.) (1976), *The Collected Works of the Biological Computer Laboratory*, Peoria: Illinois Blueprint Corporation.

Winograd, T./F. Flores (1986), *Understanding Computers and Cognition. A New Foundation for Design*, Norwood: Ablex Publishing Corp.

Wittgenstein, L. (1921), »Logisch-philosophische Abhandlung«, in: *Annalen der Naturphilosophie*, hg. von W. Ostwald, Leipzig; *Tractatus logico-philosophicus*, London: Routledge & Kegan Paul 1961; deutsch in: *Werkausgabe*, Bd. 1, Frankfurt am Main: Suhrkamp 1984.

Wittgenstein, L. (1953), *Philosophical Investigations*, New York: Macmillan; deutsch: *Philosophische Untersuchungen*, in: *Werkausgabe*, Bd. 1, Frankfurt am Main: Suhrkamp 1984.

Witz, K. (1972), *Models of Sensory-Motor Schemes in Infants. Research Report*, Department of Mathematics, Urbana, Ill.: University of Illinois.

Witz, K./J. Easly (1972), *Cognitive Deep Structure and Science Education. Final Report. Analysis of Cognitive Behavior in Children*, Curriculum Laboratory, Urbana, Ill.: University of Illinois.

Worden, F. G. (1959), »EEG Studies and Conditional Reflexes in Man«, in: M. A. B. Bazier (Hg.), *The Central Nervous System and Behavior*, New York: Josiah Macy Jr. Foundation, S. 270-291.

Young, J. Z. (1965), »The Organization of a Memory System«, in: *Proceedings of the Royal Society*, B 163, The Croonian Lecture, S. 285-320.

Zeleny, M. (1979), »Cybernetics and General Systems: A Unitary Science?«, in: *Kybernetes* 8/1, S. 17-23.

Bibliographische Nachweise

Bernard Scott, Heinz von Foerster. Eine Würdigung
»Heinz von Foerster – An Appreciation«, in: *International Cybernetics Newsletter* 12 (1979), S. 209-214.

Dirk Baecker, Kybernetik zweiter Ordnung
Originalbeitrag.

Über das Konstruieren von Wirklichkeiten
»On Constructing a Reality«. Vortrag, gehalten am 15. April 1973 zur Eröffnung der »Fourth International Conference on Environmental Design Research« am Virginia Polytechnic Institute, Blacksburg, Virginia. Zuerst veröffentlicht in: *Environmental Design Research*, hg. von W. F. E. Preiser, Bd. 2, Stroudberg 1973, S. 35-46.

Kybernetik einer Erkenntnistheorie
Vortrag auf dem 5. Kongreß der Deutschen Gesellschaft für Kybernetik, Sektion Biokybernetik, Nürnberg, vom 28.-30. März 1973. Zuerst in: *Kybernetik und Bionik*, hg. von W. D. Keidel, W. Händler und M. Spreng, München 1974, S. 27-46.

Kybernetik
»Cybernetics«. Stichwortartikel für die *Encyclopedia of Artificial Intelligence*, New York 1987; deutsch zuerst in: *Zeitschrift für systemische Therapie* 5 (1987) 4, S. 220-223.

Gedanken und Bemerkungen über Kognition
»Thoughts and Notes on Cognition«. Überarbeitete Fassung eines Forschungsberichts vom 2. März 1969 auf einem Symposium über »Cognitive Studies and Artificial Intelligence Research« am Center for Continuing Education der University of Chicago/Ill. Zuerst in: *Cognition. A Multiple View*, hg. von P. L. Garvin, New York 1970, S. 25-48.

Gegenstände: greifbare Symbole für (Eigen-)Verhalten
»Objects: Tokens for Eigen-Behaviors«. Dieser Beitrag wurde ursprünglich anläßlich des 80. Geburtstags von Jean Piaget an der Universität Genf am 29. Juni 1976 vorgetragen. Zuerst veröffentlicht in: *ASC Cybernetic Forum* 8 (1976) 3/4, S. 91-96. Französische Fassung: »Formalisation de certains aspects de l'équilibration des structures cognitives«, in: *Epistémologie génétique et équilibration*, hg. von B. Inhelder, R. Garcias und J. Vonéche, Neuchâtel 1977, S. 76-89.

Bemerkungen zu einer Epistemologie des Lebendigen
»Notes on an Epistemology for Living Things«. Überarbeitete Fassung

eines Vortrags vom 7. September 1972 am Centre Royaumont pour une Science de l'Homme, Frankreich, im Rahmen eines internationalen Kolloquiums zum Thema »L'unité de l'homme: invariants biologiques et universaux culturels«. Veröffentlicht in: *Biological Computer Laboratory Report* 9.3, Urbana, Ill.: University of Illinois 1972. Französische Fassung: »Notes pour un épistemologie des objets vivants«, in: *L'unité de l'homme*, hg. von E. Morin und M. Piatelli-Palmerini, Paris 1974, S. 401-417.

Unordnung/Ordnung: Entdeckung oder Erfindung?
»Disorder/Order: Discovery or Invention«. Überarbeitete Fassung eines Vortrags auf dem Internationalen Symposium »Disorder/Order« am 15. September 1981 in Stanford/Kalifornien. Zuerst veröffentlicht in: *Disorder/Order*, hg. von P. Livingston, Saratoga 1984, S. 177-189.

Molekular-Ethologie: ein unbescheidener Versuch semantischer Klärung
»Molecular Ethology. An Immodest Proposal for Semantic Clarification«. in: *Molecular Mechanisms in Memory and Learning*, hg. von G. Ungar, New York 1970, S. 213-248.

Zukunft der Wahrnehmung: Wahrnehmung der Zukunft
»Perception of the Future and the Future of Perception«. Überarbeitete Fassung des Eröffnungsvortrages zur 24. Annual Conference on World Affairs, University of Colorado, Boulder, Colorado, vom 29. März 1971. Zuerst veröffentlicht in: *Instructional Science* (1972) 1, S. 31-43.

Über selbst-organisierende Systeme und ihre Umwelten
»On self-organizing Systems and their Environments«. Überarbeitete Fassung eines Vortrages auf dem Interdisciplinary Symposium on Self-Organizing Systems, Chicago, Ill., vom 5. Mai 1960. Zuerst veröffentlicht in: *Self-Organizing Systems*, hg. von M. C. Yovits und S. Cameron, London 1960, S. 31-50.

Prinzipien der Selbstorganisation im sozialen und betriebswirtschaftlichen Bereich
»Principles of Self-Organization in a Socio-Managerial Context«. Erweiterte Fassung eines Vortrages vom 14. September 1983 im Rahmen der »St. Galler Forschungsgespräche« über »Management and Self-Organization in Social Systems«. Erstveröffentlichung in: *Self-Organization and the Management of Social Systems*, hg. von H. Ulrich und G. J. B. Probst, Berlin/Heidelberg/New York/Tokyo 1984, S. 2-24.

Epistemologie der Kommunikation
»Epistemology of Communication«. Überarbeitete Fassung eines Vortrages vom 17. September 1977 im Center of 20th Century Studies in Milwaukee, Wisconsin. Zuerst veröffentlicht in: *The Myths of Information. Technology and Post-Industrial Culture*, hg. von Kathleen Woodward, Madison 1980, S. 18-27.

Verstehen verstehen
»Understanding Understanding«. Text eines Vortrags im Rahmen des Progetto Culturale, Montedison, Mailand, für ein Seminar »The Transdisciplinarity of the Sciences and Its Reflection in the Organization of the Research and Training Curricula« am 24. September 1969 in Novara, wegen einer Herzoperation des Vortragenden nicht von ihm gelesen. Zuerst veröffentlicht in: *Methodologica* 7 (1970), S. 7-22.

Was ist Gedächtnis, daß es Rückschau und Vorschau ermöglicht? »What is Memory that it May Have Hindsight and Foresight as well?« Erweiterte Fassung eines Vortrags vor der New York Academy of Medicine am 2. Mai 1968 anläßlich der Konferenz »The Future of the Brain Sciences«. Zuerst veröffentlicht in: *The Future of the Brain Sciences*, hg. von S. Bogoch, New York 1969, S. 19-64. Deutsch in: Siegfried J. Schmidt (Hg.), *Gedächtnis. Probleme und Perspektiven der interdisziplinären Gedächtnisforschung*, Frankfurt am Main 1991, S. 56-95.

Die Verantwortung des Experten
»Responsibilities of Competence«. Überarbeitete Fassung eines Referats zur Herbsttagung der American Society for Cybernetics am 9. Dezember 1971 in Washington, D. C. Zuerst veröffentlicht in: *Journal of Cybernetics* 2 (1972), S. 1-6.

Implizite Ethik
»Implicit Ethics«, in: *of/of. Book-Conference*, hg. von A. Pedretti, London 1984, S. 17-20.

Mit den Augen des anderen
»Through the Eyes of the Other«, in: Frederich Steyer (Hg.), *Research and Reflexivity*, London: Sage Publications 1991, S. 21-28.

Betrifft: Erkenntnistheorien
»Apropos Epistemologies«, in: *Family Process* 24,4, S. 517-521.

Verzeichnis der Schriften Heinz von Foersters
(nach der Numerierung des Autors)

1943

1. »Über das Leistungsproblem beim Klystron«, in: *Berichte Lilienthal-Gesellschaft für Luftfahrtforschung* 155, S. 1-5.

1948

2. *Das Gedächtnis. Eine quantenmechanische Untersuchung*, Wien: Franz Deuticke.

1949

3. (Hg.), *Cybernetics: Transactions of the Sixth Conference*, New York: Josiah Macy Jr. Foundation.
4. »Quantum Mechanical Theory of Memory«, in: ebd., S. 112-145.

1950

5. (Hg., mit Margaret Mead und H. L. Teuber), *Cybernetics: Transactions of the Seventh Conference*, New York: Josiah Macy Jr. Foundation.

1951

6. (Hg., mit Margaret Mead und H. L. Teuber), *Cybernetics: Transactions of the Eighth Conference*, New York: Josiah Macy Jr. Foundation.

1953

7. Mit M. L. Babcock und D. F. Holshouser, »Diode Characteristic of a Hollow Cathode«, in: *Physical Review* 91, S. 755.
8. (Hg., mit Margaret Mead und H. L. Teuber), *Cybernetics: Transactions of the Ninth Conference*, New York: Josiah Macy Jr. Foundation.

1954

9. Mit E. W. Ernst, »Electron Bunches of Short Time Duration«, in: *Journal of Applied Physics* 25, S. 674.
10. Mit L. R. Bloom, »Ultra-High Frequency Beam Analyzer«, in: *Review of Sci. Instr.* 26, S. 640-653.
11. »Experiment in Popularization«, in: *Nature* 174, S. 4424.

1955

12. (Hg., mit Margaret Mead und H. L. Teuber), *Cybernetics: Transactions of the Tenth Conference*, New York: Josiah Macy Jr. Foundation.
13. Mit O. T. Purl, »Velocity Spectrography of Electron Dynamics in the Travelling Field«, in: *Journal of Applied Physics* 26, S. 351-353.
14. Mit E. W. Ernst, »Time Dispersion of Secondary Electron Emission«, in: *Journal of Applied Physics* 26, S. 781-782.

1956

15. Mit M. Weinstein, »Space Charge Effects in Dense, Velocity Modulated Electron Beams«, in: *Journal of Applied Physics* 27, S. 344-346.

1957

16. Mit E. W. Ernst, O. T. Purl und M. Weinstein, »Oscillographie analyse d'un faisceau hyperfrequences«, in: *Le Vide* 70, S. 341-351.

1958

17. »Basic Concepts of Homeostasis«, in: *Homeostatic Mechanisms*, hg. von H. J. Curtis et al., The Brookhaven National Library: Upton, S. 216-242.

1959

18. Mit G. Brecher und E. P. Cronkite, »Produktion, Ausreifung und Lebensdauer der Leukozyten«, in: *Physiologie und Physiopathologie der weißen Blutzellen*, hg. von H. Braunsteiner, Stuttgart: Georg Thieme Verlag, S. 188-214.
19. »Some Remarks on Changing Populations«, in: *The Kinetics of Cellular Proliferation*, hg. von F. Stohlman, Jr., New York: Grune and Stratton, S. 382-407.

1960

20. »On Self-Organizing Systems and Their Environments«, in: *Self-Organizing Systems*, hg. von M. C. Yovits und S. Cameron, London: Pergamon Press, S. 31-50.
21. Mit P. M. Mora und L. W. Amiot, »Doomsday: Friday, November 13, A.D. 2026«, in: *Science* 132, S. 1291-1295.
22. »Bionics«, in: *Bionics Symposium*, Wright Air Development Division, Technical Report 60-600, hg. von J. Steele, S. 1-4.
23. »Some Aspects in the Design of Biological Computers«, in: *Second International Congress on Cybernetics*, Namur, S. 241-255.

1961

24. Mit G. Pask, »A Predictive Model for Self-Organizing Systems«, Teil I, in: *Cybernetica* 3, S. 258-300; Teil II, in: *Cybernetica* 4, S. 20-55.
25. Mit P. M. Mora und L. W. Amiot, »Doomsday«, in: *Science* 133, S. 936-946.
26. Mit D. F. Holshouser und G. L. Clark, »Microwave Modulation of Light Using the Kerr Effect«, in: *Journ. Opt. Soc. Amer.* 51, S. 1360-1365.
27. Mit P. M. Mora und L. W. Amiot, »Population Density and Growth«, in: *Science* 133, S. 1931-1937.

1962

28. Mit G. Brecher und E. P. Cronkite, »Production, Differentiation and Lifespan of Leukocytes«, in: *The Physiology and Pathology of Leukocytes*, hg. von H. Braunsteiner, New York: Grune & Stratton, S. 170-195.
29. (Hg., mit G. W. Zopf, Jr.), *Principles of Self-Organization: The Illinois Symposium on Theory and Technology of Self-Organizing Systems*, London: Pergamon Press.
30. »Communication Amongst Automata«, *American Journal of Psychiatry* 118, S. 865-872.
31. Mit P. M. Mora und L. W. Amiot. »›Projections‹ versus ›Forecasts‹ in Human Population Studies«, in: *Science* 136, S. 173-174.
32. »Biological Ideas for the Engineer«, in: *The New Scientist* 15, S. 173-174.
33. »Bio-Logic«, in: *Biological Prototypes and Synthetic Systems*, hg. von E. E. Bernard und M. A. Kare, New York: Plenum Press, S. 1-12.
34. »Circuitry of Clues of Platonic Ideation«, in: *Aspects of the Theory of Artificial Intelligence*, hg. von C. A. Muses, New York: Plenum Press, S. 43-82.
35. »Perception of Form in Biological and Man-Made Systems«, in: *Transactions of the I. D. E. A. Symposium*, hg. von E. J. Zagorski, Urbana, Ill.: University of Illinois, S. 10-37. Wieder abgedruckt in: *J. Industr. Design Soc. Am.* 3 (Sept. 1970), S. 26-40.
36. Mit W. R. Ashby und C. C. Walker, »Instability of Pulse Activity in a Net with Threshold«, in: *Nature* 196, S. 561-562.

1963

37. »Bionics«, in: *McGraw-Hill Yearbook Science and Technology*, New York: McGraw-Hill, S. 148-151.
38. »Logical Structure of Environment and Its Internal Representation«, in: *Transactions of the International Design Conference, Aspen*, hg. von R. E. Eckerstrom, Zeeland, Mich.: H. Miller, Inc., S. 27-38.

39. Mit W. R. Ashby und C. C. Walker, »The Essential Instability of Systems with Threshold, and Some Possible Applications to Psychiatry«, in: *Nerve, Brain and Memory Models*, hg. von N. Wiener und J. P. Schade, Amsterdam: Elsevier, S. 236-243.

1964

20.1 »O Samoorganizuyushchiesja Sistemach i ich Okrooshenii«, in: *Samoorganizuyushchiesju Sistemi*, Moskau: M. I. R., S. 113-139.
40. »Molecular Bionics«, in: *Information Processing by Living Organisms and Machines*, hg. von H. L. Oestreicher, Dayton: Aerospace Medical Division, S. 161-190.
41. Mit W. R. Ashby, »Biological Computers«, in: *Bioastronautics*, hg. von K. E. Schaefer, New York: The Macmillan Co., S. 333-360.
42. »Form: Perception, Representation and Symbolization«, in: *Form and Meaning*, hg. von N. Perman, Chicago: Soc. Typographic Arts, S. 21-54.
43. »Structural Models of Functional Interactions«, in: *Information Processing in the Nervous System*, hg. von R. W. Gerard und J. W. Duyff, Amsterdam: Excerpta Medica Foundation, S. 370-383.
44. »Physics and Anthropology«, in: *Current Anthropology* 5, S. 330-331.

1965

33.1 »Bio-Logika«, in: *Problemi Bioniki*, Moskau: M. I. R., S. 9-23.
45. »Memory without Record«, in: *The Anatomy of Memory*, hg. von D. P. Kimble, Palo Alto: Science and Behavior Books, S. 388-433.
46. »Bionics Principles«, in: *Bionics*, hg. von R. A. Willaume, Paris: AGARD, S. 1-12.

1966

47. »From Stimulus to Symbol«, in: *Sign, Image, Symbol*, hg. von G. Kepes, New York: George Braziller, S. 42-61.
47.1 »From Stimulus to Symbol« [gekürzte Fassung], in: *Modern Systems Research for the Behavioral Scientist*, hg. von Walter Buckley, Chicago: Aldine, S. 170-181.

1967

48. »Computation in Neural Nets«, in: *Currents Mod. Biol.* 1, S. 47-93.
49. »Time and Memory«, in: *Interdisciplinary Perspectives of Time*, hg. von R. Fischer, New York: New York Academy of Sciences, S. 866-873.
50. Mit G. Günther, »The Logical Structure of Evolution and Emanation«, in: *Interdisciplinary Perspectives of Time*, hg. von R. Fischer, New York: New York Academy of Sciences, S. 874-891.

51. »Biological Principles of Information Storage and Retrieval«, in: *Electronic Handling of Information: Testing and Evaluation*, hg. von Allen Kent u. a., London: Academic Press, S. 123-147.

1968

52. Mit A. Inselberg und P. Weston, »Memory and Inductive Inference«, in: *Cybernetic Problems in Bionics, Proceedings of Bionics 1966*, hg. von H. Oestreicher und D. Moore, New York: Gordon & Breach, S. 31-68.
53. (Hg. mit J. White, L. Peterson und J. Russell), *Purposive Systems, Proceedings of the 1st Annual Symposium of the American Society for Cybernetics,* New York: Spartan Books.

1969

54. (Hg., mit J. W. Beauchamp), *Music by Computers*, New York: John Wiley & Sons.
55. »Sounds and Music«, in: ebd., S. 3-10.
56. »What Is Memory that It May Have Hindsight and Foresight as well?«, in: *The Future of the Brain Sciences, Proceedings of a Conference held at the New York Academy of Medicine*, hg. von S. Bogoch, New York: Plenum Press, S. 19-64.
57. »Laws of Form«, Rezension von G. Spencer Brown, *Laws of Form*, in: *Whole Earth Catalog*, Palo Alto, Cal.: Portola Institute, S. 14.

1970

58. »Molecular Ethology. An Immodest Proposal for Semantic Clarification«, in: *Molecular Mechanisms in Memory and Learning*, hg. von G. Ungar, New York: Plenum Press, S. 213-248.
59. Mit A. Inselberg, »A Mathematical Model of the Basilar Membrane«, in: *Mathematical Biosciences* 7, S. 341-363.
60. »Thoughts and Notes on Cognition«, in: *Cognition. A Multiple View*, hg. von P. Garvin, New York: Spartan Books, S. 25-48.
61. »Bionics, Critique and Outlook«, in: *Principles and Practice of Bionics*, hg. von H. E. von Gierke, W. D. Keidel und H. L. Oestreicher, Slough: Technivision, S. 467-473.
62. »Embodiments of Mind«, Rezension des gleichnamigen Buches von Warren S. McCulloch, in: *Computer Studies in the Humanities and Verbal Behavior* 3, 2, S. 111-112.
63. Mit L. Peterson, »Cybernetics of Taxation: The Optimization of Economic Participation«, in: *Journal of Cybernetics* 1, 2, S. 5-22.
64. »Obituary for Warren S. McCulloch«, in: *ASC Newsletter* 3, 1.

1971

65. »Preface«, in: S. Chermayeff und A. Tzonis, *Shape of Community*, Baltimore: Penguin Books, S. XVII-XXI.
66. (Hg.), *Interpersonal Relational Networks. CIDOC Cuaderno No. 1014*, Cuernavaca, Mexico: Centro Intercultural de Documentación.
67. »Technology: What Will It Mean to Librarians?«, in: *Illinois Libraries* 53, 9, S. 785-803.
68. »Computing in the Semantic Domain«, in: *Annals of the New York Academy of Science* 184, S. 239-241.

1972

69. »Responsibilities of Competence«, in: *Journal of Cybernetics* 2, 2, S. 1-6.
70. »Perception of the Future and the Future of Perception«, in: *Instructional Science* 1, S. 31-43.

1973

71. Mit P. E. Weston, »Artificial Intelligence and Machines that Understand«, in: *Annual Review of Physical Chemistry*, hg. von E. Eyring, C. J. Christensen und H. S. Johnston, Palo Alto, Cal.: Annual Reviews, Inc., S. 353-378.
72. »On Constructing a Reality«, in: *Environmental Design Research*, hg. von F. E. Preiser, Bd. 2, Stroudberg Dowden, Hutchinson & Ross, S. 35-46.

1974

73. »Giving with a Purpose: The Cybernetics of Philanthropy«. Occasional Paper No. 5, Washington, D. C.: Center for a Voluntary Society.
74. »Kybernetik einer Erkenntnistheorie«, in: *Kybernetik und Bionik*, hg. von W. D. Keidel, W. Handler und M. Spring, München: Oldenbourg, S. 27-46.
75. »Epilogue to Afterwords«, in: *After Brockman: A Symposium. ABYSS* 4, S. 68-69.
76. Mit R. Howe, »Cybernetics at Illinois«, Teil I, in: *Forum* 6, 3, S. 15-17; Teil II in: *Forum* 6, 4, S. 22-28.
77. »Notes on an Epistemology for Living Things«, *BCL Report* 9.3 (BCL Fiche 104/1), Biological Computer Laboratory, Department of Electrical Engineering, Urbana, Ill.: University of Illinois.
77.1 »Notes pour un epistémologie des objets vivants«, in: *L'unité de l'homme*, hg. von Edgar Morin und Massimo Piatelli-Palmerini, Paris: Edition du Seuil, 1974, S. 401-417.

78. Mit P. Arnold, B. Aton, D. Rosenfeld und K. Saxena, »Diversity A Measure Complementing Uncertainty H«, in: *Systema* 2 (Januar).
79. »Culture and Biological Man«, Rezension des gleichnamigen Buches von Elliot D. Chapple, in: *Current Anthropology* 15, 1, S. 61.
80. »Comunicación, Autonomia y Libertad«, Interview mit Heinz von Foerster, in: *Comunicación* (Madrid) 24, S. 33-37.

1975

70. »La Percepción de Futuro y el Futuro de Percepción«, in: *Comunicación* (Madrid) 24.
81. Mit R. Howe, »Introductory Comments to Francisco Varela's Calculus for Self-Reference«, in: *International Journal for General Systems* 2, S. 1-3.
82. »Two Cybernetics Frontiers«, Rezension des gleichnamigen Buches von Stewart Brand, in: *The Co-Evolutionary Quarterly* 2 (Sommer), S. 143.
83. »Oops: Gaia's Cybernetics Badly Expressed«, in: *The Co-Evolutionary Quarterly* 2 (Herbst), S. 51.

1976

20.2 »Sobre Sistemas Autoorganizados y sus Contornos«, in: *Epistemologia de la Comunicación*, hg. von Juan Antonio Bofil, Valencia: Fernando Torres, S. 187-217.
72.1 »Design for a Psyche of Design« [= »On constructing a Reality«, mit einem neuen Vorwort], in: W. F. E. Preiser (Hg.), *Psyche and Design*, Orangenburg: Asmer, S. 1-10.
84. »Objects: Tokens for (Eigen-)Behaviors«, in: *ASC Cybernetics Forum* 8, 3/4, S. 91-96.

1977

84.1 »Formalisation de certains aspects de l'équilibration des structures cognitives«, in: *Epistémologie Génétique et Équilibration*, hg. von B. Inhelder, R. Garcias und J. Vonéche, Neuchâtel: Delachaux et Niestlé, S. 76-89.

1978

72.2 »Construir la Realidad«, in: *Infancia y Aprendizaje* (Madrid) 1, 1, S. 79-92.

1980

85. »Minicomputer - verbindende Elemente«, in: *Chip* (Januar), S. 8.

86. »Epistemology of Communication«, in: *The Myths of Information: Technology and Postindustrial Culture*, hg. von Kathleen Woodward, Madison: Coda Press, S. 18-27.

1981

72.3 »Das Konstruieren einer Wirklichkeit«, in: *Die erfundene Wirklichkeit*, hg. von Paul Watzlawick, München: Piper, S. 39-60.
86.1 »Epistémologie de la communication«, in: *Cahiers de Recherches Communicationelles* 1, Centre du XX' siècle, Nizza, S. 28-34.
87. »Morality Play«, in: *The Sciences* 21, 8, S. 24-25.
88. »Gregory Bateson«, in: *The Esalen Catalogue* 20, 1, S. 10.
89. »On Cybernetics of Cybernetics and Social Theory«, in: *Self-Organizing Systems*, hg. von G. Roth und H. Schwegler, Frankfurt am Main: Campus, S. 102-105.
90. »Foreword«, in: *Rigor and Imagination*, hg. von C. Wilder-Mott und John H. Weakland, New York: Praeger, S. VII-XI.
91. »Understanding Understanding: An Epistemology of Second Order Concepts«, in: *Aprendizagem/Desenvolvimento* 1, 3, S. 83-85.

1982

92. *Observing Systems*, mit einer Einführung von Francisco J. Varela, Seaside: Intersystems Publications.
93. »A Constructivist Epistemology«, in: *Cahiers de la Fondation Archives Jean Piaget* (Genf) 3, S. 191-213.
94. »To Know and to Let Know: An Applied Theory of Knowledge«, in: *Canadian Library Journal* 39, S. 277-282.

1983

95. »The Curious Behavior of Complex Systems: Lessons from Biology«, in: *Future Research*, hg. von H. A. Linstone und W. H. C. Simmonds, Reading: Addison-Wesley, S. 104-113 (1977).
96. »Where Do We Go From Here«, in: *History and Philosophy of Technology*, hg. von George Bugliarello und Dean B. Doner, Urbana, Ill.: University of Illinois Press, S. 358-370 (1979).

1984

o.Nr. »Implicit Ethics«, in: *of/of Book Conference*, hg. von A. Pedretti, London: Princelet Editions, S. 17-20.
72.4 »On Constructing a Reality«, in: *The Invented Reality*, hg. von P. Watzlawick, New York: W. W. Norton, S. 41-62.
97. »Principles of Self-Organization in a Socio-Managerial Context«, in: *Self-organization and Management of Social Systems*, hg. von H. Ul-

rich und G. J. B. Probst, Berlin/Heidelberg/New York/Tokyo: Springer, S. 2-24.
98. »Disorder/Order: Discovery or Invention«, in: *Disorder/Order*, hg. von P. Livingston, Saratoga: Anma Libri, S. 177-189.
99. »Erkenntnistheorien und Selbstorganisation«, in: *Delfin* 4 (Dezember), S. 6-19.

1985

100. »Cibernetica ed epistemologia: storia e prospettive«, in: *La Sfida della Complessità*, hg. von G. Bocchi und M. Ceruti, Mailand: Feltrinelli, S. 112-140.
101. *Sicht und Einsicht. Versuche zu einer operativen Erkenntnistheorie*, Braunschweig: Vieweg.
102. »Entdecken oder Erfinden: Wie läßt sich Verstehen verstehen?«, in: *Einführung in den Konstruktivismus*, hg. von Heinz Gumin und Armin Mohler, München: Oldenbourg, S. 27-68.
103. »Apropos Epistemologies«, in: *Family Process* 24, 4, S. 517-520.

1986

47.2 »From Stimulus to Symbol«, in: *Event Cognition: An Ecological Perspective*, hg. von Viki McCabe und Gerald J. Balzano, Hillsdale, N. Y.: Erlbaum, S. 79-92.
104. »Foreword«, in: Lynn Segal, *The Dream of Reality: Heinz von Foerster's Constructivism*, New York: W. W. Norton, S. xi-xiv.
105. »Vernünftige Verrücktheit« (I), in: *Verrückte Vernunft. Steirische Berichte* 6/84, S. 18.
106. »Comments on Norbert Wiener's ›Time, Communication, and the Nervous System‹«, in: *Norbert Wiener Collected Works*, Bd. IV, hg. von P. Masani, Cambridge, Mass.: M. I. T. Press, S. 244-246 (1985).
107. »Comments on Norbert Wiener's ›Time and the Science of Organization‹«, in: ebd., S. 235.
108. »Comments on Norbert Wiener's ›Cybernetics‹: ›Men, Machines, and the World About‹«, in: ebd., S. 800-803.

1987

99.1 »Erkenntnistheorien und Selbstorganisation«, in: *Der Diskurs des Radikalen Konstruktivismus*, hg. von Siegfried J. Schmidt, Frankfurt am Main: Suhrkamp, S. 133-158.
102.1 »Entdecken oder Erfinden – Wie läßt sich Verstehen verstehen?«, in: *Erziehung und Therapie in systemischer Sicht*, hg. von Wilhelm Rotthaus, Dortmund: Verlag modernes Denken, S. 22-60.
109. »Vernünftige Verrücktheit« (II), in: *Verrückte Vernunft, Vorträge*

der 25. Steirischen Akademie, hg. von D. Cwienk, Graz: Verlag Technische Universität, S. 137-160 (1986).
110. »Cybernetics«, in: *Encyclopedia for Artificial Intelligence*, Bd. 1, hg. von S. C. Shapiro, New York: John Wiley, S. 225-227.
110.1 »Kybernetik«, in: *Zeitschrift für systemische Therapie* 5, 4, S. 220-223.
111. Interview mit Umberta Telfner: »Intravista«, in: *Psychobiettivo* 7, 1, S. 1-3, und in: *Centro Milanese di Terapia della Famiglia*, Bolletino 12. S. 2-3
112. »Preface« zu: Ernst von Glasersfeld, *The Construction of Knowledge: Contributions to Conceptual Semantics*, Seaside: Intersystems Publications, S. IX-XIII.
113. »Understanding Computers and Cognition«, Rezension des gleichnamigen Buches von Terry Winograd und Fernando Flores, in: *Technological Forecasting and Social Change, An International Journal* 32, 3, S. 311-318.
114. *Sistemi che Osservano*, hg. von Mauro Ceruti und Umberta Telfner, Rom: Casa Editrice Astrolabio.

1988

72.5 »On Constructing a Reality«, in: *Adolescent Psychiatry 15: Developmental and Clinical Studies*, hg. von Sherman C. Feinstein, Chicago: University of Chicago Press, S. 77-95.
72.6 »Costruire una realtà«, in: *La realtà inventata*, hg. von Paul Watzlawick, Mailand: Feltrinelli, S. 37-56.
72.7 »La construction d'une réalité«, in: *L'invention de la réalité: Contributions au constructivisme*, hg. von Paul Watzlawick, Paris: Editions du Seuil, S. 45-69.
104.1 »Vorbemerkung« zu: Lynn Segal, *Das 18. Kamel oder die Welt als Erfindung. Zum Konstruktivismus Heinz von Foersters*, München: Piper, S. 11-14.
115. »Abbau und Aufbau«, in: *Lebende Systeme. Wirklichkeitskonstruktionen in der Systemischen Therapie*, hg. von Fritz B. Simon, Berlin/Heidelberg/New York/Tokyo: Springer, S. 19-33.
116. »Foreword« zu Bradford Keeney, *Aesthetics of Change*, New York: The Guilford Press, S. 11 (1983).
117. »Cybernetics of Cybernetics«, in: *Communication and Control in Society*, hg. von Klaus Krippendorff, New York: Gordon and Breach, S. 5-8 (1979).
118. Interviews mit Gabriella Mecucci: »Non banalizzate l'uomo«, in: *Scienza e Technologia* 10, 11, S. 15.
119. »Wahrnehmen wahrnehmen«, in: *Philosophien der neuen Technologie*, hg. von Peter Gente, Berlin: Merve, S. 27-40.

120. »Preface« zu: *The Collected Works of Warren S. McCulloch*, hg. von Rook McCulloch, Salinas: Intersystems Publications, S. I-III.
121. »Circular Causality: The Beginnings of an Epistemology of Responsibility«, in: ebd., S. 400-430.
122. »Anacruse«, in: *Cahiers critiques de thérapie familiale et de pratiques de réseau* (Brüssel), Heft 9: *Autoréférence et thérapie familiale*, hg. von Mony Elkaim und Carlos Sluzki, S. 21-24.
123. »Geleitwort« zu: Bernhard Mitterauer, *Architektonik, Entwurf einer Metaphysik der Machbarkeit*, Wien: Verlag Christian Brandstaetter, S. 7-8.
124. »The Need of Perception for the Perception of Needs«, in: *Leonardo* 22, 2, S. 223-226.

1990

125. »Preface« zu: Blain A. Show, *Education in the Systems Sciences*, Berkeley: The Elmwood Institute.
126. »Sul vedere: il problema del doppico cieco«, in: Oikos 1, S. 15-35.
127. »Implicit Ethics«, in: *of/of, Book-Conference*, London, Princelet Editions, S. 17-20.
128. »Non sapere die non sapere«, in: Mauro Ceruti und Lorena Preta (Hg.) *Che cos'è la conoscenza*, Bari: Saggiatori Laterza, S. 2-12.
129. »Understanding Understanding«, in: *Methodologia* 7, S. 7-22.
130. »Foreword« zu: Mony Elkaim, *If You Love Me, Don't Love Me*, New York: Basic Books, S. IX-XI.
131. »Kausalität, Unordnung, Selbstorganisation«, in: Karl W. Kratky und Friedrich Wallner (Hg.), Grundprinzipien der Selbstorganisation, Darmstadt: Wissenschaftliche Buchgesellschaft, S. 77-95.
94.1 »To Know and to Let Know«, in: 26, 1, Agfacompugraphic, S. 5-9.
119.1 »Wahrnehmen wahrnehmen«, in: Karlheinz Barck, Peter Gente, Heidi Paris, Stefan Richter (Hg.), *Aisthesis. Wahrnehmung heute oder Perspektiven einer anderen Ästhetik*, Leipzig: Reclam, S. 434-443.
132. »Carl Auer und die Ethik der Pythagoräer«, in: G. Weber und F. Simon (Hg.), *Carl Auer: Geist oder Ghost*, Heidelberg: Auer, S. 100-111.
77.2 »Bases Epistemologicas«, in: *Antropos* (Documentas Anthropos), Barcelona, Supplementos Antropos, 22 (Oktober), S. 85-89.
72.7 »Creation de la Realidad« in: *Antropos* (Documentas Anthropos), Barcelona, Supplementos Antropos, 22 (Oktober), S. 108-112.

1991

56.1 »Was ist Gedächtnis, daß es Rückschau *und* Vorschau ermöglicht«, in: Siegfried J. Schmidt (Hg.), *Gedächtnis. Probleme und Perspektiven der interdisziplinären Gedächtnisforschung*, Frankfurt am Main: Suhrkamp, S. 56-95.

133. »Through the Eyes of the Other«, in: Frederick Steier (Hg.) *Research and Reflexivity*, London: Sage Publications, S. 21-28.

1992

134. »Kybernetische Reflexionen«, in: Hans-Rudi Fischer/Arnold Retzer/Jochen Schweitzer (Hg.), *Das Ende der großen Entwürfe*, Frankfurt am Main: Suhrkamp 1992, S. 132-139.

1993

135. *Wissen und Gewissen. Versuch einer Brücke*, hg. von Siegfried J. Schmidt, Frankfurt am Main: Suhrkamp.

Suhrkamp Verlag GmbH
Torstraße 44, 10119 Berlin
info@suhrkamp.de
www.suhrkamp.de